Paul Gonetz

Antike und byzantinische *Compendia Medica*

Byzantinisches Archiv – Series Medica

Herausgegeben von
Albrecht Berger und Isabel Grimm-Stadelmann

Band 3

Paul Gonetz

Antike und byzantinische *Compendia Medica*

Ihre Intention und Dimension für die Medizin- und Pharmaziegeschichtsschreibung

DE GRUYTER

Diese Schrift wurde der medizinischen Fakultät Freiburg im Breisgau 2022 als Inauguraldissertation vorgelegt und angenommen unter dem Titel: Die Bedeutung antiker Medizinkompendien für die Etablierung der Medizin- und Pharmaziegeschichtsschreibung im 19. Jahrhundert.

ISBN 978-3-11-105823-8
e-ISBN (PDF) 978-3-11-106202-0
e-ISBN (EPUB) 978-3-11-106290-7
ISSN 2700-5739

Library of Congress Control Number: 2022951346

Bibliografische Information der Deutschen Nationalbibliothek
Die Deutsche Nationalbibliothek verzeichnet diese Publikation in der Deutschen Nationalbibliografie; detaillierte bibliografische Daten sind im Internet über http://dnb.dnb.de abrufbar.

Druck und Bindung: CPI books GmbH, Leck

www.degruyter.com

Danksagung

Zuerst habe ich Isabel Grimm-Stadelmann für die Anregung, Unterstützung und Beratung in allen Phasen dieser Arbeit zu erwähnen. Ihrer Initiative, fachlichen Vernetzung und ihrem stets prompten Beistand ist deren Fertigstellung maßgeblich zu verdanken. Bei der Erstellung der Arbeit haben Rodrigo Cadore bei der Beschaffung von Literatur und Justus Finkel bei philologischen Fragen hilfreich mitgewirkt. Frau Silvia-Diana Tataru und Weihbischof Christian Würtz haben durch ihr freundliches Dazutun ein angenehmes und inspirierendes Arbeitsumfeld ermöglicht. Bela Szabo hat sich bereit erklärt, die Arbeit vor Ort anfertigen zu lassen sowie zu betreuen und mir damit die Durchführung erheblich erleichtert. Schließlich sind meine Eltern während des Studiums und jetzt darüber hinaus stete Stütze gewesen.

Allen erbiete ich darum meinen ergebenen Dank.

https://doi.org/10.1515/9783111062020-202

Inhaltsverzeichnis

Hinweise zur Benutzung

Die Zitierweise entspricht den Anforderungen einer geisteswissenschaftlichen Arbeit, beansprucht daher mehr Platz für die Darstellung der Sachverhalte und beinhaltet daher – abweichend von den üblichen Standards bei medizinischen Arbeiten – die Verwendung von Fußnoten. Der Zitierstil ist an den Typ „Vancouver" angelehnt, weicht aber dann von ihm ab, wenn es der Sachdarstellung in der Arbeit dienlich ist. Einheitlichkeit und Übersichtlichkeit wurden versucht so gründlich wie möglich zu wahren. Belege in den Fußnoten werden bei erster Nennung vollständig zitiert, ab der zweiten nur noch in der Kurzform „Autor–Seitenzahl". Bei mehreren Titeln desselben Autors ist zur Unterscheidung die Jahreszahl beigegeben.

Mit Zitaten wird wie folgt verfahren: Zitate in Zitaten werden mit einfachen Anführungszeichen ‚...' wiedergegeben. Auslassungen, Ergänzungen sowie Anmerkungen des Verf. innerhalb von Zitaten sind anhand eckiger Klammern [...] kenntlich gemacht, eigene Hervorhebungen *kursiv*.

Die Eigennamen werden in der Sprache übernommen, in der die betreffende Person selbst schrieb; so wird Theophilos Protospatharios mit der griechischen Form bezeichnet. Ausnahmen sind durchweg eingedeutschte Namen wie „Galen" anstatt der römischen Form „Galenus".

Übersetzungen von Zitaten aus dem Lateinischen, Griechischen oder aus modernen Fremdsprachen sind, sofern nicht anders angegeben, die des Verf. Englische Zitate werden nicht übersetzt.

Werden Handschriften erwähnt, kann die betreffende mithilfe digitaler Datenbanken oftmals online eingesehen werden. Im Rahmen der Erstellung dieser Arbeit wurde v.a. die Online-Datenbank „Pinakes" konsultiert, im Vorfeld das Verzeichnis „Diktyon" für die jeweilige Nummer des Codex (s. Links im Literaturverzeichnis). Der direkte Link zur Handschrift wird stets im Haupttext beigegeben.

Briefe, sofern transkribiert, wurden durchnummeriert und sind im Appendix wiederzufinden. Andere autographische Dokumente sind unter „Ungedruckte Quellen" mit Verlinkungen im Anhang angeführt.

https://doi.org/10.1515/9783111062020-204

Einleitung

Salus Aegroti Suprema Lex.
Das Heil des Kranken ist höchstes Gesetz.

Die Medizin bediente sich die meiste Zeit in ihrer Geschichte der Schultern ihrer Vorgänger, und sie stand auf ihnen vermittels der Literatur, die dem angehenden und praktizierenden Arzt als Quelle das medizinische Wissen erschloss. Vor etwa zweihundert Jahren indes begann eine Entwicklung, die die Lektüre von medizinischen Texten insbesondere der ‚Alten' infrage stellte und in einer auf gänzlich anders gearteten Lern- und Erkenntnismethoden aufbauenden Medizin mündete. Darum sonderte sich ein Wissenschaftszweig innerhalb der Medizin ab, der sich parallel die Erforschung, Systematisierung und Erhaltung dieses Wissens zum Gegenstand seines Faches machte. Diese neuzeitliche Medizingeschichte nämlich las noch die Texte von Hippokrates, Galen und anderen antiken Ärztegrößen – wenn auch schon nicht mehr nur klinisch orientiert, sondern ‚historisch' intendiert. Schnell taten sich folglich damit zusammenhängende Fragen der Geschichtswissenschaft und Philologie auf, auch und besonders, was die Texte betraf. Eine sehr wechselhafte Beziehung zwischen diesen Disziplinen festigte sich vorerst um die Wende vom 19. ins 20. Jahrhundert mit einer definitiven Etablierung der Medizingeschichte als Hochschulfach.

Im heutigen Medizinstudium ist historische Literatur nicht vorgesehen. Die die Regel bestätigende Ausnahme stellen Auszüge aus dem sog. *Corpus Hippocraticum* dar, wenn im Fach „Geschichte, Theorie und Ethik der Medizin" der Hippokratische Eid erwähnt wird. Ansonsten sind Gelegenheiten, wo der Ursprung einer Behandlungsmethode besprochen wird, sehr rar; zudem beschränken sie sich dann meist auf die Chirurgie. Dies alles mag Gründe in der Wissensgliederung und -struktur des medizinischen Stoffes haben, zu denen didaktische und curriculäre hinzukommen. Eine Ahnung der Selbstverständlichkeit, mit der die Lektüre der ‚Alten' einst zum Studium des Faches gehörte, fehlt dem Studenten allerdings.

Ganz im Gegensatz dazu musste sich die neuzeitliche Medizin, die sich v.a. im 19. Jahrhundert eine neue, positivistisch-naturwissenschaftliche Grundlage gab, mit der Frage auseinandersetzen, wie mit der jahrhundertealten Überlieferungstradition angesichts der rapiden Umwälzungen umzugehen sei. Waren die Texte der Autoritäten wie Hippokrates, Galen und anderer antiker und mittelalterlicher Autoren noch brauchbar, konnte man aus ihnen praktisch anwendbares klinisches Wissen gewinnen? Und was bedeuteten die neuen Erkenntnisse der philologischen Wissenschaft, die eine historisch-kritische Hermeneutik der antiken Texte entwickelte, für die Schriften der Tradition? Immer deutlicher wurde, dass diese Fragen grundsätzliche wissenschaftstheoretische Entscheidungen betrafen, und dennoch war eine gute Antwort unentbehrlich, um überhaupt Wissenschaft betreiben zu können. Vom Umgang mit derlei Anfragen hing ja sogleich direkt die Bearbeitungsmethodik eines

https://doi.org/10.1515/9783111062020-001

Gelehrten ab, der sich etwa mit den Schriften Galens auseinandersetzen wollte. Die Absichten, mit denen die antiken Ärzte einer modernen Rezeption zugeführt werden sollten, entschieden maßgeblich über die Durchführungsmodalitäten und die Qualität der Neueditionen: Ob also ein ‚moderner' Galen noch als medizinisch brauchbar eingeschätzt wurde bzw. als ‚nützliche' und legitime Quelle ärztlichen Wissens dargestellt werden sollte, beeinflusste die Erstellung einer Edition und deren Editionsmethodik immens. Eine Erhellung der Intentionen, die für die Durchführung von modernen Editionsprojekten ausschlaggebend waren, wird demnach Licht nicht nur auf die historische Entwicklung der Medizingeschichte als Fachdisziplin, sondern auch auf das Verhältnis der dieser vergleichsweise neuen Disziplin zur Philologie werfen, die, ganz grob betrachtet, zeitgleich entstand.

Die konkreten Fragestellungen der vorliegenden Untersuchung sind demnach die folgenden: Was bewegte neuzeitliche Ärzte dazu, das Œuvre ihrer antiken Vorläufer wiederzuentdecken und der Leserschaft ihrer Zeit zugänglich zu machen? Welcher Editionsmethodik folgten sie dabei jeweils, und was sagt das über ihre Verhältnisbestimmung zur Philologie aus?

Die Intentionen, die die neueren Editionen der Werke von Hippokrates, Galen, Paulos von Ägina oder Alexander von Tralleis zu Wege brachten, sind bisher nicht Gegenstand wissenschaftlicher Bearbeitung geworden. Ziel soll deswegen eine systematische Untersuchung der Editionsabsichten sein, die sich mit den Faktoren einer institutionell etablierungsbestrebten Medizingeschichte verweben. Zwar ist die Geschichte der Medizinhistoriographie als solcher gut erforscht: Gerade in den vergangenen beiden Dekaden haben sich anlässlich der Jubeljährung vieler Einrichtungen einige Medizinhistoriker mit den Anfängen ihrer Wissenschaft beschäftigt (s.u.). Auch das Verhältnis einzelner Gründungsgestalten zu Philologie, kritischer Methode und antiken Texten wurde bereits betrachtet, aber nicht zusammenhängend und nicht vor dem Hintergrund der Etablierung und Professionalisierung einer eigenständigen Wissenschaft, der Medizinhistoriographie. Es ist zu fragen, welche Schwerpunkte jeweils gesetzt wurden, inwieweit diese von der jeweiligen Zeit und den auch oftmals konfliktbeladenen Umständen beeinflusst waren. Besonders deutlich wird herausgestellt werden, dass das jeweilige theoretische Verständnis von Wissenschaft direkt die Methodik des Herausgebers beeinflusst hat. Dabei wird v.a. dem engen Verhältnis von Philologie und Medizingeschichte sowie den Veränderungen in dieser Verhältnisbestimmung besondere Beachtung geschenkt werden. Ein Exkurs zu den vergleichbaren Fragestellungen und Entwicklungen der Pharmaziegeschichte soll die variierende Fokussierung gerade im Kontrast zur Medizingeschichte deutlicher aufzeigen. Gleichfalls wird ein vergleichender Blick auf Länder außerhalb Deutschlands die hiesige Etablierungsbewegung als nicht selbstverständlich ausweisen. Es wird schließlich auch auf die grundlegende Frage der Verbindung von Medizin und Philologie hinausgewiesen, wenn im Anschluss nach einer ‚ärztlichen Lesart' und damit zugespitzt gefragt wird: Ist die Herausgabe philologisch kritischer Editionen für den lesenden Arzt von damals oder heute von Relevanz?

Die Arbeit darf einen Beitrag zum besseren Verständnis der Etablierung der Medizingeschichtsschreibung im 19. Jahrhundert leisten. Darüber hinaus möge sie dem Kommilitonen einen Einblick in das historische Verortetsein der Medizinwissenschaft geben, die sich ihr eingangs zitiertes Leitwort nur recht aneignen kann, wenn sie das dem Menschen Eigene und Gemäße berücksichtigt, nicht nur dessen Gesundheit.

Ausgangspunkt für die Arbeit war eine Beobachtung, die sich während der Niederschrift einer kritischen Neuedition der Schrift des byzantinischen Arztes Theophilos Protospatharios „Περὶ τῆς τοῦ ἀνθρώπου κατασκευῆς" (Der Aufbau des Menschen) ergab:[1] Die Ärzte der Neuzeit interessierten sich ab einem bestimmbaren Zeitpunkt – dem ‚langen' 19. Jahrhundert – auf besondere Weise für die Ärzte des Altertums und deren Werke. Eine auffällige Verbindung scheint dabei zu einem Zeitraum zu bestehen, der in heutigen studienorientierten Standardwerken der Medizingeschichte als eine „Erste Phase der byzantinischen Medizin" bezeichnet und mit den Jahren 395–642 n. Chr. eingegrenzt wird.[2] Zu dieser Zeit verfassten byzantinische Ärzte als sog. Kompilatoren Sammelwerke – klinische Handbücher im Grunde –, die große Teile des antiken medizinischen Wissens systematisieren und mit eigener Erfahrung anreicherten. Die ‚großen' Autoritäten wie Galen und Hippokrates konnten damit bereits in der Spätantike auf eine Jahrhunderte währende Rezeptionstradition zurückblicken. In der Gründungszeit der Medizingeschichtsschreibung nun, dem 19. Jahrhundert, wurden solche Kompilationen wiederaufgegriffen und neuerlich unter modernen Ansprüchen ediert. Wollten die modernen Ärzte damit an eine Vorstellung von Medizin wiederanknüpfen, die auf Grundlage der Tradition die medizinische Überlieferung praktisch anwendbar in ihre Zeit überführt – wie die byzantinischen Ärzte? Lief eine solche Weiterführung nicht von vornherein dem Wissenschaftspositivismus des (v.a. des späteren) 19. Jahrhunderts entgegen, sodass medizinische antike Texte notwendigerweise in die Hände der Philologen gelegt werden mussten? Oder schafften sie es, in einer Art Mittelweg, die alten Autoren so zu lesen und zu edieren, dass sie auch den Anforderungen der modernen Medizin entsprachen und so vor Überholung gerettet werden konnten?

Die Intentionen der Herausgeber sind gut an der Editionsmethodik ihrer Werke abzulesen und gleichzeitig eng mit der Herausbildung der Medizingeschichte als eigenes Fach verbunden. Darum soll eine intensive Auseinandersetzung mit den einzelnen Gelehrten und deren Ausgaben leitendes Prinzip der Arbeit sein, deren Methodik im Folgenden noch genauer spezifiziert sein soll.

1 Grimm-Stadelmann, I.: Theophilos. Der Aufbau des Menschen: Kritische Edition des Textes mit Einleitung, Übersetzung und Kommentar. München 2008.

2 Vgl. Eckart, W. U.: Geschichte, Theorie und Ethik der Medizin. Berlin 2017[8], S. 40 ff.

Aufbau und Methodik

Die Leitfragen der Arbeit sind somit: Mit welchen Intentionen schufen neuzeitliche Ärzte ihre Editionen der (spät)antiken Ärzteschriften? Und: Welchen wechselseitigen Einfluss übten sie damit auf die im Entstehen begriffene Medizingeschichte aus? Um diesen Fragen gerecht zu werden, bedient sich die transdisziplinäre Arbeit einer je angepassten historischen Arbeitsmethodik.

Zunächst sollen im Abschnitt 1 anhand der geschichtlichen Dimensionen der Etablierung diejenigen Charakteristika der Neuzeit erwähnt werden, die diese Art von Ausgaben ermöglicht und bedingt haben. Eine strukturierte Einführung dieser Art lässt im historischen Umfeld umblicken und verflicht die Medizingeschichte darin. Diese Vorgehensweise ist aus zwei Gründen angebracht: Nicht nur werden die Akteure in ihrem jeweiligen Handlungskontext dann nachvollziehbarer, sondern es soll vor allem bereits eine spezifische Auswahl der für die Medizingeschichte relevanten Faktoren getroffen werden. Damit vollzieht sich ein Weiteres: Die Medizingeschichtsschreibung bezog sich zu jeder Zeit auf ihre Anfänge; für ihr Selbstverständnis als historische Wissenschaft und ihre Legitimation ist ihre eigene Geschichte von enormer Bedeutung. Von dieser inneren Abhängigkeit und dem Wunsch nach Selbstverortung waren aber bereits die Akteure der Neuzeit betroffen, sodass der historische Kontext für den heutigen Leser eine doppelte Bedeutung erlangt: Zum einen dient er, wie gesagt, dem Verständnis der Epoche, zum andern aber sahen sich bereits die untersuchten Gelehrten gezwungen, sich inhaltlich mit gleichartigen Anfragen auseinanderzusetzen wie die heutige Medizinhistoriographie. Die sogenannte Kontextualisierung wird also unsere und deren Sichtweise zugleich bestimmen.

Sodann werden anhand einer Auswahl von Gelehrten, die für die Medizingeschichte im In- und Ausland wegweisend waren, deren Editionen in chronologischer Reihenfolge mittels der Methode der vergleichenden quellenkritischen Analyse eingehend untersucht: In den Abschnitten 2 und 3 werden die antiken und modernen Autoren zunächst ausgewählt und anschließend ihre Werke im Hinblick auf ihren Beitrag für die Medizingeschichtsschreibung gelesen. Eine Eingrenzung erfolgt auf das 19. Jahrhundert, weil sich, wie beschrieben, hier die Medizinhistoriographie zu einer eigenen Wissenschaftsdisziplin entwickelt. Die Auswahl der Gelehrten schafft dabei einen repräsentativen Querschnitt, der die Entwicklung in all ihren unterschiedlichen Facetten analysieren lässt: Bei den antiken und spätantiken Schriftstellern handelt es sich um die großen Autoritäten Hippokrates und Galen sowie die erwähnten byzantinischen Kompilatoren. Ausgewählt werden weiterhin diejenigen modernen Gelehrten der Medizingeschichtsschreibung, die für die jeweilige wissenschaftstheoretische Richtung ihrer Zeit als beispielhaft gelten dürfen. Mitunter haben sie die Werke derselben antiken Autoren behandelt; in diesem Fall erfolgt zusätzlich zur Werkanalyse ein Vergleich der Umsetzungen.

https://doi.org/10.1515/9783111062020-002

Betrachtet werden v.a. die Erstausgaben der Editionen. Bei jeder Auswahl wird zunächst der Autor in seinem jeweiligen Lebensumfeld vorgestellt und anschließend seine Edition(en) in diesem Entstehungskontext verortet. Im Blick auf die Intentionen erhalten die Widmungen und Vorworte besondere Aufmerksamkeit. Die Ausgaben erfahren sodann eine Einschätzung hinsichtlich ihrer Machart und der Qualität der Umsetzung. Die philologische Qualität einer Edition hängt stark vom Umgang des Herausgebers mit der jeweiligen Quellenlage ab, sodass die von Autor zu Autor verschiedene Überlieferungssituation angedeutet wird. Folglich ist jeder Edition auch eine Erklärung der Textgrundlagen beigegeben, die der Autor seiner Bearbeitung zugrunde gelegt hat. Beurteilt wird somit insbesondere, wie ein Autor sich zu den philologischen Anforderungen ‚seiner' Edition verhalten hat. Zielpublikum und Werkgeschichte werden, soweit nötig, erörtert. Schließlich wird gefragt, welche Rezeption und Nachwirkung die betrachtete Edition erfuhr, bevor einer abschließende Zusammenfassung erfolgt. Während der Untersuchung verdeutlichen Querverweise Ähnlichkeiten und Unterschiede der Intentionen und Umsetzungen zueinander.

Der Abschnitt 3.2 enthält einen pharmaziehistorischen Schwerpunkt. Auch hier wird zunächst eine historische Kontextualisierung vorgenommen, bevor nach dem gleichen eben vorgestellten Schema die Editionen analysiert werden. Besondere Beachtung soll den Unterschieden und Parallelen der Schwerpunktsetzungen geschenkt werden, in Abhängigkeit von der jeweiligen geistesgeschichtlichen, standespolitischen und persönlich-sozialen Situation. Die Geschichte der Pharmazie wird dabei als Kontrastbild verwendet werden, das deutlich macht, dass Inhalt und Methode sich wechselseitig beeinflussen und so auch insgesamt andere Zielsetzungen als in der Medizingeschichte vorrangig waren.

Abschnitt 4 richtet dann den Blick auf andere Länder von Interesse, v.a. das Vereinigte Königreich und Frankreich, und geht gleichermaßen vor. Dieser Vergleich soll nicht nur die Auswahl relevanter Editionen um entscheidende antike Autoren erweitern, sondern, ebenfalls kontrastierend, auf zwei weitere Aspekte hinweisen. Die Etablierung der Medizingeschichte in Deutschland ist zum Einen nicht Ergebnis einer zufälligen Entwicklung, sondern Frucht ganz spezifischer Voraussetzungen, die in Abschnitt 1 vorgestellt werden. Die vorgestellten Gelehrten schufen diese Entstehungsbedingungen erst durch ihre Arbeiten. Darum hat trotz der Bemühungen der ausländischen Gelehrten die Medizingeschichte nicht dort, sondern in Deutschland eine gewisse Eigenständigkeit erreicht. Der Vergleich wird anders gelagerte Intentionen und ungünstige Faktoren im Umfeld der Akteure zugleich aufweisen und diesen drastischen Unterschied so ansatzweise versuchen zu begründen. Zum Zweiten ist die Rolle von bestehenden Gelehrtennetzwerken zu evaluieren. Der zunehmenden fachlichen Vernetzung, die anhand einiger Korrespondenzen und Veröffentlichungsmuster nachvollzogen wird, ist die Herausbildung einer eigenen Wissenschaftskommunikation als Voraussetzung der definitiven Etablierung mit zu verdanken.

Für eine inhaltliche Einschätzung folgt in Abschnitt 5 nach einem Résumé ein eigenständiger Vergleich der editorischen Schwerpunktsetzungen. Er fragt anhand von wenigen konkreten Textbeispielen nach, inwiefern kritische Fassungen mit der Angabe von Lesarten dem medizinisch verständigen Leser von zusätzlichem Nutzen sind. Der Ausblick der Arbeit gibt eine Zusammenfassung und blickt kurz auf die heutige Situation der medizingeschichtlichen Forschung und Lehre an deutschen Universitäten. Schließlich werden noch kurz einige grundlegende medizintheoretische Gedanken zur Rolle der (historischen) Lektüre skizziert.

Die Arbeitsmethodik der Geschichtswissenschaft – vergleichende quellenkritische Analyse – dient damit dem Ziel der Arbeit, Aufschluss über die Editionsintentionen der betrachteten Werke und damit die Etablierung der Medizingeschichte als gesamte zu erhalten. Dabei wird die Philologie in ihrem dialektischen Verhältnis zur Medizingeschichte ins Zentrum rücken. Ihre Beziehung wird sich dabei als immer enger werdende Verknüpfung, aber auch deutlichere Abgrenzung voneinander herausstellen.

Für einen schematischen Überblick des Untersuchungsgangs wurde die Abb. 3 angefertigt (s. Appendix). Aller Schwierigkeiten und Ungenauigkeiten solcher Darstellungen zum Trotz soll sie helfen, während der Lektüre immer wieder zeitliche Einordnungen zuzulassen, Beeinflussungslinien nachzuzeichnen und schlagworthaft die Entwicklungen auch im Nachhinein ins Gedächtnis zu rufen.

1 Dimensionen der Etablierung

Untersuchungen zur Entstehung der Medizinhistoriographie als solcher sind bereits in wesentlich umfassenderen Monographien bearbeitet und von beinah jedem hauptamtlichen Medizinhistoriker rezipiert worden.[1] Wissen über die Medizin im 19. Jahrhundert – die sog. Revolution der Medizin, die konkreten Umbrüche in der medizinischen Diagnostik und Therapie, ihr polyvalentes Verhältnis zur Geschichtswissenschaft, die Herausbildung von Spezialdisziplinen – ist hinreichend verbreitet. Dennoch sollen die Erläuterungen im folgenden ersten Hauptteil wie angedeutet zweierlei Hürden zugleich abhelfen: Der heutige Leser wird sich ein Verständnis der betrachteten Epoche aneignen und dadurch diejenigen Bedingungen kennenlernen, die für die neuzeitlichen Ärzte und deren Editionsintentionen bedeutsam waren. Die jeweils zitierten Gesamtuntersuchungen zur Entstehung der Medizinhistoriographie dienen dabei als Grundlage der folgenden Darstellung.

1.1 Darstellung des geschichtlichen Kontextes

Auf die Gefahr der Vereinfachung hin mögen zunächst einige Schlagworte derjenigen Geschehnisse im 19. Jahrhundert genannt sein, die der Epoche ihren ganz eigenen Charakter eingeprägt haben. Über die Grenzfelder von Politik, Wissenschaftsgeschichte, Hochschulpolitik, Gesellschaft, Kultur hinaus sollen in einer immer präziseren Engführung die Aspekte herausgearbeitet werden, die für die Entwicklung der Medizingeschichte relevant wurden. In einem zweiten Schritt kann dann der Blick auf die Medizin und Medizingeschichte fokussiert und so das Erarbeitete auf die Entstehung dieser Disziplin hin expliziert werden.

1.1.1 Politische Hintergründe

Das 19. Jahrhundert, oftmals als ‚das lange' bezeichnet, war gezeichnet von tiefgreifenden Umbrüchen in nahezu allen Lebensbereichen der Menschen. Noch in der französischen Revolution begriffen, mussten politische Maßstäbe, Instrumentarien und Ziele sich erst austarieren und wirklich Bahn schlagen. Das Staatengefüge fand

1 Überblickende Sammelwerke auf diesem Gebiet sind etwa Frewer, A., Roelcke, V.: Die Institutionalisierung der Medizinhistoriographie: Entwicklungslinien vom 19. ins 20. Jahrhundert. Stuttgart 2001; Bröer, R.: Eine Wissenschaft emanzipiert sich. Die Medizinhistoriographie von der Aufklärung bis zur Postmoderne, in: Neuere Medizin- und Wissenschaftsgeschichte. Quellen und Studien (Bd. 6). Pfaffenweiler 1999; von Engelhardt, D.: Phasen, Positionen und Perspektiven der Medizinhistoriographie in Deutschland, in: Medicina nei Secoli: Arte e Scienza. Vol. 10, iss. 2 (1998), S. 209–225; u.v.m.

https://doi.org/10.1515/9783111062020-003

sich nach dem Wiener Kongress 1815 vor neuen Aufgaben, Vorstellungen von Nationalstaatlichkeit konkretisierten sich, in Deutschland mit eigenen Schwierigkeiten verbunden, die letztlich in der Gründung des Deutschen Kaiserreichs 1871 mündeten. Die Ideen der sogenannten Aufklärung hatten den modernen Bildungsbegriff erst hervorgebracht und dann als Anspruch formuliert. Die Ausbildung eines allgemeinen und verpflichtenden Bildungs- und Schulwesens folgte Schritt für Schritt und wurde neuerdings als genuin staatliche Aufgabe begriffen. Eine immer unterschätzte Verlagerung aller Lebensbereich aus kirchlicher Trägerschaft in den Bereich der organisierten Staatlichkeit muss betont werden. Das allgemeine Leben erfuhr somit eine drastische ‚Veröffentlichung'. Kunst und Kultur der Zeit geben Zeugnis von einer immensen Beschäftigung mit diesen neuen Umständen. Deutlich von vorherigen Denkarten abweichende philosophische Systeme entstanden unter der Feder der deutschen Idealisten, allen voran Georg Wilhelm Friedrich Hegel (1770–1831), und später schreibt Friedrich Nietzsche (1844–1900) seine Streitschriften. Moderne Globalisierung (Kolonialismus), Industrialisierung und Formulierung des Sozialismus–Kommunismus weisen auf das kommende, ‚kurze, blutige' 20. Jahrhundert.

1.1.2 Wissenschaftsgeschichte im 19. Jahrhundert

Was ist Wissenschaft im Eigentlichsten und wie schlug sich das jeweilige Verständnis davon strukturell auf die Anstalten des wissenschaftlichen Betriebes nieder? Ein grobes Verständnis dafür ist geeignet und nötig, um Voraussetzungen für die zu untersuchenden Editionen aufzuzeigen. Im Weiteren soll darum eine Eingrenzung auf das Gebiet Wissenschaft–Universität–Medizin vorgenommen werden.[2]

Drei Aspekte waren dabei für die Medizin von besonderer Bedeutung. Der erste wird mit dem Begriff der ‚Vernaturwissenschaftlichung' am treffendsten bezeichnet. Die klassische Universität mit vier Fakultäten (Theologie, Philosophie, Rechtswissenschaft, Medizin) wurde unter andersartigen Auffassungen von Wissenschaft grundlegend verändert. Das Aufkommen sogenannter Natur-Wissenschaften und anderer Disziplinen führte zur Einrichtung neuer Lehrstühle. Die staatliche Aufsicht sowie die aus dem Bildungsideal ‚Freiheit in Forschung und Lehre' stammende Verbindung dieser beiden Elemente in der Person des Professors haben hier ihren institutionellen Ursprung. Innerhalb der Fächer gab es Verallgemeinerung ebenso wie Spezialisie-

2 Für das Folgende und eine genauere Darstellung der Entwicklungen im 19. Jahrhundert, bes. der Medizin, vgl. Ruff, P. W.: Die Naturwissenschaftliche Medizin – Entstehung, Wesen, Kritik und Aufhebung. Med. Diss. Berlin 1979; vom Brocke, B. (Hrsg.): Wissenschaftsgeschichte und Wissenschaftspolitik im Industriezeitalter. Das „System Althoff" in historischer Perspektive. Hildesheim 1991; für eine ausländische Stimme s. Turner, R. S.: The Prussian Universities and the Concept of Research, in: Internationales Archiv für Sozialgeschichte der deutschen Literatur 5 (1980), S. 68–93.

rung, aber auch deutliche Verbreiterung aufgrund neuer Formen von Wissen. Subfächer und Disziplinenwesen entwickelten sich.[3] Die Medizinwissenschaft gliederte sich alsbald in Grundlagenfächer aus, wie Anatomie, Pathologie, Mikrobiologie, Histologie, Physiologie und Hygiene neben klinischen Fächern wie „Praktische Medizin", Chirurgie, Geburtshilfe, und zeigte damit, wie sehr die entstehenden Naturwissenschaften die Medizin prägten und umformten.[4]

Eine weitere hierfür relevante Entwicklung kann, zweitens, als Technisierung bezeichnet werden. Die industrielle Revolution ermöglichte Produktion und Transport von medizinischen Geräten und Materialien und so deren massenhafte Verfügbarkeit. Sie wirkte in Verbindung mit der industriellen Synthese und Herstellung von Arzneistoffen erheblich auf die Geschichte der Medizin ein.[5] Die Erfindung und Herstellung grundlegender technischer Gerätschaften wie Stethoskop, Blutdruckmessgeräte, Injektionsspritzen sind hier zu verorten. Elektrische Energie und die später folgende Erzeugung von Röntgenstrahlen ermöglichten bildgebende Verfahren zur Diagnostik. Insgesamt deuten all diese Befunde gerade in ihrer Zusammenschau und Verknüpfung auf eine sich rapide vollziehende Grundlagenveränderung in der Medizin.

Auch wissenschaftstheoretisch musste diesen Umbrüchen begegnet werden. Die ‚Wissenschaft der Wissenschaft' selbst stellte sich nach ihrer Entstehung Fragen nach Wissensform und -organisation vor immer neuen Hintergründen. Phänomene wie ‚Enzyklopädisierung' – Ordnung, Systematisierung, Bereitstellung von Wissen – und generelle ‚Verwissenschaftlichung' gelten als Kennzeichen des 19. Jahrhunderts. Andere Probleme wie das des Utilitarismus betrafen nicht die Medizin allein, sondern auch die Geisteswissenschaften; gerade hier fand eine Auseinandersetzung statt, welche Art von Erkenntnis die neuen Wissenschaften eigentlich hervorbrächten. An einem Beispiel möge im Folgenden die medizinspezifische Frage nach der Erkenntnis*methodik* als dritter Aspekt dargestellt werden.

Epistemiologische Ansätze im 19. Jahrhundert unterschieden sich deutlich von vorhergehenden. Die ältere, vorherrschende philosophische-spekulativ-pragmatische Richtung war, ganz grob gesagt, davon ausgegangen, auf den Grundlagen des Geistes, des Denkens allein praktische Einsichten gewinnen zu können. Demgegenüber beanspruchte das historisch-kritisch-philologische Denken, aus der Erforschung der Genese der Dinge etwas über ihr Wesen erfahren zu können. Beide Herangehensweisen wurden auf die Naturwissenschaften übertragen, mit verschie-

3 Vgl. z.B. Guntau, M., Laitko, H. (Hrsg.): Der Ursprung der modernen Wissenschaften. Studien zur Entstehung wissenschaftlicher Disziplinen. Berlin 1987; Stichweh, R.: Zur Entstehung des modernen Systems wissenschaftlicher Disziplinen. Physik in Deutschland 1740–1890. Frankfurt 1984.

4 Vgl. als zeitgenössische Darstellung der Medizinordnung z.B. Choulant, J. L.: Tafeln zur Geschichte der Medizin: nach der Ordnung ihrer Doctrinen. Leipzig 1822.

5 Vgl. hierzu Friedrich, Ch., Müller-Jahncke, W.-D.: Von der Frühen Neuzeit bis zur Gegenwart, in: Schmitz, R. (Hrsg.): Geschichte der Pharmazie. Eschborn 2005, S. 535 ff.

denen Reaktionen. Das bisherige Verständnis von Wissenzugewinn mündete in einer naturphilosophischen Richtung, die, kurzum, recht bald scheiterte. Das neue, kritische Denken hingegen machte Nachprüfbarkeit zum zentralen Kriterium für Wissen. So wies es den Weg zur historisch-kritischen Quellenforschung einerseits und zum naturwissenschaftlichen Experiment andererseits. Dieser Aspekt der unterschiedlichen erkenntnistheoretischen Auffassungen stellte ein Problem für die Medizin als Wissenschaft dar und hatte Auswirkungen für die Etablierung der modernen Medizin, sofern sie sich eben fragt, woher sie ihre Kenntnisse bezieht.[6] Ursächlich dafür ist die Tatsache, dass sie sich als *Handlungs*wissenschaft begreifen lässt, die dem einzelnen Kranken zu helfen sich verpflichtet. Die naturwissenschaftliche Weise, Erkenntnis zu erlangen, stützt sich hingegen auf allgemeine Tatsachen, nicht den Spezialfall: „Aus einzelnen Aussagen und aus einzelnen Fällen kann niemals naturwissenschaftliches Wissen entstehen."[7] Damit wird ein Umweg vonnöten, der aus der Beobachtung auf allgemeine Tatsachen schließt und dann erneut angewendet werden muss. Diese Mittelbarkeit steht im Kontrast zu dem humoralpathologisch-tradierten Verständniszusammenhang, wo „der Mensch, der Patient als Person (und nicht als Fall) im Mittelpunkt [stand]"[8] und behandelt wird. Die Geschichte des Kranken ist ein „genuines" Argument bis zu Kurt Sprengel (1766–1833, s.u.). Wie aber die allgemeinen Sätze der sich auf naturwissenschaftliche Erkenntnisse stützenden Grundlagenfächer zum Kranken in Verbindung stehen, ohne dabei die *Person*-lichkeit desselben aufzugeben, war unklar.[9] Damit stand die Medizin vor einer Dissoziation, die besonders die Medizingeschichte betreffen und herausfordern musste. Spätestens zur Jahrhundertmitte setzte sich mit der klinisch-induktiv-kasuistischen eine neue Theorie durch, die heute in der sog. evidenzbasierten Medizin aufgeht und fortgesetzt wird.[10]

Die Folge war einerseits, dass die Geschichte der Medizin sich einem Legitimationsbedürfnis *a priori* ausgesetzt sah. Wozu geschichtliches Wissen erwerben – wenn

---

6 Folgende Darlegung findet sich bei Labisch, A.: Von Sprengels „pragmatischer Medizingeschichte" zu Kochs „psychischem Apriori": Geschichte der Medizin und Geschichte in der Medizin, in: Frewer (2001), S. 235 ff.

7 Labisch, in: Frewer (2001), S. 237.

8 Labisch, in: Frewer (2001), S. 237.

9 Im Grunde steht die heutige Medizin vor der gleichen Frage, vielleicht sogar verschärft, wenn man die klinisch gängige Terminologie bedenkt: „Fallbeispiel", „Todesfallkonferenz" bei Nachbesprechung von letalen Krankheitsausgängen, „Verlaufsgeschichte" etc. Der begriffliche Fokus liegt auf der Krankheit bzw. dem Fall, nicht der Person, die lediglich „Träger" dieser Entität ist.

10 Robert Koch (1843–1910), der Bakteriologe, wendet sich explizit gegen geschichtliches Wissen zur Erlangung von Erkenntnis, vgl. Labisch, in: Frewer (2001), S. 240. Die Entstehung der Homöopathie und anderer Paraformen von Medizinwissenschaft kann und wird zeitlich mit einer kausalen Reaktanz auf diese „Vernaturwissenschaftlichung" gedeutet. Mit ihnen wollte man eine auf einer philosophischen Theorie beruhende Medizin nicht aufgeben, vgl. Schmiedebach, H.-P.: Bildung in a Scientific Age: Julius Pagel, Max Neuburger, and the Cultural History of Medicine, in: Huisman, F., Warner, J. H.: Locating Medical History: The Stories and Their Meanings. Baltimore 2004, S. 78 u. 80 ff.

doch alles Nötige aus der naturwissenschaftlichen Beobachtung ableitbar ist? Diese Notwendigkeit zur Selbstrechtfertigung war der Medizingeschichte sozusagen von Geburt an eingeprägt und bedingend für ihre Entstehung (vgl. unten 1.2.3). Andererseits schied sich über die Zeit und mit zunehmender Entfernung der Medizingeschichte von der Medizin als (Handlungs-)Wissenschaft ein Bewusstsein für den Unterschied zur Bedeutung der Geschichte *in der* Medizin ab.[11] Richard Koch (1882–1949),[12] der Medizinphilosoph, machte bereits auf den zweifachen Unterschied zur Naturwissenschaft aufmerksam – Medizin als *Tätig*keit; Medizin für eine Person, nicht ein Objekt[13] – und setzte diesen Gedanken präzise an den (Um-)Bruch von Wissens zum Handeln an: In der Aufgabe, dem Kranken zu helfen, der ja Person ist, liege der Grund und die Notwendigkeit für geschichtliche Betrachtung. Im „Nachfühlen der Geschichte" müsse „Medizingeschichte Geschichte von Ärzten für Ärzte sein", dazu sei Wissen jeder Art – historisch, philosophisch, naturwissenschaftlich – als Mittel zum Zweck einzusetzen.[14] Geschichte *in der* Medizin zeichne sich so als Raum ab, in dem historisches Wissen innermedizinisch eingesetzt werde, um medizinische Probleme zu lösen. In diesem Sinne sei sie „stets angewandte und in diesem Sinne pragmatische Geschichte der Medizin".[15] Im Fach Medizingeschichte hat man es also mit einer anderen Erkenntnis*art* zu tun, um deren Methode während der gesamten Etablierungsphase gerungen worden war. Dies ist ein Beispiel für die verschiedenen Zugriffe auf Medizingeschichte zur Zeit der unten besprochenen Akteure, die je verschieden auf diese mehr oder weniger gewusste Debatte reagierten.

Die Medizingeschichte spezialisierte sich im 19. Jahrhundert also und differenzierte sich zugleich aus. Dies ist ein bis heute anhaltender Prozess mit je unterschiedlicher Gewichtung. Damit konnte sie mehrere Ansätze unter ihrem Dach sammeln: phi-

---

11 Auch dieser Gedanke findet sich am deutlichsten formuliert bei Labisch, in Frewer (2001), S. 242 u. 249, sowie in dessen Fortsetzungsartikel: Labisch, A: Geschichte der Medizin – Geschichte in der Medizin, in: Vögele, J., Fangerau, H., Noack, T. (Hrsg.): Geschichte der Medizin – Geschichte in der Medizin. Forschungsthemen und Perspektiven. Hamburg 2006, S. 13–26.

12 Zur Person vgl. Rothschuh, K. E.: Richard Hermann Koch (1882–1949): Arzt, Medizinhistoriker, Medizinphilosoph (Biographisches, Ergographisches), 1. Teil: Zur Biographie, in: Medizinhistorisches Journal, Bd. 15, Nr. 1/2 (1980), S. 16–43; zum Werkverständnis vgl. Wiesing, U.: Die Einsamkeit des Arztes und der ‚lebendige Drang nach Geschichte': zum historischen Selbstverständnis der Medizin bei Richard Koch, in: Gesnerus 54 (1997), S. 219–241; spezifischer Winau, R.: Die Funktion der Medizingeschichte in der Sicht Richard Kochs, in: Preiser, G. (Hrsg.): Richard Koch und die ärztliche Diagnose. Hildesheim 1988, S. 142–149; umfangreicher die neuere Untersuchung von Töpfer, F., Wiesing, U.: The medical theory of Richard Koch, I: theory of science and ethics, in: Medicine, Health Care and Philosophy, no. 8, 2 (2005), p. 207–219; bzw. II: natural philosophy and history, in: Medicine, Health Care and Philosophy, no. 8, 3 (2005), p. 323–334.

13 Koch, R.: Die Bedeutung der Geschichte der Medizin für den Arzt, in: Fortschritte der Medizin 38 (1921), S. 217–225.

14 Nach Labisch, in: Frewer (2001), S. 243 f.

15 Labisch, in: Frewer (2001), S. 249.

losophische Grundlagenforschung, philologisches Arbeiten, Geschichte der Medizin, Geschichte in der Medizin. Mit solcher beständiger Selbstreflexion und -anfrage mussten gerade die Gründungsväter der Medizingeschichtsschreibung umgehen. Die Editionen sind in ihrer Unterschiedlichkeit Ausdruck dieser Findung und dabei gleichzeitig Instrument der Institutionalisierung gewesen, wie gezeigt werden wird.

1.1.3 Hochschulpolitische Entwicklungen

Die Akteure der Institutionalisierung der Medizingeschichte sind immer auch Agenten in einem Umfeld tiefgreifender Veränderungen auf dem Feld der universitären Wissenseinrichtungen. Die politischen Entwicklungen an und für Hochschulen haben jenen Prozess ambivalent geprägt: fördernd, weil erst die breitere Einrichtung von Hochschulorganen der Disziplin dauerhaften Stand verlieh; fordernd, weil dies unter großen Herausforderungen und Schwierigkeiten für das gerade an der Schnittstelle der Natur- und Geisteswissenschaften angesiedelte Fach vonstatten ging. Im Folgenden soll knapp diese Ambivalenz anhand wichtiger Neuerungen der universitären Lehre und eines Blicks auf eine zeitgenössische Betrachtung umrissen werden.

Deutschland als neuer „Lehrmeister Europas“ ist im 19. Jahrhundert zum wissenschaftlichen „Weltzentrum“ geworden.[16] Die Lehr- und Forschungsuniversität – im Gegensatz zur ‚alten Vorlesungsuniversität‘ – gründete auf den Prinzipien der „Einheit von Forschung und Lehre“ sowie „Freiheit von Forschung und Lehre“.[17] Das Disziplinenwesen der Medizin mit neuen Unterfächern entwickelte sich heraus.[18] Die neue Art zu lehren fußte auf der Einrichtung von Seminaren und Instituten, deren Gründung allermeistens auf diese Zeit zurückgeht.[19] Der Institutsstatus war dabei eher den aufkommenden Naturwissenschaften vorbehalten. Die ‚neue‘ Universität des zum Kaiserreich gehörigen Strasbourg z.B. wurde gänzlich nach diesen Schemata

16 Folgende Darstellung mit ihren Zitaten bezieht sich, wenn nicht anders angegeben, auf vom Brocke, B.: Die Institutionalisierung der Medizinhistoriographie im Kontext der Universitäts- und Wissenschaftsgeschichte, in: Frewer (2001), S. 187 ff. Deutschland als „Lehrmeister“ sei eine Bezeichnung von Friedrich Paulsen (1846–1908). Ausführlicher bei vom Brocke (1991).

17 Vgl. Paulsen, F.: Geschichte des gelehrten Unterrichts auf den deutschen Schulen und Universitäten vom Ausgang des Mittelalters bis zur Gegenwart. Mit besonderer Rücksicht auf den klassischen Unterricht. 2 Bde., Leipzig 1885.

18 Vgl. Eulner, H.-H.: Die Entwicklung der medizinischen Spezialfächer an den Universitäten des deutschen Sprachgebietes. Stuttgart 1970. Beispielhaft für den Zahnarztberuf vgl. Groß, D.: Die Entwicklung des Zahnarztberufs (11): Die Herausbildung der Spezialdisziplinen. Abrufbar im Archiv der Zahnärztlichen Mitteilungen, Bd. 11 (2016).

19 Vgl. vom Brocke, in: Frewer (2001), S. 188: „Nach dem Muster der (alt)philologischen Seminare erhielten alle 21 Universitäten des Reiches von 1824 [...] bis 1890 [...] Juristische Seminare, [...] Historische Seminare, Staatswissenschaftliche Seminare“ usw. Hier auch der Verweis auf den Einfluss des preußischen Kulturpolitikers Friedrich Althoff (1839–1908).

gegründet und errichtet.[20] Zugleich wurden Lehrstühle und Professuren eingerichtet, mit dem zugehörigen Apparat an Personal, Räumlichkeiten und Material ausgestattet und so das Bild der Universität auf Grundlage des preußischen Bildungsideals drastisch verändert.[21]

Die Medizingeschichte wurde erst deutlich später mit diesen Vorteilen belegt (s.a. 1.2.1). Im ‚klassischen' Universitätsbetrieb wurden theoretische Grundlagen der Medizin, zu denen die Enzyklopädie wie auch die Methodologie neben der Geschichte der Medizin gehörte, noch gelesen.[22] Der Stoff wurde dabei aber hauptsächlich durch einzelne Vorlesungen vermittelt, nicht durch universitär getragene Einrichtungen/Curricula.[23] Im Zuge der oben beschriebenen Vernaturwissenschaftlichung verschwanden medizingeschichtliche Inhalte allerdings weitgehend aus den Lehrplänen. Zwei zeitweise unbesetzte Lehrstühle für Medizingeschichte blieben erhalten, 1834 in Berlin von Justus Hecker (1795–1850) und 1840 im österreichischen Wien von Romeo Seligmann (1808–1892) besetzt. Erst viel später kamen Institute für Medizingeschichte in Leipzig (1906) und Wien (1914) hinzu (s.a. 1.2.2). Deren Gründung war Resultat eines lang geführten Kampfes mit dem preußischen Kulturministerium gewesen.[24] Der generelle Aufschwung also der historischen Wissenschaften im 19. Jahrhundert wie auch der sog. Geisteswissenschaften[25] verhalf der Medizingeschichte dann aber schließlich doch zu dem Anspruch einer organigrammatischen Anerkennung in der Universität. Auf eine Weise spornte der lang und intensiv geführte Kampf um eine Institutionalisierung dessen Verfechter einerseits dabei umso mehr an.

---

20 Vgl. vom Brocke, B: Die Entstehung der deutschen Forschungsuniversität, ihre Blüte und Krise um 1900, in: Schwinges, R. Ch. (Hrsg.): Humboldt international. Der Export des deutschen Universitätsmodells im 19. und 20. Jahrhundert. Basel 2001, S. 367–401, genauer Roscher, S.: Die Kaiser-Wilhelms-Universität Straßburg 1872–1902. (= Europäische Hochschulschriften, Reihe 3: Geschichte und ihre Hilfswissenschaften, Bd. 1003). Frankfurt a. M. 2006.

21 Vgl. hierzu noch vom Brocke, B.: Hochschul- und Wissenschaftspolitik in Preußen und im Deutschen Kaiserreich 1882–1907: das „System Althoff", in: Baumgart, P. (Hrsg.): Bildungspolitik in Preußen zur Zeit des Kaiserreichs. Stuttgart 1980, S. 9–118.

22 Vgl. Völker, A., Thaler, B. (Hrsg.): Die Entwicklung des medizinhistorischen Unterrichts (= Wissenschaftliche Beiträge der Martin-Luther-Universität Halle-Wittenberg 1982/6, E43). Halle 1982.

23 Vgl. hierzu Goette, F.: Die medizinhistorischen Vorlesungen an den deutschen Universitäten in der zweiten Hälfte des 19. Jahrhunderts. Dissertation 1936. Für die Universität Heidelberg vgl. Schönfeld, W.: Medizingeschichtliche Vorlesungen in Heidelberg im 19. und 20. Jahrhundert bis zur Errichtung des Planmässigen Extraordinariats für Geschichte der Medizin, in: Heidelberger Jahrbücher, Bd. 5, Berlin/Heidelberg 1961.

24 Vgl. Frewer, A.: Biographie und Begründung der akademischen Medizingeschichte: Karl Sudhoff und die Kernphase der Institutionalisierung 1896–1906, in: Frewer (2001).

25 Zu diesem so gern dem Philosophen und Theologen Wilhelm Dilthey (1833–1911) zugeschriebenen Begriff vgl. persönlich zu ihm Rodi, F., Kühne-Bertram, G. (Hrsg.): Dilthey und die hermeneutische Wende in der Philosophie. Göttingen 2008; bzw. philosophisch Joas, H., Noller, J. (Hrsg.): Geisteswissenschaft – was bleibt? Zwischen Theorie, Tradition und Transformation (= Geist und Geisteswissenschaft, Bd. 5). Freiburg/München 2019.

Andererseits war gerade die ungewisse Verortung Grund für die lange dauernde universitäre Etablierung des Faches. Die spät überhaupt erst formulierte Einteilung in Natur- und Geisteswissenschaften[26] und die Selbstveränderung der Medizin ließen die Frage nach der Zugehörigkeit und dem Aufgabenbereich der Medizingeschichte weit offen. Ein deutlicher Hinweis auf den Mentalitätswechsel ist die Ersetzung des *tentamen philosophicum* durch das *tentamen physicum* 1861 sowie die Zulassung von Realschülern zum Medizinstudium.[27] Ein Beispiel für die Ungewissheit seitens der Ärzteschaft, die nicht hauptamtlich medizinhistorisch tätig war, findet sich in einer Studie des berühmten Chirurgen Theodor Billroth (1829–1894).[28] Er schreibt:

> Was die Vorlesungen über Geschichte der Medicin betrifft, so ist es sehr zu beklagen, dass sie immer seltener auf den deutschen Universitäten werden, wohl aus Mangel an Lehrern und Schülern zugleich. [...] Ich halte es für eine Ehrensache der größeren medicinischen Facultäten, dass sie dafür sorgen, dass Vorlesungen über Geschichte der Medicin in ihren Katalogen nicht fehlen; [...].[29]

Die scheinbare Anerkennung des berühmten und wirkmächtigen Arztes übersieht im Weiteren die eigentlichen Probleme des aufstrebenden Faches paradigmatisch. Die methodisch-didaktischen Herausforderungen werden nicht erörtert, sondern beiseite geschoben.[30] Die Verflechtung mit nationalen Interessen („natio-

---

26 Bedeutend dabei der Naturwissenschaftler Hermann (von) Helmholtz (1821–1894) bei einer akademischen Festrede 1862, hrsgg. z.B. in Helmholtz, H.: Über das Verhältnis der Naturwissenschaften zur Gesamtheit der Wissenschaft. Physikalische Blätter 6 (1950), S. 145–152: „In diesem Sinne ging nun die Identitätsphilosophie darauf aus, die wesentlichen Resultate der übrigen Wissenschaften a priori zu konstruieren. Es mochte dieses Geschäft mehr oder weniger gut gelingen in Bezug auf Religion, Recht, Staat, Sprache, Kunst, Geschichte, kurz in all den Wissenschaften, deren Gegenstand sich wesentlich auf psychologischer Grundlage entwickelt, und die daher unter dem Namen der Geisteswissenschaften passend zusammengefaßt werden.", S. 146. Hier klingt die o.g. epistemiologische Richtung an, alles dem Denken zu entnehmen und alles andere von da aus a priori zu konstruieren.

27 1848 hatten nach Heischkel-Artelt die Berliner Studenten die Abschaffung dieser Prüfung verlangt, s. Heischkel-Artelt, E.: Die deutsche Medizingeschichtsschreibung in der ersten Hälfte des 19. Jahrhunderts. Klinische Wochenschrift (1933), Nr. 18, S. 714–717. Abgeschafft wurde es dann 1861, vgl. Lennig, P.: Das Tentamen philosophicum, in: Schneck, P., Lammel, H.-U. (Hrsg.); Die Medizin an der Berliner Universität und an der Charité zwischen 1810 und 1850. Husum 1995, S. 67–78. Auch Heinrich Haeser (s.u.) führt dies in seiner Denkschrift an, s. Schneck, P.: ‚Ueber die Ursachen der gegenwärtigen Vernachlässigung der historisch-medicinischen Studien in Deutschland': Eine Denkschrift Heinrich Haesers an das Preußische Kultusministerium aus dem Jahre 1859, in: Frewer (2001).

28 Billroth, Th.: Über das Lehren und lernen der medicinischen Wissenschaften an den Universitäten der deutschen Nation nebst allgemeinen Bemerkungen über Universitäten. Eine culturhistorische Studie. Wien 1876. Der sehr gut vernetzte Arzt entschuldigt sich im Vorwort für den Umfang seiner Beobachtung.

29 Billroth, S. 80 f.

30 „[...] doch irgend eine Pression auf die Studirenden auszuüben, um solche Vorlesungen zu hören, halte ich nicht für nothwendig. Einem Studenten, der keine Neigung für historische Studien hat,

nale Culturgeschichte“[31]), der hintergründige Einfluss anderer wissenschaftlicher Streitplätze (die Menschheit sei ein „unbedeutendes Geschlecht thierischer Wesen“, „Kampf ums Dasein“[32]) und die ungenaue Forderung nach allgemeiner Durchdringung der Vorlesungen von „historischem Geiste“[33] zeugen von Unverständnis für die eigentlichen Probleme der Integration historischen Wissens in die Lehre. Auch eine simplifizierte Vereinnahmung sowie Utilitarisierung kann man unterstellen. Tatsächlich wurde das Fach viel eher als Fall für „Curiositätencrämer“[34] belächelt. Ihm wurde konsequent die Beheimatung bei den Medizinern verwehrt, die sie aber bei den neuen Geisteswissenschaftlern ebenfalls nicht zu finden vermochte.[35]

Welche Folgen hatte das für die Akteure? Sie standen zunächst meist vor besonderen persönlichen Herausforderungen in ihrem Bestreben, dieses Fach hauptamtlich auszuführen. Die meisten waren zum Broterwerb nach ihrem Medizinstudium auch ärztlich tätig.[36] Gleichzeitig zeichnete sie eine intrinsische Passion für die Geschichte der Medizin aus. Erst die langjährigen persönlichen Initiativen Karl Sudhoffs (1853–1938) führten zu einer dauerhaften Institutionalisierung des Faches um die Jahrhundertwende.[37] Ein Coup war dabei die Zusammenführung aller naturwissenschaftshistorischen Disziplinen unter dem Dach der „Gesellschaft für die Geschichte der Medizin und der Naturwissenschaften“ (DGGMN) im Jahr 1901. Die Editionen sind vor dem Hintergrund dieser Entwicklungen zu lesen und sind darin politisch ‚einzulesen‘. Sie sind außerdem *qua* ihrer Herausgabe *wirksam gewordene* Faktoren bei der Etablierung dieser Wissenschaft.

1.1.4 Gesellschaftliche Situation

Die Editionen richten sich an ein bestimmtes, aber nicht homogenes Publikum. Es war verschieden vor allem in gesellschaftlicher Stellung, wobei sich hier ohnehin ein grundlegender, zäsurhafter Wandel vollzog, der Ärzte in ihrer neuen Rolle wie auch

würde der Inhalt dieser Vorlesungen in ein Ohr hinein, aus dem anderen wieder herausgehen.“ Billroth, S. 81.

31 Billroth, S. 81.

32 Billroth, S. 430 f.

33 Billroth, S. 81.

34 Diese in der Forschung recht bekannt gewordene Formulierung stammt ursprünglich von Puschmann, Th.: Die Bedeutung der Geschichte für die Medicin und die Naturwissenschaften, in: Deutsche Medizinische Wochenschrift, Nr. 40. Leipzig–Berlin 1889 (= 1889a), hier S. 817.

35 Aus Puschmann, Th.: Die Bedeutung der Geschichte für die Medicin und die Naturwissenschaften. Deutsche Medizinische Wochenschrift, Nr. 40. Leipzig–Berlin 1889.

36 Vgl. Bickel, M.: Medizinhistoriker im 19. und 20. Jahrhundert: Eine vergleichend-biographische Betrachtung, in: Frewer (2001), S. 213–234.

37 S.a. 3.4.2; vgl. Frewer, in: Frewer (2001), S. 103–126.

Gelehrte generell betraf. Insbesondere die Frage nach einem Verhältnis zum Humanismus stellte sich auch und besonders für Mediziner, die sich der Geschichte der Heilkunde widmeten.

Innerhalb des ursprünglichen Heimatfachs Medizin ist bereits eine erkenntnistheoretische Dissoziation festgestellt worden. Die naturphilosophische Richtung prägte sich in der „Medizin der Romantik" aus. Sie sah in der Geschichte der Medizin eine hohe Ausdrucksform der allgemeinen, notwendigen historischen Entwicklung des Bewusstseins.[38] Der Sinn einer geschichtlichen Entwicklung stand im Mittelpunkt des Denkens und ließ auch in die Zukunft schauen.[39] Mit einer Zäsur zum ersten Drittel des 19 Jahrhunderts löste die neue, positivistisch-materialistische Medizintheorie dieses Verständnis ab.[40] Dies stellte für die Verfasser von medizingeschichtlichen Werken oder Herausgeber von Editionen oftmals einen nicht unerheblichen Einschnitt in ihr momentanes Schaffen dar. Editionen im Umfang eines Hippokrates dauerten von ihrer Grundlegung bis zur Fertigstellung manchmal mehrere Jahrzehnte, wie z.B. die Hippokrates-Ausgabe Littrés von 1839–1861. Zielsetzung, Durchführung, Rechtfertigung, finanzielle Mittel etc. hingen in großem Maße von der Intention einer Ausgabe ab und mussten sich somit anpassen. Es gibt einige Projekte, die nach ihrer Konzeption nie begonnen bzw. fertiggestellt wurden.[41] Diese geistesgeschichtliche Wende beeinflusste die Editionsintention stark.

Des Weiteren ist vor Augen zu halten, dass das Publikum solcher Editionen auf eine bestimmte Weise (aus)gebildet war. Man kommt dabei nicht umhin, einen kurzen Blick auf die Bildungssituation des 19. Jahrhunderts zu werfen, oder zumindest die humanistische Bildungslage. Schlagworthaft vollzog sich in dieser Zeit eine Neuhumanisierung, breite Alphabetisierung, Verwissenschaftlichung, Säkularisierung. Die Editionen sind vor dem Hintergrund eines modernen Bildungsprogramms zu lesen. Einrichtung eines allgemeinen Schulwesens, Einführung der Schulpflicht, staatlich festgelegte Lehrpläne sind Errungenschaften im Bildungswesen dieser Zeit. Kaum zu unterschätzenden Einfluss hatte dabei Wilhelm von Humboldt (1767–1835), der Jahrzehnte zuvor im Preußischen Bildungsministerium tätig war (1809–1810).[42]

38 S. von Engelhardt, S. 213: „Die Historiographie der Heilkunde muß die innere, organische und genetische Notwendigkeit des historischen Verlaufes erkennbar werden lassen."

39 Vgl. zur Romantischen Medizin Heischkel-Artelt, E.: Die Medizinhistoriographie im XVIII. Jahrhundert. Leiden 1931, und dies. (1933).

40 Die letzten Niederschriften solcher geschichtsphilosophischer Entwürfe stammten von Quitzmann, E. A.: Vorstudien zu einer philosophischen Geschichte der Medizin, als der sichersten Grundlage für die gegenwärtige Reform dieser Wissenschaft. -- Erster Theil, 1. Abth. Subjektiver Theil der Geschichte der Medizin. Karlsruhe 1843, und Isensee, E.: Die Geschichte der Medicin und ihrer Hülfswissenschaften. Erster Theil: Aeltere und Mittlere Geschichte. Berlin 1840.

41 Vgl. unten z.B. etliche Projekte von Charles Daremberg oder unveröffentlichte Schriften Kühns.

42 Zur Einrichtung Humboldt'scher Universitäten vgl. Ash, G. M. (Hrsg.): Mythos Humboldt. Vergangenheit und Zukunft der deutschen Universitäten. Wien/Köln/Weimar 1999.

Mit konkreteren Konturen trat die Idee einer „allgemeinen Bildung" auf.[43] „Die neuhumanistische Bildung wurde für das ganze 19. Jahrhundert in Deutschland die erfolgreichste Allgemeinbildung."[44] Es war dies eine primär deutsche Angelegenheit; der „Charakter der griechischen Nation" wurde hierzu dem Deutschen als besonders nahgestellt und als „Charakter des Menschen überhaupt" empfunden.[45] Dieses Bildungsprogramm ging mit einem völlig andersartigen Staatsverständnis einher in dem Sinne, dass der überkommene absolutistisch-ständische Staat nach Reformen nun in die Vorleistung der Bildungsgewährung treten konnte.[46]

In den späteren Jahrzehnten aber schwand dieses nicht eingelöste Versprechen in Form eines Rückgangs dieser ‚humanistischen' Fächer. Sie wurden zu Übungsplätzen des formalen Denkens – Grammatik wurde z.B. zur Logik – und damit, so die Gefahr, zu einer einfachen Tauglichkeitsprüfung für die Arbeitswelt herabgesetzt. Als Gegenreaktion tönte der Anspruch einer ‚humanistischen' Ausbildung umso lauter, was auch das ausführliche Studium der alten Sprachen Latein und Altgriechisch beinhaltete. Sie allein sei die höhere Allgemeinbildung und befähige zur „Allgemeinen Hochschulreife".[47] Diese Form der philologischen Allgemeinbildung sei europaweit einzigartig gewesen.[48] Die Sammlung dieser Interessen in den Bezirk der sog. Altertumswissenschaften war ein Höhepunkt dieser Entwicklung.[49]

---

43 Der berühmte Humboldt'sche Ausspruch hierzu aus einem Bericht des Kultusministeriums an den König lautet: „Es giebt schlechterdings gewisse Kenntnisse, die allgemein sein müssen, und noch mehr eine gewisse Bildung der Gesinnungen und des Charakters, die keinem fehlen darf. Jeder ist offenbar nur dann ein guter Handwerker, Kaufmann, Soldat und Geschäftsmann, wenn er an sich und ohne Hinsicht auf seinen besonderen Beruf ein guter, anständiger, seinem Stande nach aufgeklärter Mensch und Bürger ist. Giebt ihm der Schulunterricht, was hiezu erforderlich ist, so erwirbt er die besondere Fähigkeit seines Berufs nachher sehr leicht und behält immer die Freiheit, wie im Leben so oft geschiehet, von einem zum andern überzugehen." Zu finden in: Flitner, A., Giel, K. (Hrsg.): Wilhelm von Humboldt – Werke in fünf Bänden. Bd. IV: Schriften zur Politik und zum Bildungswesen. Darmstadt 1982³, S. 210–238, hier S. 218.

44 Landfester, M.: Die neuhumanistische Begründung der Allgemeinbildung in Deutschland, in: Wiersing, E. (Hrsg.): Humanismus und Menschenbildung. Zu Geschichte, Gegenwart und Zukunft der bildenden Begegnung der Europäer mit der Kultur der Griechen und Römer. Essen 2001, S. 205–223, hier S. 205.

45 Landfester, in: Wiersing (2001), S. 215 ff.

46 Landfester, in: Wiersing (2001), S. 218 f.

47 Diese Bewegung wird als „Zweiter Humanismus" bezeichnet; mit Werner Jaeger (1888–1961) tritt ab den 1920er Jahren eine dritte Welle auf; vgl. Landfester, in: Wiersing (2001), S. 218.

48 Vgl. Nutton, V.: Ancient Medicine: From Berlin to Baltimore, in: Huisman (2004), S. 117.

49 Vgl. dazu, insb. unter Berücksichtigung prägender Figuren wie Theodor Mommsen (1817–1903, Berlin), Ulrich von Wilamowitz-Moellendorff (1848–1931, Greifswald) und Hermann Diels (1848–1922, Berlin), Nippel, W.: Genese und Ausdifferenzierung der Altertumswissenschaften, in: Tenorth, H. (Hrsg.): Geschichte der Universität Unter den Linden 1810–2010, Bd. 4: Genese der Disziplinen. Die Konstitution der Universität Berlin. Berlin 2014, S. 199–216; s.a. Walther, G.: „Altertumskunde", in: Der Neue Pauly (DNP), Bd. 13. Stuttgart 1999, Sp. 86–101.

Es war den Akteuren also nicht etwa ein Anliegen, einer irgendwie gearteten Allgemeinheit Zugang zum Wissen der Alten zu verschaffen. Die Ausführung der Arbeiten richteten sich ebenfalls nicht, weder im Stil noch im Inhaltlichen, an ein breiteres Publikum, wo man ja ein antikophiles Bildungsbürgertum vermuten könnte. Zwar realisierte sich die Institutionalisierung der Medizingeschichte während einer Phase der Wissenspopularisierung, aber für ein großes Publikum waren diese Arbeiten immer noch fachlich zu speziell.[50] Das konkrete Zielpublikum war, zumindest zunächst, die gelehrte Ärzteschaft bzw. die medizinische Fachwelt, die im Lauf des 19. Jahrhunderts einen Kompetenzwandel mitvollzog: Der Arzt sollte neben seiner medizinischen Fachkompetenz auch ein Gelehrter sein (s.a. den folgenden Abschnitt) und sich als solcher ausweisen können. Untereinander fanden sie eine gegenseitige Zuhörerschaft vor, die selbstverständlich Latein und Griechisch, gelegentlich sogar auch Arabisch beherrschte. Ärzte schrieben zu Beginn des Jahrhunderts für Ärzte, an dessen Ende hob sich diese klare Zuweisung mehr und mehr auf.

Die allgemeine Zuwendung zum Historischen sowie eine allgemein höhere Sensibilität für historische Fragen erfasste so auch die humanistisch gebildete Ärzteschaft. Ein über die Ärzteschaft weit hinausgehendes Publikum anzunehmen, wäre damit falsch; auch heute erwartet man dies ja keineswegs von medizinhistorischen Publikationen.[51] Vielmehr waren die Fachleute untereinander gut vernetzt, was sich in der weiteren Untersuchung als weiterer entscheidender Faktor der Etablierungsbewegung herausstellen wird. Die Intentionen ihrer Ausgaben sind somit maßgeblich mitbestimmt durch den Willen, sich in der Arztrolle auch als historisch Gelehrter beweisen zu können. Unklarheiten in der Zuständigkeit, was die Bearbeitung alter Texte anging, sind in diesem Licht bereits absehbar.

1.1.5 Kulturelle Rezeption

Darüber hinaus sollen noch kurz einige Charakteristika der wissenschaftspublizistischen Situation im ausgehenden 19. Jahrhundert genannt sein.[52] Die Bereiche der akademischen und der klinischen Medizin klafften für den Arzt immer weiter auseinander. Damit verbunden war auch die bedeutende und folgenreiche Frage nach seinem ‚Status' in der Gesellschaft. Der Kern des Problems lässt sich formulieren

50 Vgl. hierzu Schwarz, A.: Bilden, überzeugen, unterhalten: Wissenschaftspopularisierung und Wissenskultur im 19. Jahrhundert, in: Kretschmann, C. (Hrsg.): Wissenspopularisierung. Konzepte der Wissensverbreitung im Wandel. Berlin 2003, S. 221–234.

51 Allerdings hat sich der Fachkreis der in der Medizingeschichte tätigen Forscher deutlich geweitet, s. die unter 1.2.1 beschriebene Entwicklung.

52 Die nachfolgenden Punkte beziehen sich vorwiegend, wenn nicht anderweitig gekennzeichnet, auf Lammel, H.-U.: Kurt Sprengel und die deutschsprachige Medizingeschichtsschreibung in der ersten Hälfte des 19. Jahrhunderts, in: Frewer (2001), S. 27–38.

mit dem Aufkommen einer neuartigen Vorstellung von Gelehrsamkeit. Sie lässt sich durch eine Verschiebung vom *érudit* hin zum *savant* charakterisieren. Der alte *érudit* stehe dabei für ein altes Gelehrtenverständnis, der den Stoff mittels *inventio–dispositio–elocutio* (Finden–Ordnen–Darlegen) zu beherrschen und zu verwalten habe. Der moderne *savant* hingegen meine denjenigen, der über die Vorlesungstätigkeit hinaus publizistisch tätig werden sollte und wissenschaftliche Erkenntnisse öffentlich, kritisch und nutzbringend auf immer neue Weise zusammenzusetzen in der Lage zu sein habe. Gleichzeitig professionalisierte sich der ‚Wissenschaftler' im Gegensatz zum ‚Gelehrten' als Berufsbezeichnung.[53] Wo stand nun der Arzt in dieser neuen Ordnung? Der Zugang zum sozialen Status des ‚Gelehrtenstands' war dem studierten Mediziner prinzipiell zugänglich; zu diesem gehörte wie gesagt die humanistische Bildung mit ihren profunden Sprachkenntnissen und der Kenntnis antiker Literatur.[54] Gleichzeitig verlor das System der ‚Patronage', also der Förderung durch einen hierarchisch Übergeordneten, nach der Jahrhundertwende zunehmend an Bedeutung.[55] Institutioneller Druck und wachsende Studentenzahlen ließen die Anforderungen an die Kapazitäten des Einzelnen stetig wachsen. Veränderungen im Promotions- und Habilitationswesen unterstützten dies und brachten eine immer wachsende Zahl an Professoren hervor. Man kann hier leicht sehen, wie hier verschiedene Prozesse ineinandergriffen, um ein auch heute noch gültiges Wesen universitären Arbeitens zu begründen. Insbesondere Medizinhistoriker waren Teil dieser Entwicklungen.

Denn die Autoren agierten auch in einer Phase gesellschaftlich-kultureller Umwälzungen. Für die Mediziner als Teil des sog. Bildungsbürgertums stellte „‚Kultur' – zusammen mit ‚Bildung' – eine zentrale Chiffre der Selbstinterpretation und Abgrenzung des deutschen Bildungsbürgertums dar".[56] Ein Zweifrontenkampf gegenüber Großindustrie bzw. Adel und der organisierten Arbeiterbewegung, das Zurechtfinden in der Gesellschaft als neuem, traditions-‚befreitem' Raum fragten scharf nach dem Status des Arztes.[57] Der Anschluss der Medizingeschichte an die „Allgemeine

53 Zur Professionalisierung der Wissenschaft und den Berufsstand des Wissenschaftlers vgl. Mendelsohn, E.: The Emergence of Science as a Profession in Nineteenth Century Europe, in: Hill, K. (Hrsg.): The Management of Scientists. Boston 1964.

54 Vgl. Turner, R. S.: The Bildungsbürgertum and the Learned Professions in Prussia, 1770–1830: The Origins of a Class, in: Social History – Histoire Sociale, vol. 13, no 25 (1980), p. 105–135, hier p. 7.

55 Turner, p. 8.

56 Vgl. Gradmann, Ch.: Geschichte und Naturforschung im „technisch-induktiven Zeitalter": Ernst Hallier und Emil Du Bois-Reymond als Kulturhistoriker, in: Frewer (2001), S. 62.

57 Zum neuen Begriff der Gesellschaft vgl. Frewer, S. 11 f., in: Frewer (2001); genauer Riedel, M.: Gesellschaft, Gemeinschaft, in: Brunner, O., Conze, W., Koselleck, R. (Hrsg.): Geschichtliche Grundbegriffe. Historisches Lexikon zur politisch-sozialen Sprache in Deutschland. Bde. 1–8, Stuttgart 1992–1997, hier Bd. 7, S. 801–862. Zum Status des Arztes vgl. Moser, G.: Der Arztberuf im 19. Jahrhundert: Professionalisierung, Entwicklung der Standesvertretungen und Sozialversicherung bis zum Ersten Weltkrieg, in: Ärzte, Gesundheitswesen und Wohlfahrtsstaat. Neuere Medizin- und Wissenschaftsgeschichte. Quellen und Studien (Bd. 21). Herbolzheim 2011.

Culturhistorie" (s.u.) wird so als Frage nach der gesellschaftlichen Verortung des Bürgertums und damit der Mediziner erneut aufschlussreich. Die Gesellschaftsfähigkeit der Mediziner in der universitär-wissenschaftlichen Welt und besonders die der Medizinhistoriker hing von der Anerkennung dieses neuen Gelehrtentums, von der Wissenschaftlichkeit der Autoren ab. Der Fokus der Arbeiten wird sich abgängig von dem Maß ändern, in dem die Autoren diesem Hintergrund bewusst oder unbewusst Anerkennung gezollt haben.

Eine Tendenz lässt sich aber hier bereits feststellen: Die medizinische Ausbildung hat den Geltungsanspruch der naturwissenschaftlichen Prämissen weit in die medizingeschichtliche Wissenschaft hineingetragen; so weit, dass immer vor diesem Hintergrund auf die Anfragen rechtfertigend geantwortet wurde. Treffend formuliert es Gradmann:

> Beide Autoren [Puschmann und Du Bois-Reymond[58]] beklagten die schwindende historische Bildung ihrer Fachgenossen. Als deren Ursache konstatierten sie Desinteresse. Daß es aber gerade die von ihnen geteilten Geltungsansprüche der naturwissenschaftlichen Denkens waren, [...] kam beiden kaum zu Bewusstsein.[59]

Ihnen „entging die Widersprüchlichkeit der von ihnen vertretenen Position, in der Kulturkritik und Wissenschaftsoptimismus einander in Frage stellten."[60] Die Frage nach der Legitimation (s. unten 1.2.3) setzte ja ein Rechtfertigungsbedürfnis voraus. Dass ein solches nicht berechtigt sein muss, mag stimmen, trotzdem nahmen die Akteure es meist als berechtigt an.

Schließlich wurde das strukturelle Problem auch ein inhaltliches: Wie sollte ein professioneller Medizinhistoriker ausgebildet sein? Die Tendenz zum Historischen, v.a in der ‚Erfindung' des Studienfachs Altertumswissenschaften, konnte die Medizingeschichte ja kaum unbeeinflusst lassen. Immer nachdrücklicher wurden philologisch-kritische Editionen gefordert und auch umgesetzt. Diese Spezialisierung und Transformierung der Medizingeschichte in eine Form der Altertumswissenschaft (s.u.) resultierte allerdings nicht unbedingt in philologisch geschulteren Ärzten, sondern mitunter darin, dass immer weniger Ärzte verstanden, was sie taten.[61] Philologen

---

58 Emil du Bois-Reymond (1818–1896), Begründer der experimentellen Physiologie und zeitweise Rektor der Friedrich-Wilhelms-Universität Berlin. Zu Puschmann s. 3.1.

59 Gradmann, in: Frewer (2001), S. 70.

60 Gradmann, in: Frewer (2001) ,S. 70.

61 Vgl. die philologisch anspruchsvolle Herausgabe eines antiken Werkes eines unbekannten Autors (genannt „Anonymus Parisinus"), das von Charles Daremberg ediert und von Robert Fuchs (s.u.) 1884 nur unvollständig übersetzt wurde. Erst 1996 wurde eine kritische Edition geliefert: Garofalo, I.: Anonymi Medici De Morbis Acutis et Chronii, in: Studies in Ancient Medicine. Bd. 12, Leiden 1996. Diese aber ermangele aber ihrerseits medizinischen Verständnisses, so das Urteil von Nutton, V.: Anonymi medici: De morbis acutis et chroniis (Review), in: Medical History, vol. 42, iss. 3 (July 1998), S. 414. Eine aktuelle inhaltliche Einführung findet sich bei Lewis, O.: The clinical method of the an-

hingegen schenkten historischen medizinischen Schriften nicht immer viel Aufmerksamkeit und hatten weniger fachliches Verständnis des Inhalts. In diesem Zwiespalt bewegte sich die Medizinhistoriographie zum Ende des Jahrhunderts zunehmend.

Diese Aspekte – Status des Arztes, Anerkennungsdruck der neuen Wissenschaft Medizingeschichte – sind zu behalten, wenn es nachher um die Untersuchung der Werke geht. Ein direkter Zusammenhang wird nicht immer nachweisbar sein, doch vermitteln die genannten Punkte ein umfassenderes Verständnis der herrschenden-Polyvalenzen.

1.2 Die Medizinhistoriographie im 19. Jahrhundert

Nach diesen Kontextfeldern des 19. Jahrhunderts soll die Geschichte der Medizingeschichte in selbiges hineingelegt werden. Da, wie gesagt, bereits ausführlich zu diesem Thema geforscht und publiziert wurde, soll der Fokus hier auf folgenden Fragen liegen: Welchen groben Verlauf hat die Etablierung genommen? Welche Protagonisten waren dabei von besonderer Bedeutung? Welche Art von Schriften (Lehrbücher, Editionen, Zeitschriften) tauchen überhaupt auf? Ein kurzer Blick auf die Legitimationslinien, die sich oftmals in den einleitenden Worten der Editionen wiederfinden, soll die Betrachtung dieses zeit- und kulturgeschichtlichen Kontexts ergänzen und ein so wichtiges, stetes Problem der Medizinhistoriker unterstreichen: Wie ist die eigene Arbeit gegenüber der naturwissenschaftlichen und äußerst erfolgreichen Medizin zu rechtfertigen? Für eine angemessene Einschätzung ihrer Situation ist stets vor Augen zu halten, dass sich das Selbstverständnis der Medizin im 19. Jahrhundert so grundlegend und rasch veränderte wie in kaum einer anderen Epoche.

1.2.1 Umrisse der Entwicklung

Das Aufkommen eines Interesses an der Geschichte der Medizin *als eigener Wissenschaft* lässt sich in das spätere 18. Jahrhundert datieren,[62] wenngleich bereits vorherige Darstellungen historische Überlegungen anbringen.[63] Als Begründer der

onymous of Paris, in: Bouras-Vallianatos, P. (Hrsg.): Exploring Greek Manuscripts in the Library at Wellcome Collection in London. New York (May 2020), Chapter 2, abrufbar unter https://www.ncbi.nlm.nih.gov/books/NBK558643/, zul. abg. am 02.11.2022.

62 Vgl. die Standardschrift hierzu von Heischkel-Artelt, E.: Die Medizinhistoriographie im XVIII. Jahrhundert. Leiden 1931. Vgl. auch von Seemen, H.: Zur Kenntnis der Medizinhistorie in der deutschen Romantik. Zürich 1926.

63 Dies geschah bereits bei Hippokrates, jedoch in völlig anderem Interesse und Verständnis; ähnliche Intentionen finden sich dann bei Aulus Cornelius Celsus, Plinius dem Älteren und Galen; vgl. Nutton (2004), S. 116.

modernen Medizingeschichtsschreibung gilt gemeinhin Kurt Sprengel (1766–1833), der mit seinem Werk „Versuch einer pragmatischen Geschichte der Arzneykunde“[64] eine, konzise gesagt, literarische Historisierung der Medizin lieferte.[65] Vor dem Hintergrund des wachsenden Angriffs auf die Lehren des koïschen Arztes, die immer häufiger im Kontrast zu neuen Entdeckungen standen, vollzog Sprengel ein Kunststück: Mit seiner Schrift pragmatisierte und verzeitlichte er die Geschichte in einem Aufschlag und rettete sie so vor immer neuer Überholung.[66] Eine arzneikundliche Behandlungsmethode war, beispielsweise, nicht mehr einziges Ergebnis der historischen Überlieferung und stand damit als autoritativ vermittelte Therapieoption zu Verfügung. Stattdessen wurde sie als eine Möglichkeit unter vielen, die historische nämlich, betrachtet und ‚neben‘ andere, aus anderer Erkenntnisart gewonnene Therapien gestellt. So brachten die chemischen Wissenschaften ja stetig neue Substanzen durch Synthese hervor. In der Folge konnten Autoritäten wie Hippokrates, ‚Ur-Vater‘ der Medizin schlechthin, dem praktizierenden Arzt erhalten und dienlich bleiben.[67] Der Medizinhistoriker musste deswegen immer auch Arzt sein, um die überlieferte Wissenstradition auch einordnen zu können. Andere frühe Medizinhistoriker, die auf diese Weise selbstverständlich Ärzte waren und als solche praktizierten und schrieben, waren Johann Daniel Metzger (1739–1805)[68] und später Carl Reinhold August Wunderlich (1815–1877).[69]

Für die Herausgabe antiker Schriften bedeutete das eine enorme Aufwertung. Sie vollzog sich einerseits vor dem Hintergrund der allgemeinen immensen Übertragung und Veröffentlichung antiker Texte im Rahmen des neuen Humanismus (vgl. oben). Andererseits boten diese oft nicht übersetzten Texte dem praktizierenden Arzt, wie gesagt, noch Potential als Wissensquelle bei der Behandlung von Krankheiten,[70] auch wenn sie immer öfter dem kritischen modernen Blick nicht standhalten konnte.

---

64 Sprengel, K.: Versuch einer pragmatischen Geschichte der Arzneykunde. Halle 1799 ff.

65 Vgl. hierzu v.a. Lammel, H.-U.: To Whom does Medical History Belong? Johann Moehsen, Kurt Sprengel, and the Problem to Origins in Collective Memory, in: Huisman (2004), S. 33 ff.; insb. zu den Voraussetzungen einer solchen Feststellungen von „Gründungsvaterschaft“ sowie der Begriffsgeschichte von „Aufklärungshistorie“ und „Gelehrtengeschichte“ bei Sprengel.

66 Lammel, in: Huisman (2004), S. 41 ff., und Ders.: Kurt Sprengel und die deutschsprachige Medizingeschichtsschreibung in der ersten Hälfte des 19. Jahrhunderts, in: Frewer (2001), S. 30 f. Zum Phänomen der „Verzeitlichung“ s. Seifert, A.: „Verzeitlichung“. Zur Kritik einer neueren Frühneuzeitkategorie, in: Zeitschrift für historische Forschung 10 (1983), S. 447–477.

67 Zu den Bedeutungen von Pragmatismus vgl. Lammel, in: Huisman (2004), S. 41 f., u.a., dass die Vergangenheit ein Mittel zur Erinnerung bleiben könne gegenüber einem universalen geschichtlichen Skeptizismus.

68 Metzger, J. D.: Skizze einer pragmatischen Literatur-Geschichte der Medizin. Königsberg 1792. Zum literarischen Publizieren vgl. Lammel in: Huisman (2004), S. 35 ff.

69 Wunderlich, C. R. A.: Geschichte der Medicin: Vorlesungen, gehalten zu Leipzig im Sommersemester 1858. Stuttgart 1859.

70 Vgl. Nutton in: Huisman (2004), S. 116.

Sprengel bewahrte deren Pragmatik zunächst, indem er sie auf literarische Art erneut anschlussfähig machte. Er schaffte, so Lammel, eine „literarisierte Erinnerungsleistung mit historiographischem Anspruch".[71] Für die Praxis bedeutete das, dass eine intensive Auseinandersetzung mit den Texten der ‚Alten' applikativ lohnenswert war. Darin bestand, grob gesagt, die erste Phase der Medizinhistoriographie mit selbstverständlicher Integration der historischen Betrachtung medizinischer Inhalte in Lehre und Praxis. Das beginnende 19. Jahrhundert kannte diese Verbindung von Historie und Praxis noch, wenn auch neu eingefärbt.[72] Sie verstand als Teil der Aufklärungshistorie, der sich Sprengel verpflichtet sah, Geschichte als herleitbar und offen. Er schrieb in seinem „Versuch":

> So wie der Ursprung, Fortgang und Verfall der Wissenschaften überhaupt nur aus dem Gange der Cultur erklärt werden kann; eben so muss die Historie der Medicin, so viel möglich, aus der Geschichte der Cultur hergeleitet werden. Dadurch wird sie eigentlich pragmatisch.[73]

Sprengel war, zusammengefasst, ein der Historie verpflichteter narrativer Erzählkünstler, der die Ursprünge der Fakultät und der akademischen Medizin zur Identisierung des modernen Arztes benützte, und zwar für Ärzte, nicht Bürger.[74]

Nach Sprengel folgte eine Zeit der Verunsicherung und Reaktanz, die ca. bis in die 1840er Jahre reicht. Mit der Philosophie Hegels formulierten sich auch die Anwendungen der o.g. naturphilosophischen Richtung auf die Medizingeschichte: Diese Wissenschaft sei quasi der Wesenskern der Medizin, weil sie als einzige die organische Entwicklung der Geschichte betont und die Inhalte der Wissenschaft (Medizin eben) als Ausdrucks- und Findungsweise dieser Geschichte des Geistes betrachtet.[75] Die Idee bestand darin, „auch in dem Entwickelungsgange der Medicin das Gesetz seiner innern Nothwendigkeit zu erforschen."[76] Dadurch wurde die Geschichte der

---

71 Lammel, in: Frewer (2001), S. 31.

72 Vgl. dazu Lammel, H.-U.: Interessen und Ansätze der deutschen Medizingeschichtsschreibung in der zweiten Hälfte des 18. Jahrhunderts, in: Bröer, R.: Eine Wissenschaft emanzipiert sich. Die Medizinhistoriographie von der Aufklärung bis zur Postmoderne, in: Neuere Medizin- und Wissenschaftsgeschichte. Quellen und Studien (Bd. 6). Pfaffenweiler 1999, S. 19–29, und Lammel, H.-U.: Klio und Hippokrates: eine Liaison littéraire des 18. Jahrhunderts und die Folgen für die Wissenschaftskultur bis 1850 in Deutschland. Stuttgart 2005.

73 Sprengel, K.: Versuch einer pragmatischen Geschichte der Arzneykunde. Halle 1799 ff., hier Bd. 1, S. 6.

74 Lammel, in: Huisman (2004), S. 46 f. Dieses Verständnis sei es gewesen, das die Medizingeschichte bis in die 1960er Jahre in den Händen der ärztlich-medizinischen Historiker beließ.

75 Vertreter dieser philosophischen Richtung in der Medizin ist v.a. Quitzmann, E. A.: Vorstudien zu einer philosophischen Geschichte der Medizin, als der sichersten Grundlage für die gegenwärtige Reform dieser Wissenschaft. Karlsruhe 1843. Notabene v.a. den ersten Band: Erster Theil, 1. Abth. Subjektiver Theil der Geschichte der Medizin.

76 Isensee, E.: Die Geschichte der Medicin und ihrer Hilfswissenschaften. Erster Theil: Aeltere und Mittlere Geschichte. Berlin 1840, hier S. IX (Vorwort).

Medizin historisiert-philosophisiert, so weit, dass die einzelnen neuen Fachgebiete (Physiologie etc.) als Glieder dieses einen, großen „Denkorganismus" eingepflegt wurden.[77] August Friedrich Hecker (1763–1811)[78] und Michael Benedikt Lessing (1809–1884)[79] schrieben ihre medizinhistorischen Werke mit solchen einleitenden Gedanken. August Damerow (1798–1866) ist ein früher Vertreter einer so gearteten Medizintheorie.[80] Derartige Abrisse beziehen sich mitunter stark auf Sprengel und knüpfen auch thematisch – geschichtliche Darstellungen als Ausdruck der ‚neuen Gelehrsamkeit' – an ihn an.[81]

Die kritische, naturwissenschaftlich-positivistische Richtung hingegen ließ eine weitere Verfolgung dieser philosophischen Richtung nicht zu.[82] Die beiden, damit scheinbar unvereinbaren Positionen führten zu einem deutlichen Bedeutungsverlust der Medizingeschichte in der zweiten Hälfte des 19. Jahrhunderts – weil die *Methode* nicht mehr zeitgemäß erschien.[83] Die zeitgemäße Weise zu forschen war eben die naturwissenschaftlich-*exakte* Methode geworden, die, auf die Geschichtswissenschaften übertragen, ‚historisch-exakte' Methode hieß. Dieser Einschnitt ließ den philologischen Zugang in neuem Licht erscheinen, der ja genau dies versprach: dass nämlich die Geschichte exakte, nachprüfbare Erkenntnisse hervorbringen könne.[84] Die Philologie vermochte scheinbar zu füllen, was durch den Wegfall der geschichtlichen Betrachtung leer geblieben war. Erste Unternehmungen auf diesem Gebiet

77 Ausführlich ausformuliert und dargelegt hat diese Theorie, nach der die gesamten Wissenschaften zusammenhingen, Quitzmann, wenn er schreibt: „Es ist alles nur ein einziger großer Organismus, vollkommen als innerer, vollendet als äußerer, Organismus nur der Eine durch den Andern!" (S. VIII). Die philosophische Geschichte der Medizin sei die einzig wahre Entwicklungsgeschichte der Medizin. Die drei Kriterien hierfür seien die „Anerkennung des organischen Entwicklungsganges in der Geschichte der Medizin", ein „Entwicklungsgesetz, [... das] sie in ihrer absoluten Identität für die Wissenschaft erfassend, die Gleichzeitigkeit ihrer Entwicklung zu eruieren weiß", und die „Potenzierung der historischen Pathologie zur historischen Physiologie". Interessant ist hier die Bedeutung, die der zu Lebzeiten Quitzmanns begründeten und aufscheinenden Physiologie beigemessen wird.

78 Hecker, A. F.: Die Heilkunst auf ihren Wegen zur Gewissheit oder die Theorien, Systeme und Heilmethoden der Aerzte seit Hippocrates bis auf unsere Zeiten. Erfurt 1802.

79 Lessing, M. B.: Handbuch der Geschichte der Medizin. Nach Quellen bearbeitet. Berlin 1838.

80 Damerow, H. P. A.: Die Elemente der nächsten Zukunft der Medicin entwickelt aus der Vergangenheit und Gegenwart. Berlin 1829.

81 Vgl. z.B. das Vorwort Isensees, der sein Vorwort am Tag der Veröffentlichung mit „Berlin, am Todestage Kurt Sprengel's, 1840." unterschrieb.

82 Auch Immanuel Kant (1724–1804) beschäftigte sich mit der Erkenntnistheorie der Naturwissenschaften: Kant, I.: Metaphysische Anfangsgründe der Naturwissenschaft. Riga 1787.

83 Vgl. Frewer, in: Frewer (2001), S. 13: „[...] die historisch-geisteswissenschaftliche Betrachtungsweise versprach neben der nun maßgeblichen naturwissenschaftlichen keinen entscheidenden Erkenntnisgewinn und erschien zunehmend als Sammlung von irrelevanten Antiquitäten."

84 Nutton beschreibt dies als „intellectual archaeology". Ziel sei die Rekonstruktion der Vergangenheit: „[...] reconstruct the past on the basis of new texts and documents". S. Nutton in: Huisman (2004), S. 117.

waren die Folge, ausgeführt von Ärzten, oftmals beraten von Philologen, wie noch gezeigt werden wird. Ludwig Choulant (1791–1861), Julius Rosenbaum (1807–1874), Julius Ludwig Ideler (1809–1842) und Friedrich Reinhold Dietz (1805–1836) waren Protagonisten dieser Zeit. Dass diese Methode ihrerseits an ihre Grenzen geraten würde, zeichnete sich allzu bald ab. Die philologischen Erkenntnisse brachten ja immer deutlicher zutage, dass die Historie als Vermittlerin von Wahrem nur zweifelhaft herhalten konnte: Mitunter stieß man auf falsche Quellen oder diese widersprachen sich häufig.[85] Hatte man damit nun der Medizin einen Gefallen getan und ihr neues Wissen vermacht oder nicht eher die Alten als umso unglaubwürdiger erwiesen? Damit spalteten sich die Richtungen wiederum auf: einerseits penibles Quellenstudium um der exakten Methode willen, andererseits utilitaristischer Positivismus, am namhaftesten von Charles Daremberg (1817–1872) vertreten, der auf der praktischen Anwendbarkeit des Historischen weiterhin bestand. In dieser zweiten Phase, einem Zwischenstadium eigentlich, verblieb die Medizingeschichte bis kurz vor die Jahrhundertwende.

In den letzten beiden Jahrzehnten des Jahrhunderts zeichnete sich eine dritte Phase der Assimilation und Reintegration diverser Sichten ab. Protagonisten dieser als „Kernphase" bezeichneten Epoche waren Heinrich Haeser (1811–1885), Theodor Puschmann (1844–1899), Julius Pagel (1851–1912)[86], Max Neuburger (1868–1955) und Karl Sudhoff (1853–1938).[87] In den Vordergrund trat zunehmend die Etablierung der Medizingeschichte als universitäre Wissenschaft, wozu eine versöhnliche Koexistenz der methodischen Streitfragen vonnöten war. Während dieser Zeit wurde daher die Auseinandersetzung um die Errichtung wissenschaftlicher Organe für die Medizingeschichte vor allem auch politisch geführt. Als Durchbruch gilt die Gründung einer Gesellschaft für die Geschichte mehrerer Naturwissenschaften zugleich, der „Deutschen Gesellschaft für Geschichte der Medizin und Naturwissenschaften".[88] Dieser Eckstein einer jetzt fortschreitenden Institutionalisierung geschah vor mehreren Hintergründen. Zum einen verfolgte Sudhoff eine definitive ‚Transformierung' der Medizingeschichte in eine Form der Altertumswissenschaften. Damit wurde das Fach anschlussfähiger, gesellschaftsfähiger und, wenn man so will, ‚wissenschaftlicher'. Interessant wurden somit nämlich nicht nur originär medizinhistorische Topoi.

---

85 S. Lammel, in: Frewer (2001), S. 31.

86 Pagel baut den Einfluss der Medizingeschichte im Bereich der Kulturgeschichte besonders stark aus. Mithilfe der Einbettung der Medizin in die kulturhistorische Debatte behalte die Medizingeschichte den ihre wissenschaftliche Anschlussfähigkeit auch abseits des Ärztekreises. Vgl. Pagel, J.: Grundriss eines Systems der Medizinischen Kulturgeschichte. Berlin 1905. Zum hitzig geführten Streit um den Begriff der ‚Kulturgeschichte' s.a. unten in den Abschnitten zu Puschmann und Sudhoff.

87 Zum Begriff der „Kernphase" bei Frewer, in: Frewer (2001), S. 9 u. insb. 103 ff.

88 Vgl. zu diesem Thema v.a. Frewer, A., Steif, Y.: Personen, Netzwerke und Institutionen: Zur Gründung der Deutschen Gesellschaft für Geschichte der Medizin und Naturwissenschaften, in: Sudhoffs Archiv, Bd. 87, H. 2 (2003), S. 180–194.

Hinzu kamen Arbeiten, die sich mit Meta-Themen auseinandersetzen konnten, um *auch ohne* medizinisch-naturwissenschaftliche Verbindung an die Inhalte der antiken ärztlichen Schriftsteller anschließen zu können. Ein Beispiel wären Studien *über* einen Gegenstand, z.B. Epilepsie im Laufe der Geschichte, oder Galen-*ismus*, die ‚Ideengeschichte' der Medizin Galens sozusagen.[89] Damit wurde die Debatte um die praktische Anwendbarkeit reiner historischer Textforschung, die „Methodenfrage" also, beiseite gestellt und sekundarisiert. Die Sudhoff-Schüler Henry E. Sigerist (1891–1957),[90] Owsei Temkin (1902–2002), und Ludwig Edelstein (1902–1965) demonstrierten dies im Weiteren.[91] Geschichtsphilosophische Positionen erhielten sich v.a. in den an die „allgemeine Culturhistorie" anschließenden Betrachtungen von Neuburger.

Gleichzeitig wurden zunehmend professionelle Philologen hinzugezogen, um die Editionen antiker Texte exakter und dem wissenschaftlichen Standard entsprechend zu gestalten. Solche Figuren sind Max Wellmann (1863–1933), Karl Deichgräber (1903–1984) und Hans Diller (1905–1977). Der Anspruch an die Medizingeschichte stieg mit den Anforderungen der Philologie. Versuchsweise vereinten einzelne Gelehrte philologisches Arbeiten mit hauptamtlicher medizinhistorischer Tätigkeit; Puschmann ist ein Beispiel dafür (s. 3.1). Er verbindet den historisch-exakten Zugriff auf antike Schriften damit, historische Erkenntnis in die Medizin als angewandte Wissenschaft zu instillieren.

Daneben gab es auch eine Richtung, die nach wie vor hauptsächlich die ärztliche Praxis in den Blick nahm, davon wird u.a. bei Julius Berendes (1837–1914) die Rede sein. Dieser Weg wurde von Sudhoff bald abgelehnt, und zwar, weil er die darin verborgene Gefahr erkannte: Die möglicherweise bedachte, aber insgesamt eher unbewusste Annahme der Prämissen von Utilitarismus und Legitimation hatten ja die so unsichere Positionierung der Medizingeschichte geradehin herbeigeführt. Sein deutliches Plädoyer für einen Mittelweg zwischen reiner und praktischer Wissenschaft weist auf den Nachdruck hin, mit der er das Fach vor solchen Unentschiedenheiten zu bewahren versuchte. Dem problematischen Verhältnis zur Philologie wurde bei ihm darum zunächst um der Etablierung willen weniger Aufmerksamkeit zuteil. Jedoch – die stattgehabte Assimilation hatte paradoxerweise eben auch darin bestanden, den Forderungen einer nützlichen, exakten Wissenschaftsmethode nachzukommen. Das Problem war nicht gelöst worden. Die Medizingeschichte hatte aber nun auch andere

---

89 Der Fokus lag auf „ideas of eternal value", s. Nutton, in: Huisman (2004), S. 123.

90 Zu ihm vgl. Fee, E., Brown, Th. M.: Making Medical History: The Life and Times of Henry E. Sigerist. Baltimore 1997.

91 Bspw. Temkin, O.: The Falling Sickness: A History of Epilepsy from the Greeks to the Beginnings of Modern Neurology. Baltimore 1945; oder Ders.: Galenism: Rise and Decline of a Medical Philosophy. Ithaka/New York 1973. Auch Philologen schrieben über antike Ärzte, allerdings nicht von „Arzt zu Arzt", sondern von „Schriftsteller zu Schriftsteller": Deichgräber, K.: Aretaeus von Kappadozien als medizinischer Schriftsteller. Mit Anhang: Der kranke Gelehrte. Berlin 1971 (= Abhandlungen der Sächsischen Akademie der Wissenschaften zu Leipzig. Phil.-hist. Klasse 63, 3).

Funktionen zu erfüllen,[92] sodass die Frage methodisch unbearbeitet blieb. In den zu dieser Zeit bearbeiteten und herausgegebenen Editionen schlagen sich diese sehr verschiedenen Entwicklungen nieder. Vor diesem Hintergrund ist also eine dritte Phase der deutlichen Diversifizierung und Parallelexistenz von Positionen festzuhalten.

Damit möge die vorliegende Zusammenschau der Entwicklung der Medizinhistoriographie genügen. Die Literatur über die Entwicklung der Medizingeschichte gerade im 19. Jahrhundert ist umfangreich. Besonders für die weitere Entwicklung im Folgejahrhundert wird auf einschlägige Werke verwiesen.[93] Die Zentren der Medizinhistoriographie verlagerten sich danach in die Vereinigten Staaten von Amerika, besonders nach der Emigration einiger deutscher Medizinhistoriker, allen voran Henry E. Sigerist. Der nationalsozialistische Einfluss auf das deutsche Universitätswesen hatte daran großen Anteil, insbesondere weil nicht wenige Gelehrte jüdischer Abstimmung waren. In Deutschland führten indes Paul Diepgen (1878–1966), Walter Artelt (1906–1976), und Edith Heischkel-Artelt (1906–1987) die Forschung weiter. Viele der dargestellten Muster und Wissenschaftsverständnisse traten in neuer Form zutage.[94] Eine unleugbare Entwicklung ist seither die der Interdisziplinarisierung: Geschichtswissenschaftler, Philologen, Ärzte sowie Sozial-, Kultur- und Ethnische Wissenschaftler gesellten sich hinzu, ebenso Vertreter der Paläopathologie und Archäologie. Nach der Untersuchung einiger ausgewählter Werke wird die weitere Entwicklung unter Sudhoff erneut ins Auge gefasst werden.

1.2.2 Charakteristika der Protagonisten

Die im Weiteren untersuchten Editionen stammen vorwiegend aus den Federn von Medizinhistorikern der ersten beiden beschriebenen Phasen (s.o.). Für die Untersu-

92 Vgl. dazu Toellner, R.: Der Funktionswandel der Wissenschaftshistoriographie am Beispiel der Medizingeschichte des 19. und 20. Jahrhunderts, in: Bröer (1999), S. 175–187.

93 So z.B. Huisman (2004). Für das 20. Jahrhundert vgl. besonders Groß, D., Winckelmann, H. J. (Hrsg.): Medizin im 20. Jahrhundert. Fortschritte und Grenzen der Heilkunde seit 1900. München 2008; Roelcke, V.: Die Entwicklung der Medizingeschichte seit 1945, in: Internationale Zeitschrift für Geschichte und Ethik der Naturwissenschaften, Technik und Medizin 2 (1994), S. 193–216; Kästner, I.: Das Leipziger Karl-Sudhoff-Institut und das Fach Geschichte der Medizin in der DDR, in: Medizinhistorisches Journal, Bd. 49, H. 1/2 (Themenheft 2014: Medizingeschichte in Deutschland nach 1945), S. 118–158.

94 Neuburgers Aussage, die Medizingeschichte sei als Kulturgeschichte und Geschichte insgesamt eine wissenschaftlich exakte Forschung, die man mit den Gesetzmäßigkeiten der Geschichte erforschen könne, klingt z.B. deutlich hegelianisch. So auch manche verwendete Begrifflichkeit, z.B. „kausalgenetisch“, „Gesetz der Contrastwirkung“, „immanente Zweckmäßigkeit“, „genetische Geschichtsschreibung“, s. Schmiedebach, in: Huisman (2004), S. 85 f. aus Neuburger, M: „Einleitung“, in: Neuburger, M., Pagel, J. (Hrsg.): Handbuch der Geschichte der Medizin / begr. von Th. Puschmann. 3 Bde., Jena 1902–1905, hier Bd. 2.

chung ist auch von Interesse, welche Eigenschaften sie hinsichtlich ihrer Herkunft und Motivation auszeichneten, denn die von ihnen erstellten Editionen ergaben sich teilweise aus persönlichen Bezügen zu einem Thema.[95]

Zunächst lässt sich, wie bereits angedeutet, zur fachlichen Herkunft feststellen, dass fast alle dieser Medizinhistoriker Ärzte waren, also ein Medizinstudium abgeschlossen hatten, allermeistes mit einem anschließenden Promotionsverfahren.[96] Nicht unerwähnt bleiben soll die Tatsache, dass der „Anteil an Juden [...] mit mindestens $^{8}/_{25}$ weit überproportional war".[97] Beinah alle waren ärztlich tätig, manche lebenslang parallel zu ihrer medizinhistorischen Forschung, manche zumindest einige Jahre, was den ungünstigen hauptberuflichen Perspektiven ohne institutionelle Absicherung der Medizingeschichte geschuldet sein mochte.[98] Indes, „die Frage, warum und wie einzelne Ärzte zur Medizingeschichte gekommen sind, läßt sich [...] selten und schwer beantworten." Rein extern ließen sich zwei mögliche Erklärungen finden: zum einen sog. Lehrer-Schüler-Dynastien (so z.B. Haeser–Puschmann–Neuburger–Castiglioni[99]), zum anderen ortsbezogene Tätigkeitsfelder (wie bibliothekarische Arbeit oder lokalhistorische Interessen).[100] Diese Feststellungen lassen die Frage nach einer intrinsischen Motivation notwendigerweise offen.

Darüber hinaus finden sich lokale Traditionen, also Orte, an denen die medizinhistorische Forschung zuerst belebt und dann weitergeführt wurde. Zu diesen gehören beispielsweise Leipzig, wo unter Sudhoff mit dem Nachlass Puschmanns ein Institut gegründet werden konnte, Jena mit Theodor Meyer-Steineg (1873–1936)[101], Wien mit Puschmanns ordentlicher Professur und Berlin, wo der Lehrstuhl aber mehrmals für längere Zeit verwaiste. Des Weiteren stammten die betrachteten Personen überwiegend aus norddeutschen Gebieten, die dem Königreich Preußen zugehörten – kaum einer erblickte südlich des Mains das Licht der Welt. Meist studierten sie auch regional. Die dadurch plausibilisierte enge Bindung an das preußische Bildungs- und Kulturwesen ist offenbar. Meist wendeten sie sich aus persönlichem Interesse oder aus Veranlagung der Medizingeschichte zu. Ein sicheres Auskommen oder ein ‚innermedizinisch' angesehener Posten war ihnen mit der Stellung eines Medizinhistorikers,

95 Die folgenden Aspekte finden sich bei Bickel, M.: Medizinhistoriker im 19. und 20. Jahrhundert: Eine vergleichend-biographische Betrachtung, in: Frewer (2001), S. 213–234.

96 Bickel, in: Frewer (2001), S. 218.

97 Bickel, in: Frewer (2001), S. 216.

98 Bickel, in: Frewer (2001), S. 223.

99 Gemeint ist der in Italien geborene und zur Emigration in die USA gezwungene Arturo Castiglioni (1874–1953).

100 Bickel, in: Frewer (2001), S. 221.

101 Meyer-Steineg begründete eine medizinhistorische Sammlung und eine lokale Fachzeitschrift („Jenaer medizinhistorische Beiträge") und gab 1921 mit Karl Sudhoff das große Lehrbuch „Geschichte der Medizin im Überblick mit Abbildungen" heraus. Zu ihm s. Zimmermann, S.: Theodor Meyer-Steineg (1873–1936) und die Medizingeschichte in Jena. Pfaffenweiler 1999.

zu der es keinen direkten Weg gab, jedenfalls selten beschieden. Schließlich kann man feststellen, dass die Herausgabe antiker Werke oftmals ein akademischer Durchbruch für die Akteure gewesen ist, zum Mindesten in Deutschland. Puschmann beispielsweise habilitierte sich nach der Ausgabe des Alexander von Tralleis in Leipzig und wurde bald als Extraordinarius auf die Wiener Lehrkanzel berufen.[102] Auch Julius Berendes wurde bald nach der Veröffentlichung seiner Übersetzung von Hildegard von Bingens „Physica" im Jahr 1897 ein Ehrendoktortitel verliehen (1900).[103]

Diese biographischen Bemerkungen werfen einiges, natürlich nicht erschöpfendes Licht auf die enge Bindung an die lokalen Gegebenheiten und persönlichen Hintergründe. Neben diesen Gründen werden die Editionen auch immer als politische Erzeugnisse und auf ihre politische Wirkung hin gelesen werden müssen, gerade vor dem Hintergrund des schon beschriebenen Drangs zur Fachlegitimierung.

1.2.3 Die Frage nach Legitimierung

Die o.g. Verunsicherungen während der Entstehungszeit der Medizingeschichte spiegelten sich stets in dem besonderen Bedürfnis wider, das eigene Fach einer Legitimierung zu unterziehen. Zur Einschätzung der Nachwirkung, die die Editionen hatten, hilft ein Verständnis solcher ‚Legitimierungsstrategien' der Medizingeschichte. Hierzu gibt es viele Arbeiten, die der genannten Einteilung der medizingeschichtlichen Entwicklung in drei Phasen ungefähr folgen.[104] Beinah jeder der bedeutenden Medizinhistoriker im 19. Jahrhundert hat sich dahingehend geäußert. Auch solche Ärzte, Politiker etc., die keine Historiker waren, haben auf diesem Themengebiet geschrieben,[105] später z.B. Richard Koch (1882–1949)[106] sowie Julius Pagels Sohn

102 Vgl. Schmidt, G.: Theodor Puschmann und seine Verdienste um die Einrichtung des Faches Medizingeschichte an der Wiener Medizinischen Fakultät, in: Frewer (2001), S. 91–102.

103 Für manche stellte dies auch direkt einen Teil ihres Habilitationsvorhaben dar, so z.B. bei Pagel, J. (Hrsg.): Die Anatomie des Heinrich von Mondeville. Nach einer Handschrift der Königlichen Bibliothek zu Berlin vom Jahre 1304. Berlin 1889.

104 Vgl. v.a. Kümmel, W. F.: „Dem Arzt nötig oder nützlich"? Legitimierungsstrategien der Medizingeschichte im 19. Jahrhundert, in: Frewer (2001), S. 75–90. Schon im Titel Anschluss suchend setzt eine textorientierte Inauguraldissertation die Analyse für das 20. Jahrhundert fort: Eckerl, M. L.: Nötig oder nützlich? Legitimierungsstrategien der deutschsprachigen Medizingeschichte im 20. und 21. Jahrhundert. Inaugural-Dissertation Ulm 2014. Für eine soziologische Perspektive vgl. Schluchter, W.: Legitimationsprobleme der Medizin. Zeitschrift für Soziologie 3 (1974), S. 375–396.

105 V.a. bei der Besetzung von Lehrstühlen wurde diese Frage auch finanziell relevant. Zu Sudhoffs Berufung auf den Leipziger Lehrstuhl vgl. den zeitgeschichtlich sehr plastisch geschriebenen Beitrag von Riha, O.: Die Puschmann-Stiftung und die Diskussion zur Errichtung eines Ordinariats für Geschichte der Medizin an der Universität Leipzig, in: Frewer (2001), S. 127–142.

106 Koch, R.: Die Bedeutung der Geschichte der Medizin für den Arzt, in: Fortschritte der Medizin 38 (1921), S. 217–225.

Walter Pagel (1898–1983).[107] Auch Sudhoffs Nachfolger Sigerist äußerte sich dazu;[108] typisch bei ihm wie vielen anderen ist eine Art Programmschrift am Anfang einer Zeitschrift oder bei einem Vorlesungsantritt. Für die in dieser Arbeit relevanten Akteure sollen kurz einige Äußerungen zu Wort kommen.

In einer Phase der Spätaufklärung, nach Sprengel bis in die 1840er Jahre, ist noch ein Kontinuum mit der Tradition vorhanden, die die Erkenntnisse der Moderne in die der Alten, auch zur Abgrenzung, einzureihen versucht. Dies reicht bis hin zu den allerersten Medizinhistorikern des Universalgelehrtentums wie Johann Heinrich Schulze (1687–1744) oder Daniel Le Clerc (1652–1827). Deren Argumente zeichnen sich insgesamt dadurch aus, dass sie

> vorrangig auf einen im Allgemeinen und Grundsätzlichen liegenden Gewinn zielen, weniger einen speziellen praktischen Nutzen verheißen und zum großen Teil auch für andere Fächer als die Medizin gelten können: [...] Horizonterweiterung [...] Orientierungshilfe [...] Aufgeschlossenheit gegenüber dem Fremden [...] Bescheidenheit und Selbstkritik [...].[109]

Sprengel selbst nennt fünf Punkte über die Wissenschaftsgeschichte im Allgemeinen, zu denen sich Unterscheidungsfähigkeit zwischen Richtigem und Falschem, Bewahrung vor Irrtümern und Einseitigkeit im Urteil u.A. hinzugesellen.[110] Trotz dieser eigentlich neuartigen Weise, überhaupt Rechenschaft abzulegen, blieben diese Argumente bis zur endgültigen Überholung medizinischer Erkenntnisse durch die naturwissenschaftliche Medizin intakt.

Spätestens Charles Daremberg (1817–1872) trat dann als dezidierter Positivist auf. Medizingeschichte sei zu betreiben, weil sie dem Arzt praktischen Nutzen vermitteln könne.[111] Die freilich nicht ausbleibenden Gegenstimmen provozierten in der Zeit zwischen 1840 und 1880 einen Streit darüber, ob eine solche Legitimation überhaupt notwendig sei.[112] Es herrschte, gerade in ärztlichen Kreisen, kein Konsens über die Existenzberechtigung der Medizingeschichte überhaupt. Dennoch finden sich auch bei Klinikern ubiquitär Überlegungen zum direkten praktischen Nutzen der Medizingeschichte in Diagnostik und Therapie. Zum Maßstab wurde jeweils der

107 Pagel, W.: Julius Pagel and the significance of medical history for medicine, in: Bulletin of the History of Medicine 25 (1951), S. 207–225.

108 Sigerist, H. E.: Die historische Betrachtung der Medizin, in: Archiv für Geschichte der Medizin 18 (1926), S. 1–19.

109 Kümmel, in: Frewer (2001), S. 79.

110 Sprengel (1799), Bd. 1, S. 14 ff.

111 Vgl. Gourevitch, D.: Charles Daremberg, His Friend Émile Littré, and Positivist Medical History, in: Huisman (2004).

112 Vgl. die Auseinandersetzung Darembergs mit Julius Petersen (1840–1909?) bei Kümmel, in: Frewer (2001), S. 81 f. Zu Petersen vgl. Pagel, J.: Biographisches Lexikon hervorragender Ärzte des neunzehnten Jahrhunderts (= Biographisches Lexikon). Berlin/Wien 1901, Sp. 1277–1278. Nicht zu verwechseln ist er mit dem gleichnamigen dänischen Mathematiker, der von 1839–1910 lebte.

aktuelle Stand wissenschaftlicher Erkenntnis.[113] Als Vermittlerin derartigen Wissens, das in der Praxis direkt Anwendung finden sollte, musste die Medizingeschichte freilich sehr fraglich erscheinen. Der fortschreitende allgemeine Bedeutungsverlust der Medizingeschichte ging somit einher mit einer immer heftigeren Auseinandersetzung um ihre Daseinsberechtigung.

Ein deutliches zeitgenössisches Zeugnis einer solchen Standortbestimmung liefert eine Denkschrift von Heinrich Haeser (1811–1885) aus dem Jahr 1859. Sie wurde erstmals 2001 im gesamten Wortlaut abgedruckt und war zuvor in den Archiven des Preußischen Kultusministeriums gefunden worden.[114] Derartige Schriften kamen auch von Puschmann und Johann Lukas Schönlein (1793–1864)[115] heraus, gerade in der Zeit der Umbrüche zur Mitte des Jahrhunderts.[116] Haeser war ein berühmter Medizinhistoriker, der v.a. wegen seines Hauptwerkes „Lehrbuch der Geschichte der Medizin und der epidemischen Krankheiten" in drei Auflagen bekannt und geachtet geworden war.[117] Er hatte weitere, speziellere Lehrbücher der Medizin verfasst, u.a. zur Geschichte christlicher Krankenpflege.[118] Nach einer europäischen Rundschau über die Lage der Medizingeschichte in den benachbarten Nationen geht er in der „Denkschrift" auf die missliche Lage der ordentlichen Vorlesungen im preußischen Staatsgebiet ein. Schließlich legt er Gründe für den notwendigen Unterricht im Fach Medizingeschichte für Medizinstudenten dar. Das Muster des klassisch geschulten Arztes ist ein komparatistisches Argument der Form *a minori ad maius*: Wo es schon in anderen Fächern möglich ist, sich über die Genese des Faches belehren zu lassen, müsse dies doch auch und gerade bei der Medizin der Fall sein. Wo es andernorts besser um das Fach bestellt ist, müsse es doch gerade in Preußen gelehrt werden. Und als Conclusio:

> Endlich sind unsere Universitäten auch nicht Anstalten, um Pfarrer, Richter und praktische Aerzte zu erziehen, sondern sie sind Pflanzstätten der Wissenschaft. Es ist eine unserer wichtigsten, unsrer heiligsten Aufgaben, aus unsern Schülern die Lehrer der Zukunft zu bilden. Der Jugend gehört die Welt, ihr gehört die Zukunft. Sie ist das Salz der Erde. ‚Wenn aber das Salz dumm wird, womit dann salzen?'[119]

---

113 Leopold von Ranke (1795–1886) kommt noch in der Einleitung von Berendes' Lehrwerk zum Apothekenwesen (s.u.) zu Wort: „Man hat der Historie das Amt, die Vergangenheit zu richten, die Mitwelt zum Nutzen zukünftiger Jahre zu belehren, beigemessen.", s. Berendes (1907), S. IV.

114 Schneck, in: Frewer (2001), S. 39–56.

115 Zu Schönleins Rolle für den Berliner Lehrstuhl für Geschichte der Medizin vgl. Rath, G.: Johann Lucas Schönlein und der Berliner Lehrstuhl für Geschichte der Medizin, in: Medizinhistorisches Journal 1 (4/1966), S. 217–223.

116 S. Schneck, in: Frewer (2001), S. 39 f.

117 Haeser, H.: Lehrbuch der Geschichte der Medizin und der epidemischen Krankheiten. Jena 1845. Es erschienen zwei weitere umfangreich umgearbeitete Auflagen (1853–1865 bzw. 1875–1882).

118 Ders.: Geschichte christlicher Kranken-Pflege und Pflegerschaften. Berlin 1857.

119 Aus Schneck, in: Frewer (2001), S. 51.

Es ist unverkennbar, wie hier vor allem politisch provokant argumentiert wird. Diese Dimension ist auch bei den Editionen, wie gesagt, zu berücksichtigen. In Haeser findet sich ein politisch aktiver, medizinhistorisch forschender und gut vernetzter Arzt, der später bei den Editionen noch wichtig sein wird, wenngleich er keine eigene herausgegeben hat.

Die Umbrüche und folgende Verunsicherung zeigen sich auch in der Zeit gegen Ende des Jahrhunderts, wo Puschmann, Neuburger, Pagel und andere ihre Lehrtätigkeit aufnahmen. In seiner Antrittsvorlesung in Wien etwa sagte Puschmann:

> Oder sollte etwa für die Medizin der Satz nicht gelten, dass ein wahres Wissen oder Können nur dann vorhanden ist, wenn man eine Wissenschaft oder Kunst von ihrer frühesten Entstehung an in ihrer allmäligen Entwickelung bis zu ihrem jetzigen Zustande verfolgt? [...] Und nur den Aerzten und Naturforschern sollte es keinen Gewinn bringen, wenn sie sich mit der Geschichte ihrer Wissenschaft beschäftigen?[120]

Die Beschäftigung mit der Geschichte der Medizin soll „gewinnbringend" sein. Hierin zeigt sich der positivistische Einfluss, der gleichzeitig aber nicht allein bestimmend sein soll. Ein Jahrzehnt später heißt es in seinem eigens zu diesem Gegenstand verfassten Beitrag zur „Deutschen Medicinischen Wochenschrift":

> Die fruchtbringende Forscherthätigkeit, [...] die grossen Entdeckungen und Erfindungen, [...] die Fülle von Thatsachen und Ideen, [...] drängten zu dem Gedanken, dass die Gegenwart alles, die Vergangenheit nichts sei. [...] Der Nutzen der historischen Studien äussert sich hier nach drei Richtungen. Zunächst vervollständigen sie die Allgemeinbildung; dann begründen und befestigen sie das fachmännische Wissen, und endlich fördern sie die Erziehung, die Veredelung des Charakters.[121]

Hier nehmen die Argumente allgemeiner Art wieder zu, wo die Medizingeschichte dem Arzt als einzelnem hilfreich sind, weniger der Medizin in ihrer generellen Verfassung als Wissenschaft. Zwei neue Argumente treten alsbald noch hinzu: geschichtliche Bildung zur Hebung des Bildungsniveaus der Ärzte und damit verbunden gesellschaftliche Anerkennung der Mediziner unter Akademikern, und „Bekämpfung der Curpfuscher".[122] Die naturwissenschaftlich-positivistische Orientierung der Medizin hatte ja zur Ausbildung reaktanter Gegenströmungen geführt, die andere Erkenntnismethoden zuließen und im ärztlichen Handeln ausformten. In der Homöopathie findet

---

120 Puschmann, Th.: Die Geschichte der Medizin als akademischer Lehrgegenstand, in: Wiener medizinische Blätter Nr. 44/45 (Jg. 1879), S. 1069–1072 bzw. 1093–1096.

121 Ders. (1889a), S. 817.

122 S. Kümmel, in: Frewer (2001), S. 85 f.

sich das wohl bekannteste Beispiel einer solchen Entwicklung. Die Geschichte sei dabei nun eine „Schutzwehr im Kampfe gegen Charlatanismus und Aftermedizin".[123]

Um die Jahrhundertwende dann, als die Geschichte der Medizin „aus dem Dornröschen-Schlafe" erwacht war, traten die Gelehrten der Medizingeschichte mit neuem Selbstbewusstsein auf. Puschmanns Nachfolger auf der Wiener Lehrkanzel, Max Neuburger, sagte in seiner Antrittsvorlesung fünfundzwanzig Jahre nach Puschmanns Rede:

> Diese wenigen Beispiele [...] zeigen, daß man gerade auf den Höhen der wissenschaftlichen Forschung die Neigung empfindet, in der kritischen Analyse der vorausgegangenen Entwicklungsphasen für den neu erklommenen Standpunkt die erkenntnistheoretische Grundlage zu suchen. [...] So lange die alte Medizin dogmatisch herrschte und der freien Forschung den Weg verschloß, so lange die Lehrer im mittelalterlichen Geiste tradierten, war eigentlich jeder medizinische Unterricht rein literar-historisch, war die ganze Medizin eigentlich nichts anderes als eine stillstehende Geschichte der Heilkunst.[124]

Hier kristallisieren sich zwei bezeichnende Seiten von Geschichte heraus: Das historisch-*kritische* ist das epistemiologisch entscheidende Element, nur als dynamische und dem forschenden Geist unterworfene Geschichte ist sie Lehrmeisterin. Ansonsten, als wiedergebende, bloße, uninterpretierte bleibe sie stillstehend und erkenntnisunfähig. Diese Position festigte sich noch durch die von Sudhoff erreichte Stabilisierung und Verordentlichung der Medizingeschichte als akademisches Fach. Sudhoff suchte, wenn auch kämpferisch, eine Position der „‚reinen Wissenschaft', die eine Pflicht zum Nachweis ihrer Relevanz gleich ganz ablehnt, und der ‚angewandten Wissenschaft', die ihre Existenzberechtigung an die praktische Verwertbarkeit ihrer Ergebnisse bindet, [in einer] mittleren Position [...]" zu versöhnen.[125] Diese gestehe der Medizingeschichte durchaus einen Nutzen zu, wenngleich nur in allgemeinen Lehren.

Im 20. Jahrhundert erreichte die Legitimierungsbedürftigkeit hinsichtlich der Quantität der Argumente einen neuen Höhepunkt.[126] Auch heute gibt es ein starkes Interesse am Aufkommen der Medizinhistoriographie und deren Begründungsstrategien. Dass diese Rückgriffe auch heute der Selbstvergewisserung dienen, ist beileibe nicht auszuschließen. Außerdem scheint bei den rezenteren Versuchen einer Legitimation der Verweis auf historische Persönlichkeiten en vogue zu sein. Studien zu medizinhistorischen Persönlichkeiten, oft lokalen Kolorits, treten vermehrt auf. Der

---

123 So Pagel, J.: Einführung in die Geschichte der Medicin: Fünfundzwanzig akademische Vorlesungen. Berlin 1898, hier S. 6. Diese sind übrigens den „Manen von August Hirsch" gewidmet.

124 Neuburger, M.: Die Geschichte der Medizin als akademischer Lehrgegenstand, in: Wiener klinische Wochenschrift, Nr. 45 (1904), S. 1214–1219.

125 Kümmel, in: Frewer (2001), S. 87.

126 Vgl. Eckerl, S. 84.

medizinhistorische Anspruch, die Legitimation der *eigenen* Forschung, wird dabei selten deutlich als der eigene ausgegeben – höchstens angedeutet. Stattdessen erfolgt die Kundgabe von eigenen Positionen durch die Darstellung von Positionen Anderer, deren Abwägung und der Art des Folgerns. Ob diese Zurückhaltung mit einer aktuellen Scheu vor epistemiologischen Grundsatzfragen einhergeht, wird an dieser Stelle offengelassen.

1.2.4 Medizinhistorisches Schrifttum

Das Aufkommen wissenschaftlicher Publizistik zeigt die Entwicklungsgeschichte einer Disziplin an. Die Medizin legte seit Anbeginn Wert auf eine Darstellung ihrer Geschichte, v.a. der Didaktik wegen.[127] Die literarische Erschließung des Stoffes war lange Zeit die normale Art der medizinischen Wissensaneignung und -vermittlung. „Bibliotheken" mit Übersichten zu medizinischer Literatur gibt es darum bereits sehr früh.[128] Die sog. medizinische Litterargeschichte (später bes. im Deutschen: „Bücherkunde") erforschte diese Literatur systematisch; sie ist ein der heutigen Medizin beinah entschwundener Fachbereich. Einige dieser literarischen Gattungen mögen recht hilfreich sein zur Einordnung von im Fortgang der Arbeit zitierter Literatur, ohne dass Vollständigkeit angestrebt wird.

Für eine Übersicht entsprechender Werke im Bereich Medizingeschichte kann, als Ansatzpunkt, auch heute noch die „Bibliotheca medico-historica" von Ludwig Choulant herhalten (s.a.u.).[129] Hier findet man eine Einteilung in eigentliche Medizingeschichte, medizinische „Literärgeschichte" und biographische Literatur, zusammen mit Literatur für die Geschichte einzelner anderer Fachbereiche der Medizin. Choulant führt für jeden Sprachraum die wichtigsten Übersichtswerke zur Medizingeschichte, aber auch Pharmaziegeschichte auf.[130] Der Zuwachs an Literatur und

---

127 Vgl. hierzu van der Eijk, Ph. (Hrsg.): Ancient Histories of Medicine. Essays in Medical Doxography and Historiography in Classical Antiquity. Leiden 1999. Für die byzantinische Medizin im Besonderen vgl. Hunger, H.: Die hochsprachliche profane Literatur der Byzantiner. Bd. 2: Philologie, Profandichtung, Musik, Mathematik und Astronomie, Naturwissenschaften, Medizin, Kriegswissenschaft, Rechtsliteratur. München 1978, S. 287 ff. S.a. dort für weiterführende Literatur zur Geschichte der byzantinischen Medizin.

128 Beispielsweise von van der Linden, A.: De Scriptis Medicis libri duo. Quibus praemittitur manuductio ad medicinam. Amsterdam 1637.

129 Choulant, L.: Bibliotheca medico-historica sive catalogus librorum historicorum de re medica et scientia naturali systematicus, Leipzig 1842. Nachdruck Hildesheim 1960, hier z.B. S. 13 ff. Freilich wäre eine solche Auflistung heute ungleich länger, wenn nicht gar unmöglich anzulegen.

130 Ein Gelehrter, der beides verband, war Johann Heinrich Schulze (1687–1744) der eine „Historia Medicinae" und „Theses de materia medica" herausgab: Historia medicinae. A rerum initio ad annum urbis Romae DXXXV deducta; acced. tabulae aeneae, chronologica et indices copiosi. Leipzig 1728. Letztere wurden von Christoph Carl Strumpff (1712–1754), seinem Schwiegersohn, herausgegeben:

Wissen machte, auch als das Studium immer weniger im Nach-Hören von Autoren bestand, Zusammenfassungen beliebt und notwendig. Sog. Systeme gaben nicht nur einen Überblick, sondern dienten auch als methodologische Einleitung zum Studium der Medizin.[131] Andere Gattungen waren die „Handbücher", „sketches", „outlines", „cours" der Medizingeschichte, die eben raffend darlegten, was dem Arzt hilfreich sein sollte. Besonders die Werke August Friedrich Heckers (1763–1811) waren im Weiteren prägend, so sein therapeutisches Handbuch und seine medizingeschichtliche Monographie, eine der ersten in dieser Gattung.[132] Derlei Gesamtdarstellungen als Erzeugnis medizinhistorischen Spezialistentums erschienen dann zunehmend als monumentale Zusammenfassungen, die teils gesamte Gelehrtenleben umspannten. Hierzu zählt das wenig passend als solches bezeichnete „Handbuch der historisch-geographischen Pathologie"[133] von August Hirsch (1817–1894), dem Inhaber des Berliner Lehrstuhls für „Pathologie, Geschichte und Literatur der Medizin".[134] Von ihm stammt auch das „Biographische Lexikon der hervorragenden Aerzte aller Zeiten und Völker",[135] ein Exemplar einer lexiko-biographischen Gattung, die bis heute existiert.[136]

Besonderes Augenmerk verdient das wohl geschätzteste Übersichtswerk seiner Zeit des bereits genannten Haeser.[137] Er knüpft an die oben angerissenen Argumentationslinien zur Legitimation noch einmal anders an. Sein Werk ist für Studenten für die ärztliche Ausbildung verfasst. Haeser gibt seiner Hoffnung Ausdruck, sein Werk könne durch die Anordnung des Inhalts „vorzugsweise jungen Aerzten als Führer bei dem Studium der Geschichte ihrer Wissenschaft" dienen. Und weiter:

Henrici Schulzii theses de materia medica. Halle 1746. Zu Strumpff vgl. Schopferer, J.: „Christoph Carl Strumpff (1712–1754)", im „Catalogus Professorum Halensis" unter https://www.catalogus-professorum-halensis.de/strumpff-christoph-carl.html, zul. abg. am 02.11.2022.

131 Beispiele sind Wagner, R.: Grundriss der Encyklopädie und Methodologie der medizinischen Wissenschaften. Halle 1838; und von Ringseis, J. N.: System der Medizin. Ein Handbuch der allgemeinen und speziellen Pathologie und Therapie. Regensburg 1841. Bei Wagner werden auch antike Bücher sowie Reise- und Biographieberichte zum Studium empfohlen (S. 128 f.).

132 Hecker, A. F.: Therapia generalis oder Handbuch der allgemeinen Heilkunde. Berlin 1798; Ders.: Die Heilkunst auf ihren Wegen zur Gewissheit oder die Theorien, Systeme und Heilmethoden der Aerzte seit Hippocrates bis auf unsere Zeiten. Erfurt 1802.

133 Zur Bedeutung der sog. historischen Pathologie, die als solche heute autark nicht mehr existiert, vgl. einführend Bauer, A.: Historia magistra – Historia ministra pathologiae? Zur Rolle der Historiographie in der Pathologie: Entwicklungen und Tendenzen, in: Würzburger medizinhistorische Mitteilungen, Bd. 11 (1993), S. 59–76.

134 Hirsch, A.: Handbuch der historisch-geographischen Pathologie. 3 Bde., Stuttgart 1881–1886.

135 Hirsch, A., Gurlt, E. J., Wernich, A. (Hrsg.): Biographisches Lexikon der hervorragenden Aerzte aller Zeiten und Völker. Berlin/Wien 19011 und 19322.

136 Vgl. z.B. Kreuter, A.: Deutschsprachige Neurologen und Psychiater: ein biographisch-bibliographisches Lexikon von den Vorläufern bis zur Mitte des 20. Jahrhunderts. München/New Providence/London/Paris 1996.

137 Haeser, H.: Lehrbuch der Geschichte der Medizin und der Volkskrankheiten. Jena 1845.

> [...] so trieb mich meine bereits geäusserte Ansicht über den wahren Grund der so grossen Vernachlässigung der Geschichte der Heilkunde dazu, ein Lehrbuch zu schreiben, welches vor allem danach streben soll, [...] dem wesentlichsten Zwecke der Geschichte, dem formellen, d.h. der Sicherstellung der individuellen ärztlichen Bildung, zu dienen.[138]

Hier ist 1845 bereits von dem Bedeutungsverlust die Rede, und die Antwort für den Einzelnen soll eine formelle sein – später wird dies zwar von anderen Medizinhistorikern aufgegriffen, die ärztliche Praxis sah diesen Nutzen 1845 allerdings kaum noch.

Aus Haesers „Lehrbuch" stammte ein eigens erschienener Auszug mit dem Titel „Grundriß der Geschichte der Medicin", der sich ebenso großer Beliebtheit erfreute. Es war dies eine Zusammenfassung für Studium und Lehre, eine Art Standardlehrbuch. Weil solche Übersichtsarbeiten ständig Ergänzung, Weiterentwicklung und Anpassung benötigen, wirkte Theodor Puschmann federführend auf die Erstellung und Herausgabe eines immer aktuell zu haltenden „Handbuchs" hin, das die gesamte Medizingeschichte umfassend darstellen sollte. Nach seinem Tod gaben Max Neuburger und Julius Pagel es schließlich heraus;[139] es schließt an die Darstellung Haesers deutlich an, den sie als den „grossen Haeser" ehren. Das heutige Standardwerk ist die in Vielem dem Neuburger/Pagel recht ähnliche „Enzyklopädie Medizingeschichte", die in mehreren, ständig aktualisierten Auflagen nach wie vor erscheint.[140] Die medizingeschichtliche Literatur wuchs mit ihrem Anspruch, kann man schließend konstatieren.

Besonders die Einrichtung von Fachzeitschriften ist „konstitutiv für eine neue Disziplin bzw. für eine neue Fachgesellschaft."[141] Auf sehr frühe, eher literarisch-belletristische Erscheinungen wie Tagebücher oder sog. „Almanache" folgte als erster ernsthafter Versuch von Philipp Ludwig Wittwer (1752–1792) ein „Archiv für die Geschichte der Arzneikunde in ihrem ganzen Umfange", das 1790 nur einmalig erschien. Choulant gab 1838–1840 ein „Historisches-literarisches Jahrbuch für die deutsche Medicin" heraus. Während der wenig produktiven Jahre in der Mitte des Jahrhunderts gab es einige Bände des berühmten „Janus", die erste genuin medizinhistorische Fachzeitschrift. Es wurden 1846–1848 drei und dann 1851 sowie 1853 je ein Band von dem Botaniker und Medizinhistoriker August Wilhelm Henschel (1790–1856) herausgegeben. Sie „fand keine organisierte und institutionalisierte Medizinge-

---

138 Haeser (1845), S. XII.

139 S.. Neuburger/Pagel.

140 Gerabek, W. E., Haage, B. D., Keil G., Wegner, W. (Hrsg.): Enzyklopädie Medizingeschichte. 3 Bde., Berlin 2007 (= „Enzyklopädie").

141 S. hierzu insb. den Artikel von Leven, K.-H.: „Das Banner dieser Wissenschaft will ich aufpflanzen": Medizinhistorische Zeitschriften in der zweiten Hälfte des 19. und zu Beginn des 20. Jahrhunderts, in: Frewer (2001), S. 163 ff., an dem die folgende Übersicht zu großen Teilen angelehnt ist. Zum „Janus" s.a. Rosen, G.: Janus, 1846–1946, in: Journal of the History of Medicine and Allied Sciences, vol. 2, no. 1 (1947), S. 5–9. Hier findet sich auch eine schöne Übersicht über noch frühere Zeitschriften.

schichte vor“, sodass dem Journal erst 1896 mit einer niederländischen Initiative ein längeres Leben (bis 1989) beschieden war.[142] Hierin publizierten viele namhafte, auch internationale Medizinhistoriker, u.a. William Alexander Greenhill (1814–1894), Émile Littré (1801–1881) und Charles Daremberg. Die Vorworte der ersten Ausgaben sind Zeitzeugnisse der selbstrechtfertigenden heimatlosen Medizingeschichte der Zeit.[143] Das Unterfangen der Gebrüder Rohlfs[144] namens „Deutsches Archiv für Geschichte der Medizin erschien 1878–1885, in einer Zeit vor der „Kernphase“ um Sudhoff. Um und nach der Wende ins 20. Jahrhundert mehrten sich dann die Zeitschriftenreihen: Das Mitteilungsorgan der 1901 gegründeten „Deutschen Gesellschaft für Geschichte der Medizin und der Naturwissenschaften“, die „Mitteilungen zur Geschichte der Medizin und der Naturwissenschaften“, erschien von 1901–1942. Sudhoff gründete 1907 eine weitere Zeitschrift, das „Archiv für Geschichte der Medizin“, das später in „Sudhoffs Archiv“ aufgehen sollte.[145] Grund war die Ermöglichung einer größeren Anzahl von Originalarbeiten, wo zuvor viele Rezensionen gedruckt wurden.

Die Ermöglichung der schriftlichen Besprechung von wissenschaftlichen Arbeiten half der Etablierung der Medizingeschichte einen guten Schritt voran. Schon etliche Jahrzehnte zuvor hatte sich ein blühendes Rezensionswesen in deutschen medizinischen Fachzeitungen etabliert. Dazu gehörten das „Ärztliche Intelligenzblatt – Organ für Bayerns staatl. u. öffentl. Heilkunde “, das später in die „Münchner Medizinische Wochenschrift“ mündete.[146] Auch die „Deutsche Medizinische Wochenschrift“ enthielt literarische Rezensionen von Neuerscheinungen. Dort und in Parallelblättern etablierte sich erst ein öffentlicher Raum für Diskussionen medizinischer

142 Leven, in: Frewer (2001), S. 167. Der französische (!) Untertitel lautete „Revue internationale de l‘histoire des sciences, de la médecine, de la pharmacie et de la technique“. Dieser erschien 1896–1941 mit wechselnden Untertiteln und dann wieder von 1957–1990. Der Untertitel nimmt eine Bündelung der Geschichte mehrerer (Natur-)Wissenschaften vorweg, die sich Sudhoff später für die Einrichtung der „Deutschen Gesellschaft für Geschichte der Medizin und Naturwissenschaften“ zunutze machte.

143 Beispielsweise schloss der „Janus“ nur die Homöopathie explizit als Fachrichtung aus, was ihn vor „Quacksalberei“ schützen sollte; gleichzeitig war damit der vorherrschenden, methodologisch facettenreichen „romantischen Medizin“ keine hinreichend umrissene Stirn geboten worden.

144 Gemeint sind die beiden Brüder Heinrich Rohlfs (1827–1898) und Gerhard Rohlfs (1831–1896); letzterer wurde Afrikaforscher.

145 Solche Gründungen auf Initiative Einzelner, die meist auch politische Aktionen waren, finden sich auch mit Sigerists „Kyklos“ (1928–1932), der ab 1930 „Jahrbuch für Geschichte und Philosophie der Medizin“ hieß. International waren solche Gründungen ebenso von Bedeutung für die Institutionalisierung der dortigen Medizingeschichte als Fach, z.B. das von William H. Welch (1850–1934) in Baltimore gegründete „Bulletin of the Institute for the History of Medicine“.

146 Zur Geschichte der Münchner Medizinischen Wochenschrift s. Spatz, H.: 80 Jahre Münchener Medizinische Wochenschrift: 1853–1933. München 1933; oder Locher, W. G.: Vom ärztlichen Intelligenzblatt zum modernen Fortbildungsorgan, in: MMW – Fortschritte der Medizin Nr. 48/2008 (150. Jg.), S. 28–34.

und medizinhistorischer Entwicklungen.[147] Die Schaffung eines solchen Bereichs tat für die Medizingeschichte als neue Disziplin not. Auch der Dialog zwischen Wissenschaft und Praxis kam hier nunmehr recht in Gange.

Die Geschichte der Medizingeschichte passte sich also an die Standards (geistes-)wissenschaftlicher Praxis an und profitierte davon im Sinne einer Stabilisierung ihrer Verhältnisse. Besonders die Einrichtung von Fachzeitschriften ermöglichte eine erste systematische Vernetzung medizinhistorisch tätiger Ärzte auch über Landesgrenzen hinaus. Der so entstandene Fachdiskurs belebte so die Editions- und Rezeptionsarbeit in hohem Maße, historische Quellen wurden eingehender diskutiert, auch von Gelehrten aus anderen Fächern – eine frühe Transdisziplinarität bahnte sich hier quasi an. Andererseits vergrößerte sich wegen der Teilnahme anderer Spezialisten am Diskurs allerdings auch der Abstand zur Medizinwissenschaft. Die Medizingeschichte ist als seit und gerade durch ihrer Entstehung in diesem dialektischen Verhältnis befangen: Je historischer sie arbeitete, desto weniger medizinisch schien sie zu werden. Dieser Kluft stemmten sich die frühen und späten Akteure der folgenden Untersuchung entgegen: Medizingeschichte musste sich als eigenständige Wissenschaft gerade im Grenzbereich zweier Großfächer – Philologie und Medizin – ausweisen und beweisen.

1.2.5 Zusammenfassung

Das Betreiben einer Wissenschaft, gerade einer historischen, vollzieht sich insbesondere bei der Medizingeschichte vor dem Hintergrund sehr verschiedener Handlungsbedingungen. Die noch nicht gefestigte Disziplin schied sich erst aus Notwendigkeit bzw. dem Wunsch nach der Wahrung der Tradition von der zunehmend naturwissenschaftlich basierten Medizin ab. Es wurde, schon bei Sprengel, versucht, ihre Geschichtlichkeit ins Praktische zu retten. *Dass* in der Medizin geschichtlich gedacht wird, ist sicherlich kein Phänomen des 19. Jahrhunderts, wohl aber der Modus. Es wäre falsch, die Medizinhistoriographie als immanente, notwendig sich entfaltende Wissenschaft zu betrachten – ebensowenig aber vollzog sich ihre Entstehung in der kontextualen Leere einer rundum isolierten Handlungswissenschaft, der Medizin. Die Art und Weise, *wie* Medizingeschichte betrieben wurde, und mit welchem Fokus, hing in hohem Maße davon ab, in welchen Verhältnissen sie gerade situiert war, und zwar solchen politischer, wissenschaftspolitischer, hochschulpolitischer, gesellschaftlicher sowie kultureller Art. Dies wurde versucht aufzuzeigen. Dass der Medizinhistoriographie erhebliche Schwierigkeiten während ihrer Genese entgegentraten, war der Unterschiedlichkeit der Methoden zueinander mehr geschuldet als mangeln-

147 Heute finden sich in einschlägigen Ärztejournals, z.B. dem Baden-Württembergischen Ärzteblatt, hin und wieder einzelne Artikel zur Medizingeschichte in einer Rubrik „Medizingeschichte".

dem Interesse. Dies bewahrheitete sich gerade im Gegensatz zu den anderen klassischen Universitätsdisziplinen (Theologie, Rechtswissenschaften, Philosophie), wo die Methode ihrer historischen Erforschung immer schon eng an die Exekution des Fachs selbst geknüpft war. Die Medizingeschichte war also zudem eine Art Kulminations- und Brennpunkt für diese hier sehr deutlich aufragende Frage: Was und wofür ist Wissenschaft? Daher rühren die so heftigen innerfachlichen Diskussionen sowohl während als auch nach ihrer Etablierung.

In den Umrissen der Entwicklung der Medizingeschichte wurde versucht, dies nachzuzeichnen: In drei Phasen wurde die selbstverständliche Integration historischer Kenntnisse und ärztlicher Praxis – „pragmatisch" neu eingefärbt von Kurt Sprengel – von einer Zeit der Verunsicherung ab ca. 1840 abgelöst. Dieser Bedeutungsverlust geschah in der Auseinandersetzung um die rechte Methode des Erkenntnisgewinns mit der philosophisch-historischen Betrachtung einerseits und der naturwissenschaftlich-positivistischen andererseits. An letztere, geschichtswissenschaftlich gewendet, schloss sich die historisch-kritische Methode mit philologisch exakter Quellenforschung an. Anschließend folgte eine Phase des Aufschwungs mit der Reintegration mehrerer Positionen in einen Mittelweg, der allgemeine Lehren für den Praktiker zuließ, ansonsten aber die Richtung der ‚altertumswissenschaftlichen' Medizingeschichte bevorzugte. Verschiedene Ansätze existierten nebeneinander, eine Assimilation hatte stattgefunden. Die Legitimationsstrategien passten sich im Groben den entsprechenden Phasen und den Instanzen an, denen gegenüber Rechenschaft abzulegen war (Gesellschaft – Universität – Politik). Medizingeschichtliche Publizistik entstand entsprechend den akademischen Gepflogenheiten. Die für Disziplinen konstitutive Herausgabe von einer oder mehreren Fachzeitschriften ließ aber lange auf sich warten. Die preußischen Protagonisten prägten das Fach dabei entscheidend. Die „Kernphase" der Institutionalisierung um Karl Sudhoff um die Jahrhundertwende war dann auch die Frucht der Arbeiten seiner Vorläufer.

Im Folgenden werden nun die Werke in den Blick genommen, die der bereits dargelegten Ausgangsfrage nachgehen: Was regte die vorzustellenden Akteure dieser Etablierung intrinsisch wie extern an, welches waren ihre konkreten Intentionen? Bisher wurde deutlich, dass sie einem wechselhaften geistesgeschichtlichen und wissenschaftstheoretischen Umfeld antworten und Rechnung tragen mussten – sie reagierten mehr, als dass sie aktive Initiativen setzten. Ihre Publikationen werden die jeweiligen theoretischen Probleme der Medizingeschichte zur Voraussetzung haben. Die Medizingeschichtsschreibung entwickelte sich damit aus einer steten Abwehrbewegung um ihr Existenzrecht. Mit ihren Editionen versuchten die gelehrten Ärzte, auf diese Befragung überzeugend zu antworten. Ihre Ausgaben sind also stets mindestens zweierlei: inhaltliche Neubelebung antiker Autoren *und* historische Rechtfertigung auf eine aktuelle existenzielle Anfrage.

2 Das Aufkommen rezeptionsgeschichtlicher Forschung in der Medizinhistoriographie

Die Medizin hat sich seit ihren Anfängen mit ihrer Geschichte auseinandergesetzt und versucht, diese in Schriftform niederzulegen.[1] Es ist bis hierher auf diesem Gebiet deutlich geworden, dass mit dem Aufkommen neuartiger epistemiologischer Methoden im ausgehenden 18. und beginnenden 19. Jahrhundert Anfragen an den Umgang und den Wert überlieferter Literatur gestellt wurden. Die Rezeption – also Aufnahme und Verarbeitung älterer Literatur – der antiken Ärzteschriftsteller weckte nach der ‚Wiederentdeckung' der Schriften im 16. Jahrhundert und deren erstmaliger Drucklegung das besondere Interesse neuzeitlicher Ärzte, die auf Grundlage der kritischen philologischen Wissenschaften die Texte erneut sichteten und dabei erhebliche Mängel feststellten, gerade im Bereich der Textkonstitution. Auf welchen Handschriften basierten die bisher verfügbaren Texte, war deren Auswahl vollständig und berücksichtigten sie die innere Abhängigkeit der Abschriften zueinander? Vor diesem Hintergrund erfuhren sehr viele antike Schriften eine erneute Bearbeitung. Die aufkommende, eigene Disziplin der Medizinhistoriographie beanspruchte dabei diese erneute Untersuchung für sich, selbstverständlich unterhielten sich sachverständige Ärzte über die medizinischen Themen der Texte. Diese Zuteilung änderte sich im Laufe des 19. Jahrhunderts allerdings stark.

Erneut aufgesucht, gelesen und bearbeitet wurden nicht nur die Texte der traditionellen Fachautoritäten, also v.a. Hippokrates und Galen, sondern auch und vor allem der sogenannten Kompilatoren. Darunter versteht man, noch einmal, diejenigen Ärzte der (Spät-)Antike bzw. frühbyzantinischen Zeit, die als solche Schriften verfassten, die Inhalte vorheriger Autoren mitunter wörtlich aufnahmen, mit ihren eigenen Erfahrungen ergänzten und so Vorhandenes systematisierten. Mit womöglich anders gelagerten Schwerpunkten schufen sie eigene Werke, die wiederum Gegenstand von Abschrift und Verbreitung waren. Für viele zitierte, ältere Schriftsteller sind sie oftmals die einzige Quelle. Je nach Lesart und Redaktionsschema kann ein Autor damit verschieden ‚gelesen' werden: vorwiegend als Galenkommentator, als spätantiker Sammler oder als byzantinisch beeinflusster Redaktor. Dies wird bei der kritischen Edition eines Autors wieder von Bedeutung sein. In dieser kompilierenden Eigenschaft bestand für gewöhnlich der Reiz der erneuten Edition dieser Ärzteschriften, weil sie kompakt eine ganze Fülle von antikem Medizinwissen vermitteln. Sie erfreuten sich auch oft deswegen besonderer Aufmerksamkeit aufseiten der neuzeit-

1 Vgl. die fraglich hippokratische Schrift „Über die alte Heilkunst", dazu v.a. Maucolin, B.: Untersuchungen zur hippokratischen Schrift „Über die alte Heilkunst" (= Beiträge zur Altertumskunde, Bd. 258). Berlin 2009.

https://doi.org/10.1515/9783111062020-004

lichen Gelehrten, weil ihr medizinischer Gehalt dem praktizierenden Arzt noch von echtem Nutzen sein konnte – zumindest zu Beginn dieser Großepoche.

Es wird sich zeigen, dass die Gelehrten nie umsonst einen bestimmten Autor zu neuer Geltung bringen wollten, vielmehr haben sie mit ihrer Auswahl einen bestimmten Zweck verfolgt. Eine Hippokrates-Ausgabe war freilich mit ganz anderen Erwartungen verbunden als die eines unbekannteren antiken Arztes. Kompilationen zielten indessen womöglich unmittelbar auf ein brauchbares Nachschlagewerk ab. In der folgenden Auswahl antiker Ärzte sollen alle diese Aspekte repräsentativ zur Geltung kommen. Als einzige Ausnahme erfahren erfahren Hippokrates und Galen keine vorgehende Betrachtung, ihre Werkgeschichte ist schlicht zu umfangreich. Am entsprechenden Ort der Untersuchung wird aber soweit wie nötig auf die Voraussetzungen einer Edition ihrer Textcorpora eingegangen werden.

2.1 (Spät-)Antike medizinische Schriftsteller

Wenn Julius Ludwig Ideler die Gesamtheit der griechischen Ärzte, die „Physici et medici graeci“[2] anhand seiner Autorenauswahl still in zwei Gruppen einteilt – in große und kleine, *maiores* und *minores* – dann sind mit den ‚großen‘ zumeist die systematisierenden Autoritäten der Antike gemeint, vornehmlich freilich die hippokratischen Schriften. Zu der anderen Gruppe zählen solche, von denen meist keine systematischen Werke überliefert sind, sondern eher einzelne Traktate oder Schriftsammlungen. Gemeinhin hält man deren Werk für weniger einschneidend in der Rezeptiongeschichte des Medizinwissens. Dabei ist zu beachten, dass in beiden Gruppen die verwendeten Namen weder auf eine einzelne noch auf eine historisch bestimmbare Person zwangsläufig zurückführbar sein müssen. Die als Autor bezeichnete Person muss nicht zwangsläufig die Schriften selbst verfasst haben noch müssen alle unter einem Autornamen überlieferten Schriften von demselben geschrieben worden sein. In dieses generelle überlieferungsgeschichtliche Problem wird ausführlicher andernorts eingeführt.[3]

Die nun folgende Untersuchung gibt tendenziell den ‚kleinen‘, kompilierenden Autoren den Vorrang. Zur Auswahl dient neben dem kompilatorischen Werkcharakter jener Autoren vor allem die zeitliche Eingrenzung auf die bereits erwähnte sog. erste Phase der byzantinischen Medizin von 395–642, mit wenigen Ausnahmen. Angaben zur Datierung werden ausdrücklich nicht gemacht. Weitere Auskünfte wurden, wenn nicht anders angegeben, aus der „Enzyklopädie Medizingeschichte“[4] übernommen

2 Formulierung nach Ideler, J. L.: Physici et Medici Graeci minores. 2 Bde., Berlin 1841/1842.
3 Vgl. einführend z.B. Jäger, G.: Einführung in die Klassische Philologie. München 19903.
4 Gerabek, Haage, Keil, Wegner: Enzyklopädie.

und möglichst aktuell ergänzt.[5] Eine Auswahl der wichtigsten, kompilierenden griechischen Ärzte hat bereits die frühere Literatur vorgenommen, so z.B. schon das Handbuch von Neuburger/Pagel.[6] Zur Disposition stehen also:

Aretaios von Kappadokien (lat. Aretaeus Cappadox)
Kappadokien ist ein Teil Anatoliens. Die erhaltenen Schriften dieses Arztes bewegen sich zwischen Hippokrates-Rezeption und eigenständiger Systematik. Die Datierung ist umstritten.[7] Sein Werk umfasst acht Bücher, jeweils zwei zur Behandlung bzw. Therapie von akuten bzw. chronischen Krankheiten. Inhaltlich liefert der Autor Einiges an schön aufgeführter, systematisierter Diagnostik und Therapie. Die Bücher erfuhren früh eine philologisch-ärztliche Bearbeitung: Sie wurden bereits von Carl Gottlob Kühn 1828 herausgegeben (s.u.),[8] der eine griechisch-lateinische Ausgabe von John Wigan (1696–1739) von 1723 benutzte, zusammen mit einem Kommentar des französischen Gelehrten Pierre Petit (1617–1687). Auf die nosologisch aufschlussreichen Texte ist im 19. Jahrhundert ebenfalls von einem Schweizer praktischen Arzt, Hans Locher (1824–1873), eingegangen worden.[9] Nachdem Franz Zacharias Ermerins (1808–1871) im Jahr 1847 eine neue Fassung vorgelegt hatte, übersetzte auf dieser Grundlage 1858

5 Hilfreich war auch eine Übersicht, die an Überblicke im Stile Gerhard Fichtners erinnert, zu finden unter: http://worddoctors.org/texts-and-translations/#_Toc36295725, zul. abg. am 02.11.2022.

6 Neuburger/Pagel. Die entsprechenden Kapitel zu spätantiken Ärzten stammen aus der Feder Iwan Blochs (1872–1922), einem jüdischen Arzt mit Neigung zur Medizingeschichte, der viel bekannter wurde als Begründer der medizinischen Sexualwissenschaft. Für eine noch frühere Auswahl vgl. Haeser, Volkskrankheiten (1845), S. 95–115.

7 Vgl. dazu Oberhelman, S. M., Haase, W.: On the Chronology and Pneumatism of Aretaios of Cappadocia, in: Aufstieg und Niedergang der Römischen Welt. Bd. 37/2: Philosophie, Wissenschaften, Technik. Wissenschaften (Medizin und Biologie [Forts.]). Berlin/New York 1994, S. 941–966.

8 Kühn, C. G.: Aretaei Cappadocis Opera omnia. Leipzig 1828 (= Medicorum graecorum opera quae exstant. Leipzig 1821–1833, Bd. 24). Die vorherigen Fassungen der Aretaios-Texte finden sich sowohl bei Francis Adams (s.u.) als auch sehr schön in der kritischen Edition Karl Hudes von 1958 gelistet und beschrieben. Zu Aretaios selbst und v.a. seiner Datierung s.a. Kudlien, F.: Untersuchungen zu Aretaios von Kappadokien. Wiesbaden 1964 (= Akademie der Wissenschaften und der Literatur Mainz, Abhandlungen der geistes- und sozialwissenschaftlichen Klasse. Jg. 1963, Bd. 11).

9 Hans Locher wurde 1847 in Zürich mit seiner Schrift „Über das Leben und die Schriften des Aretäus aus Kappadocien" zum Dr. med. promoviert, die später auch als Monographie erschien: Aretäus aus Kappadocien. Mit Uebersetzung seiner vorzüglichsten und interessantesten pathologischen und therapeutischen Schilderungen. Eine Monographie. Zürich 1847. Er beschäftigte sich, wenn auch eher aus nationalistischen Gründen, mit Paracelsus in Ders.: Theophrastus Paracelsus Bombastus von Hohenheim: der Luther der Medicin und unser größter Schweizerarzt; eine Denkschrift auf die Feier des Zürcher Jubilarfestes vom 1. Mai 1851 und ein Beitrag zur Würdigung vaterländischer Verdienste in jedem gebildeten Kreise. Zürich 1851.

der Hallenser Arzt A. Mann[10] die Texte in die deutsche Sprache.[11] Im Vorwort schreibt Mann, dass bereits 1790 eine teilweise Übersetzung von Franz Oliver Dewez (1735–1814) erfolgt, aber nicht abgeschlossen worden war (es erschienen nur die ersten vier Bücher).[12] Mann entschuldigt sich explizit für die philologisch wenig korrekte Durchführung und hofft trotzdem auf eine reiche ärztliche Leserschaft, die auch aus dem Anhang, in dem Medikamente u.A. aufgelistet sind, noch Gewinn ziehen möge. Grund für den erneuten Versuch sei die Tatsache, dass immer weniger Ärzte ihr Schulgriechisch noch lesen könnten.[13] Mehr als ein Jahrhundert später, 1958, ist Aretaios kritisch im *Corpus Medicorum Graecorum* (CMG) ediert worden.[14] Kürzlich hat er eine französische Bearbeitung gefunden.[15]

Anhand dieser kurzen ersten Betrachtung lässt sich die Vielfältigkeit der Bearbeitungen erkennen: Jede hat ihren eigenen Schwerpunkt, wobei die von Mann eine explizit ärztliche Übertragung darstellt. Diese schien ihm, so zeigt allein das Vorwort, für ihre Erscheinung überhaupt, aber speziell gegenüber den Ansprüchen der Textkritik rechtfertigungsbedürftig. Solche ‚ärztliche' Ausgaben finden sich immer wieder als Gegenpol zu den zeitintensiveren kritischen Editionen. Sie ließen absichtlich philologische Genauigkeit, besonders textkonstitutive Grundlagenarbeit, zugunsten der raschen Herstellung einer zugänglichen Lesefassung vermissen. Medizinhistoriker entwickelten im Laufe der Etablierung ihres Fachs verschiedene Meinungen zu solchen Ausgaben, wie noch deutlich werden wird.

---

10 Gemeint ist Friedrich Alexius Mann (1822–1869), der in Laucha bei Naumburg geborene Professor für Psychiatrie in Halle a. d. Saale. Er absolvierte seine Assistenzzeit bei Peter Krukenberg (s.o.) und befasste sich mit den neurologischen Auswirkungen der Syphilis. Zu ihm vgl. Fischer, I.: Biographisches Lexikon der hervorragenden Ärzte der letzten fünfzig Jahre, Bd. IV, S. 58. Berlin/Wien 19322; außerdem Kreuter, S. 906; schließlich den „Catalogus Professorum Halensis" in der Epoche 1817–1871 (abrufbar unter https://www.catalogus-professorum-halensis.de/index1817.html#m, zul. abg. am 02.11.2022) und den Hallischen Kalender der Universität- und Landesbibliothek Sachsen-Anhalt mit dem Eintrag zum 20.07.1869 – Manns Todestag wurde in den Kalender der ‚Hallischen Gedenktage' aufgenommen: digitalisiert unter http://digital.bibliothek.uni-halle.de/hd/periodical/structure/2509602, zul. abg. am 02.11.2022.

11 Mann, A.: Die auf uns gekommenen Schriften des Kappadociers Aretaeus. Halle 1858. Diese Edition ist „Prof. Krukenberg" gewidmet, gemeint ist Peter Krukenberg (1787–1865), der bekannteste Leipziger Mediziner dieser Zeit, vgl. zu ihm Hirsch, A.: „Krukenberg, Peter", in: Allgemeine Deutsche Biographie, Bd. 13 (1882), S. 117–118.

12 Dewez, F. O.: Aretäus des Kapadoziers von den Ursachen und Kennzeichen rascher und langwieriger Krankheiten. Wien 1790.

13 In diesem Zusammenhang sei auf das Erscheinungsjahr hingewiesen: In den späten 1850er Jahren stand ja die Sinnhaftigkeit einer altsprachlichen Bildung für Ärzte bereits heftig zur Debatte (vgl. den Tentamensstreit, s.o.).

14 Hude, K. (Hrsg.): Aretaeus edidit Carolus Hude. Leipzig/Berlin 1923 (= Corpus Medicorum Graecorum, Bd. 2). Berlin 1958².

15 Grmek, M. D.: Arétée de Cappadoce, Des causes et des signes des maladies aiguës et chroniques. Transl. R. T. H. Laennec, pref. by Danielle Gourevitch. Genf 2000.

Aëtios von Amida (lat. Aetius Amidenus)

Amida liegt in Mesopotamien. Aëtios war wohl der Leibarzt von Kaiser Justinian in Konstantinopel und kompilierte viele ältere Autoren in sechzehn Büchern.[16] Anhand seiner Werkgeschichte kann man ein gängiges Problem aufzeigen: Aëtios war vielfach bereits bearbeitet worden, aber die Herstellung der Textgrundlage fiel den Ärzten sichtlich schwer. Dies lag nicht zuletzt an Umfang und v.a. Verfügbarkeit der griechischen Ausgaben. Der unermüdliche Charles Daremberg brachte nur eines der acht Bücher heraus.[17] Ein weiterer Versuch stammte von Carl Christian Leberecht Weigel (1769–1845)[18]. Dieser hatte zwar eine kritische griechische Ausgabe vorbereitet, aber nie unternommen.[19] Einzelne Bücher erfuhren derweil Übersetzungen, so z.B. die Geburtshilfe,[20] die Kapitel zu Arthritiden,[21] Abschnitte zur Gastroenterologie[22] u.v.m. Besondere Beachtung verdient die griechisch-deutsche Ausgabe des Augenarztes Julius Hirschberg (1843–1925).[23] Im Vorwort findet sich eine typische Klage von Herausgebern antiker Schriften. Hirschberg schreibt:

> Das Werk ist griechisch nur *ein* Mal, und zwar nur die erste Hälfte des ganzen, 1534 zu Venedig [...] gedruckt. Dieser Druck ist überaus selten geworden, so dass nicht nur die Ärzte und Geschichtsschreiber der Heilkunde, sondern sogar Philologen und Alterthumsforscher gewöhnlich nur die lateinische Übersetzung des Werkes aus der *Stephan*'schen Sammlung (Paris und Frankfurt a. M. 1567) zu citiren pflegen.[24]

---

16 S. Wegner, W.: „Aetios von Amida" in: Enzyklopädie, S. 16.

17 Daremberg, Ch.: Œuvres de Rufus d'Éphèse: texte collationé sur les manuscrits, traduits pour la première fois en français, avec une introduction. Paris 1879, S. 85–126.

18 Vgl. biographisch https://www.stadtwikidd.de/wiki/Karl_Christian_Leberecht_Weigel, zul. abg. am 02.11.2022.

19 Eine anekdotenhafte, aber aufschlussreiche Gegebenheit über Weigel findet sich bei Wegscheider, M.: Geburtshülfe und Gynäkologie bei Aëtios von Amida (Buch 16 der Sammlung); ein Lehrbuch aus der Mitte des 6. Jh. nach Chr. zum ersten Male ins Deutsche übersetzt. Berlin 1901, S. XVI ff. Hier zitiert er Johann Jacob Sachs (1686–1762, Prof. der Medizin in Straßburg), der bei einem Besuch bei Weigel folgende Aussage desselben zu Überraschung der Anwesenden vernahm: Nämlich bemerkte er „[...], dass beim Studium des Antiken, selbst beim grössten Eifer, doch kein Gewinn für unsere Kunst zu erwarten sei, [...]", S. XVII.

20 S. Wegscheider (1901).

21 Das Buch XII behandelt eigentlich das, was man heute als Rheumatologie bezeichnen würde. Für eine griechischen Fassung aus dem 19. Jahrhundert s. Kostomiris, G. A.: Aetiou Logos dodekatos. Paris 1892.

22 Zervos, S.: Aetius aus Amida über die Leiden am Magenmund, des Magens selbst und der Gedärme (Buch IX). Athen 1912.

23 Hirschberg, J.: Die Augenheilkunde des Aëtius von Amida, Griechisch und Deutsch. Leipzig 1899 (= 1899a). Biographisch vgl. Koelbing, M.: Julius Hirschberg (1843–1925) als Ophthalmologe und Medizinhistoriker, in: Klinische Monatsblätter für Augenheilkunde. 168. Jg., H. 1 (01/1976), S. 103–108; und Katner, W.: „Hirschberg, Julius", in: Neue Deutsche Biographie, Bd. 9 (1972), S. 221.

24 Hirschberg (1899a), S. V.

Die für eine Lektüre vorhandenen Ausgaben waren derart selten und unzugänglich, dass es einem lesenden Gelehrtenpublikum ein dringendes Bedürfnis war, auf erschwingliche Ausgaben zugreifen zu können. Dies war kein kleiner Beweggrund, eine Ausgabe vorzubereiten, ungeachtet dessen, ob sie nun nach den kritischen Maßstäben der Philologie erstellt worden war. Manchmal erschien eine zeitnahe Übersetzung wertvoller als eine exakte Fassung, die ungleich mehr Zeit zur Erstellung in Anspruch nahm. Freilich – ob mit einem schnellen Herauskommen nicht Falsches hinzukam oder Richtiges ausgelassen wurde, wird noch zu fragen sein. Umfangreich und philologisch-kritisch wurde Aëtios dann im 20. Jahrhundert für das CMG herausgegeben; aktuell läuft ein weiteres Editionsprojekt.[25]

Oreibasios (lat. Oribasius)

Von ihm wurde eine umfangreiche Enzyklopädie verfasst, die aber nur in Teilen erhalten ist. Eine von ihm selbst zusammengestellte „Synopsis" stellt einen Auszug daraus dar. Um eine kritische Edition haben sich v.a. Ulco Cats Bussemaker (1810–1865) und Charles Daremberg bemüht, die weiter unten eingehender besprochen wird.

Alexander von Tralleis (lat. Alexander Trallianus)

Er wird für die Editionsarbeit von Theodor Puschmann Gegenstand der Untersuchung werden. Sein Name geht nach seiner Heimatstadt in Lydien in der heutigen Türkei. Er hinterließ neben Traktaten über einzelne Themen (Eingeweidewürmer, Fieber und Augen[26]) ein umfassendes Kompendium („Therapeutika"), das in die Kategorie der Gebrauchsliteratur fällt. Seine für die Zeit fortschrittlichen medizinischen Konzepte und ihr wegweisender Charakter für eine sog. rationale Medizin wurden zuletzt Gegenstand ausführlicher wissenschaftlicher Bearbeitung;[27] ebenso seine umfassende Rezeption in griechischer und v.a. lateinischer Literatur.[28] Das Kompendium

---

25 Olivieri, A. (Hrsg.): Aetii Amideni Libri medicinales I–IV. Leipzig, Berlin 1935 (= Corpus medicorum graecorum VIII, Bd. 1). S. weiterhin auch Wellmann, M.: Aetios 8, in: Paulys Realencyclopädie der classischen Altertumswissenschaft, Bd. I, 1 (1893), Sp. 703 f. In Bearbeitung befinden sich die „Libri medicinales" des Aëtios (Bücher X und XIV) momentan in einem Projekt von Irene Calà.

26 S. hierzu v.a. Zipser, B.: Pseudo-Alexander Trallianus de oculis, Einleitung, Text, Übersetzung und Kommentar. Diss. Heidelberg 2003.

27 Grimm-Stadelmann, I.: Untersuchungen zur Iatromagie in der byzantinischen Zeit. Berlin 2020. Vgl. insb. zu Alexanders Synthese zwischen rationaler Medizin und iatromagischen Traditionen S. 239 ff.; zum Terminus „Gebrauchsliteratur" s. S. 196 ff.; zum aktuellen Forschungsstand s. S. 256 ff.; zur medizinischen Literatur in Byzanz vgl. auch Hunger, S. 278 ff., und Bouras-Vallianatos, P.: „13.3. Medizinisches Schrifttum", in: Daim, F. (Hrsg.): Der Neue Pauly Supplemente II Online. Bd. 11 (Byzanz). Stuttgart 2016. Online abrufbar unter http://dx.doi.org/10.1163/2468-3418_dnpo11_COM_222043, zul. abg. am 02.11.2022.

28 Vgl. Langslow, D. R.: The Latin Alexander Trallianus. The Text and Transmission of a Late Latin Medical Book. London 2006. Darin sind Teile der lateinischen „Therapeutika" kritisch ediert.

hat hauptsächlich Themen zum Gegenstand, die man heute der inneren Medizin zuordnen würde.

Paulos von Ägina

Er ist der wohl bekannteste Vertreter der frühbyzantinischen Medizinschriftsteller.[29] Sein berühmtes Kompendium „Pragmateia“ ist eine Sammlung früherer Autoren wie Oreibasios u.A., die er als Handbuch dem fahrenden praktizierenden Arzt mitgeben wollte – ein frühes, umfangreiches Vademecum sozusagen. Das Werk erfreute sich gerade auch im arabischsprachigen Raum bald großer Rezeption und ist, neben frühen lateinischen Fassungen, in viele moderne Nationalsprachen übersetzt worden.[30]

Andere

In älteren Lehrbüchern wird eine noch größere Zahl antiker Ärzte erwähnt und die genannten werden ausführlicher besprochen. Diese umfassendere historische Arbeit wird heute weniger geleistet; aktuelle Lehrbücher beschränken sich auf deren Nennung und Einordnung in ein lernbares System (Enzyklopädisierung).[31] Erwähnt seien an dieser Stelle noch Stephanos von Athen, dessen Werke galenische und hippokratische Ergänzungen umfassen. Die neuere Forschung tut sich schwer mit der Datierung.[32] Inzwischen ist eine Edition im CMG erfolgt.[33] Meletios (Monachos) war ein phrygischer Mönch, dem wohl fälschlich eine Sammlung von Aphorismenkommentaren des Hippokrates zugeschrieben wurde.[34] Michael Psellos war ein sog. Phi-

29 S. zu Paulos auch Brotses, I.: Ὁ βυζαντινὸς ἰατρὸς Παῦλος ὁ Αἰγινήτης. Athen 1977; und die Prosopographie der mittelbyzantinischen Zeit unter https://www.degruyter.com/document/database/PMBZ/entry/PMBZ16953/html, zul. abg. am 02.11.2022.

30 Vgl. Pormann, P. E.: The Oriental Tradition of Paul of Aegina's Pragmateia. Leiden/Boston 2004. S.a. Ullmann, M.: Die Medizin im Islam. Leiden/Köln 1970 (= Handbuch der Orientalistik, Abt. I, Ergänzungsband VI, 1), S. 86 ff.

31 Vgl. z.B. das Standardwerk für Medizinstudenten von Eckart (2017). Diese Darstellungsweise deckt sich mit der Abfrage medizinhistorischen Stoffes durch Multiple-Choice-Aufgaben.

32 Vgl. Wolska-Conus, W.: Stéphanos d'Athènes et Stéphanos d'Alexandrie. Essai d'identification et de biographie, in: Revue des Etudes Byzantines 47 (1989), S. 5–89; s.a. Dickson, K. M.: Stephanus the philosopher and physician: commentary on Galen's Therapeutics to Glaucon. Leiden 1998; oder Duffy, J. M.: Stephani Philosophi In Hippocratis Prognosticum commentaria III, edidit et in linguam Anglicam vertit J. M. Duffy (= CMG XI 1,2). Berlin 1983, hier S. 11.

33 Westerink, L. G.: Stephani Atheniensis In Hippocratis Aphorismos commentaria I–II, edidit et in linguam Anglicam vertit L. G. Westerink. Berlin 1985; editio altera lucis ope expressa. Berlin 1998; Ders.: für Bde. III–IV (1992) bzw. V–VI (1995), letzterer mit einem Index von Kollesch, J., und Nickel, D. (= CMG XI 1, 3, 1/2/3).

34 Westerink (1998) schreibt sie Stephanos von Athen zu, s. Westerink (1998), S. 19. Zu Meletios vgl. den gleichnamigen Eintrag in: Prosopographie der mittelbyzantinischen Zeit Online. Berlin/Boston 2013, unter https://www.degruyter.com/document/database/PMBZ/entry/PMBZ27189/html, zul. abg. am 02.11.2022.

liatros, ein medizinisch interessierter Laie, des Mittelalters.[35] Zur selben Zeit wirkte Johannes Zacharias Aktouarios als Arzt und Universalgelehrter.[36] Palladius Iatrosophista (der Beiname meint „Arztgelehrter“[37]) hatte nach Teilveröffentlichungen von Dietz und Ideler eine Edition und deutsche Übersetzung von Dieter Irmer im Jahr 1977 erfahren.[38] Die sogenannte zweite Phase der byzantinischen Medizin kennt noch viele weitere ärztliche Schriftsteller vom 9. bis zum 12. Jahrhundert.

Damit schließt sich die Reihe der untersuchten antiken Ärzte. Auch bei den untersuchenden Akteuren der Neuzeit nun kann man eine Einteilung vornehmen. Es empfiehlt sich, zunächst Vorläufer zu betrachten, die in einer Zeit vor professionalisierten Etablierungsbestrebungen Grundlagen des ärztlichen Umgangs mit antiken Texten und Handschriften festlegten. Nachfolgende Gelehrte verhalten sich stets zu ihren Vorgängern – ob sie an sie anschließen oder sich von ihnen absetzen. Später werden dann Philologen zum Kreis der Bearbeiter hinzukommen – solche Entwicklungslinien weisen bereits auf das innenfachliche Ringen um die rechte Methode hin. Die sog. ‚Vorläufer‘ umfassen vier Gelehrte: Karl Gottlob Kühn (1754–1840), Johann Ludwig Choulant (1791–1861) und Émile Littré (1801–1881). Eine Sonderstellung als ärztlicher Philologe nimmt Julius Ludwig Ideler (1809–1842) ein. Sie dienen dem Verständnis einer Zeit, in der Medizingeschichte noch gar nicht als eigenes Fach verstanden werden wollte. Ihre recht verschiedene Herangehensweise beschreiben den Umgang mit der beginnenden Absonderung der Tradition von der praktizierten Medizin und illustrieren die verschiedenen methodischen Zugänge zu antiken Ärzteschriften und. Mit ihnen und einer Charakterisierung der Medizin ihrer Zeit wird der Untersuchungsgang nun fortgesetzt.

---

35 Zu seiner medizinischen Bedeutung vgl. u.a. Hohlweg, A.: Medizinischer „Enzyklopädismus“ und das Πόνημα Ἰατρικόν des Michael Psellos. Zur Frage seiner Quelle, in: Byzantinische Zeitschrift, Bd. 81–2 (1988). S.a. Bouras-Vallianatos, P.: A new witness to Michael Psellos’ poem ‚On Medicine‘ (De medicina), in: Jahrbuch der österreichischen Byzantinistik, Bd. 65 (2015), S. 9–12.

36 Zum aktuellen Projekt der Herausgabe seines Texts „Abhandlung über das Seelenpneuma“ s. https://jza.badw.de/das-projekt.html, zul. abg. am 02.11.2022. Zu Johannes Zacharias Aktouarios s. v.a. Bouras-Vallianatos, P.: Innovation in Byzantine Medicine. The Writings of John Zacharias Aktouarios (1275–1330). Oxford 2020, bzw. Ders.: Medical Theory and Practice in Late Byzantium: The Case of John Zacharias Aktouarios (ca. 1275–ca. 1330). London 2015.

37 S. hierzu Grimm-Stadelmann, I.: Byzantinische Arztgelehrte (Iatrosophisten) in postbyzantinischer Zeit, in: Revue des études sud-est européennes 57/1–4 (2019), S. 273–299.

38 Irmer, D.: Kommentar zu Hippokrates „De fracturis“ und seine Parallelversion unter dem Namen des Stephanus von Alexandria. Hamburg 1977.

2.2 Vorläufer einer etablierten Medizingeschichtswissenschaft

Die bisher benannten Einflüsse prägten und generierten eine Medizin, die zu Beginn des 19. Jahrhunderts noch nicht den Lehren der ‚Alten' entwachsen war – wie es ein halbes Jahrhundert später sehr wohl der Fall war. Bereits wenige Dekaden später sollte sie sich ganz auf naturwissenschaftliche Erkenntnis*art* gründen. Welcher Art war demnach die Medizin vor diesem Bruch?

Zunächst: Die damalige universitäre Medizin, die um die Wende des 18. ins 19. Jahrhundert hauptsächlich in Sachsen beheimatet war, wies manche Eigenheit auf, die heute mitunter nicht mehr unmittelbar eingängig wäre. Sie stand auf dem Höhepunkt der sog. romantischen Medizin, die naturphilosophische Strömungen aufnahm, gleichzeitig aber neuartige Erkenntnisse verarbeiten musste (s.o.).[39] Die klinisch praktizierte Medizin wurde passend als eklektizistische bezeichnet, die aus verschiedenen Quellen medizinisches Wissen zur Patientenbehandlung heranzog.[40] Dieses auf genauer klinischer Beobachtung gründende Modell war damit eigentlich hippokratisch.[41] Andere Fächer wie Pathologie und Physiologie dienten der nachträglichen Beurteilung. Keineswegs alle Strömungen wurden dabei als nutzbringend hinzugenommen.[42] In diesem Licht sieht man Sprengel nochmals als denjenigen, der die historischen Quellen für diese Art von medizinischer Vorgehensweise erschloss.

Die ärztliche Praxis, besonders die universitäre, war also noch selbstverständlich bestimmt von dem Gedanken, dass sich die Aneignung historischen bzw. antiken Wissens, genauer: Literatur nutzbringend für die ärztliche Tätigkeit einbringen ließ. Dies geschah nicht, indem Erkenntnisse direkt, also rein faktisch übertragen wurden.[43] Dieser Modus erschien schon deswegen als unsinnig, weil die Humoralpathologie offensichtlich als überholt galt. Stattdessen floß mittelbar die Methodik genauen Beobachtens, abgewogener Anwendung von Behandlungskonzepten, prognostisches Beraten in die Tätigkeit ein, und das umso mehr, als stark fallbasiert

---

39 Vgl. dazu Wiesing, U.: Kunst oder Wissenschaft? Konzeptionen der Medizin in der deutschen Romantik. Stuttgart 1995.

40 Vgl. v.a. Broman, Th.: The Transformation of German Academic Medicine, 1750–1820. Cambridge 1996.

41 So Nutton, V.: In defence of Kühn, in: Bulletin of the Institute of Classical Studies. Supplement, no. 77, (2002), S. 1–7, hier S. 2.

42 Der Brownianismus beispielsweise wurde insgesamt in Deutschland nicht gut aufgenommen. Diese Lehre des schottischen Arztes John Brown (1735–1788) gründete sich auf die Theorie, dass alle Krankheit auf Über- oder Untererregung gründet, vgl. Bynum, W.: Brunonianism in Britain and Europe. London 1988.

43 Vgl. hierzu Broman, Th.: Rethinking Professionalization: Theory, Practice, and Professional Ideology in Eighteenth-Century German Medicine, in: The Journal of Modern History, vol. 67, no. 4 (1995), S. 835–872, hier S. 846 ff.

gedacht und gelehrt wurde. Der einzelne Fall wird einer Untersuchung unterzogen und im Anschluss beurteilt. Hierzu konnten die ‚Alten' herhalten und anleiten.

Bei der Untersuchung von Editionen, besonders derart umfangreicher wie der Galens, muss dies bedacht werden, um Zweck und Hintergrund der Publikationen einschätzen zu können. Ein vorrangiges Beispiel für eine Edition, die während der meist mehrjährigen editorischen Arbeit starke Veränderungen des Umfeldes erlebte und dadurch wiederum selbst beeinflusst war, stellt Kühns Herausgabe aller Werke („Omnia opera") von Galen dar.

2.2.1 Karl Gottlob Kühn (1754–1840)

Dass Karl Gottlob Kühn eine der bedeutendsten Gestalten der frühen Medizingeschichtsschreibung war, braucht nicht eigens begründet zu werden.[44] Kühn, aus evangelischem Pastorenhaus, studierte Medizin und Altphilologie an der Universität Leipzig, wo er anschließend über mehrere Professuren zum Rektor der Universität aufstieg, ein Amt, das er dreimal bekleidete. Er besetzte ordentliche und außerordentliche Lehrstühle in den Fächern Anatomie und Chirurgie, Physiologie und Pathologie und war erster Rektor der medizinischen Fakultät. Seiner publizistischen Tätigkeit wurde „wahrhaft stupende Productivität" nachgesagt, die von medizinischen Themen über redakteurische Arbeit bis zur Herausgabe medizinhistorischer Bücher reichte.[45] Davon wird nachher noch genauer die Rede sein. Die rasche Anwendung und Verbreitung neuer medizinischer Erkenntnisse war ihm ein Anliegen.[46] In seinem Netzwerk finden sich bedeutende Gelehrte auf medizinischen und historischen Fachgebieten aus ganz Europa. Er blieb bis ins hohe Alter produktiv und starb 85-jährig in Leipzig.

---

44 Beinah jede biographische Beschreibung bezeichnet ihn als solche. Vgl. zeitgenössisch z.B. Meusel, J. G.: Das gelehrte Teutschland, oder Lexikon der jetzt lebenden teutschen Schriftsteller. Bd. 4, Lemgo 17975, S. 295–297; Kreußler, H. G.: Beschreibung der Feierlichkeiten am Jubelfeste der Universität Leipzig den 4. December 1809. Leipzig 1810, S. 50–53; Schneider, M.: „Karl Gottlob Kühn", in: Sächsische Biografie, hrsg. vom Institut für Sächsische Geschichte und Volkskunde e.V., online abrufbar unter https://saebi.isgv.de/biografie/Karl_Gottlob_Kühn_(1754-1840), zul. abg. am 02.11.2022); Hirsch, A.: „Kühn, Karl Gottlob", in: Allgemeine Deutsche Biographie, Bd. 17 (1883), S. 342; und Kümmel, W. F.: „Kühn, Karl Gottlob", in: Neue Deutsche Biographie, Bd. 13 (1982), S. 196 f.

45 Die ausführlichste Werkübersicht findet sich immer noch bei Callisen, A. C. P.: Medicinisches Schriftsteller-Lexicon der jetzt lebenden Aerzte, Wundärzte, Geburtshelfer, Apotheker und Naturforscher aller gebildeten Völker. Kopenhagen 1841, Bd. 29, S. 373 ff. Das Zitat stammt von Hirsch (1883), S. 342.

46 Er erforschte die medizinischen Wirkungen der Elektrizität (Die neuesten Entdeckungen in der physikalischen und medicinischen Electricität. 2 Bde., Leipzig 1796/1797) und promovierte in lateinischer Sprache über geburtshilfliche Themen (De forcibus obstetriciis nuper inventis. Leipzig 1783). Immer wieder wird seine frühe Befürwortung der Pockenschutzimpfung erwähnt (Die Kuhpocken, ein Mittel gegen die natürlichen Blattern. Leipzig 1801).

Die Herausgabe der galenischen Werke und anderer antiker Mediziner gilt aber gemeinhin als sein größtes editorisches Unterfangen. Seine Hinwendung zu den antiken Ärzten wurde bereits diskutiert.[47] Vor allem ein 2003 gefundener autographischer Brief Kühns warf neues Licht auf sein lang geplantes Unternehmen.[48] Hierin bittet er einen nicht weiter bekannten niederländischen Freund („F. H. L. Donkermann") um Hilfe: In diesem Brief präsentiert Kühn zum ersten Mal seinen Plan, eine Reihe mit allen antiken Ärzteschriften herauszugeben – und sein Freund Donkermann sollte ihm dabei behilflich sein, indem er ihm bislang unbekannte Handschriften Galens in der Leidender Bibliothek zu Verfügung stellen möge. Der konkret gesuchte Text beginne mit denselben Worten, die der Palladios-Text Περὶ πυρετῶν—Über die Fieber am Anfang hat. Kühn ist also auf einer rezeptionsgeschichtlichen Suche: Es stellte sich heraus, dass es in der Tat eine (pseudo-)galenische Schrift mit den gleichen Anfangsworten gibt. Der Herausgeber dieses Briefes, Amilios Mavroudis, bemerkt zudem, dass Kühn bereits zuvor einen Versuch unternahm, die Gesamtheit der medizinischen Schriften des Altertums zu erfassen.[49] Auch ‚Probeeditionen' Galens werden in Kühns Brief erwähnt, so z.B. die Schrift „Περὶ ἀρίστης διδασκαλίας—Über die beste Lehre", die er in Vorbereitung des großen Werks unternahm.[50] Kühn zeigt sich also bereits in frühester Phase seines Schaffen an editionsorientierter Altertumskunde interessiert.

Wiewohl die Edition der „Omnia opera" umfangreich war, umfasst sein Schaffenswerk viele andere, mehrjährige Projekte, die gleichzeitig bearbeitet wurden. Seine Literatur umfasste auch andere Editionen (z.B. der gesammelten Schriften

47 Für Schubring sind es sein persönliches Interesse und die Intention „[...] seine ärztlichen Kollegen mit den Fortschritten und den großen Persönlichkeiten ihrer Wissenschaft vertraut zu machen [...].", s. Schubring, K.: Bemerkungen zur Galenausgabe von Karl Gottlob Kühn und zu ihrem Nachdruck, in: C. G. Kühn (Hrsg.): Claudii Galeni Opera omnia, Lipsiae, C. Cnoblochii, 1821–1833, Vorwort zum Neudruck Hildesheim (Bd. XX) 1964/1965, S. IX–XV. S. dort für eine ausführliche Galen-(Rezeptions-) Bibliographie. S. v.a. auch die ausführliche Monographie des britischen Medizinhistorikers und Galen-Spezialisten Nutton, V.: Karl Gottlob Kühn and His Edition of the Works of Galen: A Bibliography. Oxford 1976.

48 Vgl. für das Folgende bes. Mavroudis, A. D.: Der Autographische Brief des K. G. Kühn über die Edition der Reihe Medicorum Graecorum Opera Quae Exstant, in: Sudhoffs Archiv, Bd. 87, Nr. 2 (2003), S. 173–179, v.a. S. 174.

49 Es handelt sich dabei um Kühn, C. G.: Bibliotheca medica, continens scripta medicorum omnis aevi ordine methodico disposta. Bd. 1, Leipzig 1794. Von dieser „Bibliotheca" erschien nur dieser erste Band. Einen ähnlichen Versuch unternahm er auch für die lateinischen Ärzte im Jahr 1824, vgl. Callisen, Schriftsteller-Lexicon Bd. XXIX (1841), S. 373 ff.

50 Erschienen als Kühn, C. G.: Claudii Galeni De Optima docendi genere libellus. Novae Medicorum Graecorum omnium editionis specimen exhibuit D. Carolus Gottlob Kühn etc. Leipzig 1818.

Sydenhams, 1826), Übersetzungen,[51] lexikographische Arbeiten,[52] Geschichtswerke,[53] Zeitschriften,[54] Kommentare,[55] alles mehrjährige Unternehmen. Dies möge zeigen, dass Kühn bei Weitem kein spezialisierter, hauptamtlicher Philologe war, sondern viele Projekte gleichzeitig durchführte. Zudem ist seine ärztliche Tätigkeit zu bedenken und die Tatsache, dass er bei Beginn der Arbeit an der Herausgabe der „Omnia opera" bereits in die siebte Lebensdekade vorgedrungen war.[56]

Für die Untersuchung der Editionskriterien der „Omnia opera" ist das durchaus bedenkenswert. Kühn war vor allem der erste Professor der medizinischen Fakultät Leipzig und damit an einer der einflussreichsten medizinischen Posten Europas platziert.[57] Seine ärztlich-akademische Arbeit nahm stets den Hauptteil seiner Arbeitszeit ein, seine Interessen waren breit gestreut.[58] Man muss sein Publikum vor Augen behalten, das ein *gelehrtes*, kein professionelles war.[59] Die Neu-Edition der Werke Galens stellte ein monumentales Unterfangen dar, das zwar bereits zuvor unternommen, aber nichtsdestoweniger anspruchsvoll war. Sie richtete sie sich an eine Leserschaft aus Gelehrten *und* Medizinern. Die philologische Beurteilung nahm Kühns Edition in späterer Zeit als in vielerlei Hinsicht unzureichend auf; auf die Kritikpunkte wird später noch einzugehen sein kann. Aber diese Betrachtungsweise allein kann kein rechtes Bild von Zweck und Grund der „Opera omnia" vermitteln, so viel vorab. Kühn legte bereits in der strukturellen Umsetzung der Edition andere Schwerpunkte als rein philologische.

Dies zeigt sich bereits im *Aufbau* der Ausgabe: Die Edition besteht aus 26 Bänden, die von 1821–1833 erschienen. Davon füllen Galens Werke die Bände 1–20, die hippokratischen Schriften die Bände 21–23, Band 24 ist Aretaios von Kappadokien gewidmet und Dioskurides die letzten beiden, wobei diese von Sprengel bearbeitet wurden. Band 20 enthält ein umfangreiches Register. Von Interesse ist v.a. der erste Band, da

51 Beispielsweise aus dem Jahr 1822 die des berühmten schottischen Arztes Charles Bell (1774–1842).

52 Kühn, C. G. (Hrsg.): Neue Sammlung auserlesener Abhandlungen zum Gebrauch practischer Ärzte. Leipzig 1816–1838; oder Ders.: Neue Sammlung der auserlesendsten und neuesten Abhandlungen für Wundärzte. Leipzig 1782–1789.

53 Kühn, C. G. (Hrsg.): Chronologische Geschichte der Naturlehre. Leipzig 1798–1799. Er hatte sie aus dem Französischen übersetzt bzw. übersetzen lassen.

54 (Neue) Leipziger Literaturzeitung, seit 1803.

55 Er gab eine seit 1753 bestehende Reihe medizinischer Kommentarwerke ab 1793 weiter heraus: Kühn, C. G. (Hrsg.): Commentarii de rebus in scientia naturali et medicina gestis. Leipzig 1789–1808.

56 Auf diese Punkte weist wiederum hin Nutton (2002), S. 1–7, hier S. 3 f.

57 „[...] Kühn was the leading professor at one of the most flourishing medical universities in Europe. [...] He was, one might say, the Pooh Bah of the Leipzig Faculty." Nutton (2002), S. 3.

58 „He was also a prolific author and editor with a wide range of interests [...]." Nutton (2002), S. 3.

59 Vgl. zu dieser kulturhistorischen Betrachtung v.a. die ausführliche Habilitationsschrift von Lammel, H.-U.: Zwischen Klio und Hippokrates. Zu den kulturellen Ursprüngen eines medizinhistorischen Interesses und der Ausprägung einer historischen Mentalität unter Ärzten zwischen 1750 und 1830 in Deutschland. Habil. Diss. Rostock 1999 (1999a); vgl. auch Broman (1995), S. 841.

Kühn hierin Auskunft über seine Editionsmethodik gibt. Hierin folgen nach den einleitenden Teilen mit dem Vorwort (*Praefatio)* die „Historia Literaria Claudii[60] Galeni“, wo (i.) eine besondere Werkübersicht Galens vorangestellt ist, auf die nachher noch einzugehen sein wird. Sodann reihen sich (ii.) eine Biographie Galens („Vita Galeni“) und die (iii.) bald 200 Seiten fassende Auflistung der verfügbaren galenischen Quellen an. Ein Inhaltsverzeichnis leitet die in diesem Band enthaltenen Texte ein, die auf 700 Seiten griechisch-lateinisch folgen. Der erste Band hat zwei Titeleien: einmal die Betitelung als „Opera Omnia Galeni“, danach die Ausweisung als Teil des Gesamtwerks „Medicorum Graecorum opera quae existant“. Das Werk ist König Friedrich August (I.) (1750–1827) von Sachsen mit den Worten gewidmet:

> Dem König Friedrich August, dem frommen, gerechten Vater des Vaterlandes, Gönner der Wissenschaften, kundigsten Patron der Philologen und mildtätigsten hat diese Edition des Claudius Galenus mit frommem und dankbarem Geiste gegeben, geschenkt, gewidmet: der Herausgeber.[61]

Der König war 1815 aus preußischer Gefangenschaft zurückgekehrt und regierte zur Zeit der Widmung (1821) als im Volk anerkannter König von Sachsen in Dresden.[62]

Die gesamte Edition wurde, wie für einen Gelehrten üblich, in lateinischer Sprache verfasst, ebenso das Vorwort. Die Analyse der verschiedenen Vorworte bei den Akteuren hat ergeben, dass sie neben einer Einführung in die Thematik repetitive, ähnliche Muster aufweisen. Diese belaufen sich auf folgende sechs Elemente:

(i) Persönliche Motivation und/oder
(ii) Äußere Anregung/Anlass
(iii) Legitimation
(iv) Darlegung des Vorgehens/der Methode
(v) Danksagung
(vi) Ausblick

Nicht alle diese Punkte werden immer abgedeckt, genauso wenig wie die genannte Reihenfolge eingehalten wird. Der Schwerpunkt kann dazu verschieden sein.

---

60 Galen wird wohl lediglich aufgrund eines Überlieferungsfehlers der Name „Claudius“ beigegeben. Dies rühre aus der Lesart des abgekürzten Epithetons „Cl.“, was in Wirklichkeit aber „clarissimus“ – hochberühmter – bedeute. Wahrscheinlicher ist der Name seines Vaters Aelius. Vgl. von Brunn, W.: Darf man Galenos „Claudius“ nennen?, in: Ciba Zeitschrift. 4. Jg., Nr. 43 (März 1937).

61 Übersetzung des Verf. aus dem Lateinischen, s. Kühn (1821), Bd. 1, S. V.

62 Vgl. u.A. Petschel, D.: Sächsische Außenpolitik unter Friedrich August I. Zwischen Rétablissiment, Rheinbund und Restauration, in: Dresdner Historische Studien. Bd. 4., Köln 2000. Friedrich August war v.a. für seine botanischen Interessen bekannt, s. Melzer, S.: In den Fussstapfen Linnés: Friedrich August der Gerechte von Sachsen und die Botanik, in: Jahrbuch Staatliche Schlösser, Burgen und Gärten Sachsen 15.2007/2008, S. 120–129.

Kühns *Praefatio* nun geht auf seine Motive ein und beginnt gleich mit der Legitimation. Mindestens zweierlei ist bei ihm bemerkenswert: Er beteuert rechtfertigend mehrmals, dass ihm bewusst war, möglicherweise dem Umfang des Werkes nicht gerecht werden zu können.[63] Aber nun habe er es eben gewagt („Jacta alea esto!") und die vielen, teils ganz verunstalteten Stellen aufgesucht, sowohl die lateinischen als auch die griechischen. Er erläutert sein Vorgehen, mit einer Vita anzufangen. Bisher musste man sich mit der griechischen Fassung aus Basel von 1538[64] und der griechisch-lateinischen von René Chartier[65] aus dem Jahr 1679 begnügen.[66] Er habe begonnen mit den Handschriften der Basler Ausgabe, dann immer weiter andere, einzelne Manuskripte hinzugezogen („qui ad manus erant"), eine Vielzahl an Bibliotheken besucht und weitere Abgleiche gemacht, bis er bei der Ausgabe Chartiers ankam, wo er neue Textteile gefunden hätte. Er legt seine Bemühungen ausführlich dar und zeigt, dass ihm wohl bewusst war, wie eine philologisch einwandfreie, kritische Edition zu machen gewesen sei. Zum Zweiten fällt auf, wie viele Gelehrtenfreunde ihm zur Seite standen und bei der Edition hilfreich waren.[67] Genannt werden

63 „Von denen, die mich recht kennen, hoffe ich, dass ich von dem Tatbestand des Leichtsinns frei bin, dass ich nämlich ein solch schwieriges Werk aufgenommen habe ohne es zu bedenken, und eine schwere Last mir auflege, die die Schultern nicht tragen können.", s. Kühn (1821), Bd. 1, S. VIII (Übers. d. Verf.).

64 Gemeint ist die bei Andreas Cratander (1490–1540) erschienene Ausgabe mit dem vollen Titel: Galeni Pergameni summi semper viri, quique primus artem medicinae universam, apud priores homines obscuram & veluti errantem, in perspicuam quandam & propriam expositionem traduxit, opera omnia, ad fidem complurium & perquam vetustorum exemplariorum ita emendata atque restituta, ut nunc primum nata, atque in lucem aedita, videri possint. 5 Bde., Basel 1538. Beteiligt waren bei dem Gemeinschaftsunterfangen außerdem Hieronymus Gemusäus (1505–1543), Leonhart Fuchs (1501–1566), beides Ärzte, und der Gräzist Joachim Camerarius (1500–1574), s. https://ub.unibas.ch/cmsdata/spezialkataloge/gg/higg0337.html, zul. abg. am 02.11.2022.

65 Gemeint ist die von Chartier, R.: Hippocratis Coi et Claudii Galeni Pergameni archiatron opera. Bd. II, Paris 1679. René Chartier, lat. Renatus Charterius, lebte von 1572–1654 und war königlicher Hofarzt in Paris. Er spielt in der Überlieferungsgeschichte der Werke mehrerer antiker Autoren, besonders aber der des Galen, eine gewichtige Rolle, da er teils erstmalig, teils redakteurisch Ausgaben drucken ließ und so einem weiteren Feld von Gelehrten zugänglich machte. Die Beigabe einer lateinischen Übersetzung war ein wesentlicher Schritt dabei. Nicht immer wurde seine textliche Arbeit geschätzt, zunehmend werden auch seine verfälschenden Eingriffe bei der Rezensio gerügt, vgl. Kollesch, J.: René Chartier – Herausgeber und Fälscher der Werke Galens, in: Kleine Schriften zur antiken Medizin. Berlin/Boston 2019, S. 187–202. Vgl. biographisch Boudon-Millot, V., Cobolet, G., Jouanna, J.: René Chartier (1572–1654), éditeur et traducteur d'Hippocrate et de Galien. Paris 2012.

66 Die Abstammungsverhältnisse sollen hier nicht ansatzweise diskutiert werden. Nichtsdestotrotz mag die Kenntnis helfen, dass in der griechisch-lateinischen Ausgabe von Chartier einige Passagen, meist auf Latein, vorkommen, die nur er kennt und in der Basler Handschrift fehlen. Vgl. Choulant (1841), S. 113.

67 Auf die Bedeutung der Gelehrtennetzwerke wird weiter unten noch eingegangen; festzuhalten ist, dass keiner der Editoren allein arbeitete, sondern immer auf den Vorarbeiten seiner Vorgänger aufbaute. Man könnte dahingehend fragen, inwiefern eine Edition überhaupt nicht viel eher das Er-

u.A. Gottfried Heinrich Schäfer (1764–1840), klassischer Philologe, der die Durchsicht besorgt habe. Er dankt ebenso Ritter von Mercy aus Paris[68] sowie dem bekanntesten klassischen Philologen seiner Zeit, Friedrich Jacobs (1764–1847). Weiterhin erwähnt er den Philologen Friedrich August Wilhelm Spohn (1794–1824) und dankt schließlich Carl Cnobloch (1778–1834), der als umtriebiger Geschäftsmann Leipzigs erfolgreichster Verleger war.[69] Viele Arbeiten ließ Kühn außerdem von seinen Assistenten durchführen.[70] Man kann hier der bereits erwähnten Netzwerke gewahr werden, die unter Gelehrten nun vermehrt in Anspruch genommen wurden. Zwar bestand freilich auch zuvor ein wissenschaftlicher Austausch, der nun aber mit neuer Dynamik intensiviert und gerade für Monumentalprojekte wie dem Kühns in Anspruch genommen wurde. Besprechung, Austausch und Diskussion in Fachzeitschriften beispielsweise dienten nunmehr der Professionalisierung des wissenschaftlichen Arbeitens (s.o.). Im späteren Verlauf des Jahrhunderts wurden an diesen Strang des mittels der Gründung von Gesellschaften und Mitteilungsorganen gezielt angeknüpft, um dem Fach Medizingeschichte, von dem zur Zeit Kühns nicht als eigene Disziplin zu denken war, zu einem wissenschaftlichen Eigenleben zu verhelfen.

Solche Unterstützung von Gelehrtenfreunden hat Kühn jedenfalls bewusst in Anspruch genommen und ersucht, um halbwegs zügig eine lesbare Ausgabe der galenischen Werke in die Hände der im Lateinischen bewanderten Leserschaft zu bringen. Abstriche bei der Vollständigkeit und kritischen Materialsichtung nahm er dafür billigend in Kauf.[71] Die Mängel waren ihm wohl bewusst und können ihm kaum vorgehalten werden – kurzum: Kühn wusste, was er tat.[72]

Die *Machart* des Buches besticht, gerade im Vergleich zu den großformatigen alten Vorläuferausgaben, durch ihre Übersichtlichkeit. Klar werden im Textteil griechische von lateinischer Schrift durch die untergeordneten Anordnung getrennt: Unter dem griechischen steht der lateinische Text. Das Schriftbild ist regelmäßig und visuell angenehm im Blocksatz; Kapitel oder andere inhaltliche Strukturierungen werden eingezogen. Im Kopf steht der griechische Name der Schrift, darunter

gebnis eines kontinuierlichen ‚Bearbeitungsstroms' ist denn das von Einzelanstrengungen, aber das langt an grundlegendere Fragen heran, die hier nicht besprochen werden.

68 Gemeint ist a.e. Le chavalier François Christophe Florimond de Mercy (1775–1849), s. Callisen, Schriftsteller-Lexicon, Bd. XXX (Nachtrag zu Bd. XII.) Kopenhagen 1842, S. 343.

69 Nutton (2002) berechnet einen Preis von ca. £16–£19 für die Gesamtausgabe, das entspräche 2002 ca. £1700–£1900. Das entspricht 2020 ca. €3500–€3800. Ein Band der insg. 28 Bände (zwei waren zweibändig) würde demnach zwischen €126 und €135€ liegen. Die Differenz ergäbe sich aus einer aufwendigeren Drucktechnik. Damit liegt der für Druckgut damals sehr erschwingliche Preis sogar im Bereich des Gängigen für heutige aufwendige wissenschaftliche Publikationen.

70 So Nutton (2002), S. 1 f.

71 Systematisches Vorgehen war in Zeiten ohne Mikrofilme ohnehin um Einiges aufwendiger, gerade bei so umfangreichen Autoren wie Galen, vgl. Schubring, S. X.

72 Dies nachzuweisen ist ein stetes Anliegen des Galenkenners Nutton (2002).

die Ortsangabe in den beiden benützten Vorgängereditionen („Ed. Chart." bzw. „Ed. Bal."). Es fehlen Angaben zu Lesarten oder Kommentare, ebenso ermangelt es einer ersichtlichen Kollation; womöglich konsultierte Handschriften werden nicht am Ort im Text angezeigt. Auch sonst besitzt der Text keine Fußnoten mit etwaigen inhaltlichen Erläuterungen oder Ergänzungen. Der Umfang ist natürlich beträchtlich, auch die anderen Bände fassen jeweils ca. 900 Seiten. Die Umsetzung gefiel jedenfalls und wurde für ihre Lesbarkeit gelobt.[73]

Zu Beginn gibt Kühn selbst eine Einführung in das Leben und Wirken Galens über 26 Seiten, freilich in lateinischer Sprache verfasst.[74] Deren Inhaltsangabe steht am Beginn der „Historia literaria"; interessant sind dabei die Schwerpunkte, die Kühn setzt. Ausführlich wird die Datierung besprochen, Galens Verdienste für die Medizin sowie die Medizin zu seiner Zeit allgemein. Bevor er auf eher bibliographische Probleme eingeht (andere Schriften Galens, Anordnung der Bücher, Rezensionen), legt er die Errungenschaften Galens und seine Systematik dar. Kühn legt besonderen Wert auf anatomische Neuerungen und chirurgische Tätigkeiten. Eingehend untersucht er Galens physiopathologische Ätiologie in ihrer humoralpathologischen Ausprägung. Die diagnostische Vorgehensweise mit Symptomeinteilung, Unterscheidung innerer und äußerer Krankheiten etc. und therapeutische Vorgehensweisen werden erwähnt. Galen sei außerdem auf allen anderen Gebieten der Medizin auch tätig gewesen, kein Gebiet, das er unangetastet gelassen hätte. Kühn kann die Leistungen Galens, gerade auf seinem professionellen Gebiet, einschätzen und bewerten. Es wird deutlich, wie sehr Kühn die Klarheit der Systematik bewundert, die Schärfe der Beobachtung schätzt und die Gabe ärztlicher Kunst – auch gegenüber seiner Zeit – herausstellt:

> Wenngleich dem, was ich aufgezeigt habe, im System Galens rechte Ordnung, Einfachheit, Bedeutung und Klarheit in ihren Teilen nicht ermangelt, ist doch Vieles darin so dargelegt, dass die Medizin unserer Zeit nichts Besseres und Erprobteres hat, und muss danach suchen, sie zu ersetzen.[75]

Galen erhält sozusagen Leitcharakter auch für die gegenwärtige Medizin. *Gleichzeitig* sind ihm auch die philologischen Vorteile seiner Arbeit bewusst, wenn er zur Übersicht der galenischen Schriften von Ackermann überleitet. Diese Einleitung soll also

---

73 Vgl. Tassinari, P.: Galen into the Modern World: from Kühn to the Corpus Medicorum Graecorum, in: Bouras-Vallianatos, P., und Zipser, B. (Hrsg.): Brill's companion to the reception of Galen. Leiden/Boston 2019, S. 508 ff.; hier S. 508, bes. Anm. 4.

74 Die aktuellsten Publikationen zu Galen stammen von Mattern, S. P.: The Prince of Medicine: Galen in the Roman Empire. New York 2013; Nutton, V.: Galen: a thinking doctor in imperial Rome. London/New York 2020; vgl. auch den bereits zitierten, stets aktualisierten „Companion" von Bouras-Vallianatos/Zipser.

75 S. Kühn (1821), S. LXI: „Etsi quidem id, quod exposui, Galeni systema bono ordine, simplicitate, gravitate ac perspicuitate in quibusdam ejus partibus non carebat, multaque in eo ita proposita sunt, ut nostrorum temporum medicina non habeat meliora probatioraque, iis substituenda; [...]."

sowohl den bücherkundigen Leser *als auch* den interessierten Mediziner anziehen – beide in Form ärztlicher Kollegen.

In der nachfolgenden, bald 200 Seiten umfassenden Darlegung der Quellenlage bestätigt sich noch einmal Kühns primär inhaltlich-medizinischer Fokus. Zwar listet er die einzelnen Schriften, zugehörige Manuskripte, (griechische) Fassungen, Versionen (also Übersetzungen ins Lateinische, Arabische, Hebräische) und Kommentare auf. Das ist sicherlich sehr hilfreich für den Philologen, der eine aktuelle Liste der Art des Fabricius (s.u.) nicht zur Hand hatte. Doch sind keine Aussagen zu den Abhängigkeitsverhältnissen (Stemma) getroffen, die Angaben zudem unvollständig. Vielmehr ist die Auflistung Kühns ist stark *inhaltsorientiert*, sie gibt jeder Schrift einen einleitenden Kommentar seinerseits bei, der Inhalt und Wert beschreibt und damit anregend für weitere Lektüre und Beschäftigung ist. Besonders tritt dies wiederum bei den anatomischen Schriften zutage, wenn er z.B. „De anatomic. administration. libri IX" als die reichste und beste anatomische Schrift Galens bezeichnet, also als besonders lesenswert ausgibt. Ein Nicht-Mediziner hätte eine derartige Auflistung mit ärztlichen Einschätzungen nicht geben können. Die Kühn'sche Ausgabe scheint also durchweg den medizinischen Leser im Blick zu haben. Der soll zur Lektüre befähigt werden, und zwar ohne auf die vorher verfügbare, bestehende Ausgabe von Fabricius, ausweichen zu müssen, von der ein kurzes erläuterndes Wort zu sagen ist.

Exkurs: Zu Johann Albrecht Fabricius

Die Frage nach Kühns Quellen ist eine komplexe. Man muss, um eine Errungenschaft Kühns neben vielen anderen würdigen zu können, auf die Übersicht blicken, auf deren Grundlage Kühn die Schriften zusammenstellte. Es handelt sich dabei um eine Übersicht der Galenischen Schriften, die von seinem Mitarbeiter Johann Christian Gottlieb Ackermann (1756–1801) zusammengestellt worden ist. Der wiederum hatte sie aus Johann Albrecht Fabricius' (1668–1736) berühmter „Bibliotheca Graeca" übernommen und angepasst, die Gottlieb Christoph Harleß (1738–1815) in der zur Zeit Kühns aktuellen vierten Auflage besorgt hatte (hrsgg. 1790–1812).[76] Die Gestalt des Fabricius ist eine wichtige für die gesamte Rezeptionsgeschichte. Fast alle Editionen nach ihm beziehen sich in irgendeiner Form auf sein Hauptwerk, die „Bibliotheca graeca", die bald ein Jahrhundert zuvor (1705–1728) herausgegeben wurde.[77] Fabri-

76 Fabricius, J. A.: Bibliotheca Graeca. Hamburg 1705–1728; in 4. Auflage von G. Ch. Harleß hrsgg. Hamburg 1790–1812. Harleß hatte sie grundlegend „verbessert und vermehrt". Auch Wilhelm Dindorf (1802–1883), ein enger Freund Kühns, hatte zu dieser Auswahl beigetragen (vgl. Bd. 24 der „Omnia opera" zu Aretaios).

77 Diese „Bibliotheca" war ein stark rezipiertes und benütztes Nachschlagewerk, dessen Grundlagen nicht gut erforscht sind. Eine weiterführende Untersuchung zu den Herkünften und Quellen Fabricius' böte sich an und wäre ein Desiderat byzantinistischer Forschung.

cius, am ehesten zu bezeichnen als ‚Polyhistor',[78] hatte mehrere derartige *Bibliothecae* verfasst und damit für viele nachfolgende philologische Arbeiten den Grundstein gelegt.[79] Seine Hinwendung zur Theologie erklärt möglicherweise die heilgeschichtliche Einteilung des Werks in Abschnitte von Homer–Platon über Jesus bis zu Kaiser Konstantin–Eroberung Konstantinopels mit Christus im Zentrum der Geschichte.[80] Dieses Werk enthält sozusagen den ‚Vorläufer' der „Historia Literaria" bei Kühn.[81] Es werden alle Schriften Galens aufgelistet und mit der Gliederung („scriptis numeris") der griechischen Basler und griechisch-lateinischen Chartier-Edition versehen, also wo in diesen Ausgaben die entsprechenden Abschnitte zu finden sind. Ebenso wird eine Auflistung für dort nicht enthaltene Schriften gegeben, oder solche, die nur in einer der beiden zu finden sind. Es schließt sich ein ausgiebiges Verzeichnis darüber an, welche Schriftsteller Galen an anderen Orten erwähnen.

Alle diese Teile nun finden sich in Kühns „Omnia opera" in einer Form wieder. Die Parallelität umfasst die Auflistung der Schriften, die bibliographischen Angaben, die einleitende Vita und Einschätzung und auch den Index, der in Kühns Edition Band 20 ausmacht. Jener wurde von seinem Assistenten Friedrich Wilhelm Assmann (1800–?) angefertigt. Darin sind ein Verzeichnis der Schriften und Schlagworte über alle Begriffe, die bei Galen vorkommen – Krankheiten, Arzneien, Fachbegriffe –, in alphabetischer Reihenfolge enthalten. Kühn hat damit mehr als offenbar versucht, einen ‚modernen', verfügbaren und zugänglicheren Fabricius zu liefern – oder Char-

---

78 Zu ihm vgl. zeitgenössisch dessen Schwiegersohn Reimarius, H. S.: De Vita et Scriptis J. A. Fabricii Commentarius. Hamburg 1737; Verner, M.: Johann Albert Fabricius, Eighteenth-Century Scholar and Bibliographer, in: The Papers of the Bibliographical Society of America, vol. 60, no. 3 (1966), S. 281–326; Reincke, H.: „Fabricius, Albert", in: Neue Deutsche Biographie, Bd. 4 (1959), S. 732–733; und Mähly, J. A., Bertheau, C.: „Fabricius, Johann Albert", in: Allgemeine Deutsche Biographie, Bd. 6 (1877), S. 518–521.

79 Bibliotheca latina mediae et infimae aetatis, Bibliotheca ecclesiastica, Bibliotheca nummaria und weitere. Zu Fabricius' jeweiligen Anregungen vgl. Reimarius.

80 „[...] bald aber wandte er sich entschieden der Theologie zu, immer mit besonderer Neigung für das Litterarische und den Theil der Gelehrsamkeit, den wir heute vor allem die classische Philologie nennen, der damals aber noch aufs engste mit der Theologie Hand in Hand ging", s. Mähly, S. 518 f. Inspiriert habe ihn auch Thomas Ittig (1643–1710), ein Leipziger Theologieprofessor.

81 Der Teil zu Galen beginnt mit dem „Elogium Galeni Chronologicum auctore Philippo Labbeo", ursprünglich 1660 erschienen. Dabei handelt es sich um einen Brief von Philippe Labbe (1607–1667), einem französischer Jesuitenpriester und Historiker, an Jakob Mentel (1597(?)–1671), Professor der medizinischen Fakultät in Paris. Diesen Philippe Labbe nimmt Kühn quasi als Vorbild seines Unterfangens. Zu Labbe vgl. Maas, A. J.: „Philippe Labbe", in: Herbermann, Ch. (Hrsg.): Catholic Encyclopedia. New York 1913.

tier –,[82] der zudem die nachfolgende philologische Arbeit erleichtern sollte.[83] Damit ging Kühn über Fabricius hinaus – eben und besonders in seiner Intention, ein Werk für den zeitgenössischen ärztlichen Kollegen zu schaffen und das Vorgängerwerk dezidiert inhaltlich zu überarbeiten.

Die soweit genannten Vorteile gereichten Kühns Ausgabe allerdings auch zum *Nachteil*. Die überdeutlichen Schwächen wurden vielfach herausgestellt.[84] Der Index sei unvollständig, die Textfassungen ebenso: „Von einem systematischen Versuch, die bekannten Handschriften heranzuziehen, konnte nicht die Rede sein."[85] Auch im Vergleich mit heutigen „Historia literaria", wie man sie bspw. in der von Gerhard Fichtner (1932–2012) zusammengestellten für das *Corpus Galenicum* findet, grenzt sich Kühns Versuch deutlich ab.[86] Und selbst zu Kühns Zeit war die Edition nicht auf der Höhe der philologischen Arbeitsweise gewesen.[87] Dem Werk wurde vorgeworfen, es sei ein „rein kommerzielles Unterfangen", sein „einziger Wert ist der, dass es existiert".[88] Trotzdem habe Kühn aber doch einiges deutlich verbessert.[89] Seine Edition hält für manche Texte nach wie vor die aktuellste Fassung bereit, wenngleich manch neue (pseudo-)galenische Schrift seitdem noch zum Corpus hinzugekommen ist.[90] Die neueren Stimmen stellen die Edition in ein milderes Licht, eines, in dem Kühns Verdienste bei allen berechtigten Kritikpunkten unterstrichen werden.

Kühns „Omnia opera" stellen demnach ein *Doppel*werk dar, das zweierlei leistete. Einerseits wurden sie zum Ausgangspunkt für eine neue, neuzeitliche Beschäftigung mit Galen. Philologen der kommenden Jahre werden die Texte von da aus aufgreifen und sich beständig auf Kühn beziehen – bis zum *Corpus Medicorum Graecorum* in die Gegenwart. Andererseits brachte Kühn ein dem medizinischen Lehr- und Zeit-

82 Auf Chartier stützt sich ja bereits Fabricius, sodass Tassinari mit Recht schreiben kann: „Kühn's original Intention was simply to reprint Chartier's Galen with emendations from the Paris manusript and improved Latin translations.", s. Tassinari, S. 510.

83 Dieser Gedanke ist entlehnt von Nutton (2002), S. 4. Dies gelte ja prinzipiell heute noch, denn „[...] how many of us have ever consulted Fabricius' original?" S.a. Tassinari, S. 513.

84 Vgl. Nutton (2002), S. 2: „At times, it is harder to tell whether a correction has been made accidentally by the printer or deliberately by the editor." Hier findet sich auch der Hinweis, dass wahrscheinlich der genannte Gottfried Heinrich Schaefer die meiste Arbeit für sich beanspruchen konnte.

85 Vgl. Schubring, S. X–XII.

86 Fichtner, G.: Corpus Galenicum. Bibliographie der galenischen und pseudogalenischen Werke. Laufend aktualisiert unter http://cmg.bbaw.de/online-publikationen/hippokrates-und-galenbibliographie-fichtner, momentan (09/2021) auf dem Stand von 12/2019. Fichtners Ansatz ist der der Dokumentation sämtlicher Werke im Corpus Galenicum bzw. Hippocraticum.

87 S. Kümmel (1982): „Seine Ausgaben bleiben aber hinter den textkritischen Leistungen der damaligen Zeit auf anderen Gebieten deutlich zurück und sind inzwischen – mit Ausnahme Galens, für den bis heute nur zum kleinen Teil zuverlässige Editionen vorliegen – längst überholt."

88 Vgl. Tassinari, S. 509, Anm. 5.

89 Vgl. die Ausführungen von Kollesch, J.: Suppl. V zum CMG: Galeni De instrumento odoratus, edidit, in linguam Germanicam vertit, commentata est J. Kollesch. Berlin 1964.

90 Vgl. Schubring, S. XIII.

geist entsprechendes, *zugängliches* ‚Lesebuch' heraus, aus dem der Medizinstudent oder Arzt *methodisch* schöpfen konnte.[91] Tassinari bringt es folgendermaßen auf den Punkt:

> Kühn's Edition provided the practical tool of a revised and updated version of Johann Fabricius' (1668–1736) *Bibliotheca*. He wanted to reignite the study of ancient medical texts by giving a handy, easily available edition [...].[92]

Die Informationen aus Galenschriften waren noch selbstverständlich im ärztlichen Denken verwertbar für die Tätigkeit mit dem Patienten, zumindest zu Beginn des Unternehmens 1821. Dies war aber kein rein utilitaristischer Pragmatismus, wie ihn spätere Vertreter der Medizingeschichte anführen werden. Galen war nicht in dem Sinne ‚nützlich', dass man aus seinen Schriften lediglich ‚technische', also fertigkeitsorientierte, oder ‚wissentliche', also nur faktische, Kenntnisse entnahm. Vielmehr gehörte das ‚Bescheid-Wissen' über die antiken Autoren zur Bildung dazu, war ein Ausweis professioneller Identität, indem man an eine nahtlose Tradition anknüpfen und das hinzukommende Wissen darin einbetten konnte. Nicht zuletzt setzte man damit ein Zeichen des sozialen Status.[93] Man kann in diesem Zusammenhang durchaus von einer ‚Medizin der Alten' sprechen und sie einer andersartigen, von Grund auf neu gebauten ‚modernen Medizin' gegenüberstellen, die mit der engen Kopplung an die Naturwissenschaften begann.

Während der Jahre der Veröffentlichung änderte sich die Lage nämlich rapide. Die Ausgabe fand unter den zunehmend naturwissenschaftlich ausgebildeten Ärzten weniger als eine Dekade nach ihrer Vollendung kaum noch Leserschaft.[94] Das Blatt wendete sich andererseits bereits so rasch hin zur philologisch-exakten Arbeitsweise aufseiten der Geschichtswissenschaftler, dass Kühns Herangehensweise nicht mehr dem Standard der Philologie genügte, sodass man konkludieren kann:

---

91 Vgl. Nutton (2002), S. 7, und Tassinari, S. 508: „Still, one should remember that the physician or the man of learning who, at the turn of the century, wanted to read Galen, could only rely on a handful of recent Greek editions, while the old unserviceable Basileensis and Chartier were still the standard complete editions with Latin translations."

92 Tassinari, S. 513.

93 So bei Tassinari, S. 512 f. Hier wird der Ansatz, der als „Litterärgeschichte" firmierte, mit dem kompilierenden, systematisierenden von Carl Linnaeus (1707–1778), dem Systematiker der Botanik mit dem Kürzel „L.", verglichen.

94 Vgl. Nutton (2002), S. 7: „A decade later, ideas on medicine had changed. The clinic and, gradually, the laboratory replaced the library as the workplace of the medical professor. The ancient medical writers became the object of historical study, not primary sources for modern therapeutics."

> In this evolving scenario, the classically educated doctor envisaged as Kühn's readership was disappearing, and we can now wonder whether the new editorial enterprise announced the end of an era rather than the start of a new one.[95]

Damit erging es Kühns Vorhaben ähnlich wie der Ausgabe der Hippokratischen Schriften von Émile Littré und den Editionen der Sydenham Society (s. jeweils unten).[96] Zur Zeit der ersten Herausgabe diente die Galen-Ausgabe jedenfalls vorrangig dem medizinischen Kollegen zum Weiter*lesen*, dem forschenden Philologen aber zum Weiter*machen*.

2.2.2 Johann Ludwig Choulant (1791–1861)

Nachhaltigen Einfluss auf die Medizingeschichtsschreibung im weiteren Verlauf des 19. Jahrhunderts hatte die bibliographische Arbeit des Dresdner Arztes Johann Ludwig Choulant.[97] Sein Werk charakterisiert eine spezielle Auffassung von Medizingeschichtsschreibung, die den Übergang zur philologisch-historischen Methode bilden sollte. Wenngleich dieser Brückenschlag zunächst scheiterte, war seine Forschung lange Zeit vorbildhaft für die exakt betriebene Quellenkunde. Choulant zeichnete sich dabei durch penible Forschungsgenauigkeit, dezidierte inhaltliche Zurückhaltung und konstante Aktualisierung aus; alles Merkmale einer frühen historischen Arbeitsweise in ärztlicher Farbgebung. Augenfällig werden sie an seinem bekanntesten Werk, das auch vielfach rezipiert wurde, dem „Handbuch der Bücherkunde". Zunächst aber mag Weniges zu seiner Person gesagt werden.

Nach dem Besuch einer Lateinschule begann Johann Ludwig Choulant erst eine Apothekerlehre, bevor er sich 1812 immatrikulierte und 1818 zum *Dr. med. et chir.* promovierte. Auf sein Interesse für die literarische Betätigung in der Medizin weisen bereits Vorlesungsbesuche hin; früh begann er Notizen zu seltenen Medizinbüchern anzulegen.[98] Einfluss übte auch der aufklärerische Philosoph und Mediziner Ernst

95 Tassinari, S. 509.

96 Vgl. Nutton (2002), S. 7, Anm. 35.

97 Biographisch vgl. Hirsch, A.: „Choulant, Johann Ludwig", in: Allgemeine Deutsche Biographie, Bd. 4 (1876), S. 139; Gleisberg, J. P.: Ludwig Choulant und die Reformbestrebungen in der Medicin im Königreich Sachsen, in: Deutsche Klinik, Heft 40–48 (mit Unterbrechungen), 1865. In diesem Artikel aus einer klinisch-ärztlichen Zeitschrift wird kaum auf seine medizinhistorischen Werke eingegangen. S.a. Grosse, J.: Professor Johann Ludwig Choulant in seiner Bedeutung für die Heilkunde, insbes. die Geschichte derselben, in: Janus 6 (1901), S. 13–17 u. 83–88, wo sich die beste Bibliographie Choulants findet mit kurzen inhaltlichen Beschreibungen. Neuer vgl. Heidel, G.: Johann Ludwig Choulant (1791–1861). Zum 200. Geburtstag des Begründers einer bedeutenden Dresdener medizinhistorischen Tradition, in: Würzburger medizinhistorische Mitteilungen 9 (1991), S. 351–362.

98 Vgl. „Verzeichnis des handschriftlichen Nachlasses von Johann Ludwig Choulant" der Sächsischen Landesbibliothek – Staats- und Universitätsbibliothek Dresden (https://digital.slub-dresden.

Platner (1744–1818) auf ihn aus.[99] Nach dem Abschluss des Studiums hatte er eine Privatpraxis in Altenburg inne, die ihm den Broterwerb ermöglichte. Gelegen kam ihm dann die Anfrage des Arztes und Verlegers Johann Friedrich Pierer (1767–1832), ebendort mit ihm die Herausgabe eines Wörterbuchs voranzubringen.[100] Hier nun erhielt Choulant entscheidende Unterrichtung und Unterstützung für seine weitere medizinhistorische Publikationstätigkeit. Pierer ‚schulte' Choulant,[101] indem er mit ihm zusammen das genannte „Medicinisches Realwörterbuch"[102] herausgab sowie ihn zum Mitarbeiter einer Zeitschrift machte.[103] Einen Ruf an das Königliche Krankenstift nahm Choulant im Jahre 1821 an, was ihn an seine hauptsächliche Wirkungsstätte Dresden brachte. Hier stieg er rasch an der rehabilitierten Königlich Chirurgisch-Medizinischen Akademie als Dozent mit ordentlicher Professur auf und wurde deren Rektor; ab den 1830er Jahren trat er zunehmend hochschulpolitisch auf.[104] Eine Dozentur an der Universität Leipzig war zuvor wegen seiner katholischen Konfession abgelehnt worden.[105] Nichtsdestotrotz wurde er Mitglied der Altenburger Freimaurerloge „Archimedes zu den drei Reißbrettern", der Pierer als Meister vorstand.

Choulant pflegte eine umfangreiche, recht gut erhaltene Korrespondenz mit Gelehrten seiner Zeit und seines Raums. Genannt seien sein Vorgänger an der Akademie Carl Gustav Carus (1789–1869), Rudolph Weigel (1804–1867), Buchhändler und Verleger in Leipzig, Gustav Kunze (1793–1851), bekannter Botaniker und lebenslanger Freund Choulants.[106] Außerdem schrieb er mit C. G. Kühn (s.o.)[107] und Julius Sillig (1801–1855), Autor einer sehr umfangreichen Ausgabe Plinius' des Älteren. Sillig

de/werkansicht/dlf/22930/1/0/, zul. abg. am 02.11.2022) mit Hinweisen auf die Belegung der Vorlesung „Litterärgeschichte der Heilkunde" von D. Puchelt im Sommersemester 1815. Gemeint ist Friedrich August Puchelt (1784–1856), Hochschullehrer in Leipzig und früher Medizintheoretiker „rationalistisch-dogmatischen Charakters", so Hirsch, A.: „Puchelt, Friedrich August Benjamin", in: Allgemeine Deutsche Biographie, Bd. 26 (1888), S. 684. Das „D." vor dem Namen stand für seinen Doktortitel.

99 Medizinischer Anthropologe und neuzeitlicher Philosoph aufklärerischen Couleurs. Choulant gab dessen „Quaestiones medicinae forensis" (Leipzig 1824) heraus.

100 Arzt, Lexikograph und Verleger. Der Verlag firmierte unter dem Namen „Literarischer Comtoir", also Kontor. Zu Pierer vgl. weitergehend Braun, J.: „Pierer, Heinrich August", in: Allgemeine Deutsche Biographie, Bd. 26 (1888), S. 117.

101 Vgl. Heidel.

102 Pierer, J. F.: Medizinisches Realwörterbuch zum Handgebrauch practischer Aerzte und Wundärzte und zu belehrender Nachweisung für gebildete Personen aller Stände. Leipzig 1816 ff. Choulant wird im vierten Band „He–L" auf dem Titelblatt als Mitherausgeber erwähnt, im zweiten noch nicht.

103 Allgemeine medizinische Annalen des neunzehnten Jahrhunderts. Altenburg 1800 ff.

104 S. Gleisberg, S. 375 f.

105 Gleisberg, S. 374.

106 Ihn befragt er später zu Walahfridus Strabo: Choulant, J. L. (Hrsg.): Macer floridus De viribus herbarum una cum Walafridi Strabonis, Othonis Cremonensis et Ioannis Folcz carminibus similis argumenti. Leipzig 1832. Er befragt ihn auch bei Erstellung des „Handbuchs der Bücherkunde" und schickt ihm einige Auszüge zum Lektorat.

107 Ihm sendet er seine „Tafeln" (s.u.).

steuerte später zu Choulants Ausgabe des „Macer Floridus" das „Carmen graecum de herbis" bei.

Welche Intention nun verfolgte Choulant konkret mit seiner medizinhistorischen Arbeit? Zunächst: Medizingeschichte galt nach wie vor nicht als eigenständiges Fach, sondern firmierte innerhalb der Medizin in einer Art Vorläuferform, die man zu Choulants Zeit als ‚bibliographische Philologie' bezeichnen könnte. Durch die skrupulöse Auffindung und -listung verfügbarer Quellen und Literatur sollte ein besseres Studium der ‚Alten' möglich werden, und zwar für den praktischen Arzt. Die Quellen spielten insofern eine Rolle, als dass sie zentral der Wissensvermittlung dienen sollten – mehr als die Erfahrung womöglich –, und je besser diese waren, desto besser in der Folge auch die Medizin als gesamte. Diese Richtung verfolgte Choulant zeitlebens. Sein Hauptwerk, das im Rahmen der Untersuchung am eingehendsten zu betrachten ist, ist damit das „Handbuch der Bücherkunde".

Für die Entwicklungen, die zur Erstellung dieses „Handbuchs" geführt haben, ist die weitere Ergographie Choulants aber zunächst aufschlussreich. Bemerkenswert ist hierbei zunächst sein medizinhistorisches Erstlingswerk „Tafeln zur Geschichte der Medizin: nach der Ordnung ihrer Doctrinen" von 1822.[108] Hierin unternimmt er den Versuch, die Geschichte der Medizin tabellarisch darzustellen, ein typisches, wiewohl kritikbehaftetes Unterfangen zeitgenössischen Bibliographierens.[109] Im Vorwort findet sich eine längere Rechtfertigung, die darauf hinausläuft, die geschichtliche Wissenschaft in einen vorbereitenden – hierzu wolle er beitragen – und einen beschauenden Part einzuteilen. Sein Werk soll „ein Hülfsmittel [!] zum höhern Studium der Geschichte der Medizin" sein. Hier wird die geschichtlich-philosophische Richtung der Medizingeschichte philologisch ‚unterfüttert', aus historischer Erkenntnis Wissen gewonnen – zum allgemeinen Fortschritt der Menschheit: „[...] Antiquitas saeculi, juventus mundi."[110] Die Tafeln versuchen, sozusagen ‚retrograd' die medizinischen Disziplinen wie Physiologie, Hygiene etc. in die Geschichte bis zum Altertum zu implementieren,[111] und das anhand der überlieferten Literatur der ‚Alten'. Mit den „Tafeln" hatte sich Choulant damit bereits sechs Jahre vor dem

108 Choulant, J. L.: Tafeln zur Geschichte der Medizin: nach der Ordnung ihrer Doctrinen. Leipzig 1822.

109 Vorbild sei ihm Anton Christian Wedekind (1763–1845), der deutsche Historiker, gewesen: s. Choulant (1822), S. IV.

110 S. Choulant (1822), S. II. Dieses Zitat findet sich als Forschungs-„Programm" auf der Widmungsseite und lautet übersetzt: „Das Altertum der Menschenzeit ist die Jugend der Welt.".

111 S. Choulant (1822), S. 44 f. (Tafel XII) mit der Auswahl der prägenden Ärzte für die Fächer in allen Epochen.

Erscheinen des ersten „Handbuchs“ intensiv mit den erhaltenen Schriften antiker Ärzte auseinandergesetzt.[112]

Des Weiteren erschienen als Resultat seiner Aktivität als Dozent Lehrbücher, die, mehr als andere seiner Zeit, theoretisch-systematisierend waren.[113] Auch gab er zeitweise eine medizinhistorische Zeitschrift heraus,[114] die allerdings letztlich erfolglos blieb; lediglich drei Bände erschienen. 1828 erschien dann die erste Auflage seines „Handbuchs der Bücherkunde“ mit dem Untertitel „für die ältere Medicin zur Kenntniss der griechischen, lateinischen und arabischen Schriften im ärztlichen Fache und zur bibliographischen Unterscheidung ihrer verschiedenen Ausgaben, Uebersetzungen und Erläuterungen“.[115] Es ist ein *vorbereitendes* Werk, das dem Arzt, seinem Kollegen, helfen konnte, wenn er sich bei den antiken Autoren über einen Sachverhalt informieren wollte. Vom präparativen Charakter dieses Arbeitens wird nachher noch zu sprechen sein.

Das *Titelblatt* enthält neben Titel, Verlag und Erscheinungsort bzw. -jahr, Choulants inzwischen mannigfaltigen akademischen Bezeichnungen ein lateinisches Zitat:

> Die einen Völker steigen auf, andere gehen unter;
> die Zeit der Lebenden wird in Kürze sich wandeln:
> So wie die Läufer des Lebens übergeben sie einander die Fackeln.

Solche den Lauf der deterministischen (Welt-)Geschichte aufgreifende Zitate zieren häufig den Anfang historischer Werke.

Es schließt sich eine Vorrede an, dann das Inhalts- und Abkürzungsverzeichnis, bevor der Inhalt beginnt. Es finden sich grob drei Teile: griechische, lateinische und arabische Schriftsteller. Jeder Teilabschnitt beginnt mit einer Einleitung Choulants, die, wie er selbst anmerkt, für eine weitere Beschäftigung oder Vorlesung Anregung sein können. Jeder antike Autor wird zeitlich verortet und seiner Bedeutung nach eingeschätzt. Falls notwendig, wird zunächst eine Werkübersicht angefügt, worauf die einzelnen Ausgaben in den jeweiligen Sprachen folgen. Hier nun kann man Choulant Einiges über seine Einschätzung der ‚Ärztlichkeit‘ antiker Autoren abgewinnen: Zu Galen z.B. schreibt er, dass seine Lehre bald 1500 Jahre lang „sklavisch nachgebetet“

---

112 Er kündigt noch die Ergänzung der Literatur der ersten beiden Dekaden des 19. Jahrhunderts, also bis in seine Gegenwart, an – ein Zeichen für den Versuch, einen kontinuierlichen Traditionsstrang herzustellen

113 Beispielsweise Choulant, J. L.: Lehrbuch der speciellen Pathologie und Therapie des Menschen. Ein Grundriss der praktischen Medicin für akademische Vorlesungen. Leipzig 1831/1834².

114 Choulant, J. L.: Historisch-litterarisches Jahrbuch für die deutsche Medicin. Leipzig 1838–1840.

115 Choulant, J. L.: Handbuch der Bücherkunde für die ältere Medicin zur Kenntniss der griechischen, lateinischen und arabischen Schriften im ärztlichen Fache und zur bibliographischen Unterscheidung ihrer verschiedenen Ausgaben, Uebersetzungen und Erläuterungen. Leipzig 1828/18412.

wurde; seine Schriften seien historisch wichtig, weil sie vorheriges Schift- und Gedankengut enthielten; sie seien aber auch praktisch wichtig (!), weil man dort „glücklichste Gedanken und gesundeste Urtheile über das gesammte Gebiet der Medicin und Naturforschung" finde.[116] Galen wird explizit als Vorbild des Arztes gezeichnet. Die Werke der anderen Autoren werden auf ihre Bedeutung für die moderne Medizin oder andere Naturwissenschaften (Botanik, Pharmakologie) hin eingeordnet. Solche vorbereitende Sammlung ist originärer Teil von „Litterärgeschichte", die entlang der Quellen einen *kontinuierlichen* Entwicklungsgang der Wissenschaften darzustellen versucht. Darin steht Choulant in der Linie Kühns.

Die vielen Gliederungsebenen (Abschnitt–Autor–deren Schriften je mit Ausgaben/Übersetzungen/Erläuterungsschriften–anderssprachige Übersetzungen) werden anhand von Majuskeln–Minuskeln, Schriftgröße, Sperrung und Einziehung gut unterschieden, alles Nichtdeutsche ist kursiv gesetzt. Manchmal erscheinen die Hinweise zu einzelnen Schriften dadurch sehr kleinschriftig. Der Umfang ist überschaubar, da wenige Eigentexte des Verfassers vorkommen. Das Handbuch ist als solches gut brauchbar. Es endet mit einem alphabetischen Register und einem verlegerischen Hinweis.

Das *Vorwort* enthält keine Hinweise zu Anregungen oder Motivation. Stattdessen findet sich eine theoretische Begründung der beschriebenen Methode: Zunächst wird allgemein die Bedeutung der historischen Forschung für die Wissenschaften dargelegt, die „heiliges Besitzthume der gesammten Menschheit" sei. Der bei Legitimationsschriften immer wiederkehrende Topos des „auf den Schultern von Riesen stehen" wird gebraucht. Zugleich wird auf die individuelle Verantwortung des historisch Tätigen verwiesen, da sie (die Geschichtswissenschaft) „wahrhaft wissenschaftliche Bildung eines Mannes" sei. Auch und gerade die Medizin brauche die Geschichte, da sie der Überheblichkeit wehre und überlieferte Erfahrung weitergebe, die ein einzelner Lehrer nie zu vermitteln imstande sei. Darum sei es zwingend, die ältere medizinische Literatur zu pflegen. Die vorliegende Arbeit solle „mit Nutzen gebraucht werden". Ziel dabei sei relative Vollständigkeit und möglichste Sicherheit, wenn dies auch mitunter schwer vereinbare Ansprüche seien. Vorbilder seien Wachler und

116 Vgl. Choulant (1828), S. 62; s.a. Tassinari, S. 515: „Choulant set Galen in a historical perspective by recognising his pivotal role in the transmission of ancient medicine. Galen's works were historically important because they assisted the understanding of Byzantine and Arabic medicine, and also for being a ‚treasure trove' of previous doctrines. But they were practically important, because of their sharp medical observations and Hippocratic interpretations."

Ebert.[117] Historisch-philologische Arbeiten würden stets bei der Auswahl vorgezogen. Er wolle die Schriften auch einschätzen und ihren jeweiligen Wert herausstellen.[118]

Dankend erwähnt Choulant einige Professoren, namentlich die bereits erwähnten Dres. Weigel und Sillig aus Dresden, wie auch die Prof. Kühn und Kunze. Ihnen schließen sich die Dres. Julius und Schrader aus Hamburg an. Ersterer ist a.e. der Gefängnisreformer Nikolaus Heinrich Julius (1783–1862) mit Interessen an literargeschichtlicher Bibliographie,[119] letzterer Friedrich Nikolaus Schrader (1793–1859), Arzt und Bibliothekar.[120] Als Ausblick stellt Choulant noch ein Handbuch in Aussicht, das die Sammlung über das Mittelalter in die Neuzeit fortführt.

Typische Elemente, die noch öfter auftreten werden, kehren hier wieder: eine methodische Legitimation zu Beginn, die Hinzuziehung vieler Gelehrtenkollegen, Orientierung am Inhalt. Besonders interessant ist das Verhältnis des Inhalts zur Form: Choulant möchte die Quellen selbst sprechen lassen, ordnet sie aber bereits in ein medizinisches System ein. Gerade in seinem Fortsetzungswerk, der „Bibliotheca" (s.u.), wird er dieses Verfahren noch deutlicher strukturell umsetzen. Damit übt er gleichzeitig relative inhaltliche Zurückhaltung. Choulant versucht nicht eine Gesamtdarstellung des medizinischen Wissens (wie es beinah zeitgleich bei Francis Adams der Fall war), sondern geht durchaus von den Schriftstücken aus. Diese eigenartige Verbindung von historischer Quelle und aktuellem Bezug wird später nicht mehr

---

117 Gemeint sind a.e. Ludwig Wachler (1767–1838), Literaturhistoriker und Bibliothekar, der viele solche Übersichtsarbeiten schuf, und Friedrich Adolf Ebert (1791–1834), Bibliothekar und Bibliograph, nicht zu verwechseln mit Adolf Ebert (1820–1890), dem Literaturhistoriker.

118 Interessant ist noch der Ausspruch, die Schriften der alten Ärzte enthielten Deutungen der „Hieroglyphe der Natur, der Wahrheit näher oder entfernter, je befreundeter der ewigen Mutter oder je mehr ihr entfremdet das Volk oder die Zeit" stünde. S. Choulant (1828), S. VII. Derlei Worte weisen scheinbar auf eine Tradition der Naturphilosophie hin, möglicherweise verbunden mit dem aristotelisch inspirierten Motiv der Wahrheitssuche in der Natur. Choulant deutet hier etwas an, was man als Kreuzungspunkt von Traditionen bezeichnen könnte: byzantinischer Aristotelismus und moderne Wissenschaftsgenese.

119 Bei Beneke, O.: „Julius, Nikolaus Heinrich", in: Allgemeine Deutsche Biographie, Bd. 14, Leipzig 1881, S. 686–689, heißt es: „Seine in Heidelberg genährte Neigung zur Litteraturkunde, die ihn auch zur Sammlung einer an seltenen Werken aller Sprachen und Zeiten reichen Bibliothek veranlaßt hatte, beschäftigte ihn in Nebenstunden, in Folge dessen er u.a. im J. 1817 seine ‚Bibliotheca germanoglottica' veröffentlichte, einen Versuch der Litteratur der Alterthümer und Sprachen aller Völker germanischen Ursprungs oder germanischer Beimischung."

120 Schrader leitete die Bibliothek des Ärztlichen Vereins zu Hamburg. Von ihm wird folgende Anekdote berichtet: „Dr. med. et chir. Friedrich Nikolaus Schrader (1793–1859) [barg] gemeinsam mit dem Kustos in einer waghalsigen Rettungsaktion die wertvollsten Bände aus dem brennenden Vereinslokal. Schrader leitete die Bibliothek 32 Jahre lang (1827–1859) ehrenamtlich. Unter seiner Leitung wuchs der Bestand auf rund 12.000 Bände an, und er verfasste einen vollständigen Bandkatalog und eine Systematik." Aus: Piegler, M.: 200 Jahre medizinische Fachbibliothek. Die Bibliothek des Ärztlichen Vereins in Hamburg von 1816 bis 2016, in: BuB – Fachzeitschrift für den Bibliotheks- und Informationssektor, Nr. 68 (01/2016), Hamburg.

angenommen werden, wenn die Kontinuität mit der Tradition endgültig aufgebrochen werden wird.

Wie steht es um Choulants *Quellenlage*? Choulant zieht keine Quellen als Grundlage für einen Text heran, er gibt ja keine einzige antiken Schrift heraus. Ihm kommt es vielmehr auf Quellen*verweise* an. Dadurch kannte er sich wie kein zweiter mit den erhaltenen Schriften aus, er wusste, wo sie zu finden sind. Gut denkbar ist, dass er jede einzelne genannte Fassung oder Ausgabe persönlich sah. Choulant stützte sich freilich auf Vorgänger, so z.B. den erwähnten Kühn, aber auch Fabricius, von dem er wohl vieles übernahm. Es handelt sich bei dem Werk nicht um eine rein wissenschaftliche Kompilation größtmöglicher Vollständigkeit. Die Zusammenstellung ist zum Weiterlesen gedacht, Choulant möchte den lesenden Studenten und Dozenten zur Benutzung und Lektüre anregen, weshalb ein Schwerpunkt auf den Einführungen und Erläuterungen liegt, die anregend geschrieben sind. Die Angabe von „Compendien", „Commentarien" und anderer Literatur in den erläuternden Einführungen sowie ein Register weisen in eine ähnliche Richtung. Schon der Titel „Handbuch" gab ja vor, dass es ein zu benutzendes Werk sein sollte.

Auch die *Rezeption* des „Handbuchs" zeigt, dass es sich nicht um eine akademische Angelegenheit allein handelte. Es entwickelte sich zu einem Standardwerk in der medizinhistorischen Forschung, das auch im Ausland rezipiert wurde. Eine englische Übersetzung sollte angefertigt werden, mit Ergänzungen von W. A. Greenhill und Charles Daremberg (s.u.).[121] Eine enorm vermehrte Zweitauflage des Handbuchs erfolgte 1841. Choulant hatte einiges über die Jahrzehnte Gesammelte einzuarbeiten, sodass der neue Anspruch im Titel des nun „Gesamtausgabe" benannten Werkes deutlich wurde. Dieses sollte wohl zwei Bände enthalten, von denen aber nur der erste erschienen ist. Neu an diesem ersten Band ist eine Widmung an Prinz Johann Herzog von Sachsen, einem Mäzen der Kunst und Wissenschaft in Sachsen.[122] In der Neuauflage sollte die Medizingeschichte bis in das frühe Mittelalter abgehandelt werden. Der Inhalt ist deutlich umfangreicher und genauer, es finden sich etliche neu hinzugekommene Schriftsteller.[123] Vor dem Register folgen noch etliche Nachträge. Die im ersten Drittel des Jahrhunderts noch rege Publikationstätigkeit auf dem Gebiet der Medizingeschichte schlägt sich hier nieder.

121 Vgl. Gourevitch, in: Huisman (2004), S. 59 f. Der Vorschlag zu einer solchen Übersetzung kam vonseiten der Sydenham Society (s.u.). Weder Übersetzung noch Ergänzungen wurden aufgrund vielseitiger anderweitiger Beschäftigung der beiden je ausgeführt.

122 Johann von Sachsen (1801–1873) war 1854 überraschend auf den Thron gekommen. Er ist es, der mit dem Beinamen „Philaletes" Dantes „Göttliche Komödie" einer heute immer noch anerkannten deutschen Übersetzung zuführte. Choulant war sein ärztlicher Begleiter, 1838 reisten sie gemeinsam nach Italien, s. Grosse, S. 83.

123 Neu sind 9 griechische, 15 lateinische, 9 arabische und 14 Sammlungen, also 57 neue Einträge insgesamt.

Der zweite, nie erschienene Band ist dann in der groß angelegten „Bibliotheca medico-historica" aufgegangen.[124] Der Alternativtitel „Systematischer Katalog der historischen Bücher der Medizin und Naturwissenschaften, gesammelt und geordnet von Ludwig Choulant" machten den erweiterten Anspruch und das Selbstverständnis des Autors deutlich. Im nun lateinischen, auf Außenwirkung bedachten Vorwort betont Choulant, dass er diesmal auf Vollständigkeit bedacht sei. Dankend erwähnt er Heinrich Haeser. Auffällig ist vor allem die neue Strukturgebung, die nun ganz dem Inhalt nach die Werke gliedert. Choulant hatte das Spektrum außerdem erheblich erweitert und um andere naturwissenschaftliche Bereiche ergänzt: Es wird nach Völkern, Regionen und vor allem Fächern (Chirurgie, Psychiatrie, Geburtshilfe etc.) gegliedert.[125] Zur Sprache kommen nun nicht nur Primär-, sondern auch Sekundärliteratur der Neuzeit bis zu Lebzeiten Choulants.

Bibliographische Philologie für den gelehrten Arzt – das wäre eine konzise *Zusammenfassung* der Werkabsicht Choulants. Dabei war diese Methodik keineswegs gängig oder selbstverständlich. Zur Mitte des Jahrhunderts ging die Medizingeschichte bereits in ihre oben beschriebene Krise ein. Andere Kataloge der Art der Bibliotheca verlegten sich bereits auf die reine Aufführung von Literatur ohne inhaltliche Beimengungen.[126] Ein Beispiel hierfür sind die „Additamenta" des Arztes und Medizinhistorikers Julius Rosenbaum (1807–1847),[127] die kurz nach der Veröffentlichung der Bibliotheca erschien. Rosenbaum lieferte eine recht schlichte, eher aufzählende Sammlung. Im lateinischen Vorwort schreibt er, dass aus seinen bald 900 Ergänzungen ein Büchlein geworden sei. Er dankt genauso Heinrich Haeser und unterzeichnet sein Werk „am Geburtstag Johann Friedrich Meckels."[128] Gewidmet ist es übrigens Émile Littré, der sich um „unsere Kunst vom Vater Hippokrates am meisten verdient" gemacht habe. Der Fokus der angegebenen Literatur liegt deutlich auf dem, was bei Choulant unter „Erläuterungsschriften" firmiert und ist eine bereits säuberlich geordnete Sammlung medizinischer historischer Literatur. Rosenbaum flocht sie in die

---

124 Choulant, J. L.: Bibliotheca medico-historica sive catalogus librorum historicorum de re medica et scientia naturali systematicus. Leipzig 1842; Nachdruck Hildesheim 1960.

125 Choulants eigene Bestrebungen besonders auf dem Gebiet der Geschichte der Anatomie weiten sich später in eigenen Publikationen aus, z.B. Choulant, J. L.: Geschichte und Bibliographie der anatomischen Abbildung nach ihrer Beziehung auf anatomische Wissenschaft und bildende Kunst: Nebst Auswahl von Illustrationen nach berühmten Künstlern. Leipzig 1852.

126 Auch die veränderte Namensgebung von *Historia literaria* oder *Bibliotheca* über *Catalogus* zu *Corpus* weist auf die Entwicklung zu deskriptiveren Formen des Sammelns hin.

127 Rosenbaum, J. (Hrsg.): Additamenta ad Lud. Choulanti bibliothecam medico-historicam. Halle 1842. Denkbar ist eine Sammlung Rosenbaums, die er nach Choulants Veröffentlichung des ersten Bandes der zweiten Auflage (Februar 1841) und der Bibliotheca (Juni 1842) dann zügig publizierte (17. Oktober 1842). Dieses Werk erfuhr 1847 eine zweite Auflage.

128 Johann Friedrich Meckel der Jüngere (1781–1833), der Ältere ist dessen Großvater; preußische Medizinerfamilie. Nach dem Begründer der modernen Embryologie ist u.A. das Meckel-Divertikel benannt.

Struktur Choulants ein, aber seine Additamenta besitzen keine eigenen inhaltlichen Einführungen oder auch nur Bewertungen. Es ist insgesamt weniger ‚pädagogisch' als Choulants Büchlein, das dem gelehrten Arzt zur Hand gehen sollte.

Der Kontrast verdeutlicht noch einmal das Eigeninteresse Choulants an den medizinischen *Inhalten*. Die quellenorientierte Arbeit könnte zwar insgesamt zu dem Fehlschluss verleiten, die Medizingeschichte habe sich ‚philologisiert'. Die Annahme wird vor dem Hintergrund des methodischen Verständnisses dieser Akteure aber falsifiziert: Genaue Quellenkenntnis war Ausdruck desjenigen Anspruchs auf dem Gebiet der Literatur- und Geisteswissenschaft, den die naturwissenschaftliche Medizin ebenfalls von sich behauptete: exakt und nachprüfbar zu sein. Diese Herangehensweise ging aber (noch) immer in einem ärztlichen Umfeld auf, das auf diese Weise die Medizingeschichte als legitimes Werkzeug zur Patientenbehandlung berücksichtigen wollte. Der Tradition sollte (noch) Vorbild- und Autoritätscharakter zugestanden und aus ihr praktiziert werden. Dieser Zusammenhang ist für ein Verständnis der Editionsintentionen Choulants essentiell: Aus der Tradition für die Gegenwart schöpfen können bedeutete kundige und professionelle Medizin zu betreiben. Wie weit dies allerdings am Anspruch der aufkommenden naturwissenschaftlichen Medizin vorbeiging, zeigt die weitere Entwicklung, als diese ‚Medizinmethodik' ein abruptes Ende zur Mitte des Jahrhunderts fand.

Ludwig Choulants medizinisch-bibliographische Werke können als roter Faden seines Lebens gelesen und verstanden werden. Es zeichnet sich das kohärente Bild eines praktizierenden Arztes, der die über Jahre gesammelte Literatur systematisierte und so darlegte, dass sie den Leser zur weiteren Lektüre anregen sollte. Bedeutend für die nachfolgende Forschung blieb dabei v.a. das leicht zugängliche „Handbuch der Bücherkunde" mit seinen genauen Angaben zu Quelltexten antiker Ärzte. Diese damals eingeschlagene ‚bibliographisch-philologische' Richtung der Medizingeschichtsschreibung[129] vollzieht sich in einer historisierenden Zeit, die die geschichtliche Zugänglichkeit aller Wissenschaft positivistisch postulierte. Diese Zeit der Medizinhistoriographie kann dank der Arbeiten Choulants als vor-philologisch bezeichnet werden. Sie führte letztlich aber auch zu methodischer Verunsicherung und öffentlichkeitsscheuer Abschottung von der Ärzteschaft.[130] Die Abwendung von dieser Art von Wissenschaft und Erkenntnisgewinn traf auch Choulant persönlich, er musste für seine Arbeiten später auch Kritik hinnehmen.[131]

129 Labisch, in: Frewer (2001), S. 238, spricht in diesem Zusammenhang von „philologisch-kritischer" Medizingeschichte, aber nur vor diesem Hintergrund und in o.g. Zusammenhängen kann sie als solche bezeichnet werden. Der Unterschied zur späteren oder gar aktuellen philologischen Richtung ist groß, wie noch gezeigt werden wird.

130 Vgl. Labisch, in: Frewer (2001), S. 239, u. 1.2.1.

131 „Im Jahre 1848, in welchem Choulant sein 25 jähriges Professorenjubiläum feierte, stand er auf dem Gipfel seines Ruhmes. Da er sich jedoch den immer siegreicher durchdringenden wissenschaftli-

Die so tief kriselnde eklektizistische Medizin stand damit vor einem methodischen Prüfstein, der aber faktisch bereits zugunsten der Naturwissenschaften entschieden war. Bisher waren in rascher Folge semikritische Ausgaben antiker Autoren erschienen, die der Ärzteschaft und den Studenten hilfreiches Vademecum in Praxis und Ausbildung sein sollten. Daraus jedoch ergaben sich mindestens zwei Fronten: einmal gegen die modernen Philologen, die immer höhere Ansprüchen an die Bearbeitung antiker Texte stellten; zum Anderen gegen die immer weniger historisch, immer weniger empirisch lernende Medizin. Die Paradigmata der Naturwissenschaften versetzten den Arzt von Krankenbett und Bibliothek an Mikroskop und Laboratorium.[132] In der Folge geriet auch und vor allem die Medizingeschichte in die Krise, aus der sie erst nach diesem methodischen Ringen assimiliert und reintegriert hervorging. Die häufig lange währenden Editionsprojekte gerieten währenddessen ebenso in Existenz- und Begründungsnot. Deutlich ist dies am Beispiel der im Folgenden betrachteten Hippokrates-Ausgabe des französischen Gelehrten Émile Littré zu ersehen.

2.2.3 Émile Littré (1801–1881)

Die Installierung oder, treffender, Inthronisierung des mythischen Gründungsvaters der Medizin Hippokrates ist ein Phänomen des späten 18. und frühen 19. Jahrhunderts. Seine Verehrung in Frankreich war um die Wende vom 18. zum 19. Jahrhundert, also auch noch zur Studienzeit von Émile Littré, enorm. Im Vergleich wirkt die Orientierung der eklektizistischen deutschen Medizin an hippokratischen Idealen geradezu verhalten. Der oben genannte Ritter von Mercy war richtungsweisend in die Etablierung eines Lehrstuhls für hippokratische Medizin involviert, ein Anliegen, das von der Fakultät zunächst (1815) abgelehnt wurde.[133] Von Mercy hatte zuvor bereits einzelne hippokratische Schriften in griechisch-französischer Fassung herausgegeben.[134] 1822 kam es zu weiteren Anfragen, bis dem Vorhaben stattgegeben wurde.[135] Prägende Gestalten dieser europaweiten „Zurück zu Hippokrates"-Bewegung waren außerdem der englische Arzt Thomas Sydenham (1624–1689), der als der „Englische

chen Fortschritten nicht anzubequemen wusste, war er nunmehr vielen Anfeindungen ausgesetzt.", s. Grosse, S. 86.

132 S. Nutton (2002), S. 7.

133 Vgl. Prévost, A.: La Faculté de médecine de Paris, ses chaires, ses annexes et son personnel enseignant de 1790 à 1900. Paris 1900, S. 50.

134 Ein Blick in Choulants „Handbuch" weist jedoch die meisten modernen Hippokrates-Übersetzungen als deutsche aus.

135 Kaum überraschend währte diese Institution nicht lange, auch die französischen Mediziner wurden von dem Schwung erfasst bzw. schoben an, was neue naturwissenschaftliche Methoden an Erkenntnissen hervorbrachten.

Hippokrates“[136] bekannt wurde, in den Niederlanden Herman Boerhaave (1668–1738) und in Deutschland der berühmte königliche Leibarzt Christoph Wilhelm Hufeland (1762–1836).[137] Die Erforschung der sog. hippokratischen Medizin und ihre Integration in die medizinische Lehre war nicht nur intrinsische Selbstverständlichkeit, sondern dezidiertes Anliegen zeitgenössischer Mediziner.[138]

Zur diesem Zweck standen nicht viele lesbare Ausgaben des mythischen Urvaters zur Verfügung. Die Angelegenheit verkomplizierte sich sehr schnell schon dabei, welche Schriften eigentlich als echt hippokratisch gelten dürften, und was das überhaupt bedeute.[139] Man musste also auf die verfügbaren Ausgaben zurückgreifen, die unvollständig und keineswegs kritisch waren. Zudem finden sich viele vermeintlich hippokratische Stellen in Galen-Texten, sodass wiederum die unzureichende Ausgabe Kühns herangezogen werden musste. Zuvor waren zwar bereits vergleichsweise viele Ausgaben erschienen. Benutzbar waren u.a. die von Anutius Foësius (1528–1595),[140] Johann Antonides van der Linden (1609–1664)[141] und die rezentere des Johann Friedrich Karl Grimm (1737–1821) und Ludwig Lilienhain.[142] Doch hielten sich Verfügbarkeit und Zugänglichkeit insgesamt in Grenzen. Francis Adams (1796–1861) hatte 1849, also erst eine Dekade nach Littrés erstem Hippokrates-Band, ‚seinen‘ Hippokrates veröffentlicht – allerdings lediglich in einer englischen Übertragung (s.u.). Ein ‚moderner‘ Hippokrates, gerade in griechischer Sprache, erreichte den interessierten ärztlichen und umso mehr den laienhaften Leser nur schwer. Sich ein authentisches Bild zu zeichnen von ‚der‘ Medizin ‚des‘ Hippokrates blieb dem Studenten, der im

---

136 Vgl. hierzu Anstey, P.: The creation of the English Hippocrates, in: Medical history, vol. 55, 4 (2011), p. 457–478; s.a. Kremers, E., Urdang, G.: History of Pharmacy. A guide and a Survey. Philadelphia/London/Montreal 19512, S. 63.

137 Vgl. Pfeifer, K.: Medizin der Goethezeit. Christoph Wilhelm Hufeland und die Heilkunst des 18. Jahrhunderts. Köln 2000. Hufeland war der prägende Mediziner der Goethezeit, besonders berühmt für sein Werk „Die Kunst das menschliche Leben zu verlängern“, das 1797 erschien. Vgl. auch Riha, O.: Diät für die Seele. Das Erfolgsrezept von Hufelands Makrobiotik, in: NTM – Zeitschrift für Geschichte der Wissenschaften, Technik und Medizin, vol. 9, iss. 2 (2001), S. 80–89.

138 S. dazu auch Eulner (1970), S. 428 f.

139 Dem späteren Urteil Ulrich von Wilamowitz-Moellendorffs (1848–1931) zufolge könne man bei keiner einzigen Zeile sicher sein, dass sie aus der Feder „des“ Hippokrates stamme, vgl. Robert, F.: Littré et Hippocrate, in: Histoire des sciences médicales 15 (1981), S. 221–226, hier S. 225. Frühe Rezensionen über die Echtheit finden sich z.B. bereits in einem von Christian Gottfried Gruner (1744–1815) herausgegebenen Werk: Censura Librorum Hippocrateorum: Veri A Falsis Integri A Suppositis Segregantur. Bratislava 1772. Gruner gibt hier der eine Liste nach der Art des Fabricius bei, wo Echtheit und Abstammung von Abschriften betrachtet werden und die verfügbaren Handschriften beigefügt sind.

140 Foësius, A.: Hippocratis opera omnia. Frankfurt 1595.

141 van der Linden, J. A.: Magni Hippocratis Coi opera omnia. Leiden 1665.

142 Grimm, J. F. K., Lilienhain, L.: Hippokrates Werke. 1. Aufl. Altenburg 1781–1792, 2. Aufl. Glogau 1837–1839. Jedes Buch mit kommentatorischem Vorwort und deutscher Übersetzung mit einigen Anmerkungen, keineswegs kritisch. Von Kühn wurde diese Ausgabe in dessen Hippokrates-Band enorm gelobt.

Selbststudium von ihm lernen wollte, meist verwehrt. Vor diesen Hintergründen war eine universale, griechische Ausgabe der hippokratischen Texte ein Desiderat der gesamten medizinischen und gelehrten Welt. Die Beigabe einer Übersetzung in die moderne National- und Wissenschaftssprache Französisch war dabei Ausweis des wissenschaftlichen Anspruchs, Nachweis nationalen Prestiges und somit, im Sinne der Zugänglichkeit zu Hippokrates, ein kleine *révolution*. Die Aufgabe, die Littré also antrat, verband sich mit hohen Erwartungen und Anforderungen.

Émile Littré gilt gemeinhin als *die* Größe französischer Medizingeschichte neben Charles Daremberg (s.u.). Sein Interesse für die alten Sprachen materialisierte sich notgedrungen bald: Als sein Vater Michel-François 1827 starb, musste sich der Sohn hauptberuflich als Lehrer den alten Sprachen und der Philologie zuwenden, die er bereits zuvor neben der Medizin studiert hatte.[143] Zu den Studienfächern des Pariser Studenten hatte neben Englisch, Deutsch, Griechisch, Latein auch Sanskrit gehört, sodass er in den alten Sprachen unterrichten konnte. Damit einhergehend musste er sein Medizinstudium kurz vor dessen Beendigung, während seiner Promotion, aufgeben. Littrés Bildungshintergrund ist damit vornehmlich der eines Philologen und Sprachwissenschaftlers; den ärztlichen Beruf hat er nie ausgeübt. Früh haben ihn auch politische und philosophische Themen angezogen. Er gilt als eifriger Anhänger des Positivismus Auguste Comtes (1798–1857), dem aktiven Freimaurer und Agnostiker, der das gelehrte Frankreich in seiner Zeit maßgeblich prägte.[144] Die Tätigkeit als Medizinhistoriker begann er mit einigen Aufsätzen, u.a. zur Cholera,[145] bevor er dann von 1839–1861 sein umfangreichstes Editionsprojekt, die Hippokratischen Werke in zehn Bänden, herausgab.[146] Bekannter ist er für sein zweites Großwerk, das „Dictionnaire de la langue française" („Le Littré"), geworden, das er noch während der Bearbeitung des Hippokrates begann und anschließend Stück für Stück edierte (1863–1873).[147]

Littrés Hippokrates musste als Erstversuch einer kritischen Edition viele Schwierigkeiten überwinden. Fernand Robert beschreibt die schwierige Lage zur Zeit der Initiierung von Littrés Werk:[148] Zum Zeitpunkt des Auftrags durch den Verleger Jean-Baptiste Baillière (1797–1885) zitierte die neuzeitliche Medizin noch die Werke der antiken Größen. Sie stand deren Praxis trotz ihrer anderthalb Jahrtausende großen Entfernung noch näher als die heutige Medizin der Praxis Littrés vor ca. 175 Jahren.

143 Biographisch s. u.a. https://www.britannica.com/biography/Paul-Emile-Littre, zul. abg. am 29.09.2021; das Biographische Ärztelexikon von Hirsch/Gurlt sowie Jacquet, J.: Les premières publications d'Émile Littré, in: Histoire des sciences médicales 20 (1986), S. 363–369.

144 Noch auf dem Sterbebett soll Littré allerdings die Heilige Taufe empfangen haben. Zu seinem Verhältnis zum Glauben s. Six, J.-F.: Littré devant Dieu. Paris 1962.

145 Littré, É.: Du cholera oriental. Paris 1832.

146 Littré, É.: Œuvres d'Hippocrate, Band I–X. Paris 1839–1861.

147 Littré, É.: Dictionnaire de la langue française. Paris 1863–1873.

148 Vgl. Robert, S. 221 f.

Daher habe Littré gemeint, mit der Hippokrates-Edition ein Werk für den praktizierenden Arzt herausgeben zu können; zur Zeit der Fertigstellung sei aber bewusst geworden, dass sein Werk sich an eine Handvoll Spezialisten richten würde. Dies habe nicht nur an der fortschreitenden Medizin gelegen, sondern auch an der Erkenntnis der Bedingungen, „die auf philologischem [...] Gebiet auf der Suche nach der Wahrheit" gelten müssten.[149] Littrés größtes Problem sei das der Textfeststellung gewesen – für den ersten Band habe er darum mit achtjähriger Bearbeitungszeit auch am längsten gebraucht. Unterstützung habe er wenig erfahren, u.a. aber zeitweise medizinischer Art von Dr. Gabriel Andral.[150] Zentrales Problem bei der Übersetzung sei die Übertragung von *termini technici* gewesen. All diese Hindernisse haben Littré nicht abgehalten, das große Unterfangen durchzuführen und haben gleichfalls nicht dazu geführt, dass die „Œvres" einem ähnlichen Urteil verfiel wie Kühns „Omnia opera".

Die folgende Untersuchung von Auszügen der Ausgabe zeigen, wie Littré im Sinne eines (spät)aufklärerischen Gelehrten Hippokrates als aktuelle, entzeitlichte und applikable Ärztegröße versteht und ediert. Littré knüpft damit an eine Medizingeschichtsschreibung im Sprengel'schen Sinn an. Die Ausführung erinnert strukturell an Kühn, inhaltliche Erklärungen bzw. moderne Einordnungsversuche werden ähnlich wie bei Choulant als Einführungen den jeweiligen hippokratischen Schriften vorausgeschickt. Besonders Littrés eigene Worte werden diese Intention offenlegen.

Der *Aufbau* des Werkes ist wie folgt: Die zehn Bände werden eingeleitet einem mit Vorwort und sodann einer ausführlichen Einführung (ähnlich wie bei Puschmann, s.u.), in der etliches zur Textologie des hippokratischen Corpus dargelegt wird. Bzgl. der Echtheit wird eine Einteilung vorgenommen, je nach Nähe zum ‚originalen' Hippokrates. Der Appendix zur „Introduction" besteht aus weiteren textkritischen Anmerkungen zum Dialekt, zur Darstellung der verfügbaren Handschriften und Ausgaben mit Übersetzungen. Sodann folgt die Übersetzung. Der zehnte Band besteht aus abschließenden Bemerkungen und mehreren Registern: die Schrifttitel in französischer und auf griechischer Sprache, sodann alphabetisch die Materien, Eigennamen und Orte. Außerdem ergänzt Littré Korrigenda und – davon wird noch die Rede sein – eine Kollation der für ihn zu spät gesichteten Manuskripte. Diese hatte Daremberg gesichtet, autoptisch kollationiert und Littré zur Verfügung gestellt (Bd. 10, S. LIX). Die voluminösen Bände mit einem Umfang von je ca. 600–700 Seiten sind sauber gesetzt, v.a. die Übersetzung ist mit linksseitigem griechischen, rechtsseitigem französischen Text gut lesbar. Der textkritische Apparat befindet sich in den Fuß-

149 Robert, S. 221 f.

150 Gabriel Andral (1797–1876), bedeutender französische Internist und Kliniker in Paris. Vgl. Pagel, J.: Biographisches Lexikon hervorragender Ärzte des neunzehnten Jahrhunderts. Berlin/Wien 1901, S. 36–37.

noten, der Abschnittstitel in Majuskeln im Kopf nebst Seitenzahlen. Der sprachlich bewanderte Leser kann von den Lesarten Gebrauch machen.

Littré widmet das Werk seinem Vater, einem „vorbildlichen Arbeiter", der sich Zeit seines Lebens unablässig mit dem Studium der Literatur und der Wissenschaften auseinandergesetzt und seine Kinder in diesem Geist erzogen habe. Der Einfluss des früh verstorbenen Vaters, der Littré mit den alten Sprachen vertraut gemacht hatte, tritt hier erneut zutage. Der Leitspruch auf dem Titelblatt ist ein Galenzitat („Man möge sich mit den Schriften der Alten vertraut machen"), das im Vorwort wieder aufgegriffen wird. Im „Préface" legt Littré mit Überzeugung seine Motive und sein „Programm" dar: Die dreifache Arbeit, bestehend aus Überarbeitung des Texts, Übersetzung desselben und Interpretation, habe ihm nach langwierigen Arbeiten für den ersten Teil „exzellente Ergebnisse" gebracht. Hinsichtlich seiner Absicht schreibt er:

> Mon but a été de mettre les œuvres hippocratiques complètement à la portée des médecins de notre temps, et j'ai voulu qu'elles pussent être lues et comprises comme un livre contemporain.[151]

Es ging also bei der Edition offensichtlich darum, die hippokratische Medizin als benutzbare in die zeitgenössische wiedereinzuführen – die Tradition also wieder als Grundlage der momentanen Entwicklung zu integrieren. Eine solche Intention gleicht stark den Motiven Kühns und Choulants.

Diesem Anspruch wolle er mit den „Argumenten" gerecht werden, die er in der Übersetzung jeder Schrift zum besseren Verständnis vorausschickt. Er bemerkt einiges Allgemeines zur Schwierigkeit einer Übersetzung in eine moderne Sprache und zu einzelnen Schriften, weshalb sie an anderen Stellen wiederzufinden seien als gewohnt. Littré zitiert als autoritative Legitimation der historisch-kritischen Methode den berühmten deutschen Altertumswissenschaftler erster Generation Christian Gottlob Heyne (1729–1812). Zu den Früchten der Arbeit gehöre, „Verstand und den Geschmack mit Hilfe der Alten zu schulen, von ihnen zu ihrem eigenen Nutzen kostbare Kenntnisse zu schöpfen und sie mit gerechtem Sinn für die Anwendung dieser Kenntnisse zum Nutzen der Gegenwart dienen zu lassen."[152] Das durchaus spätaufklärerische Programm, das Littré seinem Werk beigibt, ist eines der Annäherung der antiken und modernen wissenschaftlichen Geister.[153] Vor diesem Hintergrund

---

151 Littré (1839), S. IX (Préface): „Mein Ziel war es, die hippokratischen Werke vollständig in die Medizin unserer Zeit zu übertragen, und ich wollte, dass sie als ein zeitgenössisches Buch [!] gelesen und verstanden werden." Ein solcher Ansatz erinnert auch an die Motive von Alexander von Tralleis selbst, der sein Hauptwerk bewusst als Scharnier zwischen Tradition und seiner Gegenwart verfasste – mglw. ein „byzantinischer" Ansatz also; s. hierfür bei Puschmann unter 3.1.

152 Littré (1839), S. XIV.

153 Littré (1839), S. XIV: „L'intérêt et l'avantage que procure un livre venu de l'antiquité, sont toujours dans le rapprochement que l'esprit fait entre la science moderne et la science antique."–„Interesse und Vorteil eines Buches der Antike liegt in der Annäherung, die der Geist zwischen der moder-

bedient er sich auch des Spruchs von Galen, sich „mit den Büchern der Alten vertraut zu machen".[154]

In der *Introduction* nun schickt Littré zunächst eine geschichtliche Einordnung des *Corpus Hippocraticum*, eine versuchte Vita, Überlieferungsgeschichte, ausführliche Überlegungen zu Echtheitskriterien sowie Anmerkungen zu Stil und Sprache voraus, um aus den dann herausgeschälten echten Schriften Einiges zur medizinischen Lehre Hippokrates' zu sagen. Immer wieder kommt er dabei mit kommentierenden Wörtern oder Phrasen auf moderne Bezüge zurück: ein Aspekt sei eine „fruchtbare" Idee, moderne Anknüpfungen werden aufgezeigt,[155] Gegenüberstellungen gemacht,[156] Einschätzungen gegeben. Ganz explizit wird versucht, Sachverhalte in Einklang zu bringen, so z.B. die antike Elementelehre mit moderner Chemie.[157] Kurzum, Littré scheint mit Hippokrates ‚auf Augenhöhe' zu reden.

In der *Übersetzung* führt Littré die angekündigte Gliederung in Argument und Text aus. Im Argument findet sich eine *inhaltliche* Einführung zur jeweiligen Schrift, die erklärend und wiederum anknüpfend an das moderne Verständnis ist.[158] Diese Hinführungen sind leicht und mithin spannend zu lesen, gerade wenn es um Auseinandersetzungen der antiken Ärzteschulen geht. Schließend geht er auch auf die bisher erschienenen Fassungen und weiterführende Literatur zur gerade behandelten Schrift ein. Auffallend ist, dass er dabei mit großer Unvoreingenommenheit vorgeht.

Hier hinreichend ausführlich auf die *Qualität* von Littrés Methode, die Vollständigkeit seiner Kollation und seine Erschließung des hippokratischen Corpus einzuge-

---

nen und antiken Wissenschaft macht." Vgl. v.a. auch S. 566, wo Hippokrates ein solcher strenger und aufgeklärter (éclairé) Geist zugesprochen wird.

154 Τοῖς τῶν παλαιῶν ἀνδρῶν ὁμιλῆσαι γράμμασι, s. Littré (1839), S. III.

155 Beispielsweise werden die Beobachtungen der Konstitution und Jahreszeiten mit dem modernen „génie des constitutions pathologiques et des épidémies" verknüpft, s. Littré (1839), S. 442; vgl. auf S. 448. auch die Anknüpfung zur pathologischen Anatomie.

156 Littré (1839), S. 444: „Voir les choses d'ensemble est le propre de l'antique médecine; [...] voir les choses en détail, et remonter par cette voie aux généralités, est le propre de la médecine moderne."– „Die Dinge in ihrer Gesamtheit zu sehen ist Eigenart der antiken Medizin; in ihren Details, und damit auf das Allgemeine zurückzugehen, die der modernen."

157 Littré (1839), S. 192 f.: „Les qualités, au moins en physiologie, sont une des solutions de la constitution du corps vivant. Les anciens virent, comme les modernes, que le corps est composé d'éléments médiats et immédiats. Les éléments médiats furent le feu, l'air, l'eau et la terre, comme ils sont, de notre temps, l'oxygène, l'hydrogène , le carbone , et les autres substances indécomposées que la chimie a découvertes."–„Die Qualitäten sind zumindest in der Physiologie eine der Mischung der Zusammensetzung des lebenden Körpers. Die Antiken wie auch die Modernen meinen, dass der Körper aus beweglichen und unbeweglichen Elementen besteht, damals Feuer, Luft, Wasser und Erde, heute Sauerstoff, Wasserstoff, Kohlenstoff und die anderen, nicht zusammengesetzten Substanzen, die die Chemie entdeckt hat."

158 Zum Beispiel der Vergleich der antiken Ärzte, die alle Krankheiten von einer Veränderung des Feuchtigkeitszustands ableiten wollten mit den modernen, die ebendies von Veränderungen des Nervensystems oder Blutkreislaufes tun wollten, s. Littré (1839), S. 557.

hen, ist unmöglich. Wichtig ist, dass Littré etliche Handschriften zurate zog, um auf deren Grundlage einen neuen griechischen Text zu erstellen. Damit reiht er sich in die Reihe der philologischen Bearbeiter von antiken Texten seiner Zeit ein – eben als Arzt. Erwähnt sei, dass er sich hauptsächlich auf ein Manuskript aus der Pariser Nationalbibliothek stützte[159] und aus dem Vergleich mit anderen Handschriften und vorherigen Fassungen eine „gemeine Lesart", eine Vulgata, entwickelte. Am Schluss jedes „Arguments" listet er das Vorkommen des Texts in den Handschriften und vorherigen Fassungen auf. Eine Schwäche besteht darin, dass Littré einige wichtige Manuskripte nicht mit einbezog. Als er von der Existenz weiterer Handschriften erfahren habe, sei er wissenschaftlich redlich genug gewesen, diese wenigstens nachträglich als nicht eingearbeitete Kollation anzugeben. Dabei habe er ein untrügliches Gespür für Qualität und Wert der Handschriften bewiesen.[160]

Der Bearbeiter hatte sich also zum Ziel gesetzt, ein den modernen Ansprüchen genügendes Werk zu schaffen, mit dem man Hippokrates fruchtbringend lesen könne. Er selbst sichtete und kollationierte die Handschriften selbst und präsentierte so einen neuen griechischen Text. Gleichzeitig verschaffte er dem Leser auch inhaltlich Zugang zur Hippokrates-Figur, die nun zu jedermann in französischer Sprache redete. Dadurch gelang Littré der groß angelegte Wurf; Littrés Hippokrates-Ausgabe wurde ein europaweiter Erfolg. Seine Zeitgenossen begrüßten die Arbeit des französischen Medizingelehrten: In Frankreich wurde er nach Veröffentlichung des ersten Bandes 1839 in die *Académie des inscriptions et belles-lettres* gewählt, 1860 wurde er in die Bayerische Akademie der Wissenschaften aufgenommen. Rezensionen fielen positiv aus: Der deutsche Medizinhistoriker Johann Gottlieb Thierfelder (1799–1867) urteilte positiv,[161] eine Rezension des Buches sei vom Umfang her ein ganzes Buch wert;[162] auch die britische Presse reagierte mit Bewunderung.[163] Das Werk erfuhr eine Neuauflage in Frankreich ab 1932 mit Illustrationen, ohne nennenswerte inhaltliche

159 Es handelt sich um den Codex grec. 2146 in der Bibliothèque nationale de France, s. https://pinakes.irht.cnrs.fr/notices/cote/51775/, zul. abg. am 02.11.2022.

160 Vgl. Robert, S. 224 f., der auch die fehlenden Handschriften genau benennt.

161 „[...] wenn wir etwa die neueste verdienstvolle Arbeit des französischen Akademikers Littré ausnehmen, der nach dem competenten Urteile Thierfelder's das Meiste für den emendierten Text des Hippokrates gethan.", s. Finckenstein, R.: Die gelehrten Aerzte des 15. und 16. Jahrhunderts, in: Deutsche Klinik, hier Nr. 18 (30.04.1864), S. 170.

162 Dr. Philipp: E. Littré's Ausgabe des Hippokrates und die acustischen Explorationsmethoden bei den Hippokratikern, in: Deutsche Klinik, Nr. 2 (13.01.1855), S. 13. Der Autor ist nicht weiter spezifiziert als mit „Arzt in Berlin".

163 „Littrés Hippocrates", in: British Medical Journal, Feb. 8 1862, S. 153. Auch in dieser Rezension wird die hippokratische Beobachtungsgabe als grundlegend für den ärztlichen Beruf idolisiert, vgl. S. 154: „If medical research had been in all ages carried on in the spirit in which the treatises on Airs, Waters, and Places, and on Epidemics (to mention these alone) were composed, we venture to say that our science would now be standing in an infinitely higher position than that which it now occupies."

Verbesserungen;[164] ab den 1960er Jahren gab es einen schnell vergriffenen Nachdruck. Der „alte Littré" sei indes zu einem „Klassiker" geworden.[165] Inhaltlich enthält er manche teils bis heute gültigen Textfassungen, wenngleich das Corpus noch weiter gewachsen ist. Ähnlich wie bei Kühn beziehen sich heutige Bibliographien auf Littrés Ausgabe.[166] Unter Philologen wurden die „Œvres" deutlich wärmer aufgenommen als Kühns „Omnia opera".

Die Notwendigkeit einer erneuten Bearbeitung wurde gleichwohl rasch offenbar. Unbeachtete Manuskripte und neue Texte führten zu einer Neubearbeitung, zunächst von Kühlewein und Ilberg,[167] die aber aufgrund des angekündigten Unternehmens des *Corpus Medicorum Graecorum* nicht abgeschlossen wurde. Auch im Rahmen dieses editorischen Großprojekts, von dem unten noch die Rede sein wird, wurde allerdings keine befriedigende Gesamtausgabe bewerkstelligt, bis auf eine einzelne Texte von Johann Ludvig Heiberg (s.u.).[168] So blieb die Situation lange unbefriedigend, bis heute sind viele einzelne Schriften kritisch ediert worden, aber nicht alle.[169] Ein wesentlicher Fortschritt waren die Einführung von digitalisierten Konkordanzen.[170] So hatte Littrés Hippokrates nicht das letzte Wort behalten – in der Rezeption der Hippokrates-Figur konnte man trotzdem nicht mehr hinter ihn zurück.

Spätere *Einschätzungen* haben Littrés Edition lobend hervorgehoben: Sigerist meint, dass die Herangehensweise durch und durch philologisch sei, wenngleich

---

164 Vgl. Sigerists Urteil: „[...] entirely unaware of the work that has been done in the field during the last hundred years.", s. Sigerist, H. E.: On Hippocrates, in: Bulletin of the Institute of the History of Medicine, vol. 2, no. 3 (1934), S. 190–214, hier S. 198. Dieser übersichtliche Artikel gibt Aufschluss über die Entwicklungen der hippokratischen Forschung seit Littré bis in die 30er Jahre des 20. Jahrhunderts.

165 Vgl. Robert, S. 226.

166 Vgl. wiederum die Zusammenstellung von Fichtner, G.: Corpus Hippocraticum. Bibliographie der hippokratischen und pseudohippokratischen Werke, Version 12/2017. Abrufbar unter http://cmg.bbaw.de/online-publikationen/hippokrates-und-galenbibliographie-fichtner (zul. abg. am 02.11.2022).

167 Kühlewein, H., Ilberg, I.: Hippocratis opera quae feruntur omnia, rec. H. Kuehlewein (Prolegomena conscripserunt I. Ilberg et H. Kuehlewein). 2 Bde., Leipzig 1894–1902.

168 Für eine Übersicht der nachfolgenden Editionen s. Sigerist (1934), S. 193 ff.

169 Weitere Versuche, bes. im Deutschen, waren die von Robert Fuchs (1847–1927) Sämmtliche Werke: Hippokrates. Ins Deutsche übertragen und ausführlich commentiert von Robert Fuchs. München 1895–1900. Der war aber keineswegs befriedigend, vgl. Sigerist, S. 197: „The translator, Robert Fuchs, a philologist, had the unfortunate idea of translating the ancient text into a modern pseudo-medical technic language he hardly understood himself. Concepts of modern medicine were smuggled into the ancient writings, and the result was an entirely disfigured picture." Im Englischen hätte sich weiterhin William Henry Samuel Jones 1923–1931 an einer Gesamtausgabe versucht, im Deutschen Philologen wie Johann Ludvig Heiberg (s.u.), Hermann Diels, Max Wellmann, Walther Putzger sowie die nachfolgende Generation mit Hans Diller, Karl Deichgräber und Felix Jacoby (1876–1959) die Arbeit vorangetrieben.

170 S. z.B. http://www.intratext.com/Catalogo/Autori/Aut1395.htm, zul. abg. am 02.11.2022.

Littré im Vorwort seiner Hoffnung Ausdruck verleiht, die Edition möge dem ärztlichen Kollegen ebenso wie dem Historiker dienlich sein.[171] Hier hingegen wird vom Verf. behauptet, Littrés Werk sei mehr und vor allem medizinischen Anspruchs. Die einleitenden „Argumente", die Anknüpfungen an moderne Gedanken, die permanent implizierte Lesart für die ärztliche Praxis, das aufklärerische, pragmatische Antikeideal zeichnen eine Ausgabe, die dem modernen Arzt im 19. Jahrhundert das Praxis-Ideal eines Hippokrates und das Unveränderliche an dessen Lehre an die Hand geben wollte. Dabei hat Littré klar philologische Instrumentarien verwendet – aber als Arzt für ein medizinisches Publikum. Man könnte gar von einer vermittelnden Stellung der Philologie zwischen Tradition und Innovation sprechen. Gleichzeitig hat man es bei Littrés Werk mit einem eindrücklichen zeitgenössischen Zeugnis des französischen Hippokratismus und ganz allgemein einer ‚Hippokrates-Kultur' zu tun, die bis heute Ärzte wie Laien fasziniert.[172] Ähnlich wie mit Kühns Galen-Ausgabe handelt es sich wieder um ein Doppelwerk, aber mit deutlich höherem philologischen Anspruch. Freilich fand sich auch Littrés Leser in den 1860er Jahren, nach der Fertigstellung der Edition, einem Hippokrates gegenüber, den er nicht mehr kannte und zu benutzen wusste. Die neue medizinische Methode naturwissenschaftlicher Prägung hatte ihn entrückt und gerade wegen präziserer Quellenforschung noch mehr zu einem antiken *hero* gemacht.[173] Die „Œevres" blieben trotz alledem für lange Zeit die Ausgabe schlechthin, mit der man Hippokrates lesen konnte – Mediziner wie Nicht-Mediziner.

Zusammenfassend verdankt die Geschichte der Medizingeschichtsschreibung den so genannten Vorläufern dreierlei: in modernen Nationalsprachen lesbare Ausgaben der ‚Großen'; Zugang und Sammlung der Textfassungen, Übersetzungen, Untersuchungen; sowie ein Bewusstsein für die Notwendigkeit historisch-kritischer Vorgehensweise. Das Fach Medizingeschichte wurde ein altertumswissenschaftliches und das, obwohl den Herausgebern eigentlich um eine medizinisch-inhaltliche Anknüpfung zutiefst gelegen war. Ihre Ausgaben zeugen allesamt zunächst bzw. mindestens gleichfalls von der Absicht, einen kontinuierlichen Traditionsstrang mit der Überlieferung, ‚ihren' ärztlichen Kollegen, nicht abreißen zu lassen. Sicherlich war ihnen die Schwierigkeit und reale Ungereimtheit solcher Versuche wohl bewusst, und eben darum versuchten sie, antwortend auf die entsprechenden Anforderungen der je

171 Sigerist (1934), S. 190: „Although Littré had studied medicine, and although, in his he expressed the hope that this new edition would be of profit medical profession as well as to historians, his approach to the Hippocratic collection was the critical approach of a philologist and historian."

172 Ein aktuellstes Zeugnis, wo das Bedürfnis nach dem Arztideal, gerade im Zusammenhang mit dem so oft zitierten Eid, bedient wird, ist das populärwissenschaftliche Buch von Flashar, H.: Hippokrates. Meister der Heilkunst. München 2016.

173 Sigerist (1934), S. 214. Die komplizierten Abschriftenverhältnisse und genau besprochenen Echtheitsanfragen waren dem Arzt ohnehin weniger nahe gelegen, eine Einstellung, die sich im Grunde bis heute durchhält.

geforderten historischen Arbeitsweise, auch die textliche beste Arbeit zu leisten, die ihnen möglich war. Die untersuchten Editionen haben diese doppelte Intention offengelegt.

Die altertumswissenschaftliche Transformation war indes ein zweischneidiges Schwert: Während auf der einen Seite ebendiese Leistungen erbracht wurden, veränderten sich auf der anderen Seite Leserschaft und Umfeld so dramatisch, dass die eingeschlagene Richtung sich bald in akademischer Isolation wiederfand und den schon mehrfach erwähnten Bedeutungsverlust der Medizingeschichte mit sich brachte. In den kommenden Jahrzehnten sollten, von einigen Ausnahmen abgesehen, keine weiteren Editionen ‚großer' griechischer Ärzte bzw. von Kompendien erfolgen. Erst mit der Rehabilitierung der Medizingeschichte und deren allmählicher Institutionalisierung wagten Einzelne wieder größere Editionsprojekte.

2.2.4 Julius Ludwig Ideler (1809–1842)

Noch bevor Theodor Puschmann und Andere die Medizingeschichte wieder mit antiker Literatur zu beleben versuchten, findet sich in den Jahren vor der methodischen Krise der Medizingeschichte (also vor ca. 1840) ein noch etwas anders gelagerter Zugang zu den griechischen Ärzten. Es handelt sich dabei um Ärzte, die mit ihrer meist herausragenden philologischen Kenntnis auch unbekanntere Ärzteschriften edierten. Die Intention ihrer Arbeit ist wiederum überlagert von anderen Interessen: Sie folgten einem modernen Bildungs- und Wissenschaftsideal, das neben bloßer Rezeption auch nach (Neu-)Schaffung von Wissen strebte. Bezogen auf die Medizingeschichte hieß dies Auffindung und Veröffentlichung von noch ungedrucktem Textmaterial. Zwei dieser Akteure, die eng aufeinander bezogen sind, waren Julius Ludwig Ideler (1809–1842) und Friedrich Reinhold Dietz (1804–1836). Ihr Werk kann als Teil der philologisch-kritischen Richtung verstanden werden, die sich später, seit Sudhoffs Bemühungen um die Jahrhundertwende, unter anderen Umständen behaupten sollte. Idelers Ausgabe einer Sammlung von griechischen Texten unter dem Titel „Physici et Medici Graeci minores"[174] gibt Aufschluss über die Herangehens- und Arbeitsweise dieser Arztgelehrten, wie auch über die damit einhergehenden editorischen Schwierigkeiten. Die rasch hergestellten Fassungen verursachten in der Folge nämlich erhebliche philologische Probleme – ganz unabhängig von der Frage ihrer medizinischen Nützlichkeit. Und wie so häufig ist die Entstehungsgeschichte des Werkes eng mit persönlichen Hintergründen verknüpft.

174 Ideler, J. L.: Physici et Medici Graeci minores. 2 Bde., Berlin 1841/1842. Nachdruck Amsterdam 1963. Der übersetzte Titel würde lauten: kleinere griechische Ärzte, wobei dem lateinisches „minores" auch weitere Bedeutungen des Wortes abzugewinnen sein könnten: unbekanntere, unbedeutendere etc.

Die Familie Ideler war eine Gelehrtenfamilie der Goethezeit. Christian Ludwig Ideler (1766–1846) war Astronom und Philologe, worin sich bereits die für Ort und Zeit so typische Verbindung altsprachlicher mit moderner naturwissenschaftlicher Beschäftigung andeutet.[175] Die Verbindungen mit der Gelehrtenwelt waren familiär vorgezeichnet, besonders zu Medizinhistorikern. Julius' Vetter Karl Wilhelm Ideler (1795–1860) war Übersetzer medizinhistorischer Werke.[176] Christian Ludwigs Sohn Julius Ludwig übernahm dieses Interesse für antike Naturkunde.[177] Er genoss eine hervorragende altphilologische Ausbildung am Gymnasium Schulpforta, nachdem er das Französische Gymnasium in Berlin besucht hatte. Im Anschluss studierte er Medizin, Naturwissenschaften und Mathematik in Berlin und Königsberg. Er erwarb hervorragende Kenntnisse des Koptischen und widmete sich früh auf die neue, philologische Weise antiken naturwissenschaftlichen Studien. Parallel setzte er die Tätigkeit seines Vaters mit der Herausgabe von Handbüchern zur Literatur in modernen Fremdsprachen fort,[178] wodurch er Übung in der Sammlung und Aufarbeitung anderssprachiger Literatur erhielt. Desgleichen übte er sich in der Erstellung kritischer Editionen, zunächst mit seiner Dissertations- und später Habilitationsschrift über die „Meteorologica" des Aristoteles.[179] Für die Entstehung der „Physici et Medici" war diese Bearbeitung Idelers äußerst bedeutsam, denn sie weist auf eine wichtige

175 Die Verbindung von Astronomie und Medizin ist auch eine typische spätantik-byzantinische Tradition.

176 Er übersetzte z.B. Choulant, J. L. (Hrsg.): Georg Ernst Stahls ‚Theoria medica vera physiologiam et pathologiam tanquam doctrinae medicae partes [...] intaminate ratione et inconcussa experientia sistens'. 3 Bde., Leipzig 1831–1833 (= Scriptorum classicorum de praxi medica nonnullorum opera collecta. Bde. 14–16).

177 Vgl. Baader, G.: „Ideler, Julius Ludwig", in: Neue Deutsche Biographie, Bd. 10 (1974), S. 116: „Dieses Interesse an antiker Naturkunde hatte I[deler] aus seinem Elternhaus übernommen; es zeichnete ihn, nicht anders als seinen Vater, ein großer geistiger Horizont aus, der auch die exakten Naturwissenschaften umfaßte. Doch anders als bei seinem Vater standen bei [ihm] die geisteswissenschaftlichen Untersuchungen im Vordergrund." Biographisch vgl. auch Koner, W. D.: Gelehrtes Berlin im Jahre 1845. Berlin 1846, S. 168 f.; Döring, H.: „Julius Ludwig Ideler", in: Neuer Nekrolog der Deutschen, Jahrg. XX (1842), S. 527 ff.; und Kunitzsch, P.: „Ideler, Ludwig", in: Neue Deutsche Biographie, Bd. 10 (1974), S. 118–119.

178 Ideler, L., Nolte, H.: Handbuch der französischen Sprache und Literatur. Berlin 1826 (u.a.); Dies.: Handbuch der englischen Sprache und Literatur. Berlin 1832 (u.a.). Diese Handbücher setzte Julius Ludwig Ideler mit weiteren Bänden und Einleitungen fort.

179 Ideler, J. L.: Aristotelis Meteorologicorum libri IV. 2 Bde., Leipzig 1834/1836. Dieses ist Johann Heinrich Schulze (s.o., 1687–1744) und August Meineke (1790–1870), einem deutschen Altphilologen, gewidmet. Zur „Meteorologica" und deren Einordnung vgl. aktuell Vuillemin-Diem, G.: Meteorologica: Wilhelm von Moerbekes Übersetzung der Aristotelischen Meteorologie. Turnhout 2008; oder Strohm, H.: Untersuchungen zur Entwicklungsgeschichte der aristotelischen Meteorologie. Egelsbach 1992; und ders.: Meteorologie. Über die Welt, in: Flashar, H. (Hrsg.).: Aristoteles, Werke in deutscher Übersetzung. Bd. 12 I/II, 1984^3.

Gelehrtenverbindung hinaus, die das Schaffen vieler Akteure zu Beginn des 19. Jahrhunderts maßgeblich mit beeinflusste.

Idelers „Meteorologica" fußte nämlich auf der Grundlage, dass die 1829 erschienene Ausgabe von Immanuel Bekker (1785–1871) der aristotelischen Schrift über die Himmelskörper noch Verbesserungsbedarf erfahren durfte.[180] Bemerkenswert ist nun, dass bereits Idelers darauf vorbereitende Werk „Prologomena"[181] Alexander von Humboldt (1769–1759) gewidmet war. Dieser strebte nach der Rückkehr von seiner Russlandexpedition 1829 danach, seine Werke zu veröffentlichen. Der vielbeschäftigte Bruder des ehemaligen preußischen Kultusministers bereitete in dieser Zeit die Publikation seines Gesamtwerkes „Kosmos"[182] vor, neben den staatlichen und wissenschaftlichen Anforderungen seines Wirkens. Mit seinem weit verzweigten Gelehrtennetzwerk waren ihm weite Teile des überhaupt verfügbaren Wissens indirekt persönlich zugänglich. Ideler wechselte gerade während seiner intensivsten Schaffensphasen etliche Briefe mit Humboldt.[183] Er schickte Humboldt beispielsweise ein Exemplar der Gesamtausgabe der „Meteorologica".[184] Auch Idelers „Opus magnum", betitelt „Hermapion sive rudimenta hieroglyphicae veterum Aegyptiorum literature",[185] ist Humboldt mit großem Pathos gewidmet.[186] Die Verbindung der beiden rührt auch aus gegenseitiger Hilfe: Ideler hatte Humboldts in französischer Sprache verfasstes Werk „Kritische Untersuchungen über die historische Entwickelung der geographischen Kenntnisse von der Neuen Welt und die Fortschritte der nautischen Astronomie in dem 15ten und 16ten Jahrhundert" übersetzt.[187] In diesem Werk finden sich Hinweise dafür, wie Humboldt sein umfängliches Netzwerk für seine wissenschaftlichen Publikationen nutzte – auch ein Ausweis der bereits beschriebenen bewussten Intensivierung von Gelehrtenkorrespondenzen mittels Publikationsorgane. Bei der Beschreibung eines Reis- bzw. Milchweins, „terracina" genannt, den er

180 S. Baader, S. 116.

181 Ideler, J. L.: Prolegomena ad novam Meteorologicorum Aristotelis editionem adornandam. Berlin 1832.

182 Vgl. hierzu Pfeiffer, H. (Hrsg.): Alexander von Humboldt: Werk und Weltgeltung. München 1969; oder Kraus, F. (Hrsg.): Kosmos und Humanität: Alexander von Humboldts Werk in Auswahl. Bielefeld 1960.

183 Im Hinblick auf Gelehrtennetzwerke sind weitere Philologen in der Korrespondenz Idelers zu verzeichnen. Beispielsweise wechselte er auch Briefe mit dem Philologen und Übersetzer August Wilhelm von Schlegel (1767–1845).

184 Vgl. Brief [5] vom 07.04.1836 (s. Appendix).

185 Ideler, J. L.: Hermapion sive rudimenta hieroglyphicae veterum Aegyptiorum literature. Leipzig 1841.

186 „Alexander von Humboldt, der Zierde der Deutschen, wie viele auch immer da sind und waren, gewidmet", s. Ideler (1841), S. III.

187 von Humboldt, A.: Kritische Untersuchungen über die historische Entwickelung der geographischen Kenntnisse von der Neuen Welt und die Fortschritte der nautischen Astronomie in dem 15ten und 16ten Jahrhundert. Aus dem Französischen übersetzt von Jul. Ludw. Ideler. 2 Bde., Berlin 1836.

auf einer Reise nach Asien und an anderen Orten vorfand, geht er auf die Entwicklung des Destillationswesens in Europa ein. Hierfür befragte er Ideler mehrmals, der ihm Hinweise u.a. bei Dioskurides, Alexander Aphrodisias[188] lieferte sowie eben in Aristoteles' „Meteorologica",[189] wo jeweils von einer der Destillation ähnlichen Prozedur die Rede ist. Es ist gut möglich, dass Humboldt von der Expertise Idelers profitierte wie auch, dass Ideler daher die Anregung für eine tiefergehende Beschäftigung mit diesem aristotelischen Werk bzw. den griechischen Ärzten erhielt.

So kam Ideler also bereits früh mit *Medici graeci* in Verbindung und beschäftigte sich über längere Zeit mit ihnen.[190] Mit seiner Edition verfolgte er andere Absichten als Kühn und Littré. Die weniger bekannten ‚kleineren' griechischen Ärzte waren schlecht oder gar nicht erschlossen. Inhaltlich stehen sie den ‚Vätern' oft recht nahe. ‚Einsetzbar' waren sie meist nur eingeschränkt, weil ihnen idealisierender Charakter fehlte. Ihre Herausgabe erfolgte weniger aus primär medizinischem Interesse, sondern bei Ideler zumindest als erschließende wissenschaftliche Vorarbeit für eine sekundäre Beschäftigung mit ihnen. Zudem war eine Bearbeitung ihrer Werke oft mit den rezensionsgeschichtlichen Fragen von deren Vorläufern verknüpft. Dennoch muss man bedenken, dass Ideler das Werk mit seinem philologischer Ansatz zwar nicht direkt, aber doch indirekt für Ärzte fertigte, in deren Hand die Bearbeitung medizinischer Texte gleich welchen Alters nach wie vor ganz selbstverständlich lag.

Die „Physici et Medici"-Ausgabe war Idelers vorletztes Werk vor seinem frühen Tod im Juli 1842 und erschien in zwei Bänden in Berlin; nur der genannte „Hermapion" kam später heraus, wobei die Bearbeitungsphasen sicherlich verschränkt waren und ineinandergriffen. Humboldt hatte ihn weiterhin bei der Herausgabe beraten.[191] Die Popularität der meist unbekannteren Ärzte – wie z.B. Soranos von Ephesos oder Theodoros Prodromos – vermehrte sich durch deren (Erst-)Edition sicherlich beträchtlich. Beispielsweise weist Ideler mit Nachdruck (und Stolz) auf die Bücher des Johannes Zacharias Aktouarios hin („De urinis" und „De diagnosi"), die er zum ersten Mal in griechischer Fassung vorweisen könne.[192] Der generelle Aufbau ist wie folgt: Im

---

188 Briefe von J. L. Ideler an Alexander von Humboldt vom Juni 1835 und 07.04.1836 (s. Anhang).

189 Dazu Humboldt (1836), S. 500 ff. Humboldt nennt außerdem Plinius' des Älteren „Historia naturalis" für die Destillation.

190 Eine medizinhistorische Interessenlage lässt sich auch daher leicht plausibilisieren, dass der erst 1833 verstorbene Kurt Sprengel ein Zeitgenosse Idelers und ihm sicherlich von dessen Dioskurides-Ausgabe her bekannt war (s.o. Kühns „Opera omnia", Bde. 25–26).

191 Vgl. Döring, S. 528.

192 Ein Blick in Choulants „Handbuch" bestätigt, dass Ideler die erste griechische Textversion liefert; etliche Jahrzehnte zuvor erschienen lediglich lateinische. Oftmals waren lateinische Fassungen früher im Umlauf als griechische Ersteditionen. Diese häufige Erscheinung stellte freilich für die nachfolgende philologische Erschließung der griechischen Originaltexte mitunter nicht geringe Erschwernisse dar.

ersten Band folgt dem Titelblatt mit Erklärung ein lateinisches Vorwort über zwei Seiten sowie ein Inhaltsverzeichnis der erscheinenden Werke mit Corrigenda. Gleich im Anschluss folgen ohne weitere Auskünfte zur Editionsmethodik die griechischen Texte der verschiedenen antiken Autoren. Sie sind eher weniger bekannt, aber nichtsdestoweniger interessant für die Geschichte der antiken Medizin, bes. in rezeptionsgeschichtlicher Hinsicht. Auch byzantinische Autoren aus der späten Antike bzw. dem (frühen) Mittelalter kommen zu Wort, was wiederum aufschlussreich für die Aufnahme und Tradierung antiken Wissens ist. Im zweiten Band folgen weitere Autoren; hier ist dem Titelblatt zusätzlich eine Widmung und ein griechisches Bibelzitat angefügt (s.u.). Satz und Schrift sodann sind in beiden Bänden gleich: Die Titelseite setzt sich durch die Verwendung von Majuskeln von den übrigen ab; das Vorwort ist in Serifenschrift gedruckt, die griechischen Texte in kursiven Minuskeln – was die Lesbarkeit ein wenig schmälert – gehalten. In der linken Kopfzeile ist die Doppelseite mit dem Autor, am rechten mit dem Abschnittstitel innerhalb desselben versehen, jeweils von der Seitenzahl begleitet, was die Orientierung erleichtert. Der erste Band ist 440 Seiten, der zweite 464 Seiten umfangreich. Der Titel lautet „PHYSICI ET MEDICI GRAECI MINORES“ und ist in beiden Bänden mit dem ausführlichen Untertitel versehen:

> Es trug zusammen, getreu vor allem der Codices und Manuskripte, die der selige Diezius sammelte, und verbesserte teils alte Editionen, gab teils zum ersten Male heraus, versah mit kritischen Kommentaren und Verzeichnissen sowohl der Sachen als auch Begriffe—Julius Ludwig Ideler[193]

Hier ist der Intention der Ausgabe bereits ausgesprochen: Es soll um eine Edition der Schriften dieser „kleinen“ griechischen Ärzte gehen, die Ideler teils selbst, teils übernommen ediert und systematisiert hat. Der Fokus liegt dabei nicht auf Vollständigkeit (es fehlen z.B. Paulos von Ägina, große Teile des Alexander von Tralleis etc.), sondern eben auf Verbesserungen und Ersterscheinungen als Fortführung der Dietz'schen Sammlung (s.u.). Solche Zusammenstellungen sind nicht neu – für das Lateinische hatte bereits Albrecht von Haller 1787 eine ausgewählte Zusammenschau der „Ersten“ (Hippokrates, Aretaeus, Alexander, Aurelius, Celsus, Rhazes) gegeben.[194] Ideler liefert in den ersten beiden Bänden noch nicht die versprochenen Verzeichnisse, was hier schon auf einen geplanten dritten Band schließen lässt.

Der zweite Band ist außerdem aufschlussreich hinsichtlich der *Widmung*. Sie lautet übersetzt:

---

193 Ideler (1841), S. I (Übers. d. Verf.).

194 von Haller, A.: Artis medicæ principes: Hippocrates, Aretæus, Alexander Trallianus, Aurelianus, Celsus, Rhazis. Lausanne 1787. Möglicherweise wird hier eine Parallele zu den frühgriechischen Philosophen, den Vätern der Philosophie, ersichtlich, auch wenn deren heute bekannte Kanonisierung als *Doxographi Graeci* erst eine Frucht des 19. Jahrhunderts ist.

> Dem alten, verehrungswürdigen, liebsten Vater Christian Ludwig Ideler, dem Manne, 50 Jahre beschäftigt mit öffentlichen Dingen der Wissenschaft, was alle wussten, dem am meisten verdienten, dem lieben, bescheidenen, ernsten Manne, von größter Hochachtung am Festtag der Fortführung seines Werks, mit frommem Herzen, dem es heilige Pflicht ist, sich zu freuen und zu gratulieren, geweiht vom dankbarsten Sohne Julius Ludwig Ideler.[195]

Ideler erwidert hier die oben beschriebene erzieherische Prägung und so Ermöglichung seiner Studien mit seinem Dank. Genau wie die Vorworte sind Widmung und Untertitel Visitenkarte des Autors und dessen sprachlicher Kenntnisse und daher oft verkompliziert ausgedrückt – ein Usus dieses ‚Genres' Vorwort, das noch öfter zur Geltung kommen wird. Überdies fügt er im zweiten Band ein griechisches Bibelzitat aus dem Johannesevangelium ein:

> Συναγάγετε τὰ περισσεύσαντα κλάσματα, ἵνα μή τι ἀπόληται. – Joh 6, 12[196]

Diese im Anschluss an die Brotvermehrung in Galiläa gesetzten Worte haben bei Ideler, der aus einem protestantischen Haus stammte,[197] wohl eher literarische Bedeutung. Idelers Motivation jedenfalls liegt in seiner „erstaunlichen Liebe" („amore mirifice") zu den Naturwissenschaften, die durch die Hinwendung zu geschichtlichen Studien keine Einschränkung erfahre. Er rechtfertigt diese seine Beschäftigung sowie die Sammlung so vieler kleiner „Brocken" mit einem Zitat des Heraklit:

> [...] Ich möchte aber auf den glänzenden Spruch Heraklits bei Aristoteles aufmerksam machen, der die Freunde, die in die Backstube, wo er saß, einzutreten sich zierten, bat, zuversichtlich heranzukommen; auch an diesem Ort seien unsterbliche Götter.[198]

Bemerkenswert ist die Verwendung dieses bei Aristoteles zu findenden Heraklit-Zitats zudem, da bereits William Harvey (1578–1657) es in seinem für die Erstbeschreibung des Blutkreislaufs berühmt gewordenen Werk rechtfertigend anführte, allerdings für die Dissektion kleiner Tiere.[199] Damit weist Ideler mögliche Einwände utilitaristischer

195 Ideler (1842), S. III (Übers. d. Verf.).

196 „Sammelt die übrig gebliebenen Brocken, damit nichts verdirbt!" S. Ideler (1842), S. 1.

197 Der Großvater Christian Ludwig Ideler (1725–1783) war Pastor, vgl. Kunitzsch.

198 „[...] observatur animo meo aureum illud Heracliti apud Aristotelem effatum, qui amicos in casam furnariam [Backstube, Jauchegrube], ubi forte sedebat, intrare cunctantes fidenter ut accererent exhortabatur; esse enim illic loci deos immortales." S. Ideler (1842), S. III. Die Benutzung eines mit Aristoteles eng verbundenen Zitats weist wiederum auf die Bedeutung hin, die Bearbeiter dieser Zeit dieser Tradition von Wahrheitsfindung zumaßen. Dieser Topos fand sich auch schon beim Handbuch Choulants (s. 2.2.2).

199 Harvey, W.: Guilielmi Harveii Exercitationes anatomicae, de motu cordis et sanguinis circulatione. Glasgow 1751, S. 208. Dank an StD Justus Finkel für den Hinweis und die Übersetzungshilfe. Parallel hatte auch schon Alexandros Mavrokordatos (1641–1709) den Blutkreislauf erforscht, vgl. Grimm-Stadelmann, Iatrosophisten (2019), S. 294 f.

Art von sich, indem er auf den großen Gewinn hinweist, der Harveys Abhandlung erwachsen ist – und aus seinem Werk erwachsen möge.

Ein weiterer wertvoller Hinweis ist die Erwähnung der „Problemata" des Aristoteles.[200] Diesen habe Ideler sich vier Jahre nach dem Abschluss der „Meteorologica" zugewendet. Sie bestehen aus Aporien verschiedener Wissenschaftsgebiete, vornehmlich medizinischen.[201] Idelers Anliegen ist die Wiederherstellung der „vera lectio", also der wahren Lesart, wozu er sie mit Galen und den *medici minores* habe vergleichen müssen. Auch hier ist ein Einfluss Alexander von Humboldts möglich: Der hatte die „Problemata" nämlich gelesen.[202] Humboldt war von den Fragen fasziniert und hatte sie für seine eigene Medizintheorie herangezogen. Im Laufe seines Schaffens suchte er auch, einige von ihnen zu beantworten.[203] Eine Anregung durch Humboldt legt sich damit sehr nahe. In der Auswahl der Werke bei Ideler lässt sich zudem feststellen, dass er vermehrt solche problematisierende Schriften herausgibt. Die Texte des Alexander Aphrodisias,[204] Cassius Iatrosophista[205], Theophylaktos Simokates sind allesamt derartige Sammlungen.

Soweit also Idelers Hintergründe: Humboldts nicht zu unterschätzender Drang, alles verfügbare Wissen einschließlich des antiken zu sammeln und zu systematisieren,[206] griff sozusagen auf Ideler über. Die Parallelisierung, „entzeitlichte" Systematisierung, Enzyklopädisierung und anschlussfähige Aufbereitung des Wissens sind Bewegungen der Wissenschaft zu dieser Zeit, und Ideler trug mit seinen Ausgaben zur Erschließung der Antike bei. Maßgeblich war nicht nur der Inhalt, sondern ebenfalls die enorme Geschwindigkeit, mit der vorgegangen wurde. Ganze

---

200 Dieses Werk ist wahrscheinlich pseudo-aristotelisch, vgl. Flashar, H.: Problemata Physica, in: Flashar, H. (Hrsg.).: Aristoteles, Werke in deutscher Übersetzung. Bd. 19, Berlin 19914, und Mayhew, R. (Hrsg.): The Aristotelian Problemata physica: philosophical and scientific investigations, in: Philosophia Antiqua. A Series of Studies on Ancient Philosophy, vol. 139. Leiden 2015.

201 Vgl. zu diesen Oikonomopoulou, K.: The Problemata's Medical Books: Structural and Methodological Aspects, in: Mayhew, S. 61 ff.

202 Schipperges, H.: Quellen zu Humboldts Medizinischem Weltbild, in: Sudhoffs Archiv für Geschichte der Medizin und der Naturwissenschaften, Bd. 43, Nr. 2 (1959), S. 147–171.

203 Schipperges, S. 151: „Gelegentliche physikalische oder biologische Beobachtungen werden sorgfältig vermerkt und für die eigenen physiologischen Hypothesen praktisch ausgewertet." Humboldt hätte auch Kurt Sprengels „Versuch einer pragmatischen Geschichte der Arzneykunde" gekannt und bewundert.

204 Auch dieser erwähnt in seinen Schriften „Problemata", die manchmal dem Alexander von Tralleis zugeschrieben wurden und sich auch bei Aristoteles finden, s. Choulant (1841), S. 137 f. Die Lage um die „Problemata" bei Aristoteles ist eng mit den kleinen griechischen Ärzten verknüpft, was erhellt, dass Ideler davon sprach, sich zuerst an diese machen zu müssen, um die „rechte Lesart" bei Aristoteles wiederherzustellen.

205 Zu ihm und seiner Verwechslung vgl. Garzya, A., Masullo, R.: I problemi di Cassio Iatrosofista. Neapel 2004.

206 Dieser Zug hat Humboldt den Beinamen des „modernen Aristoteles" eingebracht, s. z.B. Ette, O.: Alexander von Humboldt und die Globalisierung: Das Mobile des Wissens. Frankfurt a. M. 2009.

Gelehrtenleben reichten gleichwohl nicht aus, um die Stoffmengen zu bearbeiten; Forschungsergebnisse wurden immer rascher publiziert.[207] Die mitunter negativen Auswirkungen auf den Inhalt wurden bei Ideler dann auch offenbar.

Noch ein Anknüpfungspunkt Idelers war nämlich die „Dietz'sche Kollektion". Er bezog sich in seiner Arbeit stark auf seinen Zeitgenossen Friedrich Reinhold Dietz (1804–1836).[208] Dieser war Altphilologe und, ebenso wie Ideler, ausgebildeter Arzt und hervorragender Kenner der antiken Medizingeschichte. Bereits in seiner Dissertation beschäftigte er sich 22-jährig mit der (wohl) hippokratischen Schrift „Über die Heilige Krankheit".[209] In den folgenden sechs Jahren reiste Dietz mit der Unterstützung der Preußischen Krone durch Europa, um in Bibliotheken Manuskripte ausfindig zu machen und zu vergleichen.[210] Nach seiner Rückkehr edierte er sie teilweise, u.A. auch arabische und Sanskrit-Schriften. Vor allem aber veröffentlichte er manches Dokument der byzantinischen Ärzte Stephanos, Theophilos, Meletios zum ersten Mal, unter Bezugnahme auf Fabricius (s.o.).[211] „Collectaneen" sollten es sein, also Sammlungen von Stellen verschiedener Schriftsteller. Dietz' früher Tod veranlasste Humboldt wiederum zur Intervention, da dieser sich für die Stellen interessierte und seine Witwe auch mit finanziellen Mitteln um Herausgabe der Vorarbeiten bat.[212] Schließlich fanden sie sich anscheinend im preußischen Kultusministerium, welches Ideler bat, die Dietz'sche Kollektion für seinen Gebrauch übertragen zu dürfen. Seiner Bitte wurde seitens des „summum ministerium curans", das für Religion, Wissenschaft und Medizin zuständig war, stattgegeben. Die „Physici et Medici" Idelers beruhen wahrscheinlich zu einem beträchtlichen Teil auf den Vorarbeiten Dietz', dessen Abschriften er herausgab.[213]

---

207 Zu diesem soziologischen Phänomen der Beschleunigung in der Moderne hat publiziert Rosa, H.: Beschleunigung. Die Veränderung der Zeitstrukturen in der Moderne. Frankfurt a. M. 2005.

208 Vgl. Hirsch, A.: „Dietz, Friedrich Reinhold", in: Allgemeine Deutsche Biographie, Bd. 5 (1877), S. 210–211.

209 Dietz, F. R.: Ἱπποκράτους περὶ ἱερῆς νούσου βίβλιον. Leipzig 1827. Für die aktuellste Edition s. Jouanna, J.: La maladie sacrée, in: Hippocrate 02, Bd. II. Paris 2003; für eine deutsche Übersetzung vgl. Grensemann, H.: Die hippokratische Schrift „Über die heilige Krankheit". Berlin 1968.

210 von Lengerke, C.: Erinnerung an Friedrich Reinhold Dietz, in: Vaterländisches Archiv für Wissenschaft, Kunst, Industrie und Agrikultur oder Preussische Provinzial-Blätter 16 (1836), S. 552–570. Dietz hielt seine Reiseerinnerungen auch poetisch fest; im zitieren Beitrag kann man einen Geschmack davon bekommen.

211 Dietz, F. R.: Apollonii Citiensis, Stephani, Palladii, Theophili, Meletii, Damascii, Ioannis, aliorum Scholia in Hippocratem et Galenum e codicibus mss. Vindobonens. Monacens. Florentin. Mediolanens. escorialens. etc. primum graece edidit Fridericus Reinholdus Dietz. 2 Bde., Königsberg 1834.

212 Lelke, I.: Eine Studie zum Briefwechsel Alexander von Humboldts mit den Ehefrauen berühmter Gelehrter. S. https://www.uni-potsdam.de/verlagsarchivweb/html/495/html/frames/inh58.htm, abg. am 17.09.2021. Posthum wurden die Abschriften teils weiter herausgegeben durch den berühmten Königsberger Philologen Christian August Lobeck (1781–1860).

213 Hier liegt überdies ein weiterer Hinweis auf den geplanten Inhalt des dritten, nie erschienenen Bandes. Im Vorwort zum zweiten Band weist Ideler bereits auf einen geplanten dritten Band hin. Er

Die Schwachstelle Idelers besteht nun aber darin, die Kollation von Dietz nicht anzugeben. Genauer gesagt macht er überhaupt keine genaueren Angaben zur *Textfeststellung*. Es scheint nicht leichthin möglich, Dietz' Vorarbeiten im Vergleich zu Idelers Addita zu vergleichen und abzuwägen, da die Vorarbeiten nicht vorliegen. Da außerdem die angekündigte Übersicht zu dessen Sammlung nie erschienen ist, kann Idelers Textarbeit nur mit größten Schwierigkeiten beurteilt werden. Es ist nicht sicher, ob Ideler überhaupt selbst kollationiert hat und inwieweit er auf die Dietz'sche Vorarbeit zurückgegriffen hat. Damit bleibt seine philologische Eigenleistung schwerlich einschätzbar – jedenfalls aber ging es Ideler nicht hauptsächlich um eine penible Textedition, seine Beweggründe liegen scheinbar anderswo.

In der Ausgabe folgen also die griechischen Texte der Autoren nacheinander, oftmals nicht mehr als einige Fragmente. Zu Beginn gibt er an, aus welcher bisherigen Standardausgabe er die Strukturelemente des Texts (Nummerierungen, Gliederungen, Kapitel etc.) übernommen hat – sofern eine solche vorlag. Inhaltliche Einführungen, medizinische Erklärungen oder Biographien der Autoren finden sich an keiner Stelle. Die beiden Bände enden ohne weitere Kommentare, Verzeichnisse oder Verweise. Damit hält Ideler ein, was er angekündigt hatte – teils Texte zum ersten Mal zu edieren, teils bereits vorhandene zu verbessern.

Manche Texte finden sich bei Ideler, wie gesagt, zum allerersten Mal in lesbarer, gedruckter Form; dies wird ihm in der *Rezeptionsgeschichte* gemeinhin als Verdienst angerechnet. Eine Einschätzung der Güte der Texte müsste für jeden Text gesondert erfolgen, zu verschieden sind die Voraussetzungen der jeweiligen Autoren. Von philologischer Kritik wurde Ideler jedenfalls gemeinhin nicht gerade verschont: Die vielen in seinem kurzen Leben ausgegebenen Schriften mögen die vielen Fehler, die allesamt der Flüchtigkeit, nicht Unfertigkeit geschuldet sind, erklären, aber nicht entschuldigen, so eine rezentere, scharfe Kritik.[214] In einer Besprechung der Schrift „De urinis" von Johannes Aktouarios wird Idelers Arbeit gar als entstellend bezeichnet. Beispielhaft wird eine Dittographie[215] angeführt, aber auch etliche kleinere Flüchtigkeitsfehler, die bei auch nur mäßig sorgsamer erneuter Durchsicht des Textes hätten

habe einen Katalog von etwa 200 Werken, den größten Teil der Dietz'schen Kollation, herausgeben wollen. Er kündigte verschiedene Indices sowie eine Untersuchung zum Dietz'schen Werk an, die aber weder im ersten noch im zweiten Band folgten. Die Schriften von Rufus von Ephesos beispielsweise werden vertagt, da die Anzahl der Codices, die seine Schriften enthalten, groß sei. Grund für die Verzögerung der Herausgabe sei auch, dass Ideler erst jetzt (1842) eine Synopse der Codices mit den Kollationen von Dietz habe fertigstellen können. Seit Idelers Tod im gleichen Jahr gelten sowohl diese Synopse als auch seine Aufzeichnungen zum dritten Band bis auf den heutigen Tag als verschollen.

214 Eine kritische Einschätzung zu Idelers Textgrundlage wie auch dieser Ausspruch findet sich bei Bühler, W.: Johannes Zacharias, De urinis, ed. J. L. Ideler, in: Museum Criticum 25–28 (1990–1993), S. 409–415, hier S. 409, Anm. 3.

215 Darunter versteht die Textkritik eine Dopplung des Textes, die beim Abschreiben Dopplung des Textes, die beim Abschreiben entstehen kann.

auffallen müssen. Außerdem scheint die Schriftfassung des Aktouarios-Textes nur auf einer einzigen Handschrift gegründet zu sein.[216] Mit anderen Texten in den „Physici“ verhalte es sich ebenso.[217] Die zügige Veröffentlichungsstrategie gereichte der Qualität der Texte zum Nachteil. Gerade daran ist erkennbar, dass Ideler nicht eigentlich als Philologe, sondern *ärztlicher Wissenschaftler* arbeitete, der bislang unbekanntes Quellenmaterial zugänglich machen und für die Wissenschaft erschließen wollte.

Idelers „Physici" wurden trotz aller Mängel zu einem Standardwerk – es gab schlicht keine anderen Fassungen der edierten Texte. Die Erstveröffentlichung besonders der Schriften des Johannes Aktouarios war für die Einordnung dieses Autors wegweisend. Andere Autoren rückten in das Feld der Aufmerksamkeit. Als Ansatzpunkt für die weitergehende Beschäftigung war Idelers Werk gerade für byzantinische Autoren „unersetzlich“.[218] Auch haben andere Rezensenten einen wohlwollenderen Blick auf die Edition geworfen,[219] das 1963 einen Nachdruck erfuhr.[220]

Zusammenfassend sind die „Physici et medici graeci minores“ das Werk eines passionierten, ärztlichen Wissenschaftlers im neuen, modernen Sinne. Ideler folgte einer frühen philologischen Richtung, wenngleich er nicht die exakte Philologie betrieb, die Sudhoff später zum Geschwister der Medizingeschichte erhob. Der dritte Band hätte wohl deutlich mehr Aufschluss über die Arbeiten Dietz' gegeben sowie die Eigenleistung Idelers einschätzbar werden lassen. Im Nachlass Idelers haben sich Unterlagen zu einem etwa vorbereiteten solchen Band mit Nachlieferung von Kollationen allerdings nicht gefunden.[221] Die Anregungen Humboldts sollten indes durch das Schaffen Idelers und Dietz' die Sammlung antiker Schriften vervollständigen. Wieder ‚überlagerten‘ dabei andere Interessen eine rein textorientierte Bearbeitung: Idelers ‚Programm‘ der eiligen Texterschließung, das Zutagefördern der neu gefun-

---

216 Bühler, S. 414.

217 Verwiesen wird bei Bühler auf eine Analyse des Textes „De alimentis“ von Theophanes Chrysobalantes von Sonderkamp, J. A. M.: Untersuchungen zur Überlieferung der Schriften des Theophanes Chrysobalantes (sog. Theophanes Nonnos), in: ΠΟΙΚΙΛΑ ΒΥΖΑΝΤΙΝΑ 7, Bonn 1987, S. 288 ff.; eine kurze Einschätzung zum Aktouarios-Text findet sich auch bei Hohlweg, A.: Johannes Aktuarios. Leben – Bildung und Ausbildung – De methodo medendi, in: Byzantinische Zeitschrift LXXVI (1983), S. 302–321.

218 S. Baader, S. 116.

219 Hohlweg, A.: Στάγματα I, in: Criscuolo, U., Maisano, R. (Hrsg.): Synodia. Studia Humanitatis etc. Neapel 1997, S. 423–429. Solcher Kritik bei Bühler sei mit Vorsicht zu begegnen, heißt es dort, da unklar sei, ob Ideler selbst oder vor dem Druck auf den Text schauende Korrektoren die Fehler übersehen hätten; überdies sei angesichts des nahen Beisammenliegens von Veröffentlichungszeitpunkt und Idelers Tod ebenso unklar, ob er überhaupt noch Gelegenheit gehabt hatte, die zu druckenden Texte selbst einzusehen, s. Hohlweg, in: Criscuolo (1997), S. 424 f.

220 Ideler, J. L.: Physici et medici Graeci minores. Amsterdam 1963.

221 Vgl. Bühler, S. 410, Anm. 8. Hier wird auch die unübliche Vorgehensweise Idelers bzgl. der Orthographie kurz beleuchtet.

denen Manuskripte, eine regelrechte Entdeckerfreude haben einen höheren Stellenwert. Ideler reiht sich damit in die Reihe der Akteure ein, die noch neue Schriften dem Corpus der griechischen Ärzte hinzufügten und einer Systematisierung zuführen wollten.

Wenngleich Gelehrte wie Ideler und Dietz Medizin studiert hatten, waren ihre Arbeiten nicht mehr für ein praktizierendes ärztliches Publikum bestimmt, wohl aber betrieben sie ihre Studien *als Ärzte*. Der Geübte hat die Schriften durchaus lesen und möglicherweise gebrauchen können, gerade solche wie die des Johannes Aktouarios. Das genuine Interesse jedoch galt dem Wissen und der Wissenschaft. Ein Wissenschafts- und Bildungsverständnis, das in diesen ersten vier Jahrzehnten Preußens Bildungspolitik nach humboldt'scher Art prägte, schlägt sich hier nieder. Nach Ideler trat dann der im ersten Teil beschriebene Bedeutungsverlust der Medizingeschichte ein.

3 Die Etablierung der Medizingeschichte als eigenständige Wissenschaft

Die philologische Richtung, die sich auszuprägen begonnen hatte, fand mit den beschriebenen Entwicklungen ein abruptes Ende. Die mangelnde medizinische Relevanz solcher Arbeiten wie der von Ideler und Dietz ließen in der Folge keine weiteren, wichtigen Editionen von antiken Ärzten erscheinen. Die Zeitumstände ließen eine Verfolgung der stark philologischen Richtung nicht zu. Erst etliche Jahre später erhielt die Herausgabe antiker Schriften mit Theodor Puschmann einen neuen Anschub, wenngleich unter anderen Vorzeichen und mit anderen Auswirkungen. Er versuchte, unter Wahrung der philologischen Redlichkeit, erneut an die Tradition der ‚Alten' anzuknüpfen – ein zu seiner Zeit gewagtes Unterfangen. Der Untersuchung seiner Edition des Alexander von Tralleis soll eine knappe Einführung in die medizinisches Lehr- und Lernbedingungen seiner Zeit vorausgehen. Die Untersuchung der Ausgabe wird im Anschluss zeigen, dass der Frage nach dem Verhältnis der Medizingeschichte zur Philologie nicht mehr auszuweichen war.

3.1 Theodor Puschmann (1844–1899)

Theodor Puschmann gehörte bereits zu einer neuen Generation von Medizinhistorikern. Diese mussten sich in einem neuen universitären medizinischen Umfeld zurechtfinden. Um ihr Arbeitsumfeld war es nicht immer gut bestellt: Die Medizingeschichte war ein Nischenfach geworden, die Existenz des Fachs stets rechtfertigungsbedürftig. Die Herausgabe antiker Schriften war ihnen mehr oder weniger aus den Händen genommen oder jedenfalls kein gängiges Unterfangen. Theodor Puschmann wagte mit seiner Ausgabe der Schriften des Alexander von Tralleis einen neuen Anlauf, die philologisch-kritische Arbeitsweise für ein ärztliches Publikum fruchtbar zu machen. Anregung, Umsetzung und Aufnahme des Werkes charakterisieren auf typische Weise das Verhältnis des Faches Medizingeschichte zur Philologie im späten 19. Jahrhundert. Puschmann leistete mit seinen Kollegen einer Entwicklung Vorschub, die das folgende Dezennium der Institutionalisierung anbahnte. Seine Verdienste sind dabei nicht hauptsächlich durch seine philologische Leistung begründet, wenngleich er den Text durchaus verbesserte. Eher setzte er sich durch beständiges Forschen von seiner Lehrkanzel in Österreich aus für eine universitäre Etablierung der Medizingeschichte ein. Besonders musste er auf neuartige Gegebenheiten in Studium und Lehre Rücksicht nehmen – seit Ideler hatte sich im Bildungswesen Preußens Einiges getan, was die Ausbildung von Medizinhistorikern anging.

Die Generation Puschmanns hatte ihre klassische Bildung bereits im Gymnasium erhalten, das neu eingeführte *tentamen physicum* absolviert und die moderne naturwissenschaftliche Art und Weise, Medizin zu praktizieren, ganz verinnerlicht.

https://doi.org/10.1515/9783111062020-005

Außerdem war ihr Werdegang durch die sich entwickelnden Richtlinien für den Arztberuf noch deutlicher vorgegeben,[1] den Arzt als ‚Gelehrten' gab es als solchen immer weniger. Neue Fachdisziplinen entwickelten sich rapide, so z.B. die von Puschmann zunächst eingeschlagene Psychiatrie. Zuvor hatte er in Berlin, Marburg, München und Wien mit mehreren weiteren Auslandsaufenthalten[2] Medizin studiert.[3] Ein krankheitsbedingter Aufenthalt in Kairo[4] führte ihn über Wien schließlich zurück

1 Wenn auch eine echte Weiterbildungsordnung erst mit den sog. Bremer Richtlinien 1924 in Aussicht stand – in diesem Zuge wurden auch Facharztbezeichnungen erstmalig aufgezählt –, hatte die preußische Regierung doch bereits früher in die Regulierung des Ärztewesens eingegriffen, etwa mit der Einführung des Einheitsstands „prakt. Arzt" 1852 und der folgenden Organisation der wachsenden Zahl von Fach-Ärzten in Vereinen. Vgl. Sewering, H. J.: Von der „Bremer Richtlinie" zur Weiterbildungsordnung, in: Deutsches Ärzteblatt 84, H. 36 vom 03.09.1987, A-2299–A-2306; Hoppe, J.-D.: Die Weiterbildungsordnung. Von der Schilderordnung zum integralen Bestandteil der Bildung im Arztberuf, in: Deutsches Ärzteblatt 94, H. 39 vom 26.09.1997, A-2483–A-2491; Ratschko, K.-W.: Regionales Sprachrohr, in: Schleswig-Holsteinisches Ärzteblatt 11 (2016), S. 22–25.

2 Die Literatur ist sich nicht immer einig über die Studienorte; mglw. werden die Auslandsaufenthalte mit den späteren Forschungsreisen vermengt. Die obigen Angaben zu den Studienorten beziehen sich auf Pagel, J.: „Puschmann, Theodor", in: Biographisches Lexikon. Berlin/Wien 1901 (= 1901a), Sp. 1330–1332.

3 Biographisch vgl. Schmidt, G.: Theodor Puschmann und seine Verdienste um die Einrichtung des Faches Medizingeschichte an der Wiener Medizinischen Fakultät, in: Frewer (2001), S. 91–102; Katner, W.: Theodor Puschmann und die Puschmann-Stiftung für Geschichte der Medizin, in: Karl-Marx-Universität Leipzig 1409–1959. Beiträge zur Universitätsgeschichte. 1. Bd., Leipzig 1959, S. 527–538; Locher, W. G.: „Puschmann, Theodor", in: Neue Deutsche Biographie, Bd. 21 (2003), S. 13–14; Pagel, J.: „Theodor Puschmann †", in: Janus 4 (1899), S. 567–569; in letzterem findet sich ein ausführliches Werkverzeichnis. Vgl. außerdem die Kapitel zu Puschmann in Erna Leskys Monographie über die Wiener Medizinische Schule: Lesky, E.: Die Wiener Medizinische Schule im 19. Jahrhundert. Graz/Köln 1965; s.a. Jantsch, M.: „Puschmann Theodor", Medikohistoriker, in: Österreichisches Biographisches Lexikon 1815–1950 (Bd. 8), Wien 1983, S. 344.

4 Wiederum ist unklar, wann genau dieser Aufenthalt erfolgte. Gerabek (Enzyklopädie, S. 1204) lässt ihn dort „einige Jahre praktizieren." Am ehesten folgt man Lohölter, der den ägyptischen Aufenthalt einer Krankheit (mit Bluthusten) zuschreibt, die ihn zu dieser Reise veranlasst habe, und zwar im Jahr 1870, also vor seiner Münchner Zeit als Psychiater: Lohölter, R.: Der Historiker der ärztlichen Ausbildung. Zur Erinnerung an Theodor Puschmann (1844–1899), in: Mitteilungsblatt der Gesellschaft für Medizinische Ausbildung, Jg. 11/H. 1 (1994), S. 91–94: „Eine erneute Erkrankung [...] veranlaßte ihn, für ein Jahr nach Ägypten zu gehen. Aufgrund des deutsch-französischen Krieges kehrte er im August 1870 zurück und fand kurzzeitig als Assistenzarzt in einem Reservelazarett des zweiten deutschen Armeekorps in Nassau Verwendung, wo er alsbald erneut erkrankte." Nach dem Examen in München ging er dann nach Wien. Diese Darstellung sei dem Zeugnis Sudhoffs entlehnt, der in seiner Antrittsvorlesung am 14. Februar 1906 einen von Puschmann selbst geschriebenen und unterzeichneten Lebenslauf zur Verfügung gehabt habe, auf den er seine teils von Nekrologen abweichenden Angaben stütze: s. Sudhoff, K.: Theodor Puschmann und die Aufgaben der Geschichte der Medizin, in: Münchner Medizinische Wochenschrift 58 (1906), S. 1669–1673.

nach München, wo er 1872 den Arztberuf als Psychiater ausübte.[5] Die Psychiatrie als fachärztliche Tätigkeit war ein Novum zu seiner Zeit, ein Wagnis und keineswegs eine lang etablierte Spezialisierung. Was ihn von diesem Weg letztlich abbrachte, ist unklar; ein Hinweis mag aber seine Aufsehen erregende Studie zu Richard Wagner (1813–1883) gewesen sein,[6] die nicht gerade freundlich aufgenommen wurde.[7] In den folgenden Jahren widmete er sich dann der Herausgabe der Schriften des Alexander von Tralleis als seinem Habilitationsvorhaben. Seine Beweggründe dafür werden vor dem Hintergrund seines weiteren Lebenslaufs ersichtlich.

1871 heiratete er Maria Cäcilia Karoline Faelligen (1845–1901). Nach der Veröffentlichung des „Alexander" 1878 wurde ihm eine Privatdozentur in Leipzig angeboten, die er annahm. Die Vorlesungen, die er hielt, umfassten Geschichte der Medizin, medizinische Hodegetik – eine Art Medizindidaktik –, Geschichte der Epidemien und medizinische Statistik.[8] Nach nur einem Semester Lehrtätigkeit wurde er 1879 als einziger Wunschkandidat der Wiener medizinischen Fakultät als Extraordinarius dorthin gerufen.[9] Dort lehrte er für die kommenden bald zwanzig Jahre, wurde 1888 zum ordentlichen Professor und 1898 zum Dekan gewählt.[10] Seine Vorlesungen erfreuten sich großer Beliebtheit, er habe zeitweise zweihundert statt, wie zuvor manchmal, lediglich zwei Hörer im nicht verpflichtend zu belegenden Fach Medizingeschichte versammelt.[11] Nach längerer Krankheit und diversen Kuraufenthalten

---

5 In Wien hatte er bereits unter dem berühmtesten Neuroanatomen der Zeit, Theodor Meynert (1833–1892), eine psychiatrische Ausbildung begonnen; daher hatte er die Stadt bereits kennengelernt. Maßgeblichen Einfluss habe in München Bernhard Ritter von Gudden (1824–1886) auf ihn ausgeübt, der wegweisend bei der stationären Behandlung psychisch kranker Patienten wirkte; zu ihm vgl. z.B. Ganser, S.: „B. v. Gudden", in: Kirchhoff, Th. (Hrsg.): Deutsche Irrenärzte. Einzelbilder ihres Lebens und Wirkens. Bd. 2, Berlin 1924, S. 47.

6 Puschmann, Th.: Richard Wagner. Eine psychiatrische Studie. Berlin 1873.

7 S. Lohölter, S. 91: „In dieser Arbeit, die beträchtliches Aufsehen erregt und im Erscheinungsjahr drei Auflagen erreicht hat, versuchte der junge Spezialarzt für Psychiatrie nachzuweisen, daß Wagner ‚kein Genie, sondern ein Wahnsinniger sei' [...]. Seine Diagnose lautete: ‚Die Verstandstätigkeit Wagners ist nicht mehr eine normale, er leidet an Wahnideen, deren Folge einen deletären Einfluß ausgeübt hat' (Puschmann 1873 [...])." Die nicht eben positiven Reaktionen auf seine Schrift mögen dazu beigetragen haben, daß Puschmann sich von der Psychiatrie zurückzog."

8 S. VL-Verzeichnis in Leipzig unter https://histvv.uni-leipzig.de/dozenten/puschmann_t.html, zul. abg. am 02.11.2022.

9 Dieses Faktum berichtet Schmidt, in: Frewer (2001), S. 93 f. Über die Weiterbesetzung des Lehrstuhls in der Nachfolge des großen Franz Romeo Seligmann (1802–1892) an sich habe es keine Diskussion gegeben. Puschmann gereichte zum Vorteil, deutschsprachig dozieren zu können. Puschmanns Nachfolger wurde Max Neuburger (1868–1955).

10 Die Verzögerung der ordentlichen Ernennung und damit Aufnahme in die Fakultät habe mit Puschmanns mitunter kritischer Monographie über die Geschichte der Wiener Medizinischen Schule (s.u.) zu tun gehabt, s. Schmidt, in: Frewer (2001), S. 96 f.

11 Schmidt, in: Frewer (2001), S. 95, Anm. 21. Puschmann habe daraufhin auch eine Bezugserhöhung gewährt bekommen.

starb Puschmann schließlich 1899. Sein Testament war Anlass eines Rechtsstreits:[12] Nachdem Puschmann seine bereits 1897 geschiedene Frau „nicht zu einer entsprechenden Disposition zugunsten Wiens“ bewegen konnte, fiel Puschmanns Vermögen an „seine“ Universität in Wien, die mit dieser finanziellen Hilfe ein medizinhistorisches Museum einrichtete.[13] Das nicht unerhebliche Vermögen seiner Witwe hingegen fiel später gegen den Willen ihres ehemaligen Ehemannes und nach einem längeren Rechtsstreit Karoline Faelligens mit ihrer Familie an die Universität Leipzig, wo sie mit Puschmann „glückliche Jahre als Ehepaar“ verbracht hatte. Dieses Vermögen ist in der sog. Puschmann-Stiftung aufgegangen und ermöglichte 1906 außerdem die Gründung des ersten deutschsprachigen Instituts für Medizingeschichte.[14]

Puschmanns Tätigkeit als Medizinhistoriker erklärt sich somit nicht direkt aus seiner Vita. Immerhin war er Autodidakt der Philologie, Sprachen hatte er nicht studiert. Bereits zu Studienzeiten aber habe er bei Karl Bogislaus Reichert (1811–1883) die Bedeutung der Geschichte der Heilkunde verinnerlicht.[15] Auf seinen Studienreisen soll er vorrangig Bibliotheken besucht haben.[16] In München arbeitete er neben seiner psychiatrischen Tätigkeit in der an Handschriften reichen Hof- und Staatsbibliothek München.[17] Möglicherweise am einflussreichsten scheint aber das ‚Mentorentum‘ durch den etablierten und geschätzten Medizinhistoriker Heinrich Haeser (1811–1885).

Heinrich Haeser

Der Breslauer Medizinhistoriker war eine in der Medizingeschichte führende Gestalt in der Mitte des 19. Jahrhunderts.[18] Er griff tatkräftig in das deutsche Universitätswesen und -leben ein und wurde einer der am besten vernetzten Medizinhistoriker seiner Zeit.[19] Gerade während der wenig produktiven Jahre zwischen 1840 und ca. 1875 stechen Haesers Beiträge zur antiken Medizin hervor. Der Breslauer Medizinhistoriker hatte beispielsweise 1840 eine Rede über einen antiken Arzt mit dem Titel „De Sorano Ephesio ejusque περὶ γυναικείων παθῶν libro nuper reperto programma“

12 Vgl. dazu v.a. Riha, O.: Die Puschmann-Stiftung und die Diskussion zur Errichtung eines Ordinariats für Geschichte der Medizin an der Universität Leipzig, in: Frewer (2001), S. 127 ff., und Katner.

13 Locher (2003), S. 14.

14 Die Stiftung selbst fand ihr Ende im Rahmen der Nachkriegsinflation, vgl. Nutton (2004), S. 123.

15 S. Schmidt, in: Frewer (2001), S. 91. Reichert war ein Schüler von Johannes Müller (1801–1858), beides bedeutende Anatomen des 19. Jahrhunderts in Berlin.

16 Jantsch, S. 344.

17 Lohölter, S. 91.

18 Biographisch vgl. z.B. Buchheim, L: „Haeser, Heinrich“. in: Neue Deutsche Biographie, Bd. 7 (1966), S. 453.

19 Dies trifft gerade auf seine internationalen Beziehungen zu: Er war u.A. Ehrenmitglied der medizinisch-chirurgischen Gesellschaft zu Zürich und der „Louisiana-Society“ zu New-Orleans.

gehalten.[20] Sein Wirken richtete sich aber eher auf darstellende Übersichtswerke. Haesers „Hauptruhmestitel, zugleich das Werk seines Lebens, bleibt das dreibändige große ‚Lehrbuch der Geschichte der Medicin'",[21] das drei Auflagen und einen Nachdruck 1971 erfuhr. Es wird mitunter als „wichtigstes medizinhistorisches Werk des 19. Jahrhunderts" bezeichnet.[22] Nicht unerwähnt bleiben sollte sein christlicher Glaube, der ihn mit dem frommen W. A. Greenhill eng verband.[23] Er kannte die medizinische Literatur des Altertums und wusste um die brachliegenden antiken Autoren. Es ist wahrscheinlich, dass Haeser um die Situation der Texte Alexanders wusste und Puschmann dazu anregte, den Alexander-Text zu edieren.[24] Haeser erwies sich ebenso als Fürsprecher, als Puschmann beabsichtigte, sich in Leipzig als Privatdozent zu habilitieren.[25] Es sind allerdings keine Dokumente erhalten, die von einem Zustandekommen des Kontakts zwischen den beiden zeugen.

Dass die Wahl dabei gerade auf Alexander von Tralleis fiel, verwundert angesichts des Legitimationsprogramms, das Alexander seinerseits in den „Therapeutika" ausführt, nicht: Er habe sich auf die „Suche nach der Wahrheit" begeben. Die überlieferte Medizintradition der Autoritäten wurde bei ihm auch mit iatromagischen Praktiken aus gräko-ägyptischen Ritualen erstmals verbunden. Auf innovative Weise verschmolz er Rationalität mit tradierten Heilkonzepten.[26] Die Verbindung aus überlieferten und neuen Kenntnissen, gerade in Form eines zum Gebrauch gedachten

---

20 „Über Soranus von Ephesus und dessen unlängst wiedergefundenes Buch ‚Über die Frauenkrankheiten'", vgl. Gscheidlen, R.: Zum 50jährigen Doctor-Jubiläum des Herrn Geheimrath Prof. Dr. Haeser in Breslau, in: Breslauer Aerztliche Zeitschrift, 6. Jg (1884), Nr. 16 (23. August), S. 1.

21 So Pagel, J.: „Haeser, Heinrich", in: Allgemeine Deutsche Biographie, Bd. 50 (1905; = 1905a), S. 53–54. Gemeint ist das in drei Auflagen erschienene, voluminöse Werk, das als das umfassendste und beste Buch dieser Art seit Sprengel oder mindestens Hecker galt. Ein Auszug davon ist Haesers „Grundriß der Geschichte der Medicin", Jena 1884.

22 So Schneck, in: Frewer (2001), S. 53.

23 S. Korrespondenzen im Anhang, v.a. den Brief [1].

24 Vgl. auch Lohölter, S. 71: „Ab Anfang 1874 widmete er sich auf Anraten des Breslauer Medizinhistorikers Heinrich Haeser der Vorbereitung einer griechisch-deutschen Kommentarausgabe der Schriften des Alexander von Tralles, des großen lydischen Arztes aus dem sechsten Jahrhundert." Lt. Sudhoff habe ihm Haeser diese Aufgabe persönlich im Januar 1874 gestellt, s. Sudhoff, K.: Theodor Puschmann und die Aufgaben der Geschichte der Medizin, in: Münchner Medizinische Wochenschrift, 53. Jg, Nr. 34 1906, S. 1669–1673, hier S. 1670, 2. Sp. Es war dies Sudhoffs Antrittsvorlesung in Leipzig.

25 Brief an Adolf Winter vom 15.09.1876 (http://kalliope-verbund.info/DE-611-HS-3668904, zul. abg. am 02.11.2022). Johann Adolf Winter (1816–1901) war anerkannter Professor an der Leipziger medizinischen Fakultät und wurde dort Bibliothekar, s. Pagel, Biographisches Lexikon, Sp. 1856–1866. Zum Zeitpunkt des Briefwechsels, in dem Winter Puschmann die Voraussetzungen der Habilitation auf Weiterleitung Haesers mitteilt, ist Puschmann in München. Puschmann hatte sich aktiv an Haeser gewandt mit diesem Anliegen.

26 Vgl. Grimm-Stadelmann (2020), S. 196 ff., insb. S. 201 ff. zum Wahrheitsverständnis bei Alexander. Zu dessen Verwertung und Benutzung klinischer Erfahrung im Werk vgl. Bouras-Vallianatos, P.:

Werkes, schien nun – wie bei Alexander – die ideale Methode zu sein, Medizingeschichte zu betreiben und zu legitimieren. Zudem hatte sich die etablierte Schulmedizin zu Puschmanns Zeit intensiv mit neuen Heilkonzepten auseinanderzusetzen, die zumindest in den Augen der Schulmediziner ebenso charlatanesk erscheinen mussten wie magische Praktiken aus Altägypten: Homöopathie und andere sog. alternative Heilverfahren entstanden und stellten eindringlich erneut die sowohl theoretische als auch praktische relevante Frage nach einem leitenden Grundprinzip in der Medizin. Alexander von Tralleis konnte so als Brückenbauer zwischen zwei Epochen wie auch zwischen zwei Therapieansätzen – rationale ‚Schul'-Medizin *und* iatromagische Tradition – fungieren.[27] Die einem immensen Rechtfertigungsdruck ausgesetzte Medizingeschichte hatte in den 1870er Jahren damit geradezu *den* antiken Fürsprecher schlechthin gefunden. Haeser war nicht umsonst auf die Herausgabe gerade seiner Schriften bedacht.

Bei Puschmann treffen also viele für kaiserzeitliche Medizinhistoriker ‚typische' Konstellationen zusammen: Die Anregung durch einen ‚Mentor',[28] die private Hinwendung zur Medizingeschichte unter meist finanziell wenig lukrativen Verhältnissen – Puschmann arbeitete ab 1874 bis zu ihrer Veröffentlichung 1878 hauptsächlich an der Trallianus-Ausgabe –, die Abwendung von der praktischen Medizin. Hinzu kommt die Tatsache, dass Alexander von Tralleis eine hauptsächlich internistische Kompilation hinterließ, was Puschmanns Desinteresse an der Chirurgie sozusagen entgegenkam. Außerdem war eine Ausgabe desselben ein Desiderat der medizingeschichtlichen Forschung.[29] So bemerkt Puschmann selbst in seiner Besprechung der Schriften Alexanders im Band 1: „So hat denn [...] einer der vorzüglichsten ärztli-

Clinical experience in late antiquity: Alexander of Tralles and the therapy of epilepsy, in: Medical history, vol. 58, 3 (2014), p. 337–353.

27 Damit war auch Alexander von Tralleis sozusagen zu einem ‚antiken *hero*' geworden, wie auch Hippokrates (vgl. 2.2.3). Zur Geschichte der Homöopathie, gerade ihren Anfängen zur Zeit Haesers und Puschmanns, vgl. Dinges, M. (Hrsg.): Medizinkritische Bewegungen in Deutschen Reich (ca. 1870–ca. 1933). Stuttgart 1997; Jütte, R.: Geschichte der Alternativen Medizin. München 1996; v.a., mit Berücksichtigung auch der Heilhypnose, Psychotherapie und des Heilmagnetismus: Teichler, J.-U.: „Der Charlatan strebt nicht nach Wahrheit, er verlangt nur nach Geld". Zur Auseinandersetzung zwischen naturwissenschaftlicher Medizin und Laienmedizin im deutschen Kaiserreich am Beispiel von Hypnotismus und Heilmagnetismus. Stuttgart 2002. Für einen Überblick zum aktuellen Forschungsstand der verschiedenen alternativmedizinischen Fächer vgl. Eckart, W. U., Jütte, R.: Medizingeschichte. Eine Einführung. Köln/Weimar/Wien 2014², S. 333 ff.

28 Vgl. Bickel, in: Frewer (2001), S. 221.

29 Ein anonymer Autor schreibt im „Literarischen Centralblatt" Nr. 18 vom 04.05.1878, S. 611–612, dass es bei Alexander von Tralleis ein „von allen, die sich mit griechischer Medicin beschäftigen, lebhaft empfundenes Bedürfnis [nach] einer neuen Ausgabe" gebe.

chen Schriftsteller seit mehr als dreihundert Jahren keinen Herausgeber seiner Werke gefunden."[30]

Daraus folgt die Frage: Kehrt mit Puschmann nun ein Philologe wieder, der den alten Faden der kritischen Edition erneut aufgreift?[31] Schreibt er für ein medizinisches Publikum? Was hat sich seit den 1840er Jahren getan, was ihn zu der Hoffnung veranlasste, dass seine Arbeit nicht wieder in eine Sackgasse für die heimatlose Medizingeschichte führen würde? Was *ist* die Alexander-von-Tralleis-Ausgabe?

Puschmanns Verständnis von Medizingeschichte beinhaltet neben dem Anspruch, dass sie praktisch anwendbar sei, einige neuartige Aspekte. In seinen Ausführungen hierzu scheint es, als ob Puschmann die offenbar inzwischen schwierige Anschlussfähigkeit der Medizingeschichte an die praktizierte Medizin nicht immer wahrhaben wolle. Derlei Hinweise finden sich in diversen Reden, aber auch Schriften, die er vor der Alexander-Ausgabe verfasst hatte. Zunächst: Seine medizinische Promotion aus Marburg sowie die Wagner-Studie, von der bereits die Rede war, zeigen einen sprachgewandten Mediziner.[32] Aufschlussreich sind seine beiden Antrittsvorlesungen in Wien, einmal als Extraordinarius (1879), einmal zum Anlass seiner Erhebung zum Ordinarius (1888). Vor der gesamten Fakultät ging er am 27. Oktober 1879 in einer Art ‚Programmrede' zunächst lobend auf die Verdienste seines Vorgängers, Romeo Seligmann (1808–1892), ein.[33] Die folgende Rede ist eine einzige Rechtfertigung seiner Tätigkeit und der Existenzberechtigung eines Faches, die den Wiener Ohren wohlgefällig sein musste, hatte doch diese Alma mater als einzige in Europa einen Lehrstuhl über die vergangenen Jahrzehnte im Fach Medizingeschichte besetzt.[34] Die Argumente sind folgende: *(i)* Beschäftigung mit der Geschichte einer Wissenschaft ist bei anderen Disziplinen eine Selbstverständlichkeit. *(ii)* Eine jedwede wissenschaftliche Erkenntnis und deren Verständnis braucht ihre ‚genetische' Betrachtung. *(iii)* Zur Einschätzung des Aktuellen benötigt der Gelehrte geschichtliches Wissen. *(iv)* Die Geschichte lehrt Irrtümer und spart damit Zeit und Mühe. Insbesondere bei den Medizinern gelten außerdem folgende Punkte: *(v)* Die Geschichte der Medizin kann

30 Puschmann, Th.: Alexander von Tralles: Originaltext und Übersetzung nebst einer einleitenden Abhandlung: ein Beitrag zur Geschichte der Medicin. Wien 1878–1879, hier S. 101. Er nimmt Bezug auf das vorher erwähnte, nicht durchgeführte Projekt des Franzosen Charles Daremberg (s.u.) einer modernen Alexander-Ausgabe. S.a. das Vorwort von Puschmann (1878), S. VI: „Eine neue Ausgabe der Schriften des Alexander von Tralles stellt sich als ein von allen Seiten anerkanntes Bedürfniss dar."

31 Ist der Meinung Erna Leskys und Reinhard Lohölters zu folgen, wenn letzterer schreibt: „Es ist Lesky (1965) zuzustimmen, wenn sie Puschmanns Werke über Alexander von Tralleis als Musterbeispiele der seit Haeser auch in der deutschen medizinischen Historiographie sich durchsetzenden philologisch-kritischen Richtung charakterisiert."? S. Lohölter, S. 91, bzw. Lesky, S. 628.

32 Puschmann, Th.: Ueber die Therapie des Peritonitis. Marburg 1869.

33 Vgl. Puschmann, Th.: Die Geschichte der Medizin als akademischer Lehrgegenstand. Separat-Abdruck aus Nr. 44 und 45 (1879) der Wiener medizin. Blätter. Wien 1879 (= 1879b).

34 Puschmann (1879b), S. 2: „Man weiß in Wien schon seit sehr langer Zeit, wie nothwendig es ist, dass der Arzt die Geschichte seiner Wissenschaft kennt."

direkt den praktizierenden Arzt anleiten.[35] *(vi.1)* Die Geschichte der Medizin bewahrt der Heilkunde ihren universalen, universitären Charakter und *(vi.2)* vervollständigt die Allgemeinbildung. *(vii)* Die Geschichte der Medizin verleiht dem praktischen Arzt innere Aufrichtung und edle Menschlichkeit (S. 8). Und *(viii)* durch die Anknüpfung an die „allgemeine Culturgeschichte" erweitert sich die Geschichte der Heilkunde um die Geschichte des menschlichen Geists.[36]

Diese Thesen sprechen eine andere Sprache als die Aussagen der ‚Vorläufer'. Zwar bezieht sich die Argumentation auch auf Wissenschaft im Allgemeinen und trifft epistemiologische Aussagen *(i–ii)*. Bzgl. der Medizin im Besonderen gelte das ebenfalls *(v)*. Beide Fälle werden angewandt sowohl auf das Objekt, die Wissenschaft (*iii–iv* bzw. *vi.1*), als auch das ausführende Subjekt (*iii* bzw. *vi.2–vii*). Ein neuer Punkt, der aus dem Schema fällt, ist aber *(viii)*. Die Rede ist häufig von „allgemeiner Culturgeschichte", womit „die Zeit, der Ort, die Nation, die Religion, die politischen und intellektuellen Kämpfe und Sorgen" und deren verknüpfende Darlegung gemeint ist. Schon die Einleitung ist durchsetzt von dem „culturgeschichtlichen" Begriff.[37] Außerdem liest sich die geforderte Anwendung geschichtlicher Erkenntnis anders. Der Bezug auf neue Fächer wie z.B. die Geschichte der Pathologie – gemeint ist eine Art historische Epidemiologie – und die Geographie der Pathologie ist deutlich herausgestellt, hierin lägen Felder der Betätigung von ganz einsehbarem praktischen Nutzen in vielerlei Hinsicht (volkswirtschaftlich, hygienisch etc.). Wenig überzeugend ist die Idee, dass sich der Chirurg für Operationsmethoden aus antiken Ärztebüchern inspirieren lassen könnte. Man kann lesen, wie sich diese ‚neue' Utilitarisierung dem immensen Druck auf die Medizingeschichte erwehren musste.

Ähnliches findet man in Puschmanns ‚zweiter Antrittsvorlesung', gehalten am 23. September 1889 vor den Teilnehmern der 62. Versammlung deutscher Naturforscher und Ärzte in Heidelberg.[38] Dieselben Argumente finden sich in veränderter Form (*i*, *iv*, insb. *vi*), die drei Hauptpunkte sind: Förderung der Allgemeinbildung, Vermehrung fachmännischen Wissens, Veredelung und Erziehung des Charakters. Den größten Teil nehmen Beispiele ein, wo Entdeckungen als Wieder-Finden bereits gemachter Erkenntnis ausgeführt werden. Beispielsweise sei die Auskultation bereits von Hippokrates beschrieben worden, aber erst in neuerer Zeit wieder eingeführt worden; ebenso nennt er plastische Operationsmethoden, Lappenschnittführung bei Amputationen u.v.m. Daher also sei die Kenntnis der Geschichte der Medizin nütz-

35 Puschmann (1879b), S. 5: „Oder glauben Sie nicht, dass der Chirurg aus der Kenntniss der verschiedenen Operations-Methoden die Anregung zu neuen nützlichen Modificationen derselben schöpfen oder darin bei aussergewöhnlichen Fällen Rath und Hilfe suchen und finden wird?"

36 Später wird Sudhoff in seiner Antrittsvorlesung diese Argumente erneut aufgreifen und verschärfen: vgl. Sudhoff (1906).

37 Puschmann (1879b), S. 1, 2 u. 5–7.

38 Puschmann, Th.: Die Bedeutung der Geschichte für die Medicin und die Naturwissenschaften, in: Deutsche Medizinische Wochenschrift, Nr. 40. Leipzig–Berlin 1889, S. 817–820 (= 1889a).

lich und spare Zeit. Die philologische Arbeit wird eigens erwähnt, hier gebe es noch viel Arbeit zu tun, wobei viele Dokumente noch „unerschlossen in den Archiven der Bibliotheken" ruhen würden.[39] Der Abschnitt fällt aber sehr kurz aus: Zugeständnisse bei der Frage nach Nützlichkeit fließen ein.[40] Die Forderung nach medizingeschichtlicher Kenntnis erfährt ebenfalls einige Einschränkungen bzgl. des Personenkreises, von dem er solche verlangt. Leser medizinhistorischer Arbeiten müsse man suchen. Beachtenswert ist die Forderung nach deutschen Übersetzungen bei philologischen Ausgaben, da nur so die Lesbarkeit vonseiten der Ärzte gewährleistet werden könne. Die insgesamt zaghafteren Forderungen nach einer Dekade Lehrtätigkeit scheinen Ausdruck der Einsicht zu sein, dass die Medizingeschichte sich vergeblich an der Diskrepanz zwischen neu utilitarisiertem bzw. „culturgeschichtlichem" Anspruch und akademischer bzw. klinischer Wirklichkeit abarbeitete.

Das weitere publizistische Werk umfasst außerdem lokalhistorische Schriften u.a. über die Entwicklung der Wiener medizinischen Fakultät, die sehr positiv aufgenommen wurden.[41] Seine Forschungen zum medizinischen Unterricht schrieb er in einer Monographie nieder, die auch in englische Sprache übersetzt wurde.[42] Viele weitere kleine Schriften behandeln diverse medizinhistorische Themen. Emsig arbeitete er an einem „Handbuch der Geschichte der Medizin", das von seinem Nachfolger in Wien, Max Neuburger, schließlich posthum herausgegeben wurde.[43]

Puschmanns Arbeiten scheinen damit unabsichtlich anachronistisch. Ein neu eingefärbter Pragmatismus, der aus dem Sprengel'schen Ansatz (‚entzeitlichen') vergeblich zu schöpfen suchte, widersprach Puschmanns Methode im Eigentlichen (vgl. Arg. *ii*: aus historischem Wissen heute praktizieren, ‚einzeitlichen'). Anders gesagt: Man brauchte, anders als zu Beginn des Jahrhunderts, einfach nicht mehr auf die Schultern der Alten zu steigen, weil sich die moderne Medizin vermeintlich neue Standbeine geschaffen hatte.[44] Und weiterhin schlug der Anschluss an eine „culturgeschichtliche" Betrachtung, die Sprengel in anderer Weise kannte, ebenso fehl wie der

---

39 Puschmann (1889a), S. 819: „Neben der Lehrthätigkeit verlangt die Forschung ihr Recht. Hier erwartet den Historiker eine Fülle von Arbeit; denn die Documente, welche über die Geschichte der Heilkunde Aufschluss geben, sind bis jetzt nur erst zum Theil bekannt und verwerthet."

40 Puschmann (1889a), S. 819, Sp. 2: „Andererseits muss man aber zugestehen, dass jemand einen Magenkatarrh vortrefflich behandeln oder eine Wunde kunstgemäss zur Heilung bringen kann, ohne dass er weiss, wie Hippokrates und Galen dies gemacht haben. Für die Ausübung der Heilkunst sind die historischen Kenntnisse nicht geradezu unentbehrlich."

41 Puschmann, Th.: Die Medicin in Wien während der letzten hundert Jahre. Wien 1884.

42 Puschmann, Th.: Geschichte des Medicinschen Unterrichts: Von den ältesten Zeiten bis zur Gegenwart. Leipzig 1889 (= 1889b); bzw. Ders.: A History of Medical Education from The Most Remote to The Most Recent Times, ed. by Hare, E. H. London 1891.

43 Neuburger/Pagel.

44 Ob diese Aussage auch zutreffend ist, wird hier nicht verhandelt – es geht um das Selbstverständnis, mit dem Mediziner zur Zeit Puschmanns ihre Kunst betrieben. Und diese arbeiteten von Grund auf – methodisch – anders als Ärzte zur Zeit Sprengels.

Versuch, die Medizingeschichte als bleibendes Standbein der Kulturwissenschaft zu etablieren. Mit seiner Arbeit versuchte er demnach, sein ärztliches Publikum auf eine Weise zu gewinnen, die noch deutlicher als Jahrzehnte zuvor nicht rezeptionsfähig für einen Pragmatismus dieser Art war, d.h. gar nicht angenommen werden konnte. Die Verlegung auf charakterliche und kulturelle Vorteile erscheint dabei als ein wenig überzeugender Argumentationsversuch. Trotzdem erreichte die Alexander-Ausgabe, eine befördernde Wirkung auf die nachfolgende medizinhistorische Forschung auszuüben, nicht zuletzt ihrer Umsetzung und Entstehungsgeschichte wegen. Puschmann versuchte nämlich ein Band zwischen Philologen und Medizinhistorikern zu knüpfen, das zwar nicht sonderlich fest war, aber doch im Ansatz bestand.

Puschmann war gerade dreißig Jahre alt, als er sich dem Studium der Alexander-Texte gänzlich zuwandte, und vierunddreißig bei deren Veröffentlichung 1878. Diese war wohl nur verzögert in Gang gekommen: Gegenüber W. A. Greenhill kündigt er bereits 1876 ein Erscheinen im Herbst an,[45] mit dem Jahr 1877 hatte er das Vorwort gezeichnet. Das Werk erschien dann 1878–1879 in zwei Bänden: im ersten die Schrift „Über die Fieber" sowie das erste Buch, im zweiten die übrigen elf Bücher und der „Brief über die Eingeweidewürmer".[46] Des Weiteren veröffentlichte Puschmann 1886 einen Nachtrag mit lateinischen Fragmenten, die möglicherweise anderen Autoren zugehören, sowie einer bisher unveröffentlichten Abhandlung (s.u.).[47]

Die Edition ist mit dem Untertitel „Ein Beitrag zur Geschichte der Medicin" versehen, ein unüblicher Zusatz für eine vermeintliche Selbstverständlichkeit. Das anschließende „Motto" zitiert aus Hippokrates' „Über die Heilkunst", es lautet in deutscher Sprache:

> Ich sage nicht, dass es deswegen recht ist, die alte Kunst abzulehnen, als ob sie nicht sei und auch nicht gar schön gegründet sei, weil sie nicht in allem Genauigkeit hat, sondern vielmehr ist sie wegen ihrer Fähigkeit, durch Nachsinnen größte Exaktheit zu erlangen, anzunehmen und ihre Entdeckungen zu bewundern, die sie aus großer Unkenntnis gut und recht gefunden hat, und nicht durch Zufall.[48]

Abgesehen davon, dass Hippokrates-Zitate gern an solcher Stelle folgen, kombiniert Puschmann hier die geforderte Genauigkeit beim Arbeiten mit einer Rechtfertigung der antiken Heilkunst, die er freilich auch auf sich bezieht, und übernimmt Hippokrates damit als Garanten seiner Arbeit.

45 Vgl. Brief [3] vom 13.06.1876 im Appendix.

46 Puschmann, Th.: Alexander von Tralles: Originaltext und Übersetzung nebst einer einleitenden Abhandlung: ein Beitrag zur Geschichte der Medicin. 2 Bde., Wien 1878–1879.

47 Puschmann, Th.: Nachträge zu Alexander Trallianus: Fragmente aus Philumenus und Philagrius nebst einer bisher noch ungedruckten Abhandlung über Augenkrankheiten. Berlin 1886.

48 Puschmann (1878), S. II.

Die beiden *Widmungen* ergehen zum Einen an den erwähnten Heinrich Haeser in Breslau, der ihn zu dieser Arbeit angeregt habe. Diese Widmung interessiert insofern noch einmal in politischer Hinsicht, als nicht Haeser 1862 den seit 1850 vakanten Lehrstuhl für Geschichte der Medizin in Berlin erhalten hatte, sondern August Hirsch. Haeser wurde „beinahe gegen seinen Wunsch nach Breslau versetzt".[49] Puschmann, der in Berlin nie Fuß fasste, sondern sich dank Haeser in Leipzig habilitieren konnte, bricht damit auch eine Lanze zur Unterstützung seines Mentors. Zum Anderen wird Iwan von Müller (1830–1917), der bekannte Philologe aus Erlangen, bedacht. Dieser hatte durch sein „Handbuch der Altertumswissenschaft"[50] und seine neu versuchten kritischen Editionen der Schriften Galens Bekanntheit erlangt. Später sollte er intensiv am *Corpus Medicorum Graecorum* sowie am „Handbuch der Geschichte der Medizin" mitarbeiten, für das Puschmann ihn noch gewinnen konnte. Im „Literarischen Zentralblatt für Deutschland" hat er die Besprechung der Alexander-Ausgabe übernommen.[51] Müller hatte die nachträgliche und letzte Revision des Texts übernommen; wie viel korrigierende Arbeit dies letztlich umfasste, wird nicht ersichtlich.

Die Inanspruchnahme der Hilfe eines professionellen Philologen war Folge und Ausgangspunkt für ein neues Verhältnis der Medizingeschichte zur Philologie: Puschmann gestand zu, dass seine eigene philologische Bildung nicht mehr hinreichte für eine ganz und gar autarke Beschäftigung mit einem antiken Text. Die gymnasiale Vorbildung allein befähigten ihn zwar überhaupt erst zu der Unternehmung, doch zog er bei der Erstellung die Hilfe mehrerer Fachkollegen hinzu. Von da aus wurde dieses Verfahren Usus, dass Medizinhistoriker nicht ohne Zuhilfenahme von Philologen echte Textarbeit betrieben, bis hin zur gänzlichen Verlagerung dieser Aufgabe in deren Hände. Von weiteren Neuerungen, zu denen z.B. auch die Beigabe einer deutschen Übersetzung gehörte, zeugen die Vorworte der beiden Ausgaben.

Das *Vorwort* des ersten Bandes nun enthält Puschmanns wiederholt verwendete Argumente in knapper Form (*ii–iv*, s.o.). Ihm sind ein Abkürzungsverzeichnis der häufig benutzten Literatur und das Inhaltsverzeichnis hintangestellt. Zweimal wird betont, wie wichtig die „Feststellung der Actenstücke" ist. Seine Methode gibt er als die der philologischen Textkritik aus, indem er verschiedene Handschriften zur Textfeststellung konsultiert habe. Besonders wird die Abhandlung mit der Notwendigkeit der „culturhistorischen" Betrachtung gerechtfertigt. Die deutsche Übersetzung begründet er mit einem dadurch ermöglichten besseren Verständnis des Texts und

49 Vgl. Schneck, in: Frewer (2001), S. 52 f.

50 „[...] eines der großen Unternehmungen der klassischen Philologie des 19. Jh.", s. Gruber, J.: „Müller, Iwan von", in: Neue Deutsche Biographie, Bd. 18 (1997), S. 417.

51 S. Brief von Iwan von Müller an Friedrich Zarncke (1825–1891), den Herausgeber der Zeitschrift, vom 25.03.1878 (online einsehbar, s. Anhang). Ebenso besprach er den zweiten Band und die „Geschichte des medicinischen Unterrichts" (Briefe vom 20.07.1879 bzw. 27.05.1889, online einsehbar, s. Anhang).

dessen Inhalt.[52] Puschmann dankt außerdem Moritz Steinschneider (1816–1907), dem jüdischen Orientalisten und Übersetzer,[53] dem Puschmann „werthvolle Notizen aus der orientalischen Literatur" verdanke.[54] Auch „Prof. Greenhill in Hastings" wird bedacht, ebenso die Bibliotheksbeamten, die ihm einige Manuskripte haben zukommen lassen. Das Vorwort des zweiten Bandes enthält nicht viel Neues, es wird der „Nachtrag" angekündigt. Im Vorwort zu den „Nachträgen" wird noch einmal auf den Wert einer deutschen Übersetzung eingegangen: Damit würde „einerseits den Philologen das Verständniss der fachmännischen Erörterungen und technischen Ausdrücke erleichtert und andererseits den Medicinern das Studium der vorliegenden Schriften ermöglicht".[55] Die Beifügung einer deutschen Version war für medizinische Bücher üblich, philologisch aber keinesfalls notwendig. Die Abhandlung über die Augenkrankheiten sei ein „Beitrag zur Geschichte der Wissenschaften und besonders der Medicin". Auch das ist eine Veränderung zum Vorwerk: Puschmann beschränkt den Anspruch der Medizingeschichte nicht auf die Geschichte der Medizin, sondern weitet diese im Lauf seines Schaffens ‚kulturhistorisch' aus. Ein entsprechend lautender Untertitel wie bei den ersten beiden Bänden fehlt. Seine Schüler werden die Medizingeschichte mit der Kulturhistorie, ja einer Geschichte des menschlichen Geistes schlechthin gleichsetzen.[56] Der Dank ergeht hier wieder an Iwan von Müller und dessen Schüler, den Philologen Georg Helmreich (1849–1921).[57] Das Register soll Anschluss an „andere literarische Documente"[58] geben.

Die vielen Kollegen aus verschiedenen altertumswissenschaftlichen Fachbereichen, die deutsche Übersetzung, der kulturgeschichtliche Wert seiner Edition – allesamt sind sie neue Töne bei der Erstellung solcher Ausgaben. Puschmann wusste, dass das Unterfangen mit der Qualität der philologischen Bearbeitung stand oder fiel. Ihm war daher ein penibler Umgang mit den Quellen ein echtes Anliegen, auch wenn die Leserschaft – ärztliche Kollegen – kaum zu schätzen wussten, warum Puschmann den Aufwand betrieb. Diese Tatsache wurde auch dem Bearbeiter selbst schnell offenbar. Besonders die Hinführung zu den „Nachträgen" verraten Puschmanns Zugeständnis an diese veränderte Realität. Außerdem werden hier seine Arbeitsweise und -verständnis deutlicher erkenntlich.

---

52 Puschmann (1878), S. VII.

53 Steinschneider war einer der bedeutendsten jüdischen Gelehrten des 19. Jahrhunderts, s. Pelger, G.: „Steinschneider, Moritz", in: Neue Deutsche Biographie 25 (2013), S. 227–228.

54 Puschmann (1878), S. VIII.

55 Puschmann (1886), S. VI.

56 Vgl. dazu den Artikel von Schmiedebach, in: Huisman (2004), bes. S. 83 ff. S. primär Pagel (1905). Die philologische Methode wurde v.a. von Neuburger abgelehnt und von der Medizingeschichte abgeschieden, s. 3.4.2.

57 Helmreich, ein klassischer Philologe und Medizinhistoriker, bemühte sich zeitlebens v.a um eine Verbesserung der Galen-Texte.

58 Puschmann (1886), S. VI.

Die Schriften der Ärzte Philumenos und Philagrios,[59], die verloren sind, wurden bald mit Alexanders Texten verbunden und früh ins Lateinische übersetzt. Aus der Trallianus-Ausgabe, so schreibt Puschmann, habe sich ergeben, dass es Fragmente der beiden gibt, die in den lateinischen Fassungen Alexanders enthalten sind, nicht aber in den griechischen Ausgaben.[60] Die griechische Übersetzung habe der Herausgeber Johann Winter von Andernach[61] selbst in seiner griechisch-lateinischen Ausgabe von 1556 angefertigt. Andernach habe den griechischen Text um die nur lateinisch erhaltenen Fragmente ergänzt, um eine brauchbare und vollständige Gesamtausgabe für den damaligen Arzt herausgeben zu können. Puschmann erläutert dieses ungewöhnliche Vorgehen Andernachs und schreibt schließlich:

> Zu jener Zeit verfolgte man bei der Herausgabe der Schriften der Alten einen anderen Zweck als heut. Es waren dabei nicht die philologischen oder historischen Interessen massgebend, sondern man wollte das dort niedergelegte reale Wissen dem gebildeten Publikum zugänglich machen, damit es im praktischen Leben verwerthet werde.[62]

Dieses Eingeständnis, dass zur Zeit Puschmanns solche Editionen nicht mehr für den medizinischen Gebrauch gemacht wurden, reicht freilich nicht aus, um ihm die Abfassung für ein medizinisches Publikum ganz abzusprechen. Doch immerhin reflektiert er hier, was *de facto* schon längst der Fall war: Sein Publikum würde den Alexander-Text nicht mehr praktisch verwerten können.

---

59 Zu Philumenos vgl. u.a. Wellmann, M.: Philumenos, in: Hermes, Bd. 43, Nr. 3 (1908), S. 373–404, und Jacques, J.-M.: „Philoumenos of Alexandria", in: Keyser, P. T., Irby-Massie, G. L. (Hrsg.): The encyclopedia of ancient natural scientists. London/New York 2008, S. 661 f.; zu Philagrios vgl. Langslow, S. 72, und Scarborough, J.: „Philagrios of Epeiros", in: Keyser/Irby-Massie, S. 643 f.

60 Vgl. hierzu Langslow.

61 Johann Winter von Andernach (1505–1574), lat. Ioannes Guintherius Andernacus, ist für die gesamte Rezeptionsgeschichte von (antiken) Ärzteschriften von enormer Bedeutung. Dank seiner Ausgaben wurden viele Quellen erstmalig erschlossen und zugänglich gemacht, ähnlich wie beim bereits erwähnten J. A. Fabricius. Biographisch vgl. Haberling, W.: „Guenther, Johann G. von Andernach", in: Biographisches Lexikon. Bd. 2, Berlin 1930², S. 160–162; und Schäfer, K. (hrsg.).: Johann Winter aus Andernach (Ioannes Guinterius Andernacus) 1505–1574. Ein Humanist und Mediziner des 16. Jahrhunderts (= Andernacher Beiträge 6). Andernach 1989. Für seine editorische Tätigkeit s. Turner, É.: Jean Guinther d'Andernach (1505 à 1574) son nom, son âge, le temps de ses études à Paris, ces titres, ses ouvrages, in: Gazette hebdomadaire de médecine et de chirurgie. 2. Serie, Bd. 18 (1881), S. 425–534. Anlässlich der 500-jährigen Jubilarien erschienen einige Beiträge aus seiner Geburtsstadt, z.B. Mielke, H.-P.: Dr. med. Johannes Winter von Andernach, sein religiöser Wandel und die kritische Medizin seiner Zeit. Vortrag zur 500. Wiederkehr seines Geburtsjahres am 16. September 2005, in: Andernacher Annalen 8 (2009/2010), S. 59–70. Auch das Johann-Winter-Museum Andernach eröffnete kurz vor seinem 500. Geburtstag (1992) und stellt diverse Objekte zur Medizin- und Krankenpflegegeschichte aus. Für einen Einblick s. den Photorundgang auf der Website unter http://www.heilkunde-museum.de/index.html, zul. abg. am 02.11.2022.

62 Puschmann (1886), S. 10.

An dieser Stelle kann freilich nicht weiter auf die Diskussion um die Überlieferungsgeschichte dieser antiken Ärzte eingegangen werden. Herauszuheben ist jedoch Puschmanns Editionsintention, wenn er sprachliche und stilistische Vergleiche anstellt, mögliche Abstammungsverhältnisse erläutert und verwirft sowie eine zeitliche Einordnung der verlorenen Schriften bzw. der ersten lateinischen Übersetzung wagt. Puschmann versuchte durch die Eigenkollation dreier Handschriften, die lateinischen Übersetzungen mit den Philumenos-/Philagrios-Fragmenten wiederherzustellen.[63] Er intendierte damit ernsthaft, Wege der Textkritik zu gehen, wenn er auch teils irrte.[64]

Die Ausgaben Puschmanns, so kann man indessen festhalten, verbinden philologischen Anspruch mit medizinischem Zielpublikum zur praktischen Anwendung – eine zu seiner Zeit ganz und gar fehlgehende Kombination. Er konnte damit auch keinem der beiden angestrebten Ziele ganz gerecht werden. Einerseits versuchte er vergeblich, seine medizinische Leserschaft durch die deutsche Übersetzung und inhaltliche Anknüpfungen in den Kommentaren (s.u.) anzusprechen. Und andererseits konnte man seine philologische Arbeitsleistung trotz professioneller Supervision kritisieren: Bei der Alexander von Tralleis zugesprochenen Schrift „De oculis“ z.B. ließ Puschmann die Frage nach der Verfasserschaft schlicht offen.[65] Die Editionsmethodik steht zudem nicht auf der Höhe seiner Zeit, andernorts wurde professionellere Philologie betrieben. Dieses Zwischenfazit bestätigt sich dann auch in der Umsetzung der Alexander-Ausgabe von 1878/1879. Vor allem mit der einleitenden Abhandlung sowie der Editionsmethodik, die sich an der Übersetzung zeigt, versuchte er, den verschiedenartigen Anforderungen nachzukommen.

Im ersten Band nämlich schickt Puschmann dem griechisch-deutschen Text eine sehr ausführliche einleitende *Abhandlung* (ca. 280 Seiten) mit historischer Hinführung zu Alexander von Tralleis, seiner Biographie, Datierungsversuch, einer Betrachtung seiner Schriften und inhaltlichen Besprechung der einzelnen Fachbereiche in Alexanders Werks voraus. Der erste Teil, eine medizingeschichtliche Hinführung über die ersten 75 Seiten, liest sich wie eine Art medizinisches Lesebuch. Sie ist wiederum durchsetzt mit dem Gedanken der „Culturgeschichte“: Die Darstellung der „Culturepoche“, des „Culturlebens“ nimmt großen Raum ein, sodass es sich weniger um eine

63 Der von ihm erwähnte Codex aus Monte Cassino („Nr. 97“) ist beschrieben in (Mehrere Hrsg.): Bibliotheca casinensis; seu: Codicum manuscriptorum qui in tabulario casinensi asservantur series per paginas singillatim enucleata. Bd. 2 (1875), S. 365 ff.

64 Wellmann bemerkt, dass Puschmann bei der Einordnung des Philumenos falsch urteilte, s. Wellmann, M.: Philumeni De venenatis animalibus eorumque remediis, edidit M. Wellmann (= CMG X 1, 1). Leipzig und Berlin 1908, s. S. V, Anm. 2: „Non recte de Philumeno iudicavit Th. Puschmann [...].“

65 Kürzlich wurde das Problem durch die Verwendung des Autorennamens „Pseudo-Alexander Trallianus“ gelöst, da eine eindeutige Zuordnung nicht möglich war. Zur Problematik des Texts über die Augenkrankheiten und für die aktuellste Edition vgl. Zipser, B.: Pseudo-Alexander Trallianus de oculis, Einleitung, Text, Übersetzung und Kommentar. Diss. Heidelberg 2003.

medizinische, sondern eher eine kulturhistorische Abhandlung über die Geschichte der antiken Medizin handelt. Das verwendete Vokabular und die Betonung der kulturgeschichtlichen Dimension der Medizingeschichte legt die Vermutung nahe, dass Puschmann hier – wie viele andere Autoren nach ihm auch – an den um Karl Lamprecht (1856–1915) entflammten sog. Methodenstreit der Geschichtswissenschaft anknüpfte.[66] Diese geistesgeschichtliche Einordnung verbindet Puschmann mit der Darlegung seiner eigenen Untersuchung der *Rezensio* und *Rezeptio* der Alexander-Texte: Es soll nach den Einfüssen gesucht werden, die „die Elemente dieser [d.h. der spätantiken] Cultur auf die geistige Entwicklung des Arztes Alexander aus Tralles ausgeübt haben".[67] Der zweite Teil der Einführung[68] besteht aus Kommentaren zu den einzelnen Büchern, worin allermeistens das Alexander verfügbare Wissen aufgeführt wird (Hippokrates, Galen etc.), um dessen Angaben zu verifizieren oder zu widerlegen. Es sind dies aber mithin leichtfertige, nüchterne, wenig elegante Besprechungen von dessen medizinischer Lehre ohne jegliche Bezüge zur aktuellen Medizin. Wenn Puschmann die Eigenleistung Alexanders abschätzt, hält er sich mit eigenen Urteilen zurück. Es fehlt die angekündigte Herausstellung der Verdienste Alexanders. In dem von Absätzen zersetzten Text benutzt Puschmann manchmal moderne Klassifikationen, Unterscheidungen oder Bezeichnungen, so z.B. beim Fieber (z.B. septisches Fieber[69]). Die Verwendung fachgerechter Sprache („Ulcera", „Präcordialangst"[70]) und voraussetzungsvolle Inhaltsbeschreibungen machen jedenfalls deutlich, dass Puschmann hier als Arzt schreibt.

66 Dieser wurde im Zusammenhang mit Leopold von Rankes (1795–1886) Thesen ausgefochten; es ging um die rechte Methode bei der Historiographie: ist sie genetisch oder deskriptiv aufzufassen? An den heftigen Diskussionen nahmen namhafte Geisteswissenschaftler teil, u.A. auch Max Weber (1864–1920) und Lamprechts ‚Widersacher' Georg von Below (1858–1927). Vgl. hierzu Schrank, B.: ‚... wie es eigentlich geworden ist'. Karl Lamprecht und seine Deutsche Geschichte von 1891 bis 1909 vor dem Hintergrund des Methodenstreits 1891–1898/99. Graz 2017. Gerade in den 1990er Jahren wurde dieser Streit erneut Gegenstand wissenschaftlicher Bearbeitung, so z.B. Lutz, R.: Historikerkontroversen im Spannungsfeld zwischen Berufshabitus, Fächerkonkurrenz und sozialen Deutungsmustern. Lamprecht-Streit und französischer Methodenstreit der Jahrhundertwende in vergleichender Perspektive, in: Historische Zeitschrift. 251/1 (1990), S. 325–364.

67 Puschmann (1878), S. 82. Gleiches gilt im Nachgang, wie sich Alexanders Schriften im weiteren Verlauf ausgewirkt haben (Rezeptionsgeschichte). Dazu beschreibt Puschmann auch dessen Einfluss auf die byzantinische medizinische Literatur, z.B. auf Johannes Aktouarios und Nikolaos Myrepsos. Zu letzterem s. aktuell Valiakos, I.: Das Dynameron des Nikolaos Myrepsos: Erstedition, in: Propylaeum, Heidelberg 2019.

68 Puschmann (1878), S. 108 ff.

69 Puschmann (1878), S. 122.

70 Puschmann (1878), S. 190 f.

Puschmanns intendierte mit der Alexander-Ausgabe, eine Art Traditionalismus wiederzubeleben, und kleidete diese Absicht in ein philologisches Gewand. Dies suchte er mit der Betonung des Gedankens der „Culturgeschichte“ zu bewältigen. Es sollte veranschaulicht werden, wie eine Verankerung der Medizin in der Tradition *trotz* der naturwissenschaftlichen Paradigmata als Fortschrittserweis gelten konnte. Ein kontinuierlicher Überlieferungsstrang bis zu Puschmann sollte eine nahtlose Anknüpfung an die Schulmedizin der antiken Ärzte stilisieren, ja gerade die Verbindung der ‚alten‘ mit der ‚neuen‘ Schulmedizin erst herstellen – und dazu zog Puschmann philologische Mittel als Erweis seiner Vermittlungsfähigkeit heran. Dieser unzeitgemäße Versuch musste mindestens an seiner inneren Spannung scheitern, wenn nicht bereits die Umsetzung mit einigen Schwierigkeiten belastet war. Die Übersetzung von Félix Brunet (1872–1958, s.u.) hingegen, so viel sei vorab gesagt, vermied diesen Konflikt: Sie galt zwar ebenfalls dessen Kollegen, umging aber etliche Fragen, die Puschmann um seiner Redlichkeit als Altertumswissenschaftler willen noch stellte. Der aktuellen Anbindung wird Brunet deutlich mehr Gewicht verliehen und philologische Detailfragen mithin auslassen. Damit befreite er sich von jeglichem Traditions*anschluss* zugunsten einer geradeheraus modernen Übersetzung.

Entscheidend für eine Einschätzung der *Qualität* der Puschmann-Fassung des Alexander von Tralleis ist nun die Untersuchung seines Umgangs mit den verfügbaren *Quellen*. Zunächst: Puschmann hat, im Gegensatz zu Julius Berendes, Francis Adams (s. je unten) u.A., mit den Handschriften gearbeitet; er versuchte, auf ihrer Grundlage, und nicht etwa anhand verfügbarer Fassungen, einen Text herzustellen. Puschmann wusste um Editionsversuche seiner Vorgänger. Besonders seine Bemerkungen zu einer englischen Edition von Edward Milwards (1712?–1757)[71] sind aufschlussreich: Hier fragt Puschmann indirekt nach Hinweisen zu den Notizen des Medizin-Professors Jakob Christmann (1554–1613), auf die Milwards sich bei seiner geplanten, aber nicht durchgeführten Textausgabe stützen wollte.[72] Auch die Pläne von Charles Daremberg (s.u.), der eine Alexander-Ausgabe vorbereitete, wegen seines frühen Todes aber nie durchführte,[73] waren Puschmann geläufig. Sein Vorgehen war hingegen, von den ihm zur Verfügung stehenden Handschriften auszugehen.

In der Besprechung geht er dann auch zuerst auf die einzelnen verfügbaren Handschriften ein, deren Zahl und Beziehung zueinander bei ihm vergleichsweise überschaubar scheint. Er schätzt deren Qualität ein und setzt sie in Beziehung zueinander. Alle genannten Handschriften werden in der Edition benutzt außer zweien

71 Milwards, E.: Trallianus Reviviscens: Or, an Account of Alexander Trallian, One of the Greek Writers That Flourished After Galen. London 1734.

72 S. Puschmann (1878), S. 100: „Vielleicht ruhen die Vorarbeiten zu der projicirten Ausgabe in einer der an handschriftlichem Material reichen Bibliotheken Englands?“

73 Puschmann (1878), S. 101.

aus Rom[74] und einer aus Middlehill, nach der er Greenhill befragt hatte.[75] Puschmann erstellte damit auf wahrscheinlich autoptischer Kollationsbasis einen griechischen Text, der bis heute nicht erneuert wurde. Später wurde aber auch auf die Schwachstellen hingewiesen: Die Puschmann'sche Rezensio folgt den verfügbaren Handschriften, ohne jedoch deren Beziehung untereinander definitiv zu analysieren. Die getroffene Auswahl zielt zwar auf philologische Genauigkeit, lässt aber semantische sowie stemmatische Gesichtspunkte außer Acht:[76] Es fehlen graphisch dargestellte Angaben zu Interpolation und Abstammungsverhältnissen; zudem ist die Handschriften-Auswahl nicht vollständig.[77] Die Aufarbeitung der lateinischen Versionen und deren Verhältnis zu den griechischen Textzeugen könnte genauer sein,[78] gleiches gilt von den arabischen, hebräischen und syrischen Fassungen.[79] Die später angeschlossenen Besprechung der der Authentizität der Schriften und deren ursprünglicher Anordnung haben gezeigt, dass Puschmann nicht letztgültige Worte auf diesen Gebieten gesprochen hatte.[80]

Bis hierher hat Puschmann eine Edition vorbereitet, die von philologischem Standpunkt Einiges brach liegen ließ; dem medizinischen Kollegen aber, für die er

---

74 Gemeint sind https://pinakes.irht.cnrs.fr/notices/cote/65330/ (Puschmann nennt diesen nach dem ursprünglichen Besitzer, dem Herzog J. A. von Altemps) und https://pinakes.irht.cnrs.fr/notices/cote/56265/ (beide zul. abg. am 02.11.2022), den Puschmann aus der „Biblioteca Vallicelliana di S. Filippo Neri" stammend nennt, s. jeweils Puschmann (1878), S. 89.

75 S. Brief [3] im Appendix. Die Hds. aus der Sammlung Meerman/Philipps (Kennz. Philipps 1535) befindet sich inzwischen in Berlin, s. https://pinakes.irht.cnrs.fr/notices/cote/9436/, zul. abg. am 02.11.2022; vgl. Touwaide, A.: A census of Greek medical manuscripts: from Byzantium to the Renaissance. London/New York 2016, S. 30: Codex [0131] 1535 (ol. Meerm. 229); bzw. Ders.: Medical Manuscripts – Diels' Catalogue. Tome 5: The Manuscripts and their Texts. Berlin/Boston 2020, S. 29.

76 Für eine ungleich genauere Einschätzung und die Überlieferungsgeschichte des Hauptwerks Alexanders vgl. Zipser, B.: Die Therapeutica des Alexander Trallianus: Ein medizinisches Handbuch und seine Überlieferung, in: Piccione, R.-M., Perkams, M. (Hrsg.): Selecta Colligere, II. Beiträge zur Methodik des Sammelns von Texten in der Spätantike und in Byzanz (Collana Hellenika). Alexandria 2005, S. 211–234.

77 Eine Auflistung der von ihm benutzten Hdss. gibt Puschmann auf S. 87 ff., die aber bei Weitem nicht vollständig ist, vgl. Diels, H.: Die Handschriften der antiken Ärzte. II. Teil: Die übrigen griechischen Ärzte außer Hippokrates und Galenos, in: Abhandlungen der Königl. Preuß. Akademie der Wissenschaften 1906, phil.-hist. Kl. 1. Berlin 1906, S. 11 f.

78 Vgl. Langslow.

79 Puschmann (1878), S. 97 ff. Bei den arabischen Editionen sind die Hinweise von Steinschneider eingearbeitet. Teils werden einzelne Schriften genauer begutachtet, so der „Brief über die Eingeweidewürmer" mit Verweisen auf Ideler und Fabricius.

80 Dazu s. die beiden Beiträge von Zipser (2003 bzw. 2005) und Langslow. Das erste Buch „Über die Fieber" hat Puschmann eigenmächtig allen anderen vorangestellt. Die von ihm angeführten Beweggründe dafür liegen in der inneren Logik der Schriften zueinander, im Stil und in der Biographie Alexanders – er habe die Bücher am Ende seines Praktikerlebens niedergeschrieben aus seinen Notizen, vgl. Puschmann (1878), S. 104. Hier klingen auch schon erste Bemerkungen über die Fragmente der Ärzte Philumenos und Philagrios an, die im Nachtrag (1886) dann geliefert werden.

sie verfasste, half sie, wie gesagt, auch nicht sonderlich weiter. Puschmanns eigene Ansprüche scheinen nicht einlösbar. Puschmann steht damit im Widerspruch zu seiner Zeit, die den Ursachen als dem Wesen der Krankheiten nachging. Dieser grundlegende Unterschied ist Puschmann durchaus bewusst.[81] Dennoch führt er den byzantinischen Arzt als Anknüpfungspunkt einer schulmedizinischen Tradition an (s.o.). Wie schlägt sich ein solch zwiespältiges Verhältnis nun in der konkreten Umsetzung der Übersetzung nieder?

Zunächst sollte eine ansprechende Gestaltung den Leser binden. In der *Umsetzung* bestätigt sich der Eindruck eines ‚medizingeschichtlichen Lesebuchs', wie man sagen könnte: Die Texte sind einander gegenübergestellt (deutsch links, griechisch rechts), das Format ist großzügig. Das Schriftbild ist sehr gut leserlich, auch im Fußnotenapparat. Die umfangreichen Bände von je 640 Seiten enthalten in der Kopfzeile den deutschen bzw. griechischen Abschnittstitel und die Seitenzahl zur Übersicht, die Fußzeile bleibt leer. Im Kommentar an der unteren Seitenhälfte finden sich auf griechischer Seite die Lesarten. Ähnlich wie bei einer modernen kritischen Edition sind die Handschriften abgekürzt hinter den Varianten angegeben. Allerdings birgt der griechische Text ein großes Defizit: Die variierenden Lesarten werden mit Fußnoten versehen und damit auf den unterstehenden Apparat verwiesen. Die vielen Fußnoten, die im Fließtext so nötig werden, machen den griechischen Text sehr stockend. Es erscheint fragwürdig, wie zu dieser Zeit eine textkritische Edition so ausgeführt werden konnte.[82] Der „Cod. Parisin. gr. 2201"[83] erscheint dabei als Puschmanns Hauptgrundlage, von der aus er eine allgemeine Lesart („Vulgata") ableitet. Er entscheidet sich damit gegen einen textkritischen, kommentierenden Apparat, der außerhalb vom Haupttext alle Lesarten auflistet, sondern bevorzugt einen ‚positiven

81 „Alexander war vor allen Dingen Praktiker; er suchte den Zweck der medicinischen Wissenschaft nicht in dem Bestreben, das Wesen der Krankheiten zu ergründen, sondern in der Möglichkeit, dieselben zu heilen.", s. Puschmann (1878), S. 285. Alexander wurde aufgrund dieses „therapeutischen Eklektizismus" vor allem der Einsatz magischer Mittel vorgeworfen, wenn er an mancher Stelle Amulette zur Therapie verwendet. Der Vorwurf verliert seinen Gehalt, wenn man bedenkt, das es nicht die Intention der antiken Autoren war, das „Wesen der Krankheiten" zu ergründen, dafür waren die Vorgaben der Humoralpathologie bindend. Vgl. dazu auch Grimm-Stadelmann, I.: Heilung im Kontext von Regeneration und Sympathielehre: Zur Rezeption ägyptischer Motive in der byzantinischen medizinischen Gebrauchsliteratur, in: Medicina nei Secoli. Arte e Scienza, 31/3 (2019), S. 485–522.

82 Die Machart dieser kritischen Notation sei, dem freundlichen Hinweis von Prof. E. Lamberz folgend, ähnlich der in den „Monumenta Germaniae Historica", einem 1819 (!) gegründeten umfangreichen Sammel- und Editionsprojekt zu Dokumenten des deutschen Mittelalters. Ein Abgleich bestätigte diese Parallele. Ob und inwieweit Puschmann dahergehend beeinflusst war, bleibt offen. Zur „MGH" und deren Editionsmethodik vgl. (Mehrere Hrsg.): Mittelalterliche Textüberlieferungen und ihre kritische Aufarbeitung: Beiträge der Monumenta Germaniae Historica zum 31. Deutschen Historikertag. München 1976.

83 https://pinakes.irht.cnrs.fr/notices/cote/51830/, zul. abg. am 02.11.2022.

Apparat'.[84] Der deutsche Fußnoten-Kommentar wird für die Einschaltung von Parallelstellen bei anderen Autoren sowie inhaltlichen Erklärungen genutzt. Inhaltlich wird der Text durch die Beigabe der Varianten nicht unbedingt medizinisch verständlicher oder relevanter (s. Abschnitt 5).

Der Übersetzung hintangestellt hält Band 2 ein lateinisches Verzeichnis der Eigennamen und ein griechisches „Register der zu therapeutischen Zwecken verwendeten Substanzen" bereit. Die Auflistung eines Verzeichnisses ist stets ein Desiderat medizingeschichtlicher Arbeiten, weil so intertextuelle Bezüge und inhaltliche Abgleiche erheblich erleichtert werden. Solche Glossare waren daher oft Teil medizinischer Werke.[85] Indem Puschmann ein solches beigibt, betont er die Praktikabilität seines Werks (Möglichkeit des Nachschlagens), ‚aktualisiert' das darin enthaltene Wissen (moderne Benennungen) und beweist den professionellen Anspruch. Sein Register enthält immer erst ein griechisches Schlagwort, dann die deutsche Entsprechung, falls vorhanden, sodann – sofern es sich um Pflanzen handelt – den lateinischen botanischen Namen nach Linné („L."). Es werden nicht nur Pflanzen und Kräuter, sondern auch therapeutisch genutzte Tiere und damit die gesamte *Materia medica* (s.u.) aufgeführt; ebenso wie andere Heilmittel, z.B. Galens Pflaster (Γαλήνειον τὸ φάρμακον[86]). Puschmann erstellte ebenso ein solches Register für die „Nachträge", er wusste um die Bedeutung solcher Register, für die er gelobt wurde.[87] Es fehlt allerdings die Auflistung inhaltlicher Schlagworte: diagnostische, pathologische, ätiologische, symptomatische Begriffe werden nicht verzeichnet. Die Beigabe einer solchen Auflistung war den ‚Vorläufern' noch selbstverständlich.

Die Umsetzung macht, zusammenfassend, die vielen philologisch wohlintendierten Absichten deutlich, die aber teils unvollständig bleiben. An der Tatsache aller-

84 Ein solcher positiver Apparat enthält im griechischen Text die ausführlichsten Varianten; ihm ‚fehlt' jedenfalls nichts.

85 Mitunter waren Glossare gar eigenständig im Umlauf als Bestandteil medizinischer *Corpora*, vgl. dazu Bouras-Vallianatos, P.: Enrichment of the Medical Vocabulary in the Greek-Speaking Medieval Communities of Southern Italy: The Lexica of Plant Names, in: Pitarakis, B., Tanman, G.: Life is short, Art long. The Art of Healing in Byzantium. New perspectives. Istanbul 2018; zu mittelalterlichen lateinischen Glossaren s. bei einer kritischen Edition eines solchen von García González, A.: Alphita. Florenz 2007, S. 8–21.

86 Puschmann (1879), S. 604.

87 Seligmann, F. R.: Geschichte der Medicin und der Krankheiten, in: Virchow, R., Hirsch, A. (Hrsg.): Jahresbericht über die Leistungen und Fortschritte in der gesammten Medicin, Bd. 14 (1879), S. 377. Ders. außerdem in Bd. 13 (1878), S. 353 f. für den ersten Band. Seligmann lobt v.a. die Darstellung in der Abhandlung, die Übersetzung (sie sei klar, trefflich). „Verdienstvollster Teil der Arbeit P.'s" sei allerdings die „Beschreibung Alexanders und die Methode seiner Behandlung in steter Beziehung zur gesammten betreffenden Literatur der griechischen und römischen Autoren [...]". Dass Puschmanns Vorgänger Seligmann solche, teils dem oben Gesagten widersprechende, Lobreden anstimmte, verwundert ob der Tatsache des starken Lokalpatriotismus für die medizingeschichtliche Fakultät Wiens, zeitweise die einzige durchgehend besetzte im deutschsprachigen Raum, nicht.

dings, *dass* nun ein neuer griechischer Text vorlag, noch dazu nebst einer deutschen Übersetzung, änderte dies aber nichts. Wie wurde Puschmanns Arbeit also vonseiten der Mediziner bzw. Philologen konkret aufgenommen?

Vorweg ist festzuhalten, dass seit Puschmanns Ausgabe keine weiteren kritischen Gesamteditionen des Alexander von Tralleis erschienen sind. Einzelne Schriften haben allerdings durchaus eine Neuauflage gefunden, z.B. wurde das Verhältnis der beiden Ärzte Philumenos und Philagrios erneut aufgegriffen.[88] Puschmann jedenfalls wurde persönlich für sein Werk gerühmt,[89] er habilitierte sich damit in Leipzig. Die Edition eines antiken Autors war somit sein „Durchbruchswerk“[90] – ein Tatbestand, der sich bei anderen Medizinhistorikern wie Berendes oder Adams wiederfindet. Bereits zum Ende des Jahres 1876 reiste er nach Leipzig, um das Procedere seiner Habilitation zu besprechen.[91] Wohlwollende Rezensionen kamen von Romeo Seligmann und anderen.[92] Im „Literarischen Centralblatt“ wird für den Zustand der deutschen medizinhistorischen Forschung bis dato „erloschenes Interesse“ konstatiert, gerade im internationalen Vergleich. Darum wird die Wahl Alexanders als eine „glückliche“ bezeichnet. Puschmann habe den Text selbst kollationiert, er sei „ein völlig neuer geworden“; die Übersetzung zeichne sich durch „Treue und Gewandtheit“ aus.[93] Insgesamt fokussierten sich die Berichte nicht auf die philologische Qualität, sondern überhaupt die Tatsache, *dass* ein Alexander-Text erschienen ist, und die kulturgeschichtliche, das heißt aber: historisch-aktualisierende Darstellung des Inhalts. Puschmann hatte also mit der Ausgabe Erfolg bei seinen Kollegen, die ebenfalls wenig Interesse und Legitimationsdruck für ihr Spezial- oder gar Nischenfach Medizingeschichte verspürten.

An anderen möglichen Orten einer Würdigung herrschte hingegen beredtes Schweigen. In dem von den Gebrüdern Rohlfs herausgegebenen „Deutschen Archiv für Geschichte der Medicin und medicinische Geographie“, das 1878–1885 erschien,

---

88 Wellmann, M.: Philumenos, in: Hermes, Bd. 43, Nr. 3 (1908), S. 373–404. Eine Neuedition einer lateinischen Übersetzung lieferte Stoffregen, M.: Eine frühmittelalterliche lateinische Übersetzung des byzantinischen Puls- und Urintraktats des Alexandros. Text, Übersetzung, Kommentar. Med. Diss. Berlin 1977. Von Zipsers Neuausgabe des Texts über die Augenkrankheiten war bereits die Rede (Heidelberg 2003); ebenso vom Beitrag derselben zur Überlieferungsgeschichte der „Therapeutica“ (2005).

89 Sudhoff bezeichnet es als „Meisterleistung“ in: Sudhoff, K.: Theodor Puschmann und die Aufgaben der Geschichte der Medizin, in: Münchner Medizinische Wochenschrift, 53. Jg (1906), S. 1669–1673, hier S. 1670. Er strotzt vor Begeisterung auch für die Einleitung und die letzte Durchsicht von Müllers: Eine solche habe nie bei einer Textredaktion zu fehlen.

90 Locher (2003), S. 13.

91 Vgl. Brief von Adolf Winter vom 18.10.1876, s. Anhang.

92 S. Schmidt, in: Frewer (2001), Anm. 15; Seligmann im „Jahresbericht“ (Bd. 13, 1878).

93 So ein anonymer Rezensent im „Literarischen Centralblatt“ (Nr. 18 vom 04.05.1878), S. 611–612: Zunächst seien es Philologen gewesen, die „neben sprachgeschichtlichem Interesse auch ein culturgeschichtliches [!]“ in Anspruch nehmen können, s. S. 611.

fand Puschmanns „Alexander“ keine Erwähnung. Hier wäre eine Besprechung zu erwarten gewesen. Ebensowenig wurde das Werk im „Ärztlichen Intelligenzblatt“ der jeweiligen Jahre besprochen. Lediglich eine Mitteilung lieferte die „Deutsche Medizinische Wochenschrift“.[94] Die „Nachträge“ wurden gar nicht erwähnt oder an den genannten Orten nur kurz besprochen. Zwar hielt Puschmann 1886 in der „Kaiserlich-königlichen Gesellschaft der Aerzte in Wien“ einen Vortrag,[95] in deren Mitteilungsorgan wird dieser aber dann schon nicht mehr erwähnt.[96] Und auch die erschienene Kritik begnügte sich meist mit der Feststellung, dass nun eine lesbare Fassung des Alexander von Tralleis vorliege – für die der medizinische Kollege wenig Interesse aufbrachte. Puschmann selbst stellte in seiner Rede von 1889 fest:

> Von meiner Ausgabe der Werke des Arztes Alexander Trallianus [...] wurden nur etwa 70 Exemplare abgesetzt, so dass die Druckkosten nur zu einem geringen Theile gedeckt wurden. Aehnliche Erfahrungen haben auch andere medicinische Historiker gemacht.[97]

Dabei war der Preis mit 20M für beide Bände moderat. Puschmanns Alexander-Ausgabe kann kaum als wirtschaftlicher Erfolg gewertet werden, die Resonanz beim medizinischen Publikum hielt sich deutlich in Grenzen. Die fachliche Qualität verhinderte einen Reinfall. Die Wenigen, die die Edition schätzen konnten, freuten sich über deren Erscheinen, doch hat das Werk kaum größere Verbreitung gefunden; trotzdem ist es bis heute die einzige vollständige kritische Edition des Textes.[98] Puschmann selbst schadete dies nicht: Auf Grundlage des ersten Bandes erhielt er seine Habilitation in Leipzig, auf Grundlage des zweiten den Ruf nach Wien.[99] Karl Sudhoff nannte ihn nach seinem Tod „den fähigsten Vertreter der Geschichte der Heilkunde im letzten Viertel des 19. Jahrhunderts“.[100]

Puschmann verfolgte mit seiner Edition zwei eigene Interessen: seine persönliche Habilitierung und die Anschlussfähigkeit medizinhistorischer Literatur. Dabei machte er sich *als Arzt* die philologische Methode soweit als nötig zu eigen. Das erste Ziel erreichte er, das zweite weniger.

---

94 Im Jg. 4, Nr. 10 (09.03.1878), S. 199 unter „IX. Literatur“.

95 S. Deutsche medizinische Wochenschrift, Jg. 12 (1886). Den Vortrag über die „Fragmente“ hielt Puschmann zu einer Zeit, als er bereits in Wien etabliert war, vgl. den Sitzungsbericht vom 29.10.1886, S. 824). Auch die Münchner Medizinische Wochenschrift erwähnt in der entsprechenden Ausgabe kurz diesen Vortrag.

96 Der Vortrag findet keine Erwähnung an entsprechender Stelle (Oktober/November 1886) der „Medicinischen Jahrbücher der k.k. Gesellschaft der Aerzte zu Wien“.

97 Puschmann (1889a), S. 819.

98 Heute ist die Originalausgabe von 1878/1879 eine bibliophile Seltenheit. Der Text der „Therapeutika“ ist aber aktuell Forschungsgegenstand von Alessia Guardasole.

99 Vgl. Sudhoff (1906), S. 1671.

100 Sudhoff (1906), S. 1670.

Die Ausgabe wurde ihrem eigenen Anspruch nicht gerecht: Zwar nahm Puschmann durchaus die Hilfe von professionellen Philologen (von Müller, Helmreich, Steinschneider) in Anspruch; zwar hatte während der Jahre der Veröffentlichung, seines Forschens und medizingeschichtlichen Aufstiegs auch immer wieder versucht, seine Fachgenossen als Leserschaft ‚einzuarbeiten', ihnen auch praktischen Nutzen von der Medizingeschichte im Allgemeinen und von Alexander von Tralleis im Besonderen zu versprechen; zwar ist der Text inhaltlich der eines antiken Praktikers, der ein umfangreiches Systems der griechischen Medizin darlegt;[101] zwar hat Puschmann für seine persönlichen Verhältnisse bemerkenswerte philologische Arbeit geleistet, mit einer eigenen Kollation den griechischen Text verbessert und anhand einer gut lesbaren Übersetzung zugänglich gemacht; zwar mühen sich die Einleitungen, einen inhaltlichen Verständniszugang zu ermöglichen – niemals jedoch war das Werk ein in der medizinischen Praxis gebrauchtes. Puschmanns teils widersprüchliche Aussagen, seine später zurückhaltendere Auffassung der Aufgaben der Medizingeschichte, die nicht durchweg professionelle philologische Durchführung hinterlassen einen verhalteneren Eindruck. Der Zwiespalt zwischen allgemeinem medizinischem Publikum und dem einer noch nicht etablierten Medizinhistoriographie schien damit unüberbrückbar. Somit hinterließ Puschmann eher ein Werk, das seinem eigenen Anspruch, eines „für Philologen zum Verständnis und Ärzte zum Studium" zu sein, zweifach nicht einlöst.[102]

Die Medizingeschichte hatte sich damit endgültig von der noch bei Littré und Kühn geltenden Sicht verabschiedet, die ‚Alten' in die medizinische Praxis und Lehre zu integrieren – ein Prozess, der allerdings schon lange zuvor begonnen hatte. Der rein philologisch-kritische Ansatz war nach Ideler scheinbar gescheitert, oder zumindest nicht wieder aufgegriffen worden. Die weitere Entwicklung war von verschiedenen Reaktionen geprägt, die sich zwischen neopositivistischer Annäherung und deutlicher Absonderung und Abwertung bewegten. So bezeichnet beispielsweise der Basler Medizinhistoriker Moritz Roth (1839–1914) den philologischen Ansatz 1904 als „ein Nachspiel antiker Sophistik und mittelalterlicher Scholastik"[103] und forderte erneut die Beschäftigung mit Hippokrates als integralen Bestandteil der ärztlichen

101 Eine Alexander-Ausgabe einige Jahrzehnte oder ein Jahrhundert zuvor wäre womöglich um einiges brauchbarer gewesen, gilt er doch als einer der am umfassendsten, gebräuchlichsten und zuverlässigsten rezipierten griechischen Ärzte.

102 Spätere Übersetzungen des Alexander von Tralleis vermeiden diesen Konflikt darum und geben lediglich eine Übersetzung zum Verständnis heraus, wie z.B. der französische Marinearzt Félix Brunet (s.u.).

103 Vgl. Riha, in: Frewer (2001), S. 129; außerdem Roth, M.: Geschichte der Medizin und Hippokrates, in: Münchner Medizinische Wochenschrift 51/31 (1904), S. 1396–1398. Roth hatte mit einer ausführlichen Biographie des Andreas Vesalius Bruxellensis (genannt Vesalius, 1514–1564) auf sich aufmerksam gemacht: Roth, M.: Andreas Vesalius Bruxellensis. Berlin 1892.

Ausbildung. Puschmanns „Alexander" griff die philologische Methode wieder auf, versuchte sich aber gleichzeitig – vergeblich – noch als medizinisches Werk auszugeben. Seine Zeitgenossen haben die Edition als Beitrag zur Geschichte der Medizin wohl aufgenommen. Aber die offensichtliche Divergenz zum medizinischen Betrieb war bereits in Ansatz und Umsetzung präsent, die Assimilation hatte bereits stattgefunden. Puschmanns Berufung nach Wien ist vielleicht dann auch insofern nicht zufällig, als die dortige Medizingeschichte sich bereits früh von dem dort ebenfalls anzutreffenden naturalistischen Utilitarismus der Geschichtswissenschaft löste und so für eine ‚nutz-lose' Richtung von Medizinhistoriographie aufnahmefreudiger war als die Fakultät im preußischen Berlin.[104] Die Trennung der Medizingeschichte von der Medizinwissenschaft wird hier mit-vollzogen. Die vermehrte Betonung eines „culturgeschichtlichen" Wertes der Medizingeschichte offenbarte das neue Selbstverständnis des Fachs:[105] Es sah sich als Teil eines allgemein geschichtlichen, soziologischen Kontexts, wo es mit der philologischen ‚Ader' nunmehr beheimateter war als in der Medizin.[106] Insofern ist Lesky nicht zuzustimmen, die behauptet, hier sei der philologisch-kritische Ansatz zum Durchbruch gelangt[107] – dieser war im Rahmen der ‚medizinischen' Medizingeschichtsschreibung der Vorläufer bereits zuvor, bei Ideler und Dietz etwa, gescheitert. Stattdessen handelt es sich um einen Versuch, in der Aneignung der philologischen Methodik weiterhin *als Ärzte* Medizingeschichte betreiben zu können. Als rehabilitierte ‚Säule' einer diverseren, geisteswissenschaftlichen Medizingeschichte ist die textkritische Philologie nach Puschmann dann auch durchaus wieder aufgegriffen worden; der erneut aufgeflammte Streit um und mit Karl Sudhoff suchte eine vereinende Annäherung.

Die unklaren Verhältnisse schadeten der Fachentwicklung nicht – insgesamt gewann die Medizingeschichte nach der Trennung an Profil. Themenvielfalt und Freiheit der Bearbeitung wuchsen. Die neue Unbefangenheit, mit der sie auf viel weiterem Feld agieren konnte, schlug sich auch in den verschiedenen Zeitschriftengründungen und deren Themenfeldern nieder. Zudem weckte sie das Interesse einer größeren Anzahl an Medizinern als zuvor wie auch von Wissenschaftlern aus anderen Fachbereichen. Dies galt auch für die Geschichte der Pharmazie, die sich später als

104 S. Lesky, S. 626: „Es ist für die weitere Entwicklung der Wiener Medizingeschichte [...] von entscheidender Bedeutung gewesen, daß sich innerhalb der Fakultät seit den sechziger Jahren das geschichtsfeindliche Klima des krassen naturalistischen Realismus auflockerte."

105 Nicht zu verwechseln ist die „kulturgeschichtliche Bedeutung" mit einer Auffassung einige Jahrzehnte zuvor, dass die Medizin insgesamt, nicht die Medizingeschichte allein, Teil der kulturellen Geschichte der Menschheit sei. Vgl. z.B. Choulant, L.: Rede über den Einfluss der Medicin auf die Cultur des Menschengeschlechts. Leipzig 1824.

106 Diese Richtung findet ihren Höhepunkt nach der Jahrhundertwende, z.B. bei Pagel (1905). Vgl. als zeitgenössisches Zeugnis auch Rohlfs, H.: Die Ärzte als Kulturhistoriker, in: Rohlfs Archiv für Geschichte der Medizin, Jg. VII (1884), S. 443.

107 Lesky, S. 628.

die Medizingeschichte als Fach begreifen lernte und ebenfalls im Zuge ihrer Etablierung Interesse an antiken Texten zeigte. Deutlich wurde dies vor allem bei dem Pharmaziehistoriker Julius Berendes, der ab den 1880er Jahren ‚klassische' Texte in die aufstrebende Pharmaziegeschichtsschreibung einführte.

3.2 Exkurs zur Pharmaziegeschichte

Die Geschichte der Pharmazie offenbart Ähnlichkeiten und Unterschiede zur Medizingeschichte in der Etablierung einer historischen Subdisziplin und kann damit als schärfender Vergleich zur bis hierher erfolgen Untersuchung dienen. Ähnlich sind vor allem diejenigen Aspekte, die die Intention der Bearbeiter charakterisieren: Eine Beschäftigung mit antiken Texten sollte der akademisch noch unbeheimateten Disziplin zu Anerkennung und Dauerhaftigkeit verhelfen. Die Unterschiede zeigen sich v.a. im Umgang der Pharmaziegeschichte mit philologischer Arbeit, teils der Vorarbeiten der Medizingeschichte wegen, teils dem Inhalt der Disziplin geschuldet. Im Gegensatz zu anderen ‚historischen Naturwissenschaften' (Chemiegeschichte etc.) war die Pharmaziegeschichte diejenige historische Erfassung einer Naturwissenschaft, die der Medizingeschichte am schnellsten folgte und rasch das Interesse einiger pharmazeutischer Gelehrter auf sich zog. Zudem bestand die Pharmazie als Wissenschaft schon lange – anders als z.B. die Chemie, die als eigenständige Wissenschaft fast zeitgleich mit ihrer historischen Betrachtung entstand –, sodass man auf antike Texte zurückgreifen und inhaltlich, teils gar überzeugender als in der Medizin, an sie anknüpfen konnte. Philologische Arbeitsweise hatte von vornherein dienende Funktion. Der Exkurs soll diesen Vergleich anhand der Auswahl der repräsentativsten Gelehrten, allen voran Julius Berendes, anstellen und so zeigen, dass die Herausbildung einer historisierenden Wissenschaft kein singuläres Phänomen der Medizingeschichte war. Vielmehr sind auch hier die Arbeiten der Herausgeber entscheidend gewesen für die Festigung des Fachs. Ihre Intentionen zielten dabei aber immer auch, und viel deutlicher als in der Medizingeschichte, auf die Rechtfertigung des eigenen Berufsstandes insgesamt.

Ähnlich dem ersten Teil der Arbeit sollen auch im Exkurs zunächst anhand einer historischen Einführung Bedingungen und Faktoren der Pharmaziegeschichtsschreibung dargestellt werden. Ein erster Abschnitt wird dabei begriffliche Definitionen, ein zweiter die v.a. im 19. Jahrhundert stark veränderte Regelungen des Standeswesens in den Blick nehmen. Anschießend soll die Geschichte der Pharmaziegeschichte in mehreren Schritten nachvollzogen werden, wobei sich die Arbeiten von Berendes und seinen Fachkollegen als konstitutiv für die Etablierung einer solchen Fachdisziplin erweisen werden. Nachdem die relevantesten antiken Schriftsteller auf dem Gebiet der Pharmazie, und damit der Forschungsgegenstand Berendes' – vorgestellt wurden, geht die Untersuchung mit den Werken Julius Berendes' nach dem gewohnte Schema fort, indem eine vergleichende kritische Quellenanalyse der vielen Schriften Berendes erfolgt. Abschließend wird die Rolle der Standesfragen im Hintergrund seiner Arbeiten unterstrichen, bevor der Faden der Medizingeschichtsschreibung im 20. Jahrhundert, zu dem Berendes als Teil der medizin-pharmazeutischen Geschichtsschreibung führt, wiederaufgegriffen wird.

Die Pharmaziegeschichte ist eine komplexe Wissenschaft, weil schon ihr Gegenstand, die Pharmazie, eine komplexe Wissenschaft ist. Sie besteht ihrerseits aus mehreren Disziplinen und ist handlungsbezogen, hierin ähnelt sie der Medizin. Ihre Teilbereiche umfassen die Kunde von den Arzneistoffen selbst, sowohl im Hinblick auf deren Eigenschaften und deren Erfassung; deren Zubereitung, Gewinnung und Verarbeitung; sodann deren Wirkungen allgemeiner Art und beim (kranken) Menschen; darin ist sie von der Medizin unterschieden, die als Handlungswissenschaft mehrere Disziplinen konvergiert. Des Weiteren fallen alle ‚organisierenden' Fächer unter den Dachbegriff der Pharmazie, v.a. das Apothekenwesen, im Hinblick auf Arzneimittel selbst und die kulturellen Einflüsse, die auf es einwirkten bzw. die von ihm ausgingen. Alle diese Teilbereiche bzw. deren historische Erforschung gehören zum Feld des Pharmaziehistorikers und machen seine Wissenschaft damit zu einer äußerst umfangreichen.[108] Vor einer erst im 20. Jahrhundert erfolgten Eingrenzung[109] beschäftigten sich Pharmazeuten auszugshaft mit verschiedenen dieser Teilbereiche. Am einflussreichsten für die Edition antiker Texte war dabei zweifelsfrei Julius Berendes.

In deren Texten ist wiederholt von heute weniger oder anders gebrauchten Begriffen die Rede, z.B. *Materia medica* oder Antidot. Berendes und seine Kollegen mussten sich beständig mit derlei Übersetzungsproblemen auseinandersetzen, insbesondere bei der Übertragung von Pflanzennamen. Ihre Schwierigkeiten gehen zumeist von Einteilungs- und Bezeichnungsproblemen aus, die die Pharmazie in der Folge der modernen Umwälzungen erfassten. Darum ist, wie im Kapitel 1, eine Einführung zum Verständnis hilfreich, die wiederum die heutige und damalige Sichtweise bestimmen kann.

3.2.1 Moderne Begriffe von ‚Pharmazie'

Der Bedeutungsumfang derjenigen Begriffe, die zum Wortfeld der Arzneiwissenschaft gehören, ist nicht konstant. Unterschiedliche Systematisierungsversuche finden sich

---

108 Überblickende Darstellungen zu allen diese Teilbereichen finden sich in dem umfangreichen Werk von Rudolf Schmitz, dem ausführlichsten Lehrbuch zur Pharmaziegeschichte: Schmitz, R.: Geschichte der Pharmazie. Eschborn 2005.

109 Gemeint sind die beiden unten besprochenen Vorträge von Urdang, G.: Die pharmazeutische Geschichtsschreibung in Deutschland, in: Pharmazeutische Zeitung 68 (1923), S. 53–57; und Ders.: Die pharmazeutische Geschichtsschreibung in Deutschland, in: Pharmazeutische Zeitung 69 (1924), S. 999–1001.

gerade zu Beginn der Neuzeit, als diese Wissenschaft(en) immer mehr naturwissenschaftliche Erkenntnisse umfasste(n). Die ‚neue' Pharmazie umfasste ja ganz neue Erkenntnisse, die die gewohnten Einteilungskategorien weit sprengten. Die gängigen Bezeichnungen lösten sich daher weitgehend auf, wurden neu besetzt oder gar erst erfunden.

Während „Pharmazie" beispielsweise einen tradierten Bedeutungshintergrund besitzt, wurde „Pharmakologie" als neuzeitliches Kompositum identifiziert.[110] Im antiken Verständnis wurde gemeinhin von einer Dreiteilung der gesamten Medizin ausgegangen:[111] Diätetik, Chirurgie und „Pharmazeutik". Letztere bezeichnete man mit dem Begriff φαρμακευτική,[112] ihr Gegenstand waren Heilmittel (φάρμακα).[113] Sie galt als Teilbereich ärztlichen Handelns, der auch die Arzneimittelherstellung beinhaltete, wenngleich die Professionen früh getrennt wurden (s.u.). Pharmako-logia wurde möglicherweise dann im Lateinischen der Frühneuzeit als Kunstwort gebildet, wie viele andere Komposita auch.[114] Die heutige Pharmakologie etablierte sich als eigenständige Naturwissenschaft im Laufe des 18. und 19. Jahrhunderts mit ihren „Mutterwissenschaften", der Chemie, Botanik und Physiologie. Diese hat also ihren Ursprung in der φαρμακευτική der Hellenen.[115]

Ein heute quasi ausgedienter Begriff ist der der *Materia medica*. Als Kurt Sprengel sich mit den Teilgebieten der Arzneimittellehre beschäftigte,[116] war Pharmako-

---

110 Vgl. Preiser, G.: Zur Geschichte und Bildung der Termini Pharmakologie und Toxikologie, in: Medizinhistorisches Journal, Bd. 2/H. 2 (1967), S. 124–134.

111 Freilich kannte man auch andere Ordnungen, vgl. dazu die Literatur bei Preiser, Anm. 56, z.B. Fuhrmann, M.: Das systematische Lehrbuch. Göttingen 1960.

112 Vgl. auch die Habilitationsschrift von Artelt, W.: Studien zur Geschichte der Begriffe „Heilmittel" und „Gift", in: Studien zur Geschichte der Medizin. H. 23, Leipzig 1937, S. 39 f.

113 Das Suffix -ικη weist auf einen Unterschied zur sonst üblichen Endung -λογία hin. Wissenschaftsdisziplinen, meist technischer Art, wurden mit ersterem gekennzeichnet. Zur Verdeutlichung ergänzte man τέχνη, um den technischen, „kunstfertigen" Aspekt zu verdeutlichen. Darunter wurde alles, was man heute unter „Pharmazie" versteht (auch Toxikologie), subsumiert. Vgl. Preiser und Ganzinger, K.: Über die Termini „Pharmacognosis" und „Pharmacographia", ein Beitrag zur Geschichte der pharmazeutischen Wissenschaften, in: Medizinhistorisches Journal 14 (1979), S. 186–195. S.a. die Monographie von Stille, G.: Der Weg der Arznei: von der Materia Medica zur Pharmakologie. Der Weg von Arzneimittelforschung und Arzneitherapie. Karlsruhe 1994. Zum Begriff des „Pharmakon" s.a. Schmitz, S. 352.

114 Mit dem Anspruch einer Aufwertung der pharmazeutischen Wissenschaft im Sinne eines Systems, einer echten Lehre taucht sie 1641 bei Johann Schröder (1600–1664) auf, vgl. Preiser, S. 129 ff. Gemeint ist Schröder, J.: Pharmacopoeia medico-chymica sive thesaurus pharmacologicus: quo composita quaeque celebriora, hinc mineralia, vegetabilia & animalia chymico-medice describuntur, atque insuper principia physicae hermetico-hippocraticae candide exhibentur; opus, non minus utile physicis quam medicis. Ulm 1644, mehrere Auflagen.

115 Preiser, S. 133: „Zusammenfassend kann man also sagen, daß als Vorläuferin der Pharmakologie wie der Toxikologie die φαρμακευτική der hellenistischen Ärzte anzusehen ist."

116 Sprengel, K.: Institutiones pharmacologiae. 6 Bde., Leipzig 1809–1819.

logie ein Synonym für „Pharmakodynamik“, die Lehre von den (Wirk-)Kräften der Arzneimittel. Dieser schon früher verwendete Begriff[117] aber fiel wiederum unter den Dachbegriff der *Materia medica*, dem seinerseits eine lange Tradition vorausgeht.[118] In der Antike meinte er die Gesamtheit der Heilmittel, die in drei Bereiche eingeteilt wurden: Pflanzen, Tiere, Mineralien.[119] Sie sind diejenigen Mittel, die aus der Natur gewonnen und zur medizinischen Behandlung eingesetzt werden. Das Hauptwerk des berühmtesten Pharmazeuten des Altertums, (Pedanios) Dioskurides (s.u.), trägt diesen Titel.[120]

Seit der chemischen Synthese und dann industrialisierten Herstellung von Arzneimitteln ab dem 18. Jahrhundert[121] änderte sich freilich die Auffassung davon, was ein „Pharmakon“ sei, radikal. Es zeigte sich vor allem, dass das alte dreigeteilte Gliederungsprinzip der medizinisch einzusetzenden Mittel nicht mehr genügte. Sind aus Pflanzen gewonnene und dann bereinigte Stoffe z.B. noch ‚natürlich‘? Wie sollten dann erst Komposita eingeordnet werden? Sogenannte Pharmakopöen[122] erschienen,

---

117 Stoll, in: Enzyklopädie, S. 1143. Er findet sich schon bei Johann Adam Schmidt (1759–1809), der ganz grundlegend zwei betrachtende Weisen der Arzneimittellehre unterscheidet: eine, welche auf die Arzneien selbst bezogen ist, welche wiederum zerfällt in das Darlegen der Arzneien nach ihren „sinnlichen“ Eigenschaften („Pharmakographia“, „Naturhistorie der Arzeneykörper“) und das Erkennen der Arzneien („Pharmakognosie“, „Arzeneyenkunde“). Die andere Weise ist die Untersuchung der Wirkungen der Arzneistoffe („Arzeneyenkräftelehre“, „Pharmakodynamik“). S. Schmidt, J. A.: Handschriftlich hinterlassenes Lehrbuch der Materia medica. Wien 1811.

118 Ausführlich vgl. z.B. Stille, G.: Kräuter, Geister, Rezepturen: eine Kulturgeschichte der Arznei. Stuttgart 2004. Der ursprünglich griechische Begriff ist auch die lateinische Bezeichnung für Dioskurides' Hauptwerk „Περὶ ὕλης ἰατρικῆς“ (s.u.).

119 Vgl. ausführlich Stille (2004); s.a. Richter, in: Enzyklopädie, S. 895 f.; s.a. Schmitz, S. 403 ff.

120 Περὶ ὕλης ἰατρικῆς bzw. in lateinischer Übertragung „De materia medica“. Möglicherweise hat sein Werk gattungsbildend für die Benennung von Arzneisammlungen gewirkt, vgl. Stoll, in: Enzyklopädie, S. 308 ff.

121 Analyse und chemische Erschließung von in der Natur vorkommenden Substanzen einerseits sowie Neusynthese und damit Generierung völlig neuartiger Stoffgruppen andererseits charakterisierten die ‚neue‘ Pharmazie. Die vollständige Herauslösung der Pharmazie als eigenständiges Hochschulfach (im frühen 20. Jahrhundert, s.u.) bündelte diese Bestreben, vgl. Stoll, in: Enzyklopädie, S. 1147. Parallel verlagerte sich Forschung, Herstellung und Vertrieb von Arzneistoffen immer mehr in die industrialisierten Hände von Firmen und Unternehmen. Für den Apotheker bedeutete dies einen immer fraglichen Aufgabenumfang, unsichere Standesverhältnisse und stete Auseinandersetzung um das Selbstbild des Apothekerberufs und -gewerbes.

122 Vgl. Richter, in: Enzyklopädie, S. 1149 f. Aus dem griechischen Ursprung „φαρμακο-ποιεῖν“ (Arznei-Machen) erschließt sich die ursprüngliche Bedeutung recht gut: eine Arzneien- und Rezeptsammlung zum Gebrauch für Ärzte/Apotheker mit Auflistung von Indikationen. Diese waren essentiell für den durchführenden Apotheker zur technisch und pharmazeutisch korrekten Herstellung der Arzneimittel. Bereits sehr früh tauchen solche „Arzneibücher“ auf (libri medicinales), Kompilationen solcher Art wie bei Paulos von Ägina hatten einen hohen Wert. Pharmakopöen erschienen in Deutschland ab dem 16. Jahrhundert, vgl. Kremers/Urdang, S. 127 ff. Je nach Herrschaftsverhältnis erstellte jedes Gebiet seine eigene Pharmakopöe, so z.B. das Dispensatorium Borussio-Brandenburgicum von

in denen neue Gliederungsprinzipien angewandt wurden. Sie gaben die Arzneimittel und deren Zubereitung bzw. Herstellung genormt wieder; ihre Verwendung wurde teils obligatorisch. Ihr Inhalt unterscheidet sich deutlich von dem einer antiken *Materia medica*. Eine gänzliche Bedeutungsverschiebung hat der Begriff des Antidots erfahren.[123]

Die so unterschiedlichen Einteilungen des Wissens ließen also bei der Erstellung der Editionen fragen, welchem Gliederungsprinzip für eine angemessene und auch lesbare Anknüpfung an moderne pharmazeutisches Wissen zu folgen sei. Schon die antiken Schriften gingen hierbei unterschiedlich vor: Sind die Heilmittel nach Indikation aufgelistet oder alphabetisch nach dem (Pflanzen-)Namen? Oder war die Darreichungsform der Arznei entscheidend für ihre Auflistung? Welches der meist vielen Synonyme wurde verwendet? Gerade die Identifizierung mit der jeweils gemeinten Pflanze war schon etymologisch nicht immer einfach.

Vielleicht tut es Not, auf dieses gängige Problem bei Übersetzungen von antiken Arzneikompendien hinzuweisen: die Verwendung von *Synonyma*. Bereits Dioskurides kennt das Problem, dass eine Pflanze mit mehreren Namen versehen wurde, teils von ganzen Völkern, teils von einzelnen Schriftstellern. In seiner „Materia medica" nennt er deshalb die ihm bekannten Namen in Prosa hinter den griechischen. Berendes geht auf dieses Problem ein.[124] Die aufstehenden Fragen sind die nach der Übereinstimmung und der Echtheit der Synonyma und werden vielerorts besprochen.[125] Hilfreich für die Identifizierung mit den modernen Klassifikationssystemen haben sich vormals Reisen erwiesen, die Botaniker wie John Sibthorp (1758–1796), Heinrich Friedrich Link (1767–1851) und Carl Fraas (1810–1875) unternommen haben. Berendes ging dabei einen Sonderweg, der die Gliederung des antiken Werkes beibehielt (s.u.). Seine Arbeit war aber nicht nur von wissenschaftlichen, sondern auch politischen Motiven geprägt. Vor dem Hintergrund einer massiven Veränderung der pharmazeu-

---

1746 und später, nach dem Ende des Heiligen Römischen Reiches, Werke für die je einzelnen Königreiche. Aufgrund der verschiedenen Namen der Arzneipflanzen und der wissenschaftlichen Systematisierungsbewegung wurden bald internationale Pharmakopöen gefordert und versuchsweise durchgeführt (Pharmacopoeae generales), vgl. dazu Grab, W.: Philipp Phoebus und die internationale Pharmakopoe, in: Nachrichten der Giessener Hochschulgesellschaft (32), S. 209–212.

123 Der Begriff des „Antidotariums" bzw. des „Antidotars" nun ist seinerseits schon älter, meinte aber nicht lediglich eine Sammlung von Gegengiften. Vielmehr stand er als Gattungsbegriff für sog. libri medicinales, da „Antidot" als Synonym für Arzneien gegen innere Erkrankungen gebraucht wurde, vgl. Richter, in: Enzyklopädie, S. 1149. Heute meint er aber eine eher langrezeptige Sammlung von Gegenmitteln gegen Vergiftungen im eigentlichen Sinn, s. Keil, in: Enzyklopädie, S. 69 f. Zur byzantinischen Toxikologie vgl. Laskaratos, I.: Kylices: Tranquillizers of life. An historical and medical view of poisening among the Byzantines. Athen 1994.

124 S. Berendes (1902), S. 5 ff.

125 Berendes selbst umgeht das Problem mehr oder weniger, indem er die Ansichten von Altphilologen darstellt und es dabei belässt, vgl. Berendes (1902), S. 7, wo er einen Aufsatz zitiert von Wellmann, M.: Die Pflanzennamen des Dioskurides, in: Hermes, Bd. 33, Nr. 3 (1898), S. 360–422.

tischen Ausbildungspraxis im 19. Jahrhundert sind seine Werke auch als Ausdruck standesbewusster Legitimationsversuche zu lesen.

3.2.2 Hürden im Ausbildungs- und Standeswesen

Ähnlich wie die Medizin erfuhr die Pharmazie eine deutliche Regulierung, Akzent- und Methodenverschiebung bzw. -umwälzung.[126] Ausgangspunkt für die Veränderungen waren ebenfalls methodische Fragen. Auf die Pharmazie bezogen lautete die erkenntnistheoretische Problemlage ungefähr so: Die chemischen Wissenschaften erklärten den Aufbau der Welt, indem sie von für sich genommen leblosen Stoffen ausging. Wie konnte dann die Heilwirkung der Arzneien (ihre *virtus*) auf lebendige Wesen erklärt werden, wenn sie aus nichts als leblosen Molekülen bestanden?[127] Nur und gerade weil die Wirkkraft eines Stoffes (ihre *virtus*) auch als materielle Substanz begriffen werden konnte, entstanden chemische Wissenschaft, die wiederum einen großen Einfluss auf die Naturphilosophie ausübten. Die Pharmazie hatte daher Schwierigkeiten, sich mit bzw. trotz des naturwissenschaftlichen Umbruchs als ein der Medizin verschwistertes Fach zu festigen. Eine *ars pharmaceutica*, eine pharmazeutische Kunst, bildete sich zwar bereits gegen Ende des 18. Jahrhunderts heraus, bevor sie sich im Folgejahrhundert definitiv ausgliederte und eigenständig arbeitete. Die universitäre Pharmazie aber etablierte sich anschließend.[128] Die im ersten Abschnitt beschriebene ‚Vernaturwissenschaftlichung' trug zu ihrem Erfolg erheblich bei, allerdings nicht ohne Nachteile für ihre Selbstständigkeit. Die traditionelle Kenntnis von Arzneipflanzen, deren Erkennung, Verarbeitung und Anwendung verlor an Stellenwert; auch hier könnte man eine der Medizin ähnliche Entwicklung konstatieren: „from morters[129] to molecules" oder „from the lawn to the lab". Der pharmazeutische Unterricht wandelte sich ebenfalls immens.[130]

---

126 Vgl. zur Einführung Dann, G. E.: Einführung in die Pharmaziegeschichte. Stuttgart 1975.

127 Vgl. Stoll, in: Enzyklopädie, S. 1145, hier bezogen auf das Beispiel des Opiums. Es brachen hier deutlich naturphilosophische Debatten um das Wesen der Dinge und deren Erkenntnismöglichkeiten erneut auf.

128 Vgl. Eulner (1970); vgl. v.a. Friedrich, Ch.: Zur Entwicklung der Pharmazie an den deutschen Universitäten Ende des 19. Jahrhunderts, in: Pharmazie 45 (1990), S. 367–369; Guntau, M., Laitko, H. (Hrsg.): Der Ursprung der modernen Wissenschaften. Studien zur Entstehung wissenschaftlicher Disziplinen. Berlin 1987, S. 39 ff.

129 Engl. für „Mörser".

130 Vgl. Wendler, W.: Der akademische Unterricht in der Pharmazie um die Mitte des 19. Jahrhunderts, dargestellt an der Mitschrift einer Vorlesung Heinrich Wilhelm Ferdinand Wackenroders aus dem Jahre 1845. Dissertation Marburg 2004.

Ein zweiter Aspekt wird sehr bedeutend für das Verständnis von Berendes' Arbeiten werden: die Legitimation eines eigenständigen Apothekenwesens.[131] Identität des Apothekers und dessen eigenständige[132] Berufsausübung sahen sich zu Berendes' Lebzeiten heftigen Anfragen ausgesetzt. In Preußen stand vor allem die Frage nach der Apothekenkonzession, also der Verleihung eines Nutzungsrechtes, zur vehementen Debatte. Sich des Historischen versichernde und damit Begründungsmacht beanspruchende geschichtliche Darstellungen waren daher nicht nur bei Berendes Anlass zur Abfassung wissenschaftlicher Untersuchungen. Nichtsdestoweniger hat auch er

131 Der Apothekerberuf ist vom Apothekenwesen zu unterscheiden; letzteres knüpft eng an das Vorhandensein einer Einrichtung desselben Namens, „Apotheke", an. Der Begriff der „apoteca" selbst war in der Antike mit einer anderen Bedeutung belegt: Bei Galen meint er einen Ablageort für Bücher, s. Richter, in: Enzyklopädie, S. 80, und Daems, W. F.: Die Termini technici „apoteca" und „apotecarius" im Mittelalter, in: Veröffentlichungen der Internationalen Gesellschaft für Geschichte der Pharmazie. Neue Folge, Bd. 8 (1956), S. 39–52. Das Aufkommen von apothekenähnlichen Institutionen ist wissenschaftlich gut untersucht, vgl. Gaude, W.: Die alte Apotheke. Eine tausendjährige Kulturgeschichte. Stuttgart 1986. Vgl. zur Übersicht Schmitz, S. 460 ff. Die erste erwähnte eigenständige Apotheke soll sich in Bagdad befunden haben, s. Richter, in: Enzyklopädie, S. 80. Für Deutschland s. z.B. Schmitz, R.: Über deutsche Apotheken des 13. Jahrhunderts. Ein Beitrag zur Etymologie des apotheca-apothecarius-Begriffs, in: Sudhoffs Archiv 45 (1961), S. 289–302. Dass sich der fahrende apotecarius zum niedergelassenen stationarius entwickeln konnte, liegt möglicherweise an den immer längeren Rezeptformeln. Gerade der Fokus im bekanntesten „Antidotarium" (i. S. e. Indikationsbuchs) des Mittelalters, dem Antidotarium Nicolai, auf langrezeptige Angaben hat somit wohl zur Ortsgebundenheit des Apothekers beigetragen, vgl. Richter, in: Enzyklopädie, S. 1150.

132 Arzt und Apotheker waren nicht immer getrennte Berufe. Eine eigenständige Apothekerarbeit außerhalb des ärztlichen Tätigkeitsbereichs findet sich als Berufsstand nachgewiesenermaßen ab dem frühen Mittelalter, s. Richter, in: Enzyklopädie, S. 81 f. Von den Auffassungen der beiden Tätigkeitsbereiche und ihr Verhältnis und Verständnis in der Antike ist damit noch nicht die Rede gewesen. Für die Entstehung eines eigenständigen Apothekerberufs gibt es mehrere Thesen, die von der „Kontinuitätstheorie" – Fortsetzung der klösterlichen Aufgabenteilung in laikale Berufsbilder hinein – zur „Krämerthese" – Apotheken als merkantile Institution mit Händlern als Ausübende – reichen. Vgl. Keil, G.: Zur Frage der kurativ-konsiliarischen Tätigkeit des mittelalterlichen deutschen Apothekers, in: Perspektiven der Pharmaziegeschichte, Festschrift Rudolf Schmitz. Graz 1983, S. 181–196; außerdem Keil, G., Goehl, K.: „apothecarii nostri temporis", in: Würzburger medizinhistorische Mitteilungen 14 (1996), S. 261–267. Die angeblich erste rechtliche Scheidung des Arzt- vom Apothekerberufs findet sich mit den Gesetzgebungen des römisch-deutschen Kaisers Friedrich II. zu Beginn des 13. Jahrhunderts, vgl. den Artikel von Schneider, W.: Kaiser Friedrich II. und die Medizinalanordnungen von Arles, in: Geschichtsbeilage der Deutschen Apotheker-Zeitung (= Mitteilungsblatt der Internationalen Gesellschaft für Geschichte der Pharmazie), Nr. 3 (1953), S. 14–16. Es ist allerdings umstritten, ob dies für die deutsche Geschichte des Apothekenwesens richtungsweisend war, vgl. Schmitz, S. 448 ff. In Byzanz erfolgte die Trennung der Berufe womöglich bereits früher, vgl. Scarborough, J.: Early Byzantine Pharmacology, in: Scarborough, J. (Hrsg.): Symposium on Byzantine Medicine. Washington, D.C. 1984, S. 213–232; Bennett, D. C.: Medicine and Pharmacy in Byzantine Hospitals. A Study of the Extant Formularies. London/New York 2016; Bouras-Vallianatos, P.: Cross-cultural Transfer of Medical Knowledge in the Medieval Mediterranean: The Introduction and Dissemination of Sugar-based Potions from the Islamic World to Byzantium, in: Speculum, vol. 96, no. 4 (Oct. 2021), p. 963–1008.

eine ausführliche Monographie zur Geschichte des Apothekenwesens verfasst, die nach wie vor Geltung beanspruchen kann.[133]

Diese Skizzen zeigen die einem Legitimationsdruck ausgesetzte Wissenschaft, welche sich ein ihre Geschichte erforschendes Fach – Pharmaziegeschichte – umso schwieriger zu eigen machen konnte. Das verzögerte Aufkommen eines genuinen Interesses für eine Geschichte der Pharmazie und die inhaltlich logischere Anknüpfungsmöglichkeit gereichten dem Fach allerdings zum Vorteil: In den Heilpflanzen steckte noch immer deren therapeutische Wirkung, die man sich zunutze machen konnte. Ein medizinisch veraltetes Behandlungsverfahren war dagegen freilich weniger leicht zu vermitteln. Die in der Tradition gängige Beobachtung, Benennung und Erforschung von Arzneipflanzen verhalf die Geschichte der Pharmazie sogar zu besonderem Ansehen, da sie die ‚alten' Pflanzen mit deren heutigen botanischen Pendants zu verbinden vermochte.

Trotzdem institutionalisierte sich die Pharmaziegeschichte erst mit deutlicher Verzögerung im Vergleich zur Medizingeschichte. Die von Julius Berendes erstellten Editionen spielten eine gewichtige Rolle für die Anerkennung der Professionalität der Forscher. Seine Arbeiten, zusammen mit den Publikationen seiner Kollegen, begründeten die Pharmaziegeschichte im heutigen Sinne erst. Ihm kommt daher eine vermittelnde Rolle zwischen den vorherigen Ansätzen einer Pharmaziegeschichtsschreibung und der folgenden Generation zu, die nach dem Jahrhundertwechsel eine internationale Fachgesellschaft bildete.

3.2.3 Kurze Geschichte der Pharmaziehistoriographie

Die Pharmaziegeschichtsschreibung zu umreißen bedarf erneut der Frage: Was *ist* die Pharmazie und welche Fächer gehören demnach zu ihrer Geschichte? Hierfür lohnt ein Vorgriff auf zwei Reden eines später berühmt gewordenen Pharmaziehistorikers und -theoretikers, Georg(e) Urdang (1882–1960).[134] In zwei Vorträgen, gehalten vor der Deutschen Pharmazeutischen Gesellschaft bzw. der Versammlung Deutscher Naturforscher und Ärzte in Innsbruck, geht er auf diese Fragestellung ein.[135] Er nähert sich

133 Berendes, J.: Das Apothekenwesen. Seine Entstehung und geschichtliche Entwicklung bis zum XX. Jahrhundert. Stuttgart 1907.

134 Biographisch vgl. v.a. Ludwig, A.: Georg Urdang: (1882–1960), ein Pharmaziehistoriker als Mittler zwischen „alter" und „neuer" Welt, in: Quellen und Studien zur Geschichte der Pharmazie (Bd. 91). Stuttgart 2009. Eine reich bebilderte Website zum Leben Urdangs von Holger Goetzendorff findet sich unter http://www.urdang.de, zul. abg. am 02.11.2022.

135 Zusammen mit einem dritten Vortrag („Die Geschichte der Pharmazie als Kulturgeschichte") sind die bisher genannten von Urdang gehaltenen Vorträge gesammelt worden von Ludwig Winkler (1873–1935) in dem Band: Wesen und Bedeutung der Geschichte der Pharmazie. Berlin 1927. Winkler

der Frage von „ideengeschichtlicher und phänomenologischer“[136] Perspektive und kommt zu dem Ergebnis, dass es eine eigenständige pharmazeutische Wissenschaft im strengen Sinne nicht gebe. Wohl sei der Apotheker für die Wissenschaft geeignet, er sei sogar sehr gut in all seinen Hilfswissenschaften ausgebildet und könne nur auf deren Grundlage seine Arbeit ausführen. Doch alles, was er mit Arzneistoffen zu tun habe, gehöre genuin in den Bereich anderer Wissenschaften (Pharmakognosie, pharmazeutische Chemie). Für die Pharmazie „bleibt die eigentliche ‚Apothekerkunst‘, die pharmazeutische Technik.[137] Es bleibt der pharmazeutische Stand als solcher, das Apothekergewerbe.“[138] Geschichte der Pharmazie behandle demnach die Entwicklung des Apothekergewerbes, und zwar vor soziologischem und kulturhistorischem Hintergrund.[139] Dieser Zusammenhang stellt sich für viele Medizintheoretiker ähnlich dar, die der Medizin den Charakter einer Handlungswissenschaft zuweisen, die sich verschiedener Naturwissenschaften zwar bediene, aber nicht aus ihnen bestehe. Urdang schränkt die Geschichte der Pharmazie schließlich auf folgende vier Bereiche ein: das Apothekenwesen, Pharmazeutische Technik, Pharmazeutische Kulturgeschichte,[140] Pharmazeutisch-Biographisches.[141] Im Weiteren beschränkt sich Urdang auf die Anfänge einer autarken Pharmaziegeschichtsschreibung bei neuzeit-

war es, der die Gründung der „Gesellschaft für Geschichte der Pharmazie“ (s.u.) entscheidend initiierte und als Privatdozent 1923 den ersten Lehrauftrag für Pharmaziegeschichte in Österreich (Innsbruck) erhielt.

136 Urdang (1923), S. 54. Die Phänomenologie war zur Zeit seiner Vortragsaktivität (1920er Jahre) eine nicht nur vergleichsweise neuartige, sondern auch enorm populär gewordene philosophische Methode.

137 Darin klingt die im Altertum gebräuchliche Begriffsverwendung von φαρμακευτική wieder an.

138 Urdang (1923), S. 53. Vorher gab es demnach bereits eine, wenn auch eher dokumentierende, Wissenschaft von der Geschichte einzelner Apotheken, vgl. Lichte, K.: Deutschsprachige Pharmaziegeschichtsschreibung vom 18.–20. Jahrhundert. Dissertation Marburg 1992, S. 4.

139 Urdang (1923), S. 54. Von diesem Standpunkt aus hat auch Berendes seine ursprünglich zu erscheinende „Geschichte der Pharmazie“ zur bereits zitierten Monographie über die Entwicklung des Apothekenwesens umgearbeitet. Für die Hintergründe dieses Titelwandels s.u.

140 Was Urdang darunter verstand, kommt am besten in folgendem Zitat zum Ausdruck: „Die ‚Pharmazeutische Kulturgeschichte' umschrieb er dabei noch ganz im Sinne des längst überholten Kulturbegriffs Jacob Burckhardts von 1860 als: ‚Die Schilderung des Apothekerbürgers und seiner sozialen Stellung innerhalb der verschiedenen Zeitalter, der Bedeutung der Apotheken innerhalb der allgemeinen kulturgeschichtlichen Entwicklung, die Beschreibung bemerkenswerter Apothekenbauten und Einrichtungen (ausdrücklich genannt werden dazu Apothekenstandgefäße, Majoliken und Fayencen ...) und schließlich die Schilderung des Apothekers als Objekt und Subjekt der Literatur und der Kunst.'“, aus: Krafft, F.: Eine moderne Pharmaziegeschichte, in: Geschichte der Pharmazie, 52. Jg. (April 2000), S. 27–31.

141 S. Urdang (1924), S. 1001. Das, was man gemeinhin unter einer geschichtlichen Betrachtung der Pharmazie verstehen könnte, die Entwicklung der Arzneiwissenschaften nämlich, fiele deutlich näher in das Gebiet der Medizin. Darum sind für ihn die antiken Größen wie Dioskurides, Galen etc. nicht (!) Teil seiner Betrachtung, vgl. Urdang (1923), S. 54. In seiner Auflistung kommen noch Avicenna und Paracelsus infrage, weniger andere antiken Autoren wie z.B. Sciboneus Largus. Dies erhellt

lichen Autoren, um dann recht zügig bei dem Dreigestirn, bestehend aus Hermann Peters (1847–1920), Julius Berendes (1837–1914) und Hermann Schelenz (1848–1922), zu verweilen. Urdang war es auch, der später die Gründung einer Gesellschaft für Pharmaziegeschichte anstrebte, was mit einigen organisatorischen Hürden im Jahr 1926 auch gelang.[142]

Die Anfänge der Pharmaziehistoriographie fasst man mit Urdang also als Suche nach dem Fachinhalt selbst. Darauf ließe sich erst relativ spät, im 20. Jahrhundert, eine vorläufig eingrenzende Antwort finden. Lässt man allerdings die suchenden Anfänge eines Fachbewusstseins auch als Zeugnisse gelten, kann man bereits früher ansetzen. Der Dissertation von Lichte folgend,[143] kann man erste historische Darstellungen der Pharmaziegeschichte bereits in Lehr- und Handbüchern finden, außerdem in Lexika, Rechtfertigungsschriften zu Standesfragen (Gewerbe- und Apothekenreform).[144] Ein Beispiel sind die „Beiträge zur Würdigung der heutigen Lebensverhältnisse der Pharmacie“ von Philipp Phoebus (1804–1880),[145] wo der Gießener Pharmakologe sich veranlasst sieht, aus politischem Impetus mit einer Art ‚Aufklärungsschrift‘ über die so unbekannten Beschäftigungen des Pharmazeuten und deren Wert für die „Cultur der Welt, für das Wohl der Staaten“ Bericht zu erstatten. Die selbstständige Pharmaziegeschichtsschreibung lässt sich anhand eigenständiger Schriften nicht weiter als in die 50er Jahre des 19. Jahrhunderts zurückverfolgen, als Adrien Phillippe (1801–1858) eine „Geschichte der Apotheker“ schrieb.[146] Weitere Werke mit verschiedenem Fokus verfassten danach hauptsächlich Carl Frederking (1809–1892) in Riga,[147] Friedrich A. Flückiger (1828–1894) mit seiner Pharmakognosie[148] und Alexander Tschirch (1856–

aus Urdangs, philosophisch gesprochen, ideengeschichtlicher Anlage, die weniger die Arzneimittel selbst, sondern deren Wirkungsgeschichte bearbeitet.

142 Vgl. hierzu Meyer, K.: Die ersten Jahre der Gesellschaft für Geschichte der Pharmazie, in: Deutsche ApothekerZeitung (39/2001), S. 74 ff.

143 S. Lichte (1992).

144 S. hierzu insb. Wolf, E.: Über die Anfänge der Pharmaziegeschichtsschreibung: Von Johannes Ruellius (1529) bis David Peter Hermann Schmidt (1835). Gießen 1965. Die beiden Dissertationen von Lichte und Wolf sind die einzigen beiden umfassend darstellenden, systematischen Betrachtungen zur Pharmaziegeschichtsschreibung, worauf später noch die entsprechenden Abschnitte bei Schmitz in dessen Lehrbuch „Geschichte der Pharmazie“ folgen.

145 Phoebus, Ph.: Beiträge zur Würdigung der heutigen Lebensverhältnisse der Pharmacie. Für Aerzte und Apotheker, für Staatsmänner und Volksvertreter. Gießen 1873.

146 Phillippe, A.: Histoire des apothicaires chez les principaux peuples du monde. Paris 1853. Deutsch von Ludwig, H.: Geschichte der Apotheker bei den wichtigsten Völkern der Erde seit den ältesten Zeiten bis auf unsere Tage. Jena 1855. Stetes Gliederungsprinzip bei diesen Arbeiten ist die Periodisierung; eine regelmäßig auftretende Zäsur ist die der Einrichtung der ersten Apotheken in Bagdad, vgl. Lichte, S. 32.

147 Frederking, C.: Grundzüge der Geschichte der Pharmazie. Riga 1874. Auf die Rolle des Deutsch-Baltikums für die Medizin- und Pharmaziegeschichte wird weiter unten noch eingegangen werden.

148 Flückiger, F. A.: Die Frankfurter Liste. Beitrag zur mittelalterlichen Geschichte der Pharmacie. Bei Gelegenheit der Pharmacopoea Germanica. Halle 1873. Flückiger war ein äußerst vielseitiger Phar-

1939).[149] Erst mit dem Dreigestirn um Hermann Peters, Julius Berendes und Hermann Schelenz, also um die Wende ins 20. Jahrhundert, kann von einer echt eigenständigen und auch selbstbewussten Pharmaziegeschichtsschreibung gesprochen werden. Sie waren „weder Hochschullehrer noch Fachhistoriker [...], sondern Privatgelehrte, die aus dem Apothekerstand hervorgegangen waren [...]".[150] Die Institutionalisierung und akademische Etablierung der Pharmaziegeschichte erfolgte schließlich in den ersten Dekaden des 20. Jahrhunderts mit Forschern wie eben Georg Urdang, der 1938 in die USA emigrierte und dort 1941 das „American Institute of the History of Pharmacy" gründete,[151] und Georg Edmund Dann (1898–1979).[152] Verbreitung und lokale Konzentrierung kennzeichneten diese Entwicklung – ähnlich wie die Medizingeschichte. In Österreich gründete Hans Heger (1855–1940) die wohl bekannteste Pharmazeutische Zeitschrift, die bis heute laufende „Pharmazeutische Post" (s.u.). Der Schweizer Josef Anton Häfliger (1873–1954) widmete der Geschichte des Apothekenwesens in Basel eine Monographie.[153]

Die Geschichte der Pharmaziegeschichtsschreibung erfuhr keine entsprechend ausgiebige wissenschaftliche Bearbeitung wie die der Medizingeschichte. Sie blieb ein Nischenfach. Noch deutlicher mit der Beantwortung von Standesfragen verknüpft, war sie auf die Initiative Einzelner angewiesen. Die Errichtung von Lehrstühlen oder die Erteilung von Lehraufträgen traten deutlich verzögert auf, als die Medizingeschichte bereits diesen Weg vorbereitet hatte. Die Etablierung erfolgte an den Orten Braunschweig, München und Marburg.[154] Bis heute gibt es nur zwei Institute eigens für das Fach, eines eben in Marburg und in Heidelberg, wohin das Deutsche Apotheken-Museum nach seiner Gründung in München umzog.[155] Aktuelle Figuren

maziehistoriker, der auf verschiedenen Gebieten auch lokalhistorische Abhandlungen verfasste.

149 Tschirch, W. O. A.: Handbuch der Pharmakognosie. Leipzig 1910–1927, vgl. insb. den Abschnitt „Pharmakohistoria".

150 Lichte, S. 53.

151 S. Urdang, G.: The American Institute of the History of Pharmacy, in: Bulletin of the History of Medicine, Bd. 10 (01.01.1941), S. 690 ff.; und Ders.: Why the American Institute of the History of Pharmacy was Organized at Madison, Wisconsin, in: Pharmacy in History, vol. 43, no. 1 (2001; Reprinted from The Badger Pharmacist March 1941), p. 38–46.

152 Zu ihm vgl. Rötz, T.: Georg Edmund Dann (1898–1979). Leben und Werk eines Pharmaziehistorikers im 20. Jahrhundert. Dissertation Marburg 2012.

153 Häfliger, J. A.: Das Apothekenwesen Basels. Basel 1938.

154 Vgl. Friedrich, Ch.: Pharmaziegeschichte zwischen 1873 und 1960, in: Geschichte der Pharmazie, 42. Jg., 3/1990, S. 25.

155 Anderswo gibt es gleichwohl Arbeitsbereiche, Schwerpunktseminare, Fachgruppen etc., die allerdings anderen Instituten angegliedert sind, s. http://www.pharmaziegeschichte.de, zul. abg. am 02.11.2022. Zum Deutschen Apotheken-Museum vgl. Buseck, S.: Die historische Apotheke. Das Deutsche Apotheken-Museum und andere pharmazeutische Sammlungen im deutschen Sprachgebiet. Eschborn 1997; und Huwer, E.: Das Deutsche Apotheken-Museum. Regensburg 20163.

sammeln sich dabei als Schüler um die Namen ihrer Lehrer Rudolf Schmitz (1918–1992), Wolf-Dieter Müller-Jahncke und Christoph Friedrich.

3.2.3.1 Protagonisten der Pharmaziehistoriographie

Zu den Begründern der Pharmaziegeschichtsschreibung gehört neben Julius Berendes an erster Stelle Hermann Peters (1847–1920).[156] Nach dem Pharmaziestudium führte er achtzehn Jahre lang eine Apotheke in Nürnberg und stattete das dortige Germanische Nationalmuseum mit einer historischen Apotheke aus. Besonders sein reich illustriertes publizistisches Schaffen wurde gelobt, allen voran sein Werk „Aus pharmazeutischer Vorzeit in Bild und Wort".[157] Hermann Schelenz (1848–1922)[158] besuchte bereits 1873 eine Vorlesung zu Geschichte der Pharmazie bei Hugo Schwanert (1828–1902) in Greifswald.[159] Urdang beschreibt ihn als unermüdlichen Forscher, der das Durchbruchswerk der systematischen Pharmaziegeschichte in Deutschland 1904 mit seiner „Geschichte der Pharmazie" verfasste.[160] Selbst ein Autodidakt der Sprachen und wissenschaftlichen Forschung, verkaufte er ebenfalls nach knapp zwanzigjähriger Führung 1893 seine Apotheke, um sich ganz pharmaziehistorischen Themen widmen zu können.[161] Schelenz' eifrigster Nachfolger war Georg Urdang (1882–1960), der seine eigene Monographie zur Geschichte der Pharmazie ihm widmete („In memoriam Hermann Schelenz").[162] Dieser hatte in einigen „Grundsätzen", wie beschrieben, die kulturhistorische Betrachtung der Pharmazie gefordert und so von der „Last" der zu umfangreichen historischen Betrachtung aller Neben- bzw. Hilfswissenschaften befreit. Er empfahl daher z.B. auch, nicht Vorlesungen über die gesamte Geschichte der Pharmazie anzukündigen, sondern diese jeweils in den Vorlesungen der jeweiligen Fächer zu lesen – so würden auch mehr Studenten historisches Wissen erlan-

---

156 Biographisch vgl. Hein, W. H.: „Peters, Hermann", in: Neue Deutsche Biographie, Bd. 20 (2001), S. 238 f.; s.a. Urdang, G.: Drei berühmte niedersächsisch-westfälische Apotheker: Peters, Berendes und Sertürner. Vortrag gehalten am 17. Dezember 1927 in der Ortsgruppe Hannover der Deutschen Pharmazeutischen Gesellschaft, in: Pharmazeutische Zeitung 73 (1928), S. 212 ff.

157 Peters, H.: Aus pharmazeutischer Vorzeit in Bild und Wort. 2 Bde., Berlin 1886–1890 (mehrere Aufl.; engl. 1889).

158 Biographisch vgl. Müller-Jahncke, W.-D.: „Schelenz, Hermann", in: Neue Deutsche Biographie, Bd. 22 (2005), S. 643–644; und v.a. Fuxius T.: Hermann Schelenz. Ein Pionier der Pharmaziegeschichte. Stuttgart 2002.

159 Friedrich Ch.: Pharmaziegeschichte als Lehrfach zu Ende des 19. Jahrhunderts. Ein Schelenz-Autograph aus dem Jahre 1873, in: Geschichte der Pharmazie, 42. Jg., 3/1990. S. 26 f.

160 Schelenz, H.: Geschichte der Pharmazie. Berlin 1904.

161 Dies ist ein Vorgehen, welches sich ebenfalls bei Berendes findet und ein Unterscheidungsmerkmal zu Medizinhistorikern darstellt. Letztere führten meist parallel zu ihrer ärztlichen Tätigkeit ihre medizingeschichtlichen Arbeiten aus. Ein möglicher Zusammenhang mit den Arbeitsbedingungen des Apothekers zu jener Zeit ist denkbar.

162 Adlung, A., Urdang, G.: Grundriß der Geschichte der deutschen Pharmazie. Berlin 1935.

gen.[163] Er gelangte in den Vereinigten Staaten zu einer Professur und publizierte dort viele weitere Jahre.[164]

Rudolf Kobert

Einem weiteren, für das Verständnis der Berendes-Editionen wichtigen Vertreter der deutschsprachigen Pharmaziegeschichte begegnet man mit Rudolf Kobert (1854–1918).[165] Seine persönliche Initiative machte seinen Wirkort Dorpat (das heutige estnische Tartu) zu einem der produktivsten Standorte der medizin- bzw. pharmaziegeschichtlichen Forschung Europas. Die von ihm betreuten Dissertationen wie auch seine eigenen Arbeiten sind aufschlussreich für die Methodik pharmaziehistorischen Forschens zum Ende des 19. Jahrhunderts.

Kobert hatte von 1873–1878 Medizin in Halle studiert. Seine ersten Anstellungen erhielt er ebendort und in Straßburg, bevor er 1886 ohne Habilitation auf die Professur für Arzneimittellehre, Diätetik und Geschichte der Medizin in Dorpat gerufen wurde, eine Stelle, die er bis 1898 einnehmen sollte.[166] Ab 1887 wandte er sich vermehrt der Medizingeschichte zu, beklagte aber den gegenwärtigen Zustand in Deutschland sehr[167] und engagierte sich vor allem in der Betreuung seiner Studenten für die Etablierung des Faches. Kobert musste die Universität 1896 aufgrund der sog. Russifizierung verlassen und kam erneut in Rostock zu Amt und Würden.[168] Von 1899

163 Urdang, G.: Die Geschichte der Pharmazie als Kulturgeschichte, in: Pharmazeutische Zeitung, Jg. 71 (1926), S. 1251–1252, hier S. 1252.

164 Für seine Bibliographie s. Dann, G., Higby, G.: Bibliography of the Publications of George Urdang on His Birth Centenary, in: Pharmacy in History, vol. 24, no. 3 (1982), S. 106–114.

165 Biographisch vgl. Lübbe, J.: Rudolf Kobert (1854–1918), sein Beitrag zur Entwicklung der Pharmakologie und zu der Geschichtsschreibung der Medizin. Diss. FU Berlin 1983; s.a. Eulner, H.-H.: „Kobert, Rudolf", in: Neue Deutsche Biographie, Bd. 12 (1980), S. 247. Dort finden sich im Literaturverzeichnis viele lokale Nachrufe auf Kobert.

166 Vgl. den Eintrag zu Kobert im „Catalogus Professorum Rostochiensium", einsehbar unter http://cpr.uni-rostock.de//resolve/id/cpr_person_00001151, zul. abg. am 02.11.2022.

167 Vgl. hierzu seine eigenen Worte: „In seiner Vorrede zum I. Band (Halle a.d. Saale, den 12. Juli 1889) [gemeint sind die „Historischen Studien ...", s.u.] beklagt er hinsichtlich der kultur- geschichtlichen Aufarbeitung des Fachgebietes ‚aufs Tiefste', dass ‚fast die älteste aller Naturwissenschaften, die Medicin, dabei bisher nicht mit dem Eifer vorgegangen, welchen man gerade von ihr hätte erwarten können. Ihre Augen sind unverwandt auf das rein Praktische und auf die Gegenwart gerichtet; das, was dahinter liegt, und das, was nicht direct in der Praxis lucrativ verwendet werden kann, straft sie mit, wie sie meint, verdienter Verachtung. ...' Kobert war jedoch zuversichtlich, dass nach der Schaffung von Lehrstühlen für Geschichte der Medizin auch in Deutschland ‚der Sinn der studirenden Jugend für die Lectüre solcher Bücher ... ganz von selbst wiederkehren' wird." Zit. nach Tiess, D.: Rudolf Kobert (1854–1918) als Toxikologe und Gerichtschemiker, in: T + K, Mitteilungsblatt der Gesellschaft für Toxikologische und Forensische Chemie, 71/1 (2004), S. 17–31, hier S. 19.

168 Vgl. dazu das Akademie-Projekt der Sächsischen Akademie der Wissenschaften mit dem Titel „Wissenschaftsbeziehungen im 19. Jahrhundert zwischen Deutschland und Russland auf den Gebieten Chemie, Pharmazie und Medizin", infolgedessen einige Monographien zu dem Thema erschienen

bis zu seinem Tod 1918 bekleidete er dort die Ämter des Ordinarius und Direktors des Instituts für Pharmakologie und Physiologische Chemie der Medizinischen Fakultät Rostock, wo er die Geschichte der Pharmazie als Lehrfach einführte. Er galt nach seinem Tod 1918 als „einer der letzten medizinischen Universalgelehrten."[169]

Dorpat war jedoch schon vor Koberts Wirken eine Stätte medizin- bzw. pharmaziehistorischen Arbeitens und Publizierens. Die 1632 gegründete Universität etablierte sich im Deutsch-Baltikum zur größten Ausbildungsstätte deutscher Ärzte und Apotheker im östlichen Europa, die weit über die Grenzen des Baltikums hinaus im gesamten Russischen Reich sowie im Deutschen Reich lehrten und praktizierten. Koberts „Lehrstuhl für Arzneimittellehre, Diätetik und Geschichte der Medizin" nun war mit ihm bereits zum fünften Mal von einem Deutschen besetzt.[170] Diese ungewöhnliche Verquickung von Lehrgebieten des Katheders in Dorpat nahmen zuvor bereits Rudolf Buchheim (1820–1879), damals noch mit dem Zusatz „Enzyklopädie der Medizin", sowie Oswald Schmiedeberg (1838–1921) wahr, die Begründer der modernen Pharmakologie. Buchheim gründete dort 1847 „aus Privatmitteln erstmals ein pharmakologisches Laboratorium, das zwei Jahre später zu einem Institut [...] erhoben wurde, [...]".[171] Auch der Leiter des pharmazeutischen Instituts, Georg Dragendorff (1836–1898), war an der Geschichte seines Fachs durchaus interessiert, gab eigene Schriften dazu heraus[172] und unterstützte Koberts Studenten bei der Erstellung pharmaziehistorischer Dissertationen. Koberts persönlicher Initiative war es zu verdanken, dass von 1889–1896 eine in Halle a. d. Saale publizierte Zeitschriftenreihe mit dem Titel „Historische Studien aus dem Pharmakologischen Institut der Kaiserlichen Universität Dorpat" erschien, die zur dieser Zeit einzige pharmaziehistorische

sind, bspw. Roussanova, E.: Deutsch-russische Beziehungen in der Chemie des 19. Jahrhunderts, Teil 1 und 2, in: Relationes 23/27, Aachen 2018/2019; oder Fischer, M.: Das biobibliographische Lexikon zu den deutsch-russischen Wissenschaftsbeziehungen auf den Gebieten Chemie, Pharmazie und Medizin im 19. Jahrhundert, in: Relationes 6 (2001) Aachen, S. 521–540.

169 Tiess, S. 20.

170 S. Eulner (1980).

171 S. Stoll, in: Enzyklopädie, S. 1148. Auf die nächste Gründung in Marburg 1867 folgte die in Straßburg 1872 unter Schmiedeberg, wo Kobert vor seiner Berufung nach Dorpat bereits gearbeitet hatte. Auf Schmiedebergs Verbindung mit Bernhard Naunyn (1839–1925) soll hier wenigstens hingewiesen sein. Zur Bedeutung der nach dem Krieg 1871/1872 wiedergegründeten, ganz nach dem modernen Wissenschaftsverständnis gebauten und strukturierten Kaiser-Wilhelms-Universität der Reichsstadt Straßburg, wo Wilhelm von Waldeyer-Hartz, Friedrich Althoff u.v.a. als leitende Forscher tätig waren, vgl. vom Brocke, in: Frewer (2001), S. 188 f., und insb. Roscher. Zur Gründung pharmakologischer Institute vgl. Lindner, J.: Pharmakologische Institute und Biographien ihrer Leiter. Zeittafeln zur Geschichte der Pharmakologie im dt. Sprachraum von Anbeginn bis 1995. Aulendorf 19962.

172 Dragendorff, G.: Die Heilpflanzen der verschiedenen Völker und Zeiten. Ihre Anwendung, wesentlichen Bestandtheile und Geschichte. Ein Handbuch für Ärzte, Apotheker, Botaniker und Droguisten. Stuttgart 1898. Aber er veröffentlichte auch fachlich spezifischere Schriften, so z.B. Ders.: Über einige in Turkestan gebräuchliche Heilmittel. St. Petersburg 1872.

Zeitschrift. Sie erfuhr rund 60 Jahre später einen Nachdruck.[173] Diese Entwicklungen haben so zur Institutionalisierung der Geschichtsschreibung von Medizin wie auch Pharmazie nicht unerheblich beigetragen.

Koberts eigene wie auch von ihm betreute Arbeiten zeigen Art und Methodik des pharmaziegeschichtlichen Forschens zur Zeit Berendes' auf. Unter seiner Leitung erschienen zahlreiche medizinische Dissertationsschriften,[174] die sich einem historischen Thema widmen und zum Teil erstmalig spätantike Autoren mit arzneikundlichem Inhalt in systematisierender Hinsicht erschließen.[175] Sie bearbeiten antike Texte, indem sie sie aus moderner pharmakologischer Perspektive lesen. Deren Verfasser entnehmen den Schriften der ‚Alten' die für das Untersuchungsziel relevantesten Informationen. Anschließend werden sie einer Neubewertung, -klassifizierung und -systematisierung unterzogen. Die Texte selbst standen damit keineswegs im Zentrum des Interesses – eher waren philologische Fragen hinderlich bei der Findung der ‚wahren' Lesart.

Eine frühe Arbeit aus Koberts Zeit in Dorpat hat beispielsweise zum Inhalt, pharmakologische Kenntnisse in hippokratischen Schriften zu erschließen.[176] Nach der dankenden Widmung an den Professor für Pharmakologie und einigen Vorbemerkungen betreffs hippokratischer Schriften nimmt der Autor eine interessante Einteilung der gefundenen Arzneimittel vor: Die Pharmaka werden in moderne Gruppierungen eingeteilt, also in „Abführmittel, Antihelminthica, Brechmittel" etc. Ähnliches geschieht in einer pharmakologischen Betrachtung des Werks von Scriboneus Largus.[177] Hier erfolgt eine Einteilung zwar in der „klassischen" Weise der „Materia medica" (Pflanzenreich, tierische Stoffe, Mineralien), doch die vorgenommene Auflistung fasst nur einzelne Arzneien, die „heute noch in Anwendung sind", ins Auge. Die Liste erinnert an die bei Berendes (s.u.). Im Anhang findet sich ein eigens zusammengestelltes, modernes Antidotarium mit Gegengiften aus dem Material von Scriboneus. Auch Galen selbst wird andernorts von diesem Standpunkt

---

173 Historische Studien zur Pharmakologie der Griechen, Römer und Araber. Koberts „Historische Studien aus dem Pharmakologischen Institute der Universität Dorpat". Nachdruck aus den Ausgaben Halle a. d. Saale 1889–1896 (Zentralantiquariat der DDR, Leipzig 1968).

174 66 an der Zahl lt. Tiess, S. 29.

175 Vgl. zur Übersicht Grünfeld, A.: Verzeichnis der von der medicinischen Facultät zu Dorpat seit ihrer Gründung veröffentlichten Schriften. Nach den Archiven der Universität zusammengestellt, in: Kobert, R. (Hrsg.): Historische Studien aus dem Pharmakologischen Institute der Kaiserlichen Universität Dorpat. Halle a. d. Saale (1893). Manche der Dissertationsschriften wurden auch in seinen „Historischen Studien" veröffentlicht.

176 von Grot, R.: Über die in der hippokratischen Schriftensammlung erhaltenen pharmakologischen Kenntnisse. Med. Diss. Dorpat 1887. Erneut erschienen in den „Historischen Studien", Bd. 1 (1889), S. 58–133.

177 Rinne, F.: Das vom pharmakologischen Standpunkte aus Wesentlichste aus Scribonii Largi ‚Compositiones': Inaugural-Dissertation Dorpat 1892.

aus begutachtet und übersetzt.[178] Beachtenswert sind auch die kreativen Ideen, die Kobert aus der Internationalität seiner Studenten schöpft: Ein persischer Student in Dorpat übersetzte zum ersten Mal eine Sammlung von Abu Mansur Muwaffaq, die bis heute einzige deutsche Übersetzung dieses Autors.[179] Sind Namen involviert, hält Kobert seine Studenten stets an, die botanisch systematisierte Bezeichnung zu verwenden (oft mit dem Kürzel „L." – Linné), neben den persischen, arabischen (transkribierten), botanischen und deutschen Bezeichnungen. Im Register kommen alle diese Sprachen dann gleichermaßen vor. Für eine eingehendere Untersuchung wären noch weitere Arbeiten zu untersuchen.[180]

Kobert und seine Studenten lesen die Schriften der antiken Autoren mit ‚modernem' pharmakotoxikologischem Blick, sie entnehmen sie ihrem System und gliedern sie modernen Klassifikationssystemen ein. Historische Erkenntnisse werden so retrospektiv mithilfe pharmakochemischer Methoden generiert. Beispielhaft wird dies noch einmal in Koberts eigenem Eröffnungsartikel im ersten Band der „Historischen Studien" ersichtlich:[181] Die Geschichte des Mutterkorns wird erörtert, allerdings ganz vom Standpunkt der heutigen Erkenntnisse über Wirkbestandteile dieses Gifts aus. Nachträglich werden Fälle bei Hippokrates zitiert, die mit der Wirkung des Toxins zu erklären sind.[182] Auch bei dem antiken Historiker Thukydides fänden sich solche Fälle. Diese Vorgehensweise war zwar Ausdruck von an deutschen Universitäten üblicher und geforderter Gelehrsamkeit – sie wird jedoch dem Historischen kaum gerecht. Sie verbürgte eine ‚Nützlichkeit' historischen Wissens, die dem praktischen Arzt kaum eingängig sein konnte – ein ähnliches Phänomen wie bei Puschmanns Alexander-Ausgabe.

---

178 Israelson, L.: „Die Materia Medica des Klaudios Galenos". Diss. Dorpat 1894. Von dem wohl falschen Namen Galens war bereits weiter oben die Rede.

179 Achundow, A.: Commentar zum sogenannten Liber fundamentorum pharmacologiae des Abu Mansur Muwaffak-Ben-Aliel Hirowi. Inaugural-Dissertation Dorpat 1892. Der arabische Pharmakologe Muwaffaq des 10. Jahrhunderts, der die antiken griechischen und römischen Autoren rezipierte, hatte von Seligmann eine Edition erfahren: Seligmann, F. R.: Liber fundamentorum pharmacologiae auctore Abu Mansur. Epitome codicis manuscripti persic Bibl. caes. reg. Vienn. inediti. 2 Bde., Wien 1830/1833, vgl. Schipperges, in: Enzyklopädie, S. 1019. Die Arbeit wurde in Koberts „Historischen Studien" veröffentlicht (Bd. III) und noch mit einem ausführlichen Nachwort versehen. Zusätzlich wurden zwei Einschätzungen hintangestellt, von Julius Jolly (1849–1932), einem Indologen, und Paul Horn (1863–1908), einem Iranisten bzw. Orientalisten, die nicht kritiklos das Werk des philologisch ungeschulten Verfassers bewerten.

180 Bspw. die Celsus-Edition des Kobert-Schülers Friboes, W.: Aulus Cornelius Celsus: Über die Arzneiwissenschaft in acht Büchern. Braunschweig 19062. Die aktuelle Edition ist die von Lederer, Th.: A. Cornelius Celsus: De medicina, Die medizinische Wissenschaft. Eingeleitet, übersetzt und kommentiert. 3 Bde., Darmstadt 2016.

181 Kobert, R.: Zur Geschichte des Mutterkorns, in: Ders. (Hrsg.): Historische Studien aus dem Pharmakologischen Institut der Kaiserlichen Universität Dorpat (Bd. I), Halle a. d. Saale 1889.

182 Kobert (1889), S. 10 ff.

Entsprechend erging es Koberts historischen Forschungsprojekten: Nachdem der erste Band seiner Historischen Studien kaum Absatz fand, besonders unter Medizinern und Pharmakologen nicht, wendete er sich im Folgenden eher praktischen Fragen zu und beantwortete sie auch mit eventuell für den zeitgenössischen Arzt interessanteren Methoden. Die Einbettung in die „allgemeine Kulturgeschichte"[183] und Betonung der abwechslungsreicheren historischen Arbeit – Versuche, die ebenfalls Puschmanns Argumenten ähneln – schafften dem Misserfolg auch keine Abhilfe.[184] Mit seinem erzwungenen Weggang[185] schwand endlich auch die medizin- bzw. pharmaziehistorische Bedeutung des Standorts Dorpat.

So zeigt sich schließlich, dass die pharmazeutisch hervorragend geschulten Pharmaziehistoriker eine traditionelle Grundlage hernahmen, um auf dieser eine Neubewertung und Systematisierung der überlieferten Substanzen durchzuführen, die dem modernen Pharmazeuten etwas zu sagen hatte. Der deutlich unbefangenere Umgang schützte die Geschichte der Pharmazie damit vor einer Belanglosigkeit und Scheinutilitarismus, wie sie die Medizingeschichte erfahren und durchhalten musste. Der inhaltliche Fokus lag deutlich näher, da althergebrachte Substanzen aus der *Materia medica* nun chemisch aufgeschlüsselt und neu zur Anwendung gebracht werden konnten. Gleichzeitig erlebte eine rückbesinnende Naturheilkunde schon damals einen ersten Aufschwung, sodass die Beschäftigung mit Heilpflanzen der Nimbus des Historischen umfing.

Gemeinsam mit der Medizingeschichte musste aber auch die Geschichte der Pharmazie erst langsam, zeitlich gar deutlich verzögert auf ihre hochschulische Anerkennung sich vorbereiten und derselben zuarbeiten: Die erwähnten Pharmaziehistoriker waren Protagonisten einer noch jungen Wissenschaft, die sich ihrem Dasein als Apotheker meist ganz abwenden mussten, um pharmaziehistorisch forschen zu können. Sie betrieben ihre Arbeiten ohne hochschulstrukturelle Hilfen. Ihre Initiative verhalf dem Fach erst langsam zu seinem Aufschwung. Die rege Publikationstätigkeit

---

183 „Die Kulturgeschichte in ihrem allgemeinsten Umfange ist noch eine ziemlich junge Wissenschaft. [...] Nur eine, und zwar fast die älteste aller Naturwissenschaften [!], die Medicin, ist dabei bisher nicht mit dem Eifer vorangegangen, welchen man gerade von ihr hätte erwarten können. [...] denn für ihn [den Autor] ist die Geschichte der Medicin nichts weiter als ein Bruchtheil der Kulturgeschichte." So in Koberts Vorwort zu den „Historischen Studien", Bd. 1 (1889), S. V. Zur Herkunft des kulturgeschichtlichen Begriffs vgl. die Bemerkungen zum „Methodenstreit" um Lamprecht (s. die Abschnitte 3.1 bzw. 3.4.2).

184 Auch im Vorwort heißt es etwas bissig, „dass ihm [dem Herausgeber] bei chemischen und physiologischen Experimenten die Beschäftigung mit der Geschichte der Medizin von Zeit zu Zeit eine sehr willkommene Abwechslung bietet, ja daß der Gesichtskreis eines Pharmakologen, welcher nicht eingehende historische und geographische Studien macht, ein beschränkter bleiben muß." Kobert (1889), S. V. Begründungsstrategien finden sich selbstverständlich auch in pharmaziehistorischen Werken; eine genauere Untersuchung derselben steht noch ganz und gar aus.

185 Kobert hing so sehr an seiner Alma mater, dass er ihr den ersten Band seiner „Historischen Studien" widmete.

der Gründer Peters, Schelenz und Berendes führte dann auch zu einer Anerkennung ihrer wissenschaftlichen Eigenständigkeit. So konnte schließlich mit der Verankerung des Fachs in wenigen Studienordnungen (Innsbruck 1923; Basel 1924)[186] und der Gründung der Internationalen Gesellschaft für Geschichte der Pharmazie 1926 eine erste definitive Etablierung erfolgen.[187]

3.2.3.2 Pharmaziehistorisches Schrifttum

Ähnlich wie bei der Geschichte der Medizin hat sich das entsprechende Schrifttum vor den Institutionen entwickelt.[188] Schon früh, zu Beginn des 19. Jahrhunderts, erschienen o.g. Lehr- und Handbücher.[189] Der bedeutendster Vertreter war Johann Andreas Buchner (1783–1852), der ein umfassendes Handbuch zum Selbststudium herausgab.[190] Karl Gottfried Hagen (1749–1829) verfasste ein ebenfalls vielfach benutztes Lehrbuch.[191] Im Laufe des 19. Jahrhunderts dann folgten die Publikationen den Zweigen und Spezialisierungen der Pharmazie. Im Zuge der Errichtung von Institutionen und Gesellschaften fanden sich auch zeitschriftenmäßige Möglichkeiten zur Publikation von Forschungsergebnissen. Justus (von) Liebig (1803–1873) gab mit seinen „Annalen der Pharmacie" ein erstes Format heraus. Hier wurden „naturhistorische" Beiträge regelmäßig in einer Sektion „Naturgeschichte und Pharmakognosie" abgedruckt; eine Sektion „Literatur und Kritik" rezensierte neu erschienene Bücher. Das von der „Deutschen Gesellschaft für Geschichte der Pharmazie" herausgegebene Mitteilungsblatt „Geschichte der Pharmazie" oder die pharmaziehistorische Sektion

---

186 Inhaber des Auftrags in Basel war Josef Anton Häfliger (1873–1954); s. Meyer, S. 74 ff. Lehrbeauftragter in Innsbruck war der dortige Stadtapotheker Ludwig Winkler (1873–1935). Zu seiner Beauftragung und den Hintergründen der neuen Studienordnung vgl. Ganzinger, K.: Apotheker-Biographien (3), in: Österreichische Apotheker-Zeitung. 42. Jg., Folge 7 (13.02.1988), S. 122–128.

187 Winkler war deren erster Vorsitzender, s. Meyer.

188 Siehe hierfür v.a. die Übersicht von Friedrich, Ch.: Apotheker als Buchautoren, in: Deutsche ApothekerZeitung, Nr. 50 (2011), S. 82 ff.

189 S. hierzu v.a. Schmitz, Bd. 2, unter dem Abschnitt „Die Entwicklung der pharmazeutischen Fachliteratur".

190 Buchner, J. A.: Vollständiger Inbegriff der Pharmacie in ihren Grundlehren und praktischen Theilen: ein Handbuch für Aerzte und Apotheker. Nürnberg, Teil 1–4 wurden 1822–1828 gedruckt, Teil 5 und 6 erschienen nie, Teil 7 (ersch. 1822) ist der Toxikologie gewidmet. Er verfasste auch eine „Pharmacopoea Borussica".

191 Hagen, K. G.: Lehrbuch der Apothekerkunst. Königsberg 1778; das Werk erfuhr mehrere Auflagen. Hagen war übrigens der „chemische Berater" Immanuel Kants.

in der „Pharmazeutischen Zeitung“[192] und der „Deutschen ApothekerZeitung“[193] schlossen sich an. Das publizistische Schaffen von Apothekern hatte somit „bedeutenden Anteil am sozialen Aufstieg ihres Berufes, von dem dieser heute noch zehrt.“[194]

3.2.3.3 Zusammenfassung

Die Etablierung der Pharmaziehistoriographie stellt ein eigenes Thema dar, mit anderen Protagonisten, Entwicklungen und Publikationen.[195] Ihre Herangehensweise an antike Texte ist eine mit unbefangenem pharmazeutischem, klar inhaltlichem Fokus, was sie vor Legitimationsanfragen zunächst schützte. Die Bearbeiter intendierten mit ihren Editionen aber nur mittelbar eine anknüpfungsfähige Etablierung der Disziplin Pharmaziegeschichte, viel mehr als die Medizingeschichte agierten sie auch aus politischer Motivation heraus: Sie sahen sie sich nach der Gründung des Deutschen Kaiserreiches mit ungeklärten Standesfragen konfrontiert.[196] Diese Veränderungen erstreckten sich auch auf Lehre und Ausbildung von Apothekern.[197] Die

192 Zur ihrer Genese s. Nowotny, O.: Zur Geschichte der pharmazeutischen Zeitschriften und periodischen Veröffentlichungen in der österreichisch-ungarischen Monarchie und in der Republik Österreich, in: Österreichische Apotheker-Zeitung, Nr. 23 (1969). Für Hintergründe zum Herausgeber Hans Heger (1855–1940) vgl. Ders.: Hans Heger und seine Bedeutung für die Geschichte der Pharmazie in Österreich, in: Veröffentlichungen der Internationalen Gesellschaft für Geschichte der Pharmazie, Bd. 47 (1979), S. 147. Zur „Pharmazeutischen Zeitung“ s.a. Ganzinger, K.: Herrmann Schelenz und Österreich, in: Beiträge zur Geschichte der Pharmazie, Jg. 41, Nr. 1 (1989), S. 1–5.

193 Zu Entwicklung pharmazeutischer Zeitschriften allgemein vgl. Kremers/Urdang, S. 131 ff.

194 Friedrich (2011), S. 89.

195 Ebenso wäre die Geschichte jeder anderen Naturwissenschaft ein zwar eng mit der Geschichte der Pharmazie verbundenes, aber eigenständiges Thema. So etablierte sich z.B. die Geschichtsschreibung der chemischen Wissenschaften einigermaßen parallel zur Geschichte der Pharmazie mit Personen wie Georg W. A. Kahlbaum (1853–1905), der die „biographische Richtung“ Urdangs einschlug und eine bio-ergographische Darstellung des ‚Chemievaters‘ Christian Friedrich Schönbein (1799–1868) abfasste. In der wissenschaftlichen Landschaft des ausgehenden 19. Jahrhunderts nimmt die Chemiegeschichte eine Stellung innerhalb ihres Fachs oder als Teil der Medizingeschichte ein, eigens eingerichtete Lehrstühle finden sich nicht. Kahlbaum gründete dann 1901 zusammen mit Sudhoff die „Deutsche Gesellschaft für Geschichte der Medizin und Naturwissenschaft“ (s.u.) und war auch 1902–1905 Mitherausgeber der „Mitteilungen zur Geschichte der Medizin“, vgl. Klemm, F.: „Kahlbaum, Georg“, in: Neue Deutsche Biographie, Bd. 11 (1977), S. 22–24. Die Bündelung aller historischen Wissenschaftsfächer in o.g. Gesellschaft war ein kluger Schachzug Sudhoffs (s.u.).

196 Der in Deutschland zuvor verschieden reglementierte Beruf, wechselhaft je nach herrschender Regierung, erfuhr eine von den Apothekern als solche empfundene Bedrohung. Die von Berendes in seinem „Apothekenwesen“ dargestellte Geschichte liest sich wie ein Kriminalroman. Gegenstand war die Frage nach der Konzession, also Verleihung des Nutzungsrechts einer Apotheke: wann, wie und an wen diese verliehen wurde. Die preußischen Behörden strebten eine reine Personalkonzession an, die sich – kurz gesagt – bis 1894 immer weiter durchsetzte.

197 Berendes z.B. absolvierte erst eine Apothekerlehre und anschließend ein Studium, ein nicht untypischer Werdegang, da erst 1875 ein mindestens dreisemestriges Studium verlangt war; erst 1921 war

Beschäftigung mit der Geschichte ihres Fachs sollte also einer Legitimationsschwierigkeit ihrer eigenen Art abhelfen, um die Unabhängigkeit des Apothekerstandes auszuweisen – ein Anliegen, das Berendes kämpferisch verfolgte (s.u.). Derlei Intentionen verfolgten die Akteure der Medizingeschichte weniger, ihnen waren die methodischen Anfragen einige Jahrzehnte zuvor größtes Hindernis, sodass auf ihrem Feld auch Vorarbeit für die Pharmaziegeschichte geleistet wurde. Man könnte sagen, die Pharmaziehistoriker ‚interessierte' das Philologische von Beginn nur mäßig, die Frage nach dem Umgang mit den Altertumswissenschaften ließ sie ‚kälter'. Die Arbeitsmethodik von Pharmazeuten wie Rudolf Kobert in Dorpat offenbarte hingegen eine pharmazeutische Spielart des utilitaristischen Verständnisses von Medizingeschichte, die aber so gerade zumindest eine Zeit lang anschlussfähiger schien. Pharmaziehistorische Arbeiten treten im Vergleich zur Medizingeschichte verzögert auf; eine institutionalisierte Etablierung blieb dem Fach zunächst verwehrt. Die endgültige Begründung der modernen Pharmaziehistoriographie erfolgte erst im 20. Jahrhundert, nachdem Wegbereiter wie Peters, Schelenz und Berendes die historische, quellenkundliche Vorarbeit geleistet hatten und die antiken Schriftsteller auf ihre Weise erschlossen hatten.

3.2.4 Antike pharmazeutische Schriftsteller

Schmitz gibt in seinem umfangreichen Lehrbuch der Pharmaziegeschichte die maßgeblichen Akteure an. Abgesehen von dem, was unter das Schlagwort „Hippokratische Pharmazie" fällt, sind diese Autoren mit besonderem oder ausschließlichem pharmazeutischen Inhalt im Einzelnen:

Theophrast von Eresus

Dieser war der wohl berühmteste Schüler von Aristoteles;[198] daher erklärt sich auch seine Bedeutung für die Pharmazie, ebenso wie von der Tatsache her, dass er der eigenständige Schöpfer einiger pflanzenkundlicher Werke ist.[199] Sie erfuhren Mitte

---

das Abitur Zulassungsvoraussetzung für ein bald sechssemestriges Universitätsstudium. Vgl. Lichte, S. 20.

198 Vgl. hier auch von Manz, in: Enzyklopädie, S. 1385 f., und Siede, M., Stein, M.: „Theophrastos (Theophrast)", in: Landfester, M., Cancik, H., Schneider, H. (Hrsg.): Der Neue Pauly Supplemente I, Bd. 2: Geschichte der antiken Texte: Autoren- und Werklexikon. Stuttgart 2007; online abrufbar unter http://dx.doi.org/10.1163/2452-3054_dnpo2_COM_0217, zul. abg. am 02.11.2022.

199 Mit ihm befasste sich auch Sprengel, der ihn ins Deutsche übersetzte: Schneider, J. G. Th. (Hrsg.): Naturgeschichte der Gewächse. 5 Bde., Leipzig 1818–1821; deutsch von Kurt Sprengel. 2 Bde., Altona 1822. Johann Gottlob Theaenus Schneider war Altphilologe. Zur Überlieferungsgeschichte s.a. Hort, A.: Enquiry into plants and minor works on odours and weather signs: in two volumes / Theophrastus. With an Engl. transl. Reprint Cambridge 1948, vol 1., p. xviii.

des 19. Jahrhunderts eine Gesamtausgabe von Ch. F. H. Wimmer (1803–1868).[200] Wiewohl sehr berühmt für seine Charakterstudien,[201] gehört Theophrast eher der Geschichte der Botanik zu.

Scriboneus Largus

Er ist für die Abfassung eines „Rezeptbuches" bekannt geworden, in dem 271 Rezepte gegen alle möglichen Leiden, gegen Vergiftungen und schließlich für Salben und Ähnliches zusammengetragen sind.[202] Diese *Compositiones* sind mehrfach bearbeitet und endlich im *Corpus Medicorum Latinorum* (CML) herausgegeben worden.[203]

(Pedanios) Dioskurides

Die maßgebliche Größe antiker ‚Pharmazie' aber ist freilich (Pedanios) Dioskurides.[204] Sein bereits zitiertes Werk „De materia medica" (Περὶ ὕλης ἰατρικῆς) ist die umfangreichste Auflistung von Arzneistoffen der Antike mit knapp über 1000 aufgelisteten Arzneien.[205] Dioskurides nimmt die klassisch Einteilung der *Materia medica* in Pflanzen- und Tierreich sowie Mineralien als erster vor und folgt in der Anordnung der fünf Bücher einem neuen Ordnungsprinzip, das dem heutiger Wirkstoffgruppen nahekommt.[206] Ausgehend von ihm wurden die Namen der Pflanzen im Laufe der Jahrhunderte um immer noch weitere Synonyma ergänzt, sodass sich ein regelrechtes „Synonymenwirrwarr"[207] ergab – ein zentrales Problem für Übersetzer wie Berendes. Daher ist Dioskurides auch Wegbereiter einer systematisierenden Botanik.

---

200 Wimmer, Ch. F. H.: Theophrasti Eresii opera quae supersunt omnia. 3 Bde., Leipzig 1854–1862.

201 Darum erscheinen diese vielrezipierten Stücke z.B. im Reclam-Verlag: Klose, D.: Charaktere. Griechisch und deutsch (= Universal-Bibliothek Nr. 619). Stuttgart 1970.

202 Vgl. Cardauns, in: Enzyklopädie, S. 1313.

203 Sconocchia, S. (Hrsg.): Scribonii Largi Compositiones. Leipzig 1983. Neuerdings hat sich Joëlle Jouanna-Bouchet um eine Edition mit französischer Übersetzung verdient gemacht: Scribonius Largus. Texte établi, trad. et commenté, in: Collection des universités de France. Série latine, vol. 412. Paris 2016.

204 Für ausführlichere Dioskurides-Besprechungen s. Scarborough, J., Nutton, V.: The Preface of Dioscorides' Materia Medica: introduction, translation, and commentary, in: Transactions and Studies of the College of Physicians of Philadelphia, vol. 4, no. 3 (1982), p. 187–227; Riddle, J. M.: Dioscurides, in: Kranz, F. E. (Hrsg.): Catalogus Translationum et Commentariorum 4. Washington 1980, S. 1–143; ders.: Dioscorides on Pharmacy and Medicine, in: History of science series, vol. 3, Austin 1985.

205 So Stoll, in: Enzyklopädie, S. 308 ff. Diesem ausführlichen Artikel wird hier im Wesentlichen gefolgt.

206 Stoll, in: Enzyklopädie, S. 311. Zur Einteilung und Darstellung pharmakologischen Wissens s. allgemeiner z.B. Porep, R.: Die Entwicklung der Darstellungsweisen pharmakologischen Wissens, in: Medizinhistorisches Journal 4 (1969), S. 261–270.

207 S. Stoll, in: Enzyklopädie, S. 310. Vgl. hierzu Aufmesser, M.: Etymologische und wortgeschichtliche Erläuterungen zu „De materia medica" des Pedanius Dioscurides Anazarbeus. Hildesheim/Zürich/New York 2000. Zur Methodik Dioskurides' vgl. Touwaide, A.: L'identification des plantes du

Des Weiteren beschreibt Dioskurides für jede Arznei die wirksamen Bestandteile, Eigenschaften, medizinische Anwendung, Nebenwirkungen, Dosierung, alternative Anwendungsformen jeder Pflanze. Das macht ihn auch zu einem ersten „Pharmakodynamiker", der die Wirkungen der Pflanzen systematisch untersuchte.[208]

Die extreme Vorbildwirkung der literarischen Gattung seiner „Materia medica" als solcher, in wissenschaftstheoretischer, pharmakologischer und pharmazeutischer, aber auch botanischer Hinsicht, ist kaum zu überschätzen. Kompilatoren der Spätantike wie Paulos von Ägina, Aëtios von Amida oder Oreibasios beriefen sich häufig auf ihn. Im Mittelalter wurden gleichartige Werke unter seinem Namen erstellt, ein Phänomen, das dem bei hippokratischen Schriften ähnelt. Ab der Renaissance kennt man zwei weitere Rezeptionsstränge des Werkes: die philologische Bearbeitung der „Materia medica", also die Herstellung einer möglichst originalgetreuen Textgrundlage, und die naturwissenschaftliche Bearbeitung.[209] Letztere umfasst die Zuführung zu einer modernen, möglichst einheitlichen Nomenklatur und die botanische Beschäftigung mit dem Werk. Mit dem Aufkommen der Botanik als Wissenschaft ab dem 17. Jahrhundert aber „wurde die ‚Materia medica' des D.[ioskurides] nach und nach entbehrlich."[210] Die nach wie vor maßgebliche Edition besorgte Max Wellmann.[211]

Galen

Der brühmte Arzt entwarf auf philosophischer Grundlage ein systematisches System der Heilkunde, in dem die Pharmakologie nicht fehlen durfte. Zu seinem Ansatz und besonders der sog. Gradlehre ist an andere Stelle genügend gesagt.[212]

Traité de matière médicale de Dioscoride: un bilan méthodologique, in: Döring, K., Wöhrle, G. (Hrsg.): Antike Naturwissenschaft und ihre Rezeption. Bde. I–II, Bamberg 1992.

208 Dioskurides unterschied bereits Wirkung (ἐνέργεια) und Heilkraft (δύναμις) der einzelnen Arzneimittel (φάρμακα), vgl. Stoll, in: Enzyklopädie, S. 1144.

209 Stoll, in: Enzyklopädie, S. 313 f.

210 Stoll, in: Enzyklopädie, S. 314.

211 Wellmann, M.: Pedanii Dioscuridis Anazarbei De materia medica, ed. M. Wellmann. Bd. I: Libri I et II, Berlin 1907; Bd. II: Libri III et IV, Berlin 1907; Bd. III: Liber V, Berlin 1914.

212 Grob gesagt beruht sie auf der Einteilung von Wirkungen in Graden. Vgl. z.B. Harig, G.: Die Stellung der Gradlehre in der theoretischen Pharmakologie Galens, in: Beiträge zum XIII. Internationalen Kongreß für Geschichte der Wissenschaft Moskau, 18.–24.08.1971, Sektion III/IV, S. 51–58. Die Erklärung, warum manche Substanzen überhaupt solche und manche andere Wirkungen hervorbrachten, wurde naturphilosophisch mit dem Vorhandensein einer δύναμις/„virtus", also einer Kraft, erklärt, die die Wirkung hervorrufe. Am Opium sei das Beispiel Stolls zitiert: „[...] das Opium wirkt einschläfernd, weil eine virtus dormitiva in ihm ist. Und eine virtus dormitiva ist in ihm, weil es einschläfernd wirkt." S. Stoll, in: Enzyklopädie, S. 1145. Später, u.a. bei Avicenna, wurde dieses Problem erneut angegangen und um die complexiones erweitert, wo die vermischten virtutes eine neue Qualität (complexio) bildeten. Problematisch blieb, dass sie praktisch schwer anwendbar war, bes. im Bereich der zusammengesetzten Arzneimittel (composita).—Dass die virtus auch als materieller Stoff begriffen

Zu den weiteren Überträgern der antiken Medizin und damit auch der Arzneimittellehre zählen schließlich außerdem Alexander von Tralleis, Oreibasios, Aëtios von Amida und insbesondere Paulos von Ägina. Damit sei die Auswahl antiker Autoren beschlossen.

Bei der Auswahl der modernen Gelehrten muss mehr als alle anderen Julius Berendes berücksichtigt werden. Dieser übertrug um die Wende vom 19. ins 20. Jahrhundert antike Texte mit pharmazeutischem Inhalt in deutsche Fassungen. Seine Herangehensweise war ganz von Inhalt und Zweck seiner Arbeit geprägt. Der Begriff von der Pharmazie unterschied sich bereits zu Berendes' Lebzeiten immens vom tradierten Verständnis. Darstellungen von Arzneimitteln fanden sich überhaupt nur deswegen in antiken ärztlichen Schriften wieder, weil deren Kenntnis und Zubereitung zum ärztlichen Aufgabenbereich zählten – anders als heute. Seine Arbeit veranlasste ihn daher auch zur Bearbeitung genuin medizinischer Texte, die später erneut Gegenstand der Untersuchung sein werden.[213] Er passt damit in die Reihe der bisher untersuchten Akteure und erschließt die bisher unberücksichtigt gebliebene antike pharmazeutische Literatur.

Berendes als einer der Vertreter des Dreigestirns ist für die Pharmazie-, aber auch Medizingeschichte ein wichtiger Protagonist, da er wie kein zweiter die pharmazeutische Literatur der Kompilatoren kannte. Er betrieb seine Studien dabei als Pharmazeut und machte sich die philologische Methodik soweit zu eigen, wie es dem Ziel seines Schaffens dienlich war. Berendes' Arbeit operierte an der Schnittstelle von ‚alter' und ‚neuer' Pharmazie – ähnlich der ‚alten' und ‚neuen' Medizin. Die Untersuchungsfrage wird sein, ob und inwiefern Berendes nun fachlich, also pharmazeutisch bzw. pharmakologisch, schrieb; war sein Hintergrund einer, der dem Studenten oder praktizierenden Apotheker von Nutzen sein konnte? Welche Schwerpunktsetzungen sind erkennbar? Und: Wie ging Berendes mit Textfragen um, gerade bei etymologischen Fragen und der im Laufe der Zeit verwirrend groß gewordenen Menge an Synonyma?

3.3 Julius Berendes (1837–1914)

Julius Berendes ist, noch einmal, der bedeutendste Pharmaziehistoriker, der sich mit antiken Texten auseinandersetzte. Seine Übersetzungen behandeln nicht nur die wichtigste pharmazeutische Literatur des Altertums, sondern auch des Mittelalters.

---

werden konnte, war die Voraussetzung (!) dafür, dass nach einer „chymiatrischen" Erklärung gesucht wurde, was 1804/1805 im Falle des Opiums durch Wilhelm Sertürner (1783–1841) mit der Isolation des Morphiums gelang; vgl. Tshisuaka, in: Enzyklopädie, S. 1322.

213 V.a. die Paulos-Edition von Heiberg, s. 3.4.1.

Bei der Herausgabe dieser Schriften folgte er keinem altertumswissenschaftlichen, sondern eigentlich medizinischem Interesse: Berendes' Gelehrtenleben war von dem Ziel bestimmt, eine vollständige Geschichte der Pharmazie abzufassen. Hierfür setzte er sich mit mehreren Epochen und deren Arzneikunst auseinander. Seine dafür angefertigten Übersetzungen lassen dabei den Versuch erkennen, die überlieferte *Materia medica* an die Erkenntnisse der modernen Pharmazie anzuschließen. Damit lässt sich bei Berendes eine inhaltszentrierte Methodik konstatieren, der sich die philologische Methode als Hilfsmittel aneignete und verwendete.

Vorab Einiges zur Biographie des Goslaer Apothekers: Als Berendes sich der Arbeit an einer Edition des „Paulos von Ägina" zuwandte, war er bereits in die achte Lebensdekade vorgerückt.[214] Seine Hinwendung zur Pharmaziegeschichte hatte früh begonnen: Nach dem Abitur begann er zunächst ein Studium der Philosophie, Kunst- und Sprachwissenschaften in Innsbruck.[215] Dieses mehrjährige Studium musste er aus finanziellen Gründen aufgeben, nachdem er „sich bei seiner vielseitigen Veranlagung nicht für etwas Bestimmtes entscheiden" konnte.[216] Die anschließende Apothekerlehre bei seinem Bruder schloss er ab, um dann Pharmazie in Bonn zu studieren. Seine in lateinischer Sprache abgefasste Promotion über ein neu entdecktes Mineral namens „Dufrénoysit" ($PbAs_2S_5$) reichte er 1864 in Freiburg i. Br. ein.[217] Der frühe Tod seiner Frau Alwine, geb. Bünsing machte ein Auskommen mit der Apothekerarbeit erforderlich. Aus der Ehe waren immerhin sechs Kinder hervorgegangen. Er führte daraufhin Apotheken in Ahaus und Hameln. 1883 pachtete er eine Apotheke in

214 Diese letzten Jahre seines Lebens überschneiden sich teils mit den Lebensdaten eines gleichnamigen HNO-Arztes und Hochschullehrers, mit dem er nicht verwechselt werden darf. Dieser Julius Berendes (1907–2001) machte sich um Forschungen zur Funktion des Stimmapparats verdient und wurde 1979 mit der Paracelsus-Medaille geehrt, s. Deutsches Ärzteblatt, Jg. 98, Heft 7 (16.02.2001), S. A416 (unter „Varia–Gestorben").

215 Hierüber stimmt die Literatur nicht gänzlich überein; die obige Darstellung folgt Urdang, der mit Verwandten Berendes' Kontakt hatte, in: Urdang, G.: Drei berühmte niedersächsisch-westfälische Apotheker: Peters, Berendes und Sertürner. Vortrag gehalten am 17. Dezember 1927 in der Ortsgruppe Hannover der Deutschen Pharmazeutischen Gesellschaft, in: Pharmazeutische Zeitung 73 (1928), S. 212 ff., hier S. 213. Auch so in Adlung/Urdang, S. 424, und bei Ziegenspeck, H.: „Berendes, Julius", in: Neue Deutsche Biographie, Bd. 2 (1955), S. 69. Dagegen meinen Haars, M., Friedrich, Ch.: Julius Berendes. Ein Vater der Pharmaziegeschichte, in: Pharmazeutische Zeitung Magazin, 27/2014, dass Berendes zuerst die Apothekerlehre bei seinem Bruder absolvierte und zwischen den beiden Studien ein Jahr als Militärapotheker zubrachte, ebenso Salzmann in seiner Geburtstagsfestschrift für Berendes, s. Apotheker-Zeitung, Jg. 22 (1907), S. 225 f. Urdang meint an anderer Stelle allerdings, dass das Studium der „Philosophie, Geschichte und Archäologie" (!) nur zwei Semester währte, s. Urdang (1923), S. 54, und Lichte, Anm. 152.

216 Urdang (1928), S. 213.

217 Hier folgt man eher Haars/Friedrich, die die Promotionsakte aus Freiburg vorliegen hatten, und nicht Urdang, der die Promotion in Bonn ansiedelt. Anscheinend war ihm so ein finanziell belastendes weiteres Studium erspart geblieben, sodass er sich womöglich durch die lateinische Abfassung an der philosophischen Fakultät promovieren konnte.

Goslar, wo er sich 1887 schließlich, nachdem die Verpachtung von Apotheken nicht mehr zulässig war, gänzlich der Pharmaziegeschichte zuwendete. Der Tod seiner ersten Frau muss zwischen 1880 und 1884 liegen, dem Jahr, als er seine zweite Ehe mit Johanna Bernhardine, geb. Thonhausen einging. Möglicherweise war ihm nach der erneuten Heirat eine finanziell auskömmlichere Basis für eine private Beschäftigung mit Pharmaziegeschichte ermöglicht worden.[218] Die pharmazeutische Betätigung der Familie setzte sich mit seinem Sohn fort, der Professor für Pharmazie wurde und ein industrielles Forschungsinstitut leitete.[219]

Fragt man also nach den Gründen für Berendes' Hinwendung zur Pharmaziegeschichte, müsste man folgerichtiger fragen, warum er zuvor Apotheker wurde.[220] Er hatte, gerade mit seiner klassischen gymnasialen Bildung,[221] alle qualitativen Voraussetzungen für eine akademische Karriere. Urdang schreibt:

> Berendes war Gelehrter in des Wortes eigenster Bedeutung. Nicht nur, dass er auf einer ganzen Anzahl von Wissensgebieten viel wusste, er besaß die ethischen Eigenschaften, die in Wahrheit erst den Gelehrten machen.[222]

Berendes hatte jedoch nie philosophisch graduiert. Er blieb damit zeitlebens Pharmazeut, wenn auch später lediglich formell. Urdang meint, diese stete „Distanz" zum eigenen Beruf war eine fruchtbare Voraussetzung für die kritische Auseinandersetzung mit „seinem" Apothekerstand.[223]

Zunächst zu seiner *Ergographie*: Die wissenschaftliche Aktivität Berendes' lässt sich sich, grob gesagt, anhand zweier Hauptlinien nachverfolgen: die übersetzerisch-editorische Arbeit und die pharmazie-historische.[224] Letztere war die Voraussetzung für eine Beschäftigung mit historischer Literatur. Sie begann mit dem Titel „Die Pharmacie bei den alten Culturvölkern".[225] 1891 erschienen, ist das Werk „Prof. Kobert" gewidmet, der zu dieser Zeit noch in Dorpat lehrte. Auf die wohl früh zustande gekom-

---

218 Ob das historische Arbeiten letztlich dem freien Entschluss Berendes' entwachsen ist, bleibt zweifelhaft. Lt. dessen Sohn habe er „unfreiwillige Muße" dazu gehabt, s. Fuxius, S. 61.

219 Adlung/Urdang, S. 166.

220 Urdang (1923), S. 54.

221 Lt. dessen Sohn besuchte Berendes das Theodorianum in seiner Geburtsstadt Paderborn, s. Rötz, S. 93, Anm. 280.

222 Urdang (1923), S. 54 f.

223 Urdang (1928), S. 213.

224 Eine vollständige Auflistung der Bibliographie Berendes' findet sich nirgends, am ehesten schenkt man noch der Auflistung Salzmanns in einer Geburtstagsfestschrift Beachtung, s. Salzmann, H.: Julius Berendes, in: Apotheker-Zeitung, Jg. 22 (1907), S. 225 f. Auch die nicht im Fließtext genannten Veröffentlichungen sind in der Bibliographie dieser Arbeit wiedergegeben, sodass sich dort ein womöglich vollständigeres Verzeichnis findet.

225 Berendes, J.: Die Pharmacie bei den alten Culturvölkern. Historisch-kritische Studie. 2 Bde., Halle a. d. Saale 1891.

mene Verbindung der beiden weist auch Koberts „Geleitwort“ der Paulos-Ausgabe hin, wo er Berendes als seinen „alten Freund“ bezeichnet. Zum Titel bemängelt Urdang, dass hier eigentlich nicht die „Pharmazie“ bei den alten Völkern, sondern die „Arzneiwissenschaft“ behandelt würde; darum habe Berendes es auch dem Nicht-Apotheker Kobert gewidmet.[226] Bemerkenswerter ist der Untertitel „Historisch-kritische Studien“: Damit wird beansprucht, historisch exakte Quellenforschung zu betreiben. Wenngleich das Werk für das „gründliche Quellenstudium“ gelobt wurde, wurde es diesem Anspruch kaum gerecht, da Berendes bereits veraltete Quellen benutzte.[227] Das Vorwort ist von Prof. Heinrich Beckurts (1855–1929) verfasst, der der Herausgeber des „Archivs der Pharmacie“ war. In dieser Reihe erschienen einige Kapitel des Werks zuerst, bis die Zeitschrift nur noch experimentelle Arbeiten veröffentlichte.[228] In der recht erzählerischen Darstellung, die die Geschichte der Pharmazie in der Antike in drei „Perioden“ einteilt (bis Hippokrates—bis Galen—bis zum Ende der arabischen Medizin) zeigt sich Berendes bereits mit allen relevanten Autoren und Parallelstellen vertraut: Bei Dioskurides' „Materia medica“ z.B. nennt er im Fließtext die Parallelen bei Paulos von Ägina und Plinius dem Älteren; die Auswahl ist jedoch noch recht willkürlich und unvollständig. Er erstellte ein Verzeichnis der Eigennamen, der griechischen Arznei-Bezeichnungen und der deutschen bzw. lateinischen Stichwörter. Eine Karte verdeutlicht Handelswege in der alten Welt.

Die „Pharmacie bei den alten Culturvölkern“ zeugt von einem ersten Versuch, eine Geschichte der Pharmazie grundzulegen. Er lässt bereits etliches Fachwissen über die antiken Autoren erkennen. Berendes war bestens für die Editionen bzw. Übersetzungen vorbereitet und verfügte über die nötige ‚Wendigkeit‘ in altsprachlicher und inhaltlicher Hinsicht. Später wird Berendes einen Auszug aus dieser „Pharmacie bei den alten Culturvölkern“ seinem Hauptwerk über das Apothekenwesen (s.u.) voranstellen. Sein erfolgreichstes Werk wurde trotz allem keines der pharmaziehistorischen Abhandlungen, sondern ein Lehrbuch mit dem Titel „Der angehende Apotheker. Lehrbuch der pharmazeutischen Hilfswissenschaften zum Gebrauch für den Unterricht der Eleven.“ Es ist ein Unterrichtswerk mit Grundlagen der Physik und Chemie für den pharmazeutischen Studenten, das aufgrund seiner Beliebtheit in drei Auflagen erschien.[229]

Festzuhalten ist, dass hier bereits viele Editionsmuster zutage treten, die sich im Laufe seines publizistischen Schaffens wiederfinden werden: die erstmalige Veröf-

226 Urdang (1923), S. 55.

227 Haars/Friedrich, Anm. 11, die auf eine Rezension“ von „E. H.“ verweist, in: Pharmazeutische Post 24 (1891), S. 738–740.

228 S. Berendes (1891), S. VII. Zweck der Geschichte ist hier übrigens „reicher Genuß und [...] erzieherische Bedeutung für die heranwachsende pharmaceutische Jugend“, S. VIII.

229 Berendes, J.: Der angehende Apotheker. Lehrbuch der pharmazeutischen Hilfswissenschaften zum Gebrauch für den Unterricht der Eleven. 2 Bde., Stuttgart 1893/1895²/1903³.

fentlichung in Fachzeitschriften vor einer Erscheinung als Buch; die Freundschaft und Anregungen von Berendes' Freund Kobert; die in der Pharmazie stets bedeutsame Anführung von Verzeichnissen. Er benutzt damit die bestehenden wissenschaftlichen Publikationsmittel seiner Zeit (Fachzeitschriften, Zeitungen etc.); nimmt am Austausch und Anregungen von Fachkollegen teil; gibt praktische Utensilien zur Benutzung bei – in alledem gleicht das Vorgehen dem der Medizingeschichte, ja Berendes profitiert sogar von den vorgehenden Arbeiten der medizinhistorischen Kollegen. Die Intention liegt hier nicht so sehr auf der irgend gearteten Erschließung textlichen Materials zur Benutzung für Ärzte oder Pharmazeuten, oder zum weiteren Forschen für Philologen. Berendes' Absichten sind von vornherein mit Konstanz auf die systematische Grundlegung einer neuen Subdisziplin gerichtet, die die Edition antiker Texte weniger konstitutiv denn additiv beinhaltete. Seine Kollegen Schelenz und Peters konnten demnach auch getrost auf philologische Arbeit verzichten: Alle drei erforschten *anhand* der Texte die Geschichte ihres Fachs, nicht an ihnen.

Berendes' pharmaziehistorische Arbeiten beginnen so auch mit einer Übersetzung – keiner Edition – der „Physica" der Hildegard von Bingen. Angesichts seines Vorhabens einer Geschichte der Pharmazie ist es nur folgerichtig, dass er sich in den Jahren nach der Veröffentlichung der „Pharmacie bei den alten Culturvölkern" mit mittelalterlicher Pharmazie beschäftigte. 1894 hatte er einen entsprechenden Artikel in der „Pharmazeutischen Post" veröffentlicht.[230] Hier gibt er nichts weniger als einen kulturgeschichtlichen Abriss des gesamten Mittelalters und stellt eher sentenzenhaft die wichtigsten Schriftsteller vor. Die Zeitung war bekannt dafür, besonderes Augenmerk auf historische Themen zuzulassen und entsprechende Artikel zu veröffentlichen, bis der Schwerpunkt auf experimentelle Arbeiten gelegt wurde und sich für pharmaziehistorische Arbeiten kein Platz mehr fand. Den stückweisen Abdruck der Berendes-Übersetzung der „Physica" durfte die Reihe aber noch erfahren.

3.3.1 „Die Physica der heiligen Hildegard" (1897)

Mit der Bearbeitung der „Physica" wollte sich Berendes nicht allzu lange aufhalten. Noch während der Veröffentlichung richtete er den Blick nach vorn. Dass die Übersetzung nicht den Anspruch einer aufwendigen kritischen Edition verfolgte, gab er auch unumwunden zu: „Den ursprünglichen Plan, eine vollständige Uebersetzung der Physica zu liefern, habe ich aufgegeben, weil wegen der vielen, weitläufigen, sich wie-

230 Berendes, J.: Kurze Beiträge zur Geschichte der Pharmacie des Mittelalters, in: Pharmazeutische Post, Jg. 1894, S. 481–486 u. 510–513. Dieser Artikel fehlt übrigens in den allermeisten Übersichten von Berendes' Veröffentlichungen.

derholenden Auseinandersetzungen die Sache zu ermüdend wirken würde; [...]".[231] Die gewählte Form schien auch nicht die passende zu sein: Ursprünglich erschienen die Abhandlungen in Fortsetzungen über mehrere Wochen, die dann 1897 zusammen und unverändert als „Sonderabdruck" der Pharmazeutischen Post herauskamen.[232] Zwar sollte Berendes' geplante „Geschichte der Pharmacie" wahrscheinlich einen oder mehrere Bände zur Pharmazie im Mittelalter enthalten, die jedoch nie erschienen sind (s.u.). Eher noch liegen hier Hinweise auf eine persönliche Faszination des Autors mit der Verfasserin vor.[233] In der langen Einleitung, wo auch auf die Frage der Urheberschaft eingegangen wird, erwähnt Berendes Hildegards „Gedanken erhabener Schönheit". Er verteidigt die kirchlichen Bestrebungen zur „Bekämpfung des Aberglaubens"[234] und zitiert dafür auch Werke des Paderborner Bischofs, seines Heimatbischofs, Theophil Simar (1835–1902). Berendes war immerhin katholisch getauft und Sohn eines Küsters am Dom zu Paderborn.[235] Er beschließt die Übersetzung noch mit Hinweisen zu der nie offiziell erfolgten Heiligsprechung Hildegards.[236] Die Arbeit kann somit als persönlich motiviertes ‚Beiprodukt' eines pharmazeutischen Gelehrten verstanden werden.

Denkbar ist auch ein Aufgriff einer schon zu seiner Zeit reüssierenden naturheilkundlichen Strömung. Wie bei der Untersuchung der Entstehungsbedingungen von Puschmanns Alexander-Edition angedeutet wurde, etablierten sich neben der Schulmedizin alternative Heilmethoden, die verstärkt an frühere Traditionen anschlossen.[237] Während Puschmann Alexander von Tralleis als Prototyp einer vereinenden Position installierte, hätte Berendes leicht mit seiner Hildegard-Übersetzung – aber auch mit seinen anderen Ausgaben – an die Tradition der Phytotherapie anschließen können. Pflanzen hätten weiterhin und nahtlos in ein zeitgenössisches, modernes pharmazeutisches Therapieprocedere einbezogen werden können und dabei gleichzeitig den Traditionsstrang gewahrt. Eine so historisch affirmierte Naturheilkunde scheint für die Arbeit Berendes' als Editionsintention durchaus plausibel.

---

231 Berendes, J.: Die Physica der heiligen Hildegard, Gesamtausgabe als Sonderdruck der Pharmazeutischen Post. Wien 1897, hier Vorwort, S. 15.

232 Begonnen werden die Fortsetzungen am 03.05.1896, dann erscheint alle paar Wochen ein weiterer Teil. Dieses Vorgehen ist recht üblich bei längeren Artikeln gewesen, um die weniger am Thema interessierten Leser nicht zu langweilen. Bis 1897 nehmen die Hildegard-Texte immer zwei bis drei Seiten ein, wobei die Abstände dazwischen immer größer werden; möglicherweise kann dies als Hinweis auf Berendes' zunehmende Parallelarbeit an der bald zu erscheinenden „Geschichte der Pharmazie" gewertet werden.

233 Auch Urdang stellt die Bewunderung seitens Berendes fest, s. Urdang (1928), S. 213.

234 Berendes (1897), S. 8.

235 Vgl. Ziegenspeck, S. 69. Die Darstellung kirchengeschichtlicher Ereignisse und lehramtlicher Entscheidungen ist nicht immer korrekt, sondern auch von den geistigen Strömungen seiner Zeit geprägt.

236 Berendes (1897), S. 110.

237 Vgl. Dinges u. Jütte.

Die Hildegard-Übersetzung nun hatte eine Art Wiederbelebung des Hildegard-Interesses zum Ziel, und zwar eines pharmazeutischen. Dafür spielten philologische Fragen etwa zur Textkonstitution schlicht keine Rolle. In der Einleitung wird die zwar Textgrundlage geklärt: Dies seien die beiden Ausgaben von „Joh. Schott 1533" und „Reuss 1855",[238] wobei letztere eine andere Einteilung der Bücher vorlegt auf Grundlage einer Kollation von Daremberg (s.u.), der Berendes folgte.[239] Handschriften hatte er aber nicht konsultiert. Berendes sagt selbst, er wolle „einzelne Capitel in möglichst vollkommenem Auszuge" behandeln. Doch er kürzte den Text nach eigenem Ermessen an manchen Stellen, wenn ihm der Inhalt irrelevant oder redundant schien. Jedes Buch beginnt mit einer Vorrede, die Berendes übersetzt. Strukturgebendes Element sind die Arzneipflanzen: Auf jedes von Hildegard genannte Mittel folgt die bei Schott gegebene lateinische Bezeichnung, dann in kursiven Parenthesen die heutige botanische Bezeichnung, worauf die in deutsche Sprache übersetzte Beschreibung Hildegards folgt. In diese flicht Berendes teilweise nicht weiter kenntlich gemachte Bemerkungen in Klammer ein – so entsteht kein Fußnotenapparat. Ab und an werden Abweichungen zwischen den Ausgaben erwähnt. Eine solch intensive Eigenbearbeitung des Originaltextes zeigt das v.a. pharmazeutische Eigeninteresse am Inhalt. Berendes wollte nicht wirklich eine (kritische) Edition vornehmen, sondern interessierte sich für die vorkommenden Arzneistoffe, und zwar weniger aus praktischen, sondern persönlichen und pharmazeutischen Gründen.

Die Beschäftigung Berendes' mit Hildegard von Bingen war einerseits Frucht der Arbeit an einer umfassenden „Geschichte der Pharmazie", andererseits konnte Berendes so den gelehrten, interessierten Kollegen und Leser der „Pharmazeutischen Post" in die Schrift einführen, und zwar auf eine breit wirksame Weise. Sein möglicher ursprünglicher Plan, eine umfassendere Beschäftigung mit Hildegard vorzunehmen, blieb unerfüllt. Themen um die Geschichte der Pharmazie nahmen gerade in der „Pharmazeutischen Post" einen großen Anteil ein, sodass die Veröffentlichung an diesem Ort auch Ausdruck von der wachsenden Bekanntheit Berendes' sein mag. Die eigentümliche Verquickung aus inhaltlichem Interesse und persönlicher Motivation; die nicht auf die gängige Praxis bezogene Verwertung der historischen Information;

---

238 Gemeint ist der Druck von Johannes Schott (1477–1550) aus Straßburg: Schott, J.: Physica S. Hildegardi. Elementorum, Fluminum aliquot Germaniae, Metallorum, Leguminum, Fructuum, & Herbarum [...] IIII Libris mirabili experientia posteriati tradens. Straßburg 1533; zu ihm vgl. Steiff, K.: „Schott, Johannes", in: Allgemeine Deutsche Biographie, Bd. 32 (1891), S. 402–404; und der Druck von Friedrich Anton Reuss (1810–1868): Reuss, F. A., Daremberg, Ch.: S. Hildegardis abbatissae Subtilitatum diversarum naturarum creaturarum libri novem. Paris 1855. Berendes hat mit der Ausgabe von Reuss/Daremberg die am nächsten verfügbare Textgrundlage hergenommen.

239 Die „Physica" der Hildegard von Bingen ist nach einem späten Fund 1983 in ganz neues Licht gerückt, neu bewertet und kritisch herausgegeben worden von Hildebrandt, R., Gloning, T. (Hrsg.): Hildegard von Bingen. Physica. Liber subtilitatum diversarum naturarum creaturarum; textkritische Ausgabe. Berlin 2010.

der zugleich kritische, oder besser: quellenkundliche Anspruch – all das ist typisch für Medizin- und Pharmaziegeschichte zur Zeit Berendes'.

Berendes' zweiter großer Anlauf zu einer Gesamtdarstellung der Geschichte der Pharmazie war sicherlich sein Werk „Geschichte der Pharmazie", dessen erster Band 1898 in Leipzig erschien.[240] Das Unterfangen reichte über seine eigene Schaffenskraft hinaus: Der Name Heinrich Beckurts ziert das Titelblatt, als Mitarbeiter wurden andere namhafte Pharmaziehistoriker gewonnen: Die Verlagsbuchhandlung nennt zu Beginn die Zusagen von Hermann Schelenz, Hugo Lojander (1860–1898), August Husemann (1833–1877) und J. Schwarz (?)[241]. Zehn Lieferungen wurden angekündigt; der erste Band, der die Pharmazie bei den Ägyptern und semitischen Völkern behandelt, umfasst 80 Seiten – eine Monographie von 800–1000 Seiten wäre also möglicherweise zu erwarten gewesen. Die Kosten von 2M. pro Band waren moderat veranlagt. Die weiteren Bände sind dann allerdings nie erschienen. Die Gründe bleiben unklar. Schelenz, der eben ursprünglich noch als Autor vorgesehen war, beschränkt sich auf die Feststellung, dass „der Verleger einen zeitigen Rückzug vermutlich aus geschäftlichen Gründen vorzog".[242] Berendes publizierte hier noch nicht, wie für seine späteren Erscheinungen, bei Ferdinand Enke in Stuttgart, sondern beim „Ernst Günthers Verlag" in Leipzig.

Die wenigen Seiten, die tatsächlich erschienen, sind dennoch aufschlussreich. Berendes hat es nicht missen lassen, eine Spitze gegen die preußische Regierung und deren regulierenden Zugriff auf die Apotheker in das Vorwort einzubauen, wenn er fordert: „mehr Herrschaft im eigenen Haus und die Selbstverwaltung ihrer Angelegenheiten."[243] Berendes erweist sich erneut als hervorragenden Kenner der antiken pharmazeutischen Literatur, erkennbar an den Stellen zu Plinius und Dioskurides bei den Kapiteln über die Ägypter und Semiten. Ständig flicht er Parallelen und spätere Entwicklungen von Sachverhalten in die Darstellung mit ein. Man kann auf seine vermehrte Beschäftigung mit der Antike schließen; auch andere in der Zwischenzeit veröffentlichte Artikel weisen darauf hin.[244] So war der Sprung zu einer eigenen Dioskurides-Bearbeitung nicht mehr weit. Diesmal spielten allerdings auch

---

240 Berendes, J. (Hrsg.): Geschichte der Pharmazie. Unter Mitwirkung angesehener Historiker und Fachgenossen. Bd. 1, Leipzig 1898.

241 Anzunehmen wäre eine Mitarbeit des Wiener Apothekenhistorikers Ignaz Schwarz (1867–1925).

242 Schelenz, H.: Geschichte der Pharmazie. Berlin 1904, S. VI.

243 Berendes (1898), S. 4.

244 Berendes, J.: Die Rhizotomen, die Vorläufer der Apotheker? Das älteste Arzneibuch der Griechen, in: Apotheker-Zeitung, Jg. 1899, Nr. 15 u. 16. Zwischenzeitlich erschien noch eine längere Serie mit dem Titel „Beiträge zur Geschichte der deutschen Pharmazie im XIX. Jahrhundert", die jedoch politisch motiviert scheint, denn Berendes geht deutlich gegen Krankenkassen, Sozialdemokraten u.A. vor, die die Berufsausübung des Apothekers einengen und teils gar verunmöglichen würden; vgl. Lichte, S. 76 f.

weitere Gründe neben rein persönlichem Interesse eine Rolle bei der Durchführung eines so monumentalen Unterfangens.

3.3.2 „Des Pedanios Dioskurides aus Anazarbos Arzneimittellehre in fünf Büchern" (1902)

Als Berendes 1902 seine deutsche Übersetzung der „Materia medica" des Dioskurides, des Hauptwerks der antiken Pharmazie, bei einer wissenschaftlichen Verlagsbuchhandlung veröffentlichte,[245] war er bereits persönlich und akademisch aufgestiegen. 1900 war ihm ein Professorentitel *honoris causa* durch Kaiser Wilhelm II. verliehen worden;[246] zum Dank zitiert ihn Berendes im Vorwort mit dessen Worten: „Die Aufrechterhaltung und Verbreitung unserer Ideale ist dasjenige, was erstrebt werden muss."[247] Berendes war kein Neuling auf dem Gebiet der historischen Literatur mehr, wie noch bei den Studien zu Hildegard von Bingen, sondern hatte sich bereits einen Ruf erworben. Er konnte auf die Anerkennung seines Werkes bei Fachgenossen und darüber hinaus bauen.

Den Vertrauensvorschuss hatte ein so umfangreiches Opus nötig. Die damit verbundenen Anforderungen waren hoch: inhaltlich, weil Dioskurides eine Unzahl an Arzneimitteln, fremde Gewichtseinheiten und Indikationen nennt; und formal, weil sich dem Übersetzer eine Vielzahl an sprachlichen Aufgaben stellten. Berendes fertigte die Dioskurides-Ausgabe wieder explizit als Apotheker an, der sich aus pharmazeutischem Interesse den Heilpflanzen nähert. Diese Herangehensweise schlägt sich dann auch in der Umsetzung der Übersetzung nieder.

Auf das Vorwort folgt eine Einleitung über das Leben und die Schriften Dioskurides', bevor die Übersetzung des Werkes mit der Vorrede beginnt. An die fünf Bücher, die stets auch in der Kopfzeile vermerkt sind, schließt sich ein ausführliches Register an (s.u.). Das umfangreiche Opus von 572 Seiten ist professionell gestaltet, die Schriften sind sehr gut leserlich, der kommentierende Apparat ist durch Kleinschrift deutlich vom Übersetzungstext abgesetzt, und zwar je unter ein *Caput*, also einen Abschnitt bei Dioskurides. Dies stellt eine deutliche Verbesserung gegenüber den kaum kenntlich gemachten Anmerkungen bei den Hildegard-Texten dar. Wissenschaftliche Eigennamen aller Sprachen werden gesperrt wiedergegeben.

---

245 Berendes, J.: Des Pedanios Dioskurides aus Anazarbos Arzneimittellehre in fünf Büchern. Stuttgart 1902.

246 S. Haars/Friedrich.

247 Damit sei die Pflege des Geistigen neben dem Materiellen gemeint, führt er aus, und damit reiht sich Berendes mit seiner Dioskurides-Ausgabe in die Forscher der „Kulturgeschichte" ein, zu denen er auch Kobert zählt. Zur Debatte um den Begriff der „Kulturgeschichte" vgl. die Anmerkungen bei Puschmann und Sudhoff.

Berendes hatte verschiedene Veranlassung, eine deutsche Übersetzung der „Materia medica“ anzufertigen. Nach der Widmung „in treuer Jugendfreundschaft“ an den Anatomen Wilhelm von Waldeyer-Hartz (1836–1921), mit dem er gemeinsam das Gymnasium Theodorianum in Paderborn besucht hatte,[248] nennt er aber sein Hauptmotiv:[249] der allgemeine Rückgang der altsprachlichen Bildung. Mit den beiden Schulkonferenzen 1890 und 1900 war eine deutliche Gleichstellung der sog. realistischen Schulen mit dem Gymnasium erfolgt, der sich letzteres auch durch Anpassungen der Lehrpläne fügen musste.[250] Damit waren auch Absolventen der von Berendes genannten „Realanstalten“, bes. die „Oberrealschule“ zum Studium an der Hochschule zugelassen – ohne vorherige altsprachliche Bildung. Die Möglichkeit eines verständigen Lesens antiker Werke war damit, wenngleich dies vorher eher Ideal denn Realität war, vielen Studenten *per se* verwehrt. Damit sah er wohl die Notwendigkeit, dieses „Standardwerk“ der Medizingeschichte, das eigentlich der Pharmazie zugehörte, erneut der studentischen Leserschaft zugänglich zu machen. Es ist gut denkbar, dass Karl Sudhoff auch auf die Herausgabe hinarbeitete, wenn er auch mehr als Berendes Wert auf eine exakte philologische Vorgehensweise legte (s.u.).

Wie aber ging Berendes mit den Textgrundlagen um? Berendes lag daran, *dass* eine Übersetzung in die deutsche Sprache verfügbar wurde, und das vielleicht möglichst rasch. Es standen gleich mehrere lateinische Fassungen zur Verfügung, die Berendes auch kannte.[251] Diese waren aber, wie gesagt, dem allgemeinen studentischen Zugriff der mangelnden Sprachkenntnisse wegen entzogen. Darum war ein ‚deutscher Dioskurides‘ quasi ein pharmaziehistorisches Desiderat, damit der Text weiter zugänglich blieb. Für eine deutsche Übersetzung hätte man auf die sehr alte,

---

248 S. Schulte, W.: Westfälische Köpfe. Münster 1984³, S. 353 f., oder aktuell Scheuerlein H., Henschke, F., Köckerling, F.: Wilhelm von Waldeyer-Hartz – A Great Forefather: His Contributions to Anatomy with Particular Attention to „His“ Fascia, in: Frontiers in Surgery, vol. 4, art. 74 (2017).

249 Den Plan dazu habe er schon länger gefasst und zunächst habe er gezögert, da er wegen seines doch recht fernab gelegenen Arbeitsplatzes erschwerten Zugriff auf Literatur habe und das Werk so vielschichtig und umfangreich ist – einer derartigen Erschwernis sah sich auch Francis Adams (s.u.) gegenüber. Banchory wie Goslar waren nicht gerade Orte blühender Wissenschaft. Dennoch habe Berendes es gewagt, als die altsprachliche Bildung „eine Einschränkung erfuhr“, „den Abiturienten der Realanstalten das Studium der Medicin eingeräumt wurde“ und ihn „hochstehende Medicohistoriker“ dazu aufgefordert hätten, s. Berendes (1902), S. VI.

250 Vgl. Schütte, F.: Jahrzehnt der Neuordnung 1890–1901. Die Reform des technischen und allgemeinen Bildungssystems in Deutschland. Berufspädagogische Anmerkungen zu einem bildungshistorisch ‚disparaten‘ Forschungsfeld, in: Zeitschrift für Pädagogik 53 (2007) 4, S. 544–561, insb. S. 550–552; s. ausführlicher Führ, C.: Die preußischen Schulkonferenzen von 1890 und 1900, in: Baumgart, P. (Hrsg.): Bildungspolitik in Preußen zur Zeit des Kaiserreichs. Stuttgart 1980, S. 189–223. S.a. https://www.bpb.de/gesellschaft/bildung/zukunft-bildung/229629/schulgeschichte-bis-1945, zul. abg. am 02.11.2022.

251 Vgl. die Auflistung in der Einleitung von Berendes (1902), S. 11 f. Diese übernahm er allerdings von Robert Fuchs (1868–1934), der einen medizingeschichtlichen Abriss im Handbuch von Neuburger/Pagel verfasst hatte: Fuchs, R.: Geschichte der Heilkunde bei den Griechen, in: Neuburger/Pagel.

schwer verfügbare von Johann Andreas Danz (1656–1727) aus dem Jahr 1610 zurückgreifen müssen.[252] Berendes nun benutzte als lateinische Textgrundlage für seine Übertragung schlicht die damalige Standardausgabe von Kühn, worin Sprengel die entsprechenden Bände[253] zu Dioskurides erstellt hatte. Die Feststellung der handschriftlichen Grundlagen des bestehenden Texts hatte für ihn folgerichtig geringere Bedeutung. Dabei kannte er die verfügbaren Manuskripte und deren Verwendung in den verschiedenen Editionen gut: In der Einleitung[254] beschreibt er die wichtigsten Manuskripte, auch deren Bezüge untereinander (Interpolationen), Geschichte und Gesamtqualität, wenngleich er das Meiste von Sprengel und Wellmann zitiert.

Berendes kam es nicht auf Eigenarbeit an einer möglichen Textkonstitution an, auch nicht auf rezensionsgeschichtliche Fragen, auch wenn diese Vorbesprechungen den Eindruck erwecken könnten. Sie bringen nicht philologisches Interesse des Verfassers zum Ausdruck. Berendes war vielmehr daran gelegen, zu zeigen, dass er mit den antiken Texten umgehen *konnte*; dass ihm bewusst war, welche Arbeit er *nicht* leisten würde; dass er die üblichen Anforderungen, die man an ihn hatte, als *Gelehrter* überblickte und bewusst vermied. Er selbst gibt unumwunden zu: „dabei [bei der Übersetzung] sind die verschiedenen Lesarten insoweit berücksichtigt, als sie nicht rein philologisches Interesse haben."[255] Ihm ist eine möglichst verständliche Übertragung des Inhalts wichtig, und zwar in die deutsche Sprache. Dass damit noch kein etwaiger Nutzen aus dem Text gezogen werden könne, Pharmazie und Pharmakologie weit ab von antiken Autoren operierten und die „Materia medica" kein Werk alltäglichen Gebrauchs werden würde – das war Berendes nur allzu schmerzlich bewusst.[256]

Die Durchführung und Umsetzung der *Übersetzung* bestätigt diesen Eindruck. Der deutsche Text ist anhand der Struktur des Urtextes gegliedert: In jedem Buch wird unter „Cap." je eine Pflanze angeführt mit der griechischen, dann deutschen Bezeichnung der Pflanze. Dem fügen sich, kleiner gesetzt, die Erläuterungen von Berendes

---

252 Joannes Danzius, so sein latinisierter Name, gab das „Kräuterbuch" folgendermaßen heraus: Kräuterbuch Deß uralten Und in aller Welt berühmtesten Griechischen Scribenten Pedacii Dioscoridis Anazarbaei, Frankfurt a. M. 1610. Von allerley wolriechenden Kräutern, Gewürtzen, köstlichen Oelen und Salben, Bäumen, Hartzen, Gum[m]i, Geträyt, Kochkräutern, scharpffschmäckenden Kräutern, und andern, so allein zur Artzney gehörig, Kräuterwein, Metalln, Steinen, allerley Erden, allem und jedem Gifft, viel und mancherley Thieren, und derselbigen heylsamen und nutzbaren Stück. In siben sonderbare Bücher underschieden.—Dieses Buch ist eine sehr schön gemachte Ausgabe mit deutlichem Praxisbezug – im Vorwort damit begründet, dass die Neuen Vieles übergehen würden – und Illustrationen; in den Seitenspalten finden sich Schlagwörter, um den nebenstehenden Inhalt zu verfolgen. Pflanzen sind immer mit deutschem und lateinischem Namen versehen.

253 Bde. 25/26 aus Kühn, C. G: Medicorum graecorum opera quae exstant. Leipzig 1829/1830.

254 Berendes (1902), S. 10.

255 Berendes (1902), S. VI.

256 „Dass die vorliegende Arbeit nur einen beschränkten Interessentenkreis finden wird, verhehle ich mir keinen Augenblick;" s. Berendes (1902), S. VIII. Direkt im Anschluss lobt er übrigens dankbar seinen neuen Verleger, Ferdinand Enke in Stuttgart.

an. Diese umfassen: Synonyma, Etymologisches mit Einflüssen anderer Sprachen,[257] Verständnishinweise botanischer oder chemischer Art,[258] Herstellungshinweise,[259] Hinweise zum Vorkommen, Identifikation von Personen, historische Erläuterungen zum Gebrauch und zur Rezeption des Mittels vor und nach Dioskurides, insbesondere in anderen Kompendien, z.B. bei Plinius, und deren Fehler. Teils gibt er auch moderne Einschätzungen bei.[260] Ganz selten finden sich Lesarten;[261] Hinweise auf Interpolationen, Kollationshinweise oder eine systematische Beschäftigung mit den Handschriften finden sich gar nicht.

Für das Problem der Synonyma tat Berendes zweierlei: Meist stützt er sich auf Eischätzungen o.g. Botaniker, allen voran Carl Fraas. Eindeutigkeit kann bisweilen nicht immer letztendlich hergestellt werden. Und er erstellte einen Registerapparat, der von der bereits umfassend vorangeschrittenen Systematisierung zeugt. Darin lässt Berendes zuerst ein griechisches Sachregister mit den vorkommenden Arzneinamen folgen, dann ein lateinisches und schließlich ein deutsches, allerdings ohne die jeweiligen Entsprechungen dahinter – dies wird bei der Paulos-Ausgabe später anders sein.

Berendes' Hauptwerk, seine enorme Eigenleistung liegt im Eigentlichen in jenem Erläuterungsapparat. Hier kommt sein geballtes Wissen im Bereich der antiken Arzneikunde zur Geltung, hier kann er zur Aufklärung der Pflanzennamen beitragen, hier wird sein Werk auch ‚interessant', abgesehen von der reinen Übersetzungsarbeit. Ihm sind viele antike, mittelalterliche, byzantinische und neuzeitliche Autoren und deren Schriften bekannt,[262] die zur ‚Geschichte' dieser Pflanzen beigetragen haben. Es ist beinah unterhaltend geschrieben und als solches dem geneigten Leser sicherlich anempfohlen gewesen.[263] Die *Rezensionen* fielen darum durchaus positiv aus,

257 Bspw. zum „Agallochon", einem indischen Baum, der lt. Berendes von Aquilaria-Arten herstammt, s. Berendes (1902), S. 50 f.

258 Die botanische Bezeichnung nach Linné oder anderen verwendet er dann, wenn es mehrere Kandidaten zu unterscheiden gilt oder mit gemeint sind, so z.B. mit wildem Rettig: „Raphanus Radicula L., R. Radiola D. C. und R. sativus L. (Cruciferae).", s. Berendes (1902), S. 214.

259 Bspw. wird für das ausführlich behandelte Wollfett die heutige Verwendung als Salbengrundlage besprochen, s. Berendes (1902), S. 183.

260 „Der wirksame Bestandtheil der Baldrianwurzel ist ätherisches Oel, welches Baldriansäure, Essigsäure, Ameisensäure, eine Terpen und einen Alkohol enthält.", s. Berendes (1902), S. 34.

261 Berendes (1902), S. 72, ergänzt Berendes nach „Cod. C", dem „Constantinopolitanus", einen längeren Satz, der nur dort vorkommt. Gemeint ist der Codex zu Wien, zu finden unter https://pinakes.irht.cnrs.fr/notices/cote/71026/, zul. abg. am 02.11.2022.

262 Er kennt auch weniger bekannte Schriftsteller wie Symeon Seth, den Dioskurides-Interpreten Marcellus aus dem 16. Jahrhundert, „Matthiolus", also Pietro Andrea Mattioli (1500/1501–1577), und auch Johannes Zacharias Aktouarios.

263 Über die Schriften des Dioskurides hat er auch im Nachgang noch publiziert: Berendes, J.: Des Pedanios Dioskurides Schrift über die Gifte und Gegengifte usw., Übersetzung und Kommentar, in: Apotheker-Zeitung 20 (1905), fortlaufend über mehrere Ausgaben (*incipit* S. 908–911); sodann Ders.:

wenn auch mit einem von Berendes vielleicht nicht so intendierten Einschlag. In der „Pharmaceutische Zeitung“ rezensiert ein nich weiter genannter Autor:

> Uns wird [...] durch die führenden Gelehrten gezeigt, dass wir auch heute noch nicht nur auf den Schultern dieser Alten stehen, sondern vielfach sogar gut thun, zu ihrer Lehre zurückzukehren, um dieselbe [...] unserer neuzeitigen Anforderungen und Anschauungen anzupassen und nutzbar zu machen.

Und weiter unten heißt es:

> Alles in Allem: Prof. Berendes hat in diesem Werke eine Arbeit von historischem und wissenschaftlichem Werth geliefert, die nicht nur dem Geschichtsschreiber und Wissenschaftler genussreiche Stunden verschaffen wird, sondern auch dem in der Praxis stehenden Apotheker und Arzt, Ersterem aber in vermehrtem Maasse, viel Lehrreiches und Anziehendes bietet.[264]

Wieder wird die pharmaziehistorische Betrachtung einem utilitaristischen Korsett unterzogen, wo der Wert sich in der Anwendung und (Neu-)Entdeckung von Wissen erschöpft. Immerhin wird der unterhaltende Wert anerkannt. Berendes selbst war wohl deutlicher bewusst, dass sein Werk trotz des relativ erschwinglichen Preises von 16 Mark mehr die Möglichkeit des Zugangs geschaffen hat als dass es ‚nutzen‘ sollte. Dieser Einstellung folgten auch andere Rezensenten.[265]

Die Aktualität der Dioskurides-Übersetzung sollte nicht lange währen. Kurz nach ihrem Erscheinen stellte der Philologe Max Wellmann eine neue, kritische griechische Textgrundlage her, die bis heute im CMG Geltung hat (s.o.).[266] Dies geschah bereits 1907, Berendes wird also von der Arbeit Wellmanns gewusst haben. Dass Berendes sich davon nicht hat abhalten lassen, seine Übersetzung auf Grundlage der bald veralteten Sprengel-Ausgabe zu vollenden und zu veröffentlichen, ist damit stimmig. Sein Schwerpunkt ist die Erschließung der Texte für eine praktizierende Leserschaft, aber ohne ‚echte‘ praktische Verwertbarkeit. Das Erschienen einer neuen Textgrundlage fiel für Berendes und die Aufnahme seiner deutschen Fassung kaum ins Gewicht.

Die Hausmittel des Pedanios Dioskurides, übersetzt und mit Erklärung versehen, in: Janus 12 (1907), fortlaufend (*incipit* S. 10–33; = 1907a).

264 Beides zu entnehmen der Rezension in der Pharmaceutischen Zeitung, Jg. 1902, S. 1033.

265 So z.B. Hartwich, C.: Berendes machte den „[...] auf seinem Gebiete bedeutenden Schriftsteller des Altertums erst so recht denjenigen zugänglich, denen die Benutzung in der Ursprache mehr oder weniger unbequem war.“ S. Lichte, S. 81; der Erscheinungsort der 1907 verfassten Rezension wird nicht genannt.

266 Bis dahin hatte man sich für den griechischen Text an die Ausgabe von Sprengel halten müssen in der Kühn-Reihe „Medicorum graecorum opera quae exstant“ (s.o.). Wellmann hatte sich bereits zuvor mit Dioskurides beschäftigt: In Paulys „Realenzyklopädie der Altertumswissenschaft“, Band V/1, Stuttgart 1903, schreibt er über ihn und andernorts (Wellmann 1898) behandelte er die o.g. Frage nach der Echtheit der Synonyma.

Die ‚pharmazeutische Übersetzung' von Berendes charakterisiert damit gut die Editionsmethodik zur einer Zeit, in der eine professionelle Pharmaziegeschichtsschreibung begründet wurde. Philologische Fragen beließ es absichtsvoll im Feld der Textforschung und bewies gerade dadurch, dass er sich der Herausforderungen an die Textarbeit durchaus bewusst gewesen war. Berendes weist darauf voraus, was später gängige Praxis wurde: Die Textfragen in den Händen der Experten zu lassen und sich auf ‚pharmazeutische Pharmaziegeschichte' zu konzentrieren. Er weist damit auf die Verhältnisbestimmung von Medizin und Philologie bei Sudhoff hin, der die gegenseitige Anerkennung und Abhängigkeit der Fächer betonte.

Berendes' Art gelehrten Forschens und Publizierens war Voraussetzung für die Gründung von Fachgesellschaften und Publikationsorganen, die später in die Einrichtung ordentlicher Lehrstühle mündeten. Dies geschah allerdings bei der Pharmaziegeschichte deutlich später als in der Medizingeschichte; Berendes selbst erlebte diese Schritte nicht mehr. Nachfolger wie Urdang erkannten den Wert dieser ausschließlichen Widmung privater Gelehrtentätigkeit an dieses Fachgebiet und hoben deren Einfluss entsprechend hervor. Neben Berendes tat sich z.B. auch Hermann Schelenz mit einer solchen Karriere hervor, der 1904 sein Hauptwerk, die „Geschichte der Pharmazie", veröffentlichte. Diese Monographie war Anlass heftiger Streitigkeiten, weil sich Berendes dadurch in der Herausgabe eines gleichnamigen Werkes bedroht sah.

Als Hermann Schelenz nämlich seine eigene Monographie über die Geschichte der Pharmazie veröffentlichte, war dies ein geheimes Unterfangen gewesen. Die detaillierten Hintergründe der Veröffentlichung, die zu den bereits bestehenden Missstimmungen zwischen Schelenz und Berendes erheblich beitrugen, wurden bereits an anderer Stelle erörtert.[267] Berendes jedenfalls war über die überraschende Veröffentlichung seines Kollegen sehr verärgert, wo er Schelenz doch zuvor für die Mitarbeit an ‚seiner' „Geschichte der Pharmacie" gewonnen hatte. Die für Kritiker zu einseitige Darstellung der Verhältnisse im 19. Jahrhundert im Schelenz'schen Werk hatten den Deutschen-Apotheker-Verein in schlechtem Licht dastehen lassen, was sie zu der Bitte an Berendes veranlasste, dieser möge doch diese Fehler freundlicherweise nachträglich bereinigen.[268] Dies führte zur Veröffentlichung seines wohl umfassendsten

---

267 S. Lichte, S. 78, 88 u. 91 ff., s.a. Müller-Jahncke, W.-D.: Hermann Peters' Briefwechsel, in: Pharmazeutische Zeitung, Jg. 131 (1986), S. 2313–2318. Schelenz hatte zuvor noch sehr freundlich Berendes' „Angehenden Apotheker" rezensiert, s. Deutsche Apotheker-Zeitung, Jg. XIII, Nr. 62 (1893), S. 377. Übrigens war eine Vorgabe des Verlags J. Springer in Berlin, dass das Buch nicht mehr als 20 Mark kosten dürfe, wogegen das mehrbändige Werk Berendes' deutlich teurer ausgefallen wäre. S.a. Urdang (1928), S. 213.

268 Hintergrund waren wohl auch Ausläufer des Kulturkampfes, da Schelenz dem Vorstand vorwarf, nach dem Motto „katholisch ist Trumpf der Zeit" zu handeln. Der Schriftleiter der Apotheken-Zeitung, der mit dem katholischen Berendes ein gutes Verhältnis pflegte, Heinrich Salzmann, wusste um die Spannung der beiden, als er seine scharfe Kritik am Schelenz'schen Werk äußerte, vgl. Lichte, S. 92.

Werkes, das er anders betiteln musste.[269] Hierin finden sich Äußerungen zu Berendes' eigener Einstellung zum ‚Nutzen' der Geschichtsforschung, die vor genanntem Hintergrund freilich ganz und gar politisch eingefärbt sind:

> Der nächste Nutzen der Geschichte ist aber der, dass sie uns zeigt, wie etwas nicht gemacht werden soll, dass sie uns die Fehler und Mängel vor Augen führt, welche einer jeden Zeit und ihren leitenden Männern anhaften [!], und an der Hand dieser Erkenntnis lehrt, wie und welche den Zeitverhältnissen angepassten und den Bedürfnissen entsprechenden Einrichtungen und Reformen zu treffen sind.[270]

Hier ist nicht die Rede von anwendbarem Wissen, wertvollen Hinweisen für die Praxis oder genussreichem Lesen, sondern es sind heftige interne Streitigkeiten um Wesen und Aufgabe des Apothekers anzutreffen. In der Folge beschäftigte Berendes sich wieder mit seinem ‚Rückzugsort', den historischen Autoren. Es wird, wenn man die Abfolge der Veröffentlichungen Berendes' nachvollzieht, die Überlegung nahegelegt, dass die Beschäftigung mit antiken Texten einen Rückzug vom Tagesgeschehen bedeuten konnte. Man kann dies leicht auch für Puschmann vermuten, der sich mit seiner Alexander-Ausgabe vom medizinischen Tagesgeschäft endgültig verabschiedete. Die (frustrierte) Abwendung von der jeweils vorherrschenden Hauptbetätigung, ob vorübergehend oder permanent, scheint ein nicht unerhebliches Movens für die Hinwendung zu den historischen Arbeiten gewesen zu sein. Berendes jedenfalls verbrachte die Jahre 1907 und 1908 mit vorbereitenden Studien zu einem frühmittelalterlichen Autor aus der Reichenau.

3.3.3 „Hortulus Walafridi Strabi – Das Gärtchen des Walafridus Strabus" (1908)

Erneut erschienen in der „Pharmazeutischen Post" über mehrere Wochen Übersetzungen von Berendes, diesmal zum Benediktinermönch Walahfried Strabo.[271] Dieser beschreibt in einem Lehrgedicht Aufbau und Inhalt eines Klostergartens, der mit

---

Für die Kritik s. Salzmann, H.: Bemerkungen zu „Schelenz. Geschichte der Pharmazie", in: Apotheker-Zeitung Jg. 20 (1905), S. 42–44 u. ff.

269 Berendes, J.: Das Apothekenwesen. Seine Entstehung und geschichtliche Entwicklung bis zum XX. Jahrhundert. Stuttgart 1907 (= 1907b). Bezeichnenderweise kommt in seiner Literaturliste die Schelenz'sche Monographie nicht vor. Inhaltlich wurde bemängelt, dass es einer strengen Einteilung nach Jahrhunderten folgt.

270 S. Berendes (1907b), S. IV.

271 S. Pharmazeutische Post, 30.10.–27.11.1908. Auch gibt es einen „Sonderdruck", in dem das gesamte Werk am Stück veröffentlicht ist: Berendes, J.: Hortulus Walafridi Strabi. Das Gärtchen des Walafridus Strabus, ein ehrwürdiges Denkmal des Arznei-Gartenbaues aus dem 9. Jahrhundert, in: Pharmazeutische Post, Sonderdruck 1908.

vierundzwanzig Pflanzen bestückt sein soll. Es erfreut sich bis heute vergleichsweise hoher Beliebtheit. In letzter Zeit häufen sich die Übersetzungen und Editionen.[272]

Berendes' Anliegen liegt ganz auf der bisher verfolgten Linie: Es geht ihm um eine pharmazeutische Begutachtung des Inhalts in gelehrter Form – der Quellen kundig, aber ihnen nicht penibel verpflichtet. Entsprechend ist die Übersetzung aufgebaut: Die Veröffentlichung in Form von Artikeln und schließlich als „Sonderausgabe" besitzt kein Inhaltsverzeichnis und kein Register. Auf eine ausführliche Hinführung über Klostergärten und deren Bedeutung für die Entwicklung der Pharmazie lässt er eine Besprechung der verfügbaren Handschriften folgen:[273] Berendes nennt die „besten Ausgaben" und benennt als Grundlage seiner Übersetzung die von Reuss aus dem Jahr 1834.[274] Wiederum kennt er die handschriftlichen Grundlagen Reuss', die er selbst aber nicht heranzog.[275] Dann übersetzt er das lateinische Gedicht und die vorhergehenden Eklogen (eine römische Gedichtform) ohne Anspruch, eine poetische Transduktion zu geben. Die Wiedergabe wirkt ältlich in Wortwahl und Stil. Die Übersetzung folgt direkt auf die jeweilige Pflanze, wie auch schon bei Dioskurides. Ihnen sind immer die lateinischen, botanischen Namen nach Linné angefügt.[276] Am aufschlussreichsten sind die Fußnoten: Hier kommt Berendes mit seinem umfangreichen Fachwissen zum Zuge, ähnlich wie in den Kommentaren der Dioskurides-Ausgabe. Es finden sich darin Angaben zur Erklärung von Eigennamen, unverständlichen Bildern, Etymologisches, Kulturgeschichtliches, Querverweise zu anderen alten Autoren wie Hildegard und Dioskurides, aber auch selten kollatorische Hinweise, die er allerdings von Reuß übernommen hat.[277] Die Anlagen enthalten die Inventar-

272 Eine ausführliche Übersicht der Quellenlage findet man auf der Seite der Bayerischen Akademie der Wissenschaften: https://www.geschichtsquellen.de/werk/4676, zul. abg. am 02.11.2022.

273 Drei weitere Dokumenttypen erwähnt Berendes neben dem „Hortulus" in dem Beitrag: Die Klostergärten hatten bestimmte Pflanzen zu ziehen, welche in den sog. „Capitularia", erstens, festgelegt wurden („Capitulare de villis imperii") – die „Oberaufseher" hatten darüber Buch zu führen; zwei „Inventare" oder „Breviarien", zweitens, sind erhalten. Drittens geht er recht ausführlich auf den St. Galler Klosterplan ein, den Walahfried zum Vorbild hatte und in dessen Genese er möglicherweise involviert war, vgl. Häussling, A. A.: Liturgie in der Karolingerzeit und der St. Galler Klosterplan, in: Ochsenbein, P., Schmuki, K. (Hrsg.): Studien zum St. Galler Klosterplan II, anlässlich der „St. Galler Klosterplantagung II" vom 27. bis 29. Oktober 1997. St. Gallen 2002.

274 Reuss, F. A.: Walafridi Strabi Hortulus. Carmen ad cod. ms. veterumque editionum fidem recensitum, lectionis varietate notisque instructum. Würzburg 1834. Denkbar ist auch, dass Berendes über die Beschäftigung mit den Ausgaben Reuss', zu denen ja auch die Hildegard-Ausgabe gehört hatte (s.o.), zu Walahfried gelangte.

275 Der gemeinte „Codex Ms. Monacensis chartaceus" ist wahrscheinlich der mit der heutigen Signatur „CLM 666" der Bayerischen Staatsbibliothek München, digital einsehbar unter https://www.digitale-sammlungen.de/de/view/bsb00125521?page=,1, zul. abg. am 02.11.2022.

276 Bspw. wird „Pepones" bei Walahfried zu „Melonen. Cucumis Melo L. Cucurbitac." bei Berendes, s. Berendes (1908), S. 24.

277 Berendes (1908), S. 18, wo der „Codex Mon." diffungier statt diffugere angibt – dies hat Reuß bereits vermerkt, Berendes gibt aber die Erklärung dazu: „Aktivisch gebraucht statt defungi des Vers-

verzeichnisse, ebenfalls mit deutscher und ‚botanischer' Übersetzung, und einen womöglich selbstgezeichneten Klosterplan. Die Pflanzen in den Breviaren werden ebenso direkt nach ihrer Nennung kommentiert – beinah hat man den Eindruck, als könne Berendes kaum ohne Kommentar eine Auflistung geben.

Auch im Unterschied zu anderen kräuterkundlichen Werken besticht Berendes' Fassung durch unterhaltende Lesbarkeit und anknüpfende Gestaltung. Andere Medizinhistoriker hatten freilich ihrerseits Ausgaben, beispielsweise vom „Macer floridus", einem anderen Lehrgedicht zu Heilpflanzen, erstellt.[278] Ganz anders fällt die Arbeit von Berendes aus, der mit seiner deutschen Übersetzungsbeigabe vor allem unterhalten und zum Lesen anregen wollte.

Mit der Übersetzung verfolgte Berendes damit wiederum kaum philologische Ambitionen – für ihn stand womöglich das Wachhalten eines historischen Interesses bei seinen Fachkollegen im Vordergrund. Die ‚Veröffentlichungsstrategie' in Fachzeitschriften lässt vermuten, wie schwierig die Publikation als eigenständige Ausgabe gewesen sein muss. Die gescheiterte „Geschichte der Pharmazie" von Berendes ist beredtes Beispiel davon. Darum musste die Aufmerksamkeit der pharmazeutischen Leserschaft für historische Themen erst anderweitig gewonnen werden – mit nicht geringem Erfolg, wie die „Sonderdrucke" nahelegen. Die Toleranz von eigentlich naturwissenschaftlich oder wenigstens standespolitisch ausgerichteten Zeitschriften für geschichtliche Themen scheint dabei vergleichsweise hoch; der Anteil solcher Artikel war nicht gering.

Berendes ging es bei der Beschäftigung mit Walahfried also am ehesten um die (erneuerte) Zugänglichkeit zu einer bekannten Schrift; um die gelehrte Vermehrung des pharmazeutischen Wissens; die Anerkennung der geschichtlichen Wissenschaft im Apothekerstand – wenn auch nur als „Sonderdruck" einer Zeitschrift. Aufsehen erregender und auch riskanter war die Herausgabe eines Buchs, die ihm bei seiner folgenden Arbeit, einer Übersetzung des griechischen Arztes Paulos von Ägina, auch gelang.

maßes wegen." Berendes hatte ein philologisch geschultes und geübtes Auge.

278 Choulant hatte eine dem Quellenstudium stark verpflichtete Ausgabe desselben besorgt, passend zum bereits befundenen bibliographischen Stil des Dresdner „Medikohistorikers": Choulant, L., Sillig, L.: De viribus herbarum, una cum Walafridi Strabonis, Othonis Cremonensis et Ioannis Folcz carminibus similis argumenti, quae secundum codices manuscriptos et veteres editiones recensuit, supplevit et adnotatione critica instruxit Ludovidus Choulant. Accedit anonymi Carmen Graecum de herbis, quod e codice Vindobonensi auxit et cum Godofredi Hermanni suisque emendationibus edidit Iulius Sillig. Leipzig 1832.

3.3.4 „Paulos' von Aegina des besten Arztes sieben Bücher" (1914)

Die Paulos-Ausgabe[279] ist sozusagen der Höhepunkt des pharmaziehistorischen Werks Berendes'. Paulos von Ägina legte sein aus praktischer Erfahrung gewonnenes medizinisches Wissen in einem im Lauf der Geschichte unwahrscheinlich viel rezipierten Kompendium dar. Besonders berühmt waren seine Ausführungen zur Chirurgie, die lange noch gebraucht wurden.[280] Das siebte Buch war der *Materia medica* gewidmet. Es wäre ein Mangel der pharmaziehistorischen Beschäftigung Berendes' gewesen, hätte er sich nicht mit diesem Werk auseinandergesetzt. Der Veröffentlichung der Übersetzung widmete er ca. die letzten zehn Jahre seines Gelehrtenlebens.

Das erprobte Veröffentlichungsverfahren schien sich zunächst auch bei Paulos zu bewähren: Schon ab 1908 erschienen Teile der Übersetzung in der Zeitschrift „Janus".[281] Eine Umarbeitung zum Buch erfolgte 1914, kurz vor Berendes' Tod. Das Geleitwort von Rudolf Kobert, der Berendes dort, wie gesagt, als seinen „alten Freund" bezeichnet, gibt Aufschluss über den Anlass: Eine deutsche Ausgabe des Paulos, einem bedeutendem Autor für die „Geschichte der Pharmakologie und Toxikologie [!]", habe er, Kobert, seinen Schülern schon lange neben der englischen Fassung von Francis Adams (s.u.) beigeben wollen.[282] Philologische Genauigkeit sei von vornherein nicht Kriterium gewesen. Berendes selbst nennt „akademische Kreise", die ihn zur Umarbeitung aufgefordert hätten.[283] Er dankt Martin Kirchner (1854–1925)[284] für die Ausräumung finanzieller Hindernisse, erneut seinem Jugendfreund Wilhelm von Waldeyer-Hartz sowie Ludwig Darmstaedter (1846–1927)[285], und dem Vertreter

279 Berendes, J.: Paulos' von Aegina, des besten Arztes sieben Bücher. Übersetzt und mit Anmerkungen versehen. Leiden 1914.

280 Zur Chirurgie des Paulos s.a. Tabanelli, M.: Studi sulla chirurgia bizantina: Paolo di Egina. Florenz 1964 (= Bibliotheca della ‚Rivista di storia delle scienze mediche e naturali', vol. 13).

281 Unterschiede zur späteren Veröffentlichung als Gesamtausgabe finden sich durchaus: Die Fußnoten sind gänzlich überarbeitet. In der Zeitung waren sie ausführlicher und näher am Text. Botanische Erläuterungen und Identifikationen wurden vermehrt beigegeben, denn ein Register war ja noch lange nicht in Aussicht. Im Buch sind die Erläuterungen stringenter und knapper gehalten. An sich ist die Übersetzung aber dieselbe.

282 Berendes (1914), S. V f. Koberts Schüler waren ja Medizinstudenten und haben sich als solche nicht ausschließlich mit Pharmazie und Pharmakologie befasst. Er könnte gehofft haben, ihnen medizinhistorische Studien mit dem Werk „schmackhaft" zu machen.

283 Berendes (1914), S. X.

284 Kirchner war Hygienearzt, Militärarzt und Leiter des preußischen Gesundheitswesens in Berlin und hatte in Halle neben Medizin außerdem Geschichte und Philosophie studiert, vgl. Gerabek, in: Enzyklopädie, S. 752 f.; und Mohaupt, V.: Martin Kirchner (1854–1925). Leben und Wirken eines Robert-Koch-Schülers und bedeutenden Hygienikers im preußischen Staatsdienst. Med. Diss. Erfurt 1989.

285 Darmstaedter, Chemiker und Wissenschaftshistoriker in Berlin, war ein Pionier der chemischen industriellen Fertigung vor allem bei der Herstellung von Lanolin und forschte über die Zusammensetzung des Wollfetts, beides Themen, die Berendes ständig interessierten. Zudem war er Sammler

des Verlags E. J. Brill, eines niederländischen Wissenschaftsverlags. Kobert habe ihn fortwährend in diesem Vorhaben bestärkt. Diese Monographie ist die editorisch aufschlussreichste, die Berendes unternahm und zeigt erneut deutlich, was die Schwerpunkte Berendes' waren: ein, man würde sagen, phytotherapeutisches Handbuch für den interessierten Fachkollegen herauszugeben, wobei sich hier das allgemeine medizinhistorische Bewusstsein für die Notwendigkeit einer Paulos-Ausgabe hinzugesellte. Die Edition wurde eine freudig aufgenommene Überraschung in Medizinhistorikerkreisen.

Der Anspruch der Ausgabe und die Schwerpunkte schlagen sich in *Aufbau, Widmung, Machart* nieder. Dem Geleitwort schließt sich die Einleitung von Berendes an, wo Datierung und Identifikation des Paulos besprochen werden, außerdem einiges zur Zusammensetzung seines Werks und der Überlieferungsgeschichte (s.u.). Der Literaturliste und einem Abkürzungsverzeichnis folgt dann die Übersetzung über 843 Seiten. Es findet sich keine Widmung. Der Anhang enthält eine kurze Erklärung über Bäder,[286] eine Auflistung der bei Paulos vorkommenden Ärzte mit kurzer Beschreibung, die Register (s.u.) und schließt mit Errata und zwei Tafeln.[287] Die Buchübersicht bei Paulos bildet sozusagen das Inhaltsverzeichnis, wobei Seitenangaben fehlen. Im Kopf finden sich lediglich die Seitenzahlen, keine inhaltliche Einordnung. Die einzelnen Kapitel sind im Fließtext deutlich durch Kursivschrift voneinander geschieden, die Fußnoten gut lesbar im Fußteil abgesetzt. Insgesamt ist der Satz gut leserlich; was die Handhabe des Buches angeht, bleibt zu bezweifeln, dass die knapp 1000 gebundenen Seiten Praktikabilität vermittelten. Es ergibt sich mehr der Eindruck eines Lesebuches denn eines Lehrbuches.

Für die Erstellung einer Übersetzung ist auch hier die Frage nach der (hier griechischen) *Textgrundlage* von essentieller Bedeutung. Die mannigfaltigen Codices, die zur Erstellung eines griechischen Textes zur Verfügung gestanden hätten, rührte Berendes nicht an.[288] Er gab sich indes mit der Feststellung seiner Übersetzungsgrundlage zufrieden. Diese sind die griechischen Fassungen von 1528 (die „Aldina")[289] und die

---

und Aufbereiter einer Unzahl von Manuskripten und Autographen über die Wissenschaftsgeschichte; sein Nachlass ging in der Preußischen Staatsbibliothek in Berlin auf und ist dort heute vorzufinden. Vgl. zu alledem Lockemann, G.: „Darmstaedter, Ludwig", in: Neue Deutsche Biographie, Bd. 3 (1957), S. 516 f.

286 Zu Bädern nimmt Berendes Bezug auf Marcuse, J.: Bäder und Badewesen in Vergangenheit und Gegenwart. Stuttgart 1903; aktueller vgl. Berger, A.: Das Bad in byzantinischer Zeit. München 1982; und Zytka, M.: A Cultural History of Bathing in Late Antiquity and Early Byzantium. Oxon/New York 2019.

287 Die Bilder zeigen beide Reponierungen von Luxationen, einmal einer der Wirbelsäule und einer des Oberschenkels. Berendes gibt je eine Erklärung bei.

288 Für eine Einordnung und kurze Besprechung der Manuskripte von Paulos s.u. bei Heiberg.

289 Pauli Aeginetae medici optimi, libri septem. In aedib. Aldi. Venedig 1528. Digital einsehbar unter https://www.digitale-sammlungen.de/de/view/bsb10139764, zul. abg. am 02.11.2022.

Basler von 1538 (von Hieronymus Gemusäus)[290], was er im Gegensatz zur Janus-Veröffentlichung hier zumindest offenlegt. Sogenannte ‚Lesarten', die er aus den Fußnoten später einstreut, beziehen sich später auf diese beiden Drucke oder die Angaben vorheriger Herausgeber, nicht jedenfalls auf autoptisch konsultierte Handschriften.[291] Er kennt die weiteren Erscheinungen (lateinische, englische, französische), die lateinischen Ausgaben[292] zieht er auch immer wieder als Referenz bei Lesarten heran. Auf die englische Übersetzung von Francis Adams (s.u.) nimmt Berendes außer einer kurzen Erwähnung im Vorwort gar nicht Bezug. Philologisches Einschätzen ist ihm nicht fremd, immer wieder führt er für unterschiedliche Lesarten – wie gesagt nicht i. S. e. Kollation von Handschriften – Gründe an.[293] Die Feststellung einer möglichst korrekten, kritischen Textgrundlage steht aber damit umso deutlicher *nicht* in Berendes' Fokus.

Vielmehr richtet sich die Aufmerksamkeit des Verfassers auf das ihm verfügbare antike pharmazeutische Wissen: die antiken parallelen Textstellen, die er kennt – Paulos' Werk erkennt er als Kompilation aus Galen, Oreibasios, Aëtios, Hippokrates –, Vernetzungen mit modernen Klassifikationssystemen, Anknüpfung an aktuelle Therapieformen. Er rechnet Maßeinheiten in das moderne Dezimalsystem um,[294] überlegt, welche giftigen Spinnen Paulos gemeint haben könnte,[295] gibt Verständniskontexte, erklärt Fachterminologie, gibt etymologische Hintergründe bei – zeigt sich,

290 Gemeint ist der Druck, der seit dem 16. Jahrhundert bis ins 19. Jahrhundert gültig geblieben ist und erhebliche Verbesserungen gegenüber der Aldus-Ausgabe von 1528 bot: Pauli Aeginetae medici optimi, libri septem. Omnia haec, collatione vetustissimorum exemplarium, magna fide ac diligentia emendata & restituta, necnon aliquot locis aucta, ut hic liber plane nunc primum e tenebris erutus, in lucem prodijsse dici possit. Basel 1538. Zur obigen Einschätzung s. https://ub.unibas.ch/cmsdata/spezialkataloge/gg/higg0353.html, zul. abg. am 02.11.2022.

291 Ein kurzer Abgleich von angegebenen Lesarten ergab, dass Berendes aus den Annotationen von Janus Cornarius (1500–1558, zu ihm s. Hirsch, A.: „Cornarius, Janus, in: Allgemeine Deutsche Biographie, Bd. 4 (1876), S. 481) in dessen sog. „Dollabellarum" und den Anmerkungen Winter von Andernachs schöpfte; die angegebenen Lesarten decken sich mit den Kommentaren der beiden. Wenn Berendes (1914) dennoch von Lesarten der „Codd." spricht, wie z.B. auf S. 21, Anm. 2, so vermutet er die Angabe der Variation in einer Handschrift, weil die vorherigen Editoren diese benutzt haben; hier z.B. die Ergänzung um „ständiges Einreiben" bei Galen mit „unctio continua", das er aber als von Galen stammend angibt. Berendes hat wohl tatsächlich keine einzige Handschrift selbst konsultiert.

292 Die lateinische Ausgabe Winter von Andernachs von 1542 war wegweisend, da sie eine lateinische Übersetzung lieferte und davor je einen Teil mit „Annotationes" und „Argumentum". Dass dieser auch ungewöhnlich bei der Erstellung einer solchen Schritt vorgehen konnte, wurde bereits bei Alexander von Tralleis ersichtlich (s.o. bei Puschmann).

293 Vgl. z.B. Berendes (1914), S. 425: Hier gibt er ein Beispiel seiner philologischen Kenntnisse. Eine falsche Lesart sei durch die Abfolge von Abkürzungs- und danach Abschriftfehler zustande gekommen.

294 Berendes (1914), S. 425. Die von Paulos benutzten Maß- und Gewichtseinheiten haben bisher noch keine weitere weitere wissenschaftliche Bearbeitung erfahren.

295 Berendes (1914), S. 431 ff.

kurzum, als gelehrter Kenner des antiken Arzneischatzes. Im siebten Buch zu den Arzneimitteln entfaltet er dieses Wissen systematisch, was sich auch in der Struktur widerspiegelt: Wie bereits bei der Dioskurides-Ausgabe folgt auf die Übersetzung des Pflanzennamens sofort die lateinische botanische Bezeichnung und auf die Paulos-Beschreibung seine eigenen Kommentare. Darin enthalten sind u.A. Erklärungen zu (historischer) Gewinnung, Vorkommen bei anderen antiken Autoren, Irrtümern bei der Überlieferung, moderner Verwendung, wirkstofflicher Aufklärung. Ebenso geht es bei den zusammengesetzten Mitteln und anderen Rezepten fort.[296] Vertretungsmittel, also ‚Synonyma für Therapeutika', gibt Berendes in deutscher alphabetischer Reihenfolge bei.[297] Das *Register* ist stark am medizinischen Inhalt orientiert. Es fällt für die deutsche Sprache am ausführlichsten aus, das lateinische und griechische ist jeweils knapper, weil in ersterem auch symptomorientierte, anatomische, pathologische Begriffe vorkommen (z.B. „Brüche" der einzelnen Körperteile, „Durst" etc.). Insbesondere kommen Leitsymptome vor (keine Krankheiten), wie sie ein medizinisches Lehrbuch aufweisen würde; dazu recht ausführlich die Pflanzennamen, wiederum in verschiedenen Nomenklaturen.

Diese Art der Kommentierung ist, wie schon bei der Dioskurides-Ausgabe, Berendes' hauptsächliche Eigenleistung. Zum Gebrauch beim örtlichen Apotheker war es kaum einzusetzen, wohl aber hätte ein solcher eine Ausgabe im Regal stehen haben können. Das Werk scheint ein Handbuch v.a. für Pharmazeuten zu sein, die antike Pflanzen und ihre Geschichte kennenlernen möchten; eines, in dem alle zu Zeiten des Paulos verwendeten Substanzen der modernen Nomenklatur zugeordnet und somit zugänglich gemacht werden; ein historisierendes Nachschlagwerk letztlich für das, was heute „Phytotherapeutika" heißt.

Die *Rezeption* des Werkes spiegelte diese Editionsintention wider. Bei der Ausgabe des Paulos von Ägina" konnte Berendes nach der Dioskurides-Edition mit Erfahrung, Gelehrsamkeit und politischer Klugheit ausführen, was für viele „Freunde der alten Medizin" eine „Überraschung" war. So beurteilten die Rezensenten in der „Pharmazeutischen Zeitung", dass sie „mit großer Freude begrüßt" wurde.[298] Mit einem Preis von 20M. war sie nicht gerade erschwinglich, doch immerhin hatte die solide Machart einen entsprechenden Gegenwert gefunden. Die Umarbeitung zum Buch war ja erst möglich geworden durch die Unterstützer Berendes', denen er im Vorwort dankte. Es war also sicherlich kein erfolgloses Unternehmen – zumindest für pharmazeutische und ärztliche Kollegen, die sich der ‚alten Medizin' verpflichtet fühlten. Hingegen musste Berendes zeitlebens viel Kritik vonseiten der Philologen hinnehmen,

---

296 So z.B. bei der Salbenherstellung und dem Theriak, s. Berendes (1914), S. 751 f. Die dort genannten „Antidote" meinen nicht Gegengifte, sondern intern angewandte Arzneimittel.

297 Berendes (1914), ab S. 833.

298 Anonymer Autor, in: Pharmazeutische Zeitung, 59. Jg., Nr. 55, S. 552.

wie sein Sohn berichtet.[299] Freilich war mit der Paulos-Übersetzung für die Philologie nichts Grundlegendes getan, eine echte Paulos-Ausgabe stand nach wie vor aus.[300] Berendes' die Handschriften regelrecht umgehendes Verfahren erscheint angesichts des Jahres der Durchführung (ab ca. 1908!) geradezu anachronistisch, umso mehr, wenn man die bereits begonnene Arbeit um das CMG bedenkt. Heiberg holte alsbald nach, was Berendes sich nicht zur Aufgabe gemacht hatte. Seine Übersetzung fußte damit auf einer sehr bald veralteten Textgrundlage. Berendes machte sich aus diesem Umstand wenig Verdruss, auch der Initiator Kobert wusste von Beginn an, dass diese Edition ein anderes Ziel verfolgte.[301]

Das siebte Buch des Paulos, ein Arzneischatz der Antike, war zuvor in keiner modernen Übersetzung zugänglich gewesen (wenn man von der englischen Übersetzung Francis Adams' absieht). Berendes schaffte diesen Zugang für die „Freunde der antiken Medizin". Kritische Editionsarbeit erschien nicht relevant genug, um die Bearbeitung hinauszuzögern. Die Faszination Berendes' und seiner Kollegen für die antiken Arzneimittel war sicherlich ausschlaggebend, so sehr, dass sogar etwaige Nützlichkeitskriterien außen vor blieben: Das Zielpublikum ist ein ganz homogenes, kollegiales. Dass Studenten es in umfassenderem Maße lesen würden, war nicht anzunehmen, hatten diese doch im Curriculum rein naturwissenschaftliche Fächer zu hören.[302] Berendes schloss mit der Ausgabe auch eine Lücke in seinem Gesamtwerk.

Berendes' Motive reflektieren also die mehrfache Auseinandersetzung der Geschichte der Pharmazie in seiner Zeit: mit der aufstrebenden Alternativmedizin (s.o.); im Ringen um eine eigene Existenzberechtung dieses Fachs, das beinah zum Sub-Sub-Fach unter Medizin und Pharmazie zu werden drohte; mit der Pharmazie selbst, die sich zu seiner Zeit in einer Art Kristallisationsphase befand, denn viele zu Standardwerken gewordene Lehrbücher, Kommentare zu Pharmakopöen, Arzneimittelverzeichnisse und eben Handbücher entstanden hier[303]; mit nicht weniger existen-

---

299 Er sei ein „Außenseiter" gewesen, „der von den ‚Philologen vom Fach viel Kritik hinnehmen' musste", so bei Fuxius, S. 61, zit. nach Rötz, S. 93, Anm. 280.

300 Seltsam scheint in diesem Zusammenhang, dass auf der Zusammenschau des „CMG online" zwar die Übersetzungen von Adams und Briau angegeben werden (s. jeweils unten, für Briau bei Heiberg), nicht aber die deutsche von Berendes.

301 Kobert hatte übrigens seinerseits „Übung" im Umgang mit philologischer Kritik. Mehrfach hatten auf seine Anweisung hin seine Schüler Übersetzungen griechischer Autoren gewagt, denen nicht gerade freundlich begegnet wurde, so z.B. die Celsus-Ausgabe seines Schülers Friboes (s.o.). Hier erschien 1915, also ebenfalls kurz danach, die kritische Ausgabe im CMG.

302 Vgl. Vorlesungsverzeichnisse der Universitäten Freiburg und München aus den entsprechenden Jahrgängen; an letzterer waren die Naturwissenschaften zwar noch in einer zweiten Sektion innerhalb der Philosophischen Fakultät angesiedelt, an der primär naturwissenschaftlichen Ausrichtung des Studiums änderte das wenig.

303 So z.B. das bis heute neu aufgelegte uns stetig aktualisierte Handbuch von Hager, H: Handbuch der pharmeceutischen Praxis. Berlin 1876. Vgl. zur Entwicklung des Schrifttums Friedrich/Müller-

ziellen Standesfragen, da die Lage des Apotheken- und Apothekerwesens in Preußen, wo er lebte und schrieb (Goslar), mehr als bedenklich war: Die preußische Regierung versuchte, den Arzneimittelverkauf und -verkehr in staatliche Hand zu bringen, wobei sie dem Apothekerstand weniger Mitspracherechte einräumte, ja diese sogar heftig eindämmte. Darum bemühte Berendes sich um eine historische Darstellung in dem Glauben, aus der geschichtlichen Darstellung Hilfestellungen geben zu können.[304] Berendes intendierte mit seinen Werken, auf alle diesen Schwierigkeiten zugleich zu *antworten*. Darin wenigstens ähnelt seine reaktive Haltung der seiner medizinhistorischen Kollegen; die zuvor genannten inhaltlichen Schwierigkeiten kennzeichnen aber auch die spezifischen Herausforderungen der Pharmaziehistoriographie.

Diese Hintergründe erhellen damit die gesamte Veröffentlichungsarbeit Berendes', der wohl wusste, dass, bezogen auf die bloße Nützlichkeit seines Schaffens, die Wiederverwendbarkeit des Wissens und die Arbeitsweise zu seiner Zeit nicht mehr *en vogue* waren. Die *Lese*bücher von Paulos und Dioskurides vermittelten a-praktisches, gelehrtes Wissen um die antiken Autoren, das für den Pharmazeuten mit Anspruch, so könnte man sagen, verfasst wurden. Zur Lektüre für Studenten dienten sie höchstens in diesem Sinne. Die wissenschaftliche Pharmazie hatte sich bereits weit von ihnen entfernt, und auch die Methoden der Philologie hatten ihre erhöhten Ansprüche an Editionen antiker Medizinkompendien in die Tat umzusetzen begonnen. Eine Art parallele Arbeitskultur spielte sich ein, in der die ärztlichen Editionen kaum Rücksicht auf die philologischen Vorhaben nahmen – und umgekehrt. Für die Etablierung einer institutionalisierten Medizin- und Pharmaziegeschichtsschreibung spielten beide Arten von Ausgaben – ärztliche und philologische – aber weiterhin eine Rolle, als Philologen wie Johann Ludvig Heiberg und der tonangebende Vertreter der Medizingeschichte der Zeit, Karl Sudhoff, jeweils ihr Gewicht in die Waagschale warfen.

3.4 Die Verhältnisbestimmung Philologie–Medizinhistoriographie im 20. Jahrhundert

In der bisherigen Untersuchung schrieben alle Autoren medizinhistorischer Editionen als Vertreter ihres Faches. Ärzte schrieben für Ärzte: Gestützt von eigenen philologischen Kenntnissen oder fachfremden Spezialisten war die Herausgabe antiker medizinischer Autoren Gegenstand ärztlicher Wissenschaft. Diese Situation ändert sich mit dem Beginn des 20. Jahrhunderts drastisch.[305] Die Altertumswissenschaft hatte

Jahncke, in: Schmitz, S. 582 ff.

304 Vgl. die Einleitung zum „Apothekenwesen": Berendes (1907b), S. IV.

305 Zur Entwicklung, gerade im 20. Jahrhundert, vgl. Burnham, J. C.: A Brief History of Medical Practitioners and Professional Historians as Writers of Medical History, in: Health and History, vol. 1, no. 4

sich zu einem Großunterfangen aufgewertet, das seine Wissenschaftlichkeit dahingehend verstand, positivistisch alle verfügbaren Fakten, Wissen aus Texten, Dokumenten etc. anzusammeln.[306] An die Herausgabe von Texten wurden enorm erhöhte Anforderungen von philologischer Textkritik gestellt. Die Texte wurden zunehmend von philologischer Seite betrachtet und auf ihren rezensionsgeschichtlichen Eigenwert hin gelesen und untersucht – eine schon angebahnte Schwerpunktverlagerung manifestierte sich endgültig. Diese Bewegung fand ihren Niederschlag in der vermehrten Anlage und Herausgabe von sog. *Corpora*, also Sammlungen, die geordnet alle verfügbaren Texte zu einem Gegenstand, Autor oder Fachbereich enthielten. Ein solches Unterfangen schlug der dänische Philologe Johan Ludvig Heiberg (1854–1928) im Jahr 1901 für die antiken medizinischen Schriftsteller vor, das *Corpus medicum*.[307] Federführend bei der Initiierung, Planung und Durchführung des Projekts war der Altphilologe Hermann Diels (1848–1922). Mit „militärischer Effizienz"[308] hatten er und seine Kollegen das Unternehmen seit 1901 vorangetrieben, namhafte Altertumsforscher wie Hermann Schöne (1870–1941), Otto Hirschfeld (1843–1922), Bruno Rapaport (1875–1915) und Johannes Mewaldt (1880–1964) nahmen daran teil. Solche Kataloge mussten zunächst durch Sammlung verfügbarer Quellen angelegt und dann auch in der eigentlichen Textproduktion durchgeführt werden. Schon nach kurzer Zeit (1906) konnte ein Katalog mit allen verfügbaren Manuskripten veröffentlicht werden.[309] In der Folgezeit wurden auch erste Texte ediert, bevor durch den Ersten Weltkrieg der Fortgang stark eingeschränkt wurde. Die Reihenfolge der Bearbeitung spielte eine

---

(12/1999), S. 250–273. Der Anteil nicht-ärztlicher Autoren in Fachzeitschriften nahm stetig zu, eine Entwicklung, die sich im deutschen „Sudhoff's Archiv" schon früher abzeichnete als im US-amerikanischen „Bulletin of the History of Medicine" (s. v.a. Burnham, S. 264, und die Graphiken ab S. 266 f.).

306 Vgl. als geistesgeschichtliche Hinführung v.a. Nutton, in: Huisman (2004), S. 119 ff. Der redet vom „big business" des preußischen Wissenschaftsbetriebs v.a. in Berlin mit dem CMG (s.u.).

307 Andere zu der Zeit entstandene *Corpora* umfassen beispielsweise das von Joseph Greving (1868–1919) initiierte „Corpus Catholicorum", eine Sammlung katholischer Schriftsteller im Zeitalter der Glaubensspaltung. Ein Corpus der medizinischen Schriftsteller herauszugeben war gleichfalls keine neue Idee, allein die Editionsreihe von Kühn zeigt dies (s.o.). Allerdings waren frühere Anlagen solcher Sammlungen meist Initiative von den jeweiligen Fachvertretern, nicht von Philologen, vgl. auch die Sammlung von Hallers aus dem Jahr 1787.

308 So die leicht ironische Einschätzung bei Nutton, in: Huisman (2004), S. 122: „Errors and omissions there might be aplenty, but one is surprised at how relatively few there are, and still more at the speed of the whole operation. This was organized, Prussian science, done in a way and in a length of time that would have been unthinkable elsewhere. Thirty-one scholars from around the world lent their services, although the great bulk of the labor was undertaken in Berlin, with almost military efficiency."

309 Diels (1906). Vgl. dazu das neue Standardreferenzwerk für den Diels-Katalog, der erheblich revidiert wurde von Touwaide, A.: Greek Medical Manuscripts - Diels' Catalogues. Bde. 1–5, Berlin/Boston 2020.

wichtige Rolle, da manche Texte unentbehrlich für die Herausgabe anderer schienen, so z.B. wenn ein Autor nur über Abschriften und Kommentare überliefert ist.[310]

Aufseiten der medizingeschichtlichen Forschung dagegen kam es in der Nachfolge Mewaldts mit Werner Jaeger (1888–1961) zu einer ‚Re-Idealisierung' von Medizingeschichte, die dem Edieren weniger Bedeutung beimaß. Die Herausgabe stockte, die Beschäftigung ging hin zur Erkundung des griechischen Denkens *über* Medizin.[311] Die Medizingeschichte spaltete sich sozusagen auf; der philologische Zweig ging dabei in die Hände anderer Wissenschaftler über. Der Ideengeber Heiberg kann als Prototyp einer philologisch-exakten Richtung der Medizingeschichtsschreibung herhalten; von besonderem Interesse ist dabei seine gerade einmal sechs Jahre nach Berendes erschienene Edition des Paulos, die gerade im Kontrast zu ihm die Eigenheiten der philologischen Editionstechnik verdeutlicht.

3.4.1 Johan Ludvig Heiberg (1854–1928)

Heiberg gilt als der bedeutendste dänische Altphilologe und als die prägende Gestalt der wissenschaftlichen Philologie des Königreiches.[312] Sein Studium der Philologie und sein Interesse für Mathematik gab bereits das Spezialgebiet vor, das er einschlagen sollte.[313] Die kritische Herausgabe griechischer mathematischer Schriften, vornehmlich von Archimedes, Euklid, aber auch Simplikios und Ptolemaios, machte ihn bekannt, erst recht aber die Veröffentlichung eines bis dato unbekannten Palimpsests von Archimedes.[314] Zeitlebens auch Gymnasiallehrer – er unterrichtete jeden Tag Griechisch von 8–10 Uhr –, forderte er die Einführung des Griechischunterrichts für alle Gymnasialschüler; Mathematik lehrte er in griechischer Sprache.[315] Nach seiner

---

310 Galen war darum Ausgangspunkt für Editionen unterschiedlicher hippokratischer Schriften, vgl. Nutton, in: Huisman (2004), S. 122.

311 Vgl. Nutton, in: Huisman (2004), S. 124.

312 Vgl. Burck, E.: Classica et Mediaevalia (Rezension), in: Gnomon 14, Nr. 11 (1938), S. 621–623.

313 Entgegen neuerer Kurzbiographien findet sich kein Hinweis auf ein Mathematikstudium Heibergs in ihn betreffenden Nekrologen, s. z.B. Arnim, H.: Johan Ludvig Heiberg. Ein Nachruf, in: Almanach der Akademie der Wissenschaften in Wien 78 (1928), S. 264–273.

314 Heiberg, J. L.: Eine neue Archimedeshandschrift, in: Hermes 42 (1907), S. 235 ff. Eine deutsche Übersetzung dazu erschien mit Heiberg, J. L., Zeuthen, H. G.: Eine neue Schrift des Archimedes, in: Bibliotheca Mathematica 3, Folge 7 (1907), S. 321–363. Diese hatte eine bewegte Rezeption: 1998 wurde sie nach langem unbekannten Verbleib versteigert, s. hierzu: Gray, S. B.: Centennial Celebration of Two Great Scholars: Heiberg's Translation of the Lost Palimpsest of Archimedes—1907; Heath's Publication on Euclid's Elements—1908, in: Notices of the American Mathematical Society, vol. 55, no. 7 (2008), p. 776–783, s. genauer Høeg, C.: Johan Ludvig Heiberg, in: Jahresbericht über die Fortschritte der klassischen Altertumswissenschaft, Bd. 233 (1931), S. 38–77, hier S. 47 ff.

315 S. Gray, S. 776. Biographisch und bibliographisch vgl. außerdem Ræder, H.: Johan Ludvig Heiberg. 27/11 1854–4/1 1928, in: Isis, Band 11 (1928), S. 367–374; zudem Høeg, der eine recht ausführliche

Zeit als hauptamtlicher Lehrer bekleidete er ab 1896 eine Professur an der Universität Kopenhagen (*Universitas Hauniensis/Hafniensis*), deren Rektor er zwischenzeitlich wurde (1915/1916). Es heißt, es gebe wohl keinen anderen Philologen, der „mehr wichtige neue Texte" zu der Zeit wiedergefunden haben als Heiberg.[316]

Das zweite große Betätigungsfeld Heibergs neben antiken Mathematikern waren griechische Ärzte des Altertums. Einen Arzt zum Vater, schrieb er schon bald über die hippokratischen Aphorismen, die ihn faszinierten.[317] Eine Freundschaft verband ihn mit Hermann Diels, dem führenden deutschen Altphilologen an der Preußischen Akademie der Wissenschaften; überhaupt stand er mit vielen seiner deutschen Kollegen in Kontakt, sprach und schrieb auch viele Texte in deutscher und anderen modernen Nationalsprachen. In seiner Korrespondenz, die nicht herausgegeben ist, finden sich Namen wie Ulrich (von) Wilamowitz-Moellendorff (1848–1931), Otto Hartwig (1830–1903), Anton Elter (1858–1925) und Paul Wolters (1858–1936), Gelehrte aus dem gesamten deutschsprachigen Gebiet. Diels war es, der den schon für seine Archimedes-Edition berühmten Heiberg um Hilfe bei einem Vorhaben bat: 1882 hatte Diels für die Reihe „Commentaria in Aristotelem graeca" einen Simplikios-Kommentar zu Aristoteles' *Physica* herausgegeben. Bei der weiteren Bearbeitung hatten sich die Abschriftenverhältnisse als zu kompliziert für den aktuellen Bearbeiter herausgestellt, sodass Diels an Heiberg mit der Bitte um Bearbeitung herantrat.[318] Ein Interesse für Aristoteles hatte Heiberg bereits in vorherigen Schriften bekundet.[319] Er entsprach ihr, sodass zuerst eine vorbereitende Abhandlung und 1894 schließlich die Ausgabe selbst erschien.[320] In der Folge wurde Heiberg 1896 auch korrespondierendes Mitglied der Preußischen Akademie der Wissenschaften.[321] Damit wird die Rolle Heibergs bei

---

Bibliographie ab S. 72 beigibt; die ausführlichste Bibliographie findet sich aber bei Spang-Hansen, E.: Filologen J. L. Heiberg. Kopenhagen 1929; s.a. Adler, A.: „Heiberg, Johan Ludvig." in: Dansk Biografisk Leksikon 9 (1936), S. 560–567; schließlich Keyser, P. T.: „Heiberg, Johan Ludwig", in: Database of Classical Scholars, abrufbar unter https://dbcs.rutgers.edu/all-scholars/heiberg-johan-ludwig, zul. abg. am 02.11.2022.

316 S. Høeg, S. 60.

317 Heiberg, J. L.: Aphorismer om Hippokrates, in: Studier fra Sprog- og Oldtidsforskning 2, Nr. 7, Kopenhagen 1892 (= 1892a).

318 So nach Høeg, S. 58. Grund dafür seien die verschiedenen (!) Vorlagen, u.A. einer Interpolation des Kardinals Bessarion (?–1472), auf deren Grundlage der Schreiber den Text verschieden bearbeitet habe.

319 Heiberg, J. L.: Et mathematisk Sted hos Aristoteles, in: Oversigt over det kgl. danske Videnskabernes Selskabs Forhandlinger (1888), S. 1–6 (= 1888b).

320 Heiberg, J. L.: Handschriftliches zum Kommentar des Simplicius zu Aristoteles de caelo, in: Sitzungsbericht der preußischen Akademie der Wissenschaften (1892), S. 59–76 (=1892b); bzw. Ders.: Simplicii in Aristotelis De Caelo Commentaria. Berlin 1894 (= Commentaria in Aristotelem graeca, vol. VII). Den Index habe Eduard Wellmann (1842–1918) besorgt, der nicht mit schon genanntem Max Wellmann verwandt ist.

321 Vgl. http://www.teuchos.uni-hamburg.de/interim/prosop/Heiberg.Johan.Ludvig.html, zul. abg. am 02.11.2022.

der Gründung des *Corpus Medicorum Graecorum* deutlicher: Gemäß Diels' eigener Angabe war es Heiberg, der um 1901 den ersten Anstoß zu einer umfangreichen Sammlung aller antiken Ärzte gab (s.o.).[322] Obwohl er sich bereits zuvor und auch in der Folge mit Hippokrates beschäftigt hatte,[323] fiel ihm die Edition des Paulos von Ägina zu, und das wohl nicht ohne Grund. Die Handschriftenverhältnisse waren bei diesem Autor, mehr als bei anderen, von einer langen Überlieferungs- und Benutzungstradition verkompliziert. Dies liege daran, dass es als praktisches Werk viel gelesen und rezipiert worden sei im Laufe der Jahrhunderte.[324] Die Handschriften von den Werken Paulos' gehören gar zu den ältesten und zahlreichsten überhaupt – neben den Kirchenvätern.[325] Es bedurfte also eines philologischen Spezialisten mit Kenntnissen nicht nur in der Textwiederherstellung, sondern auch einem inhaltlichen Interesse am Stoff. Dafür war Heiberg der geeignete Kandidat.

Zudem konnte er bereits auf eine Beschäftigung mit Paulos zurückgreifen: Für eine lateinische Übersetzungen des dritten Buches, die im 10. Jahrhundert erstellt wurde, erarbeitete er aus den über siebzig Handschriften deren Abhängigkeitsverhältnisse.[326] Später verfasste er einen eigens dem Thema der Pauloshandschriften gewidmeten Artikel mit einer auch heute sehr hilfreichen Zusammenschau, der nachher noch eingehender besprochen wird.[327] Laut Schöne gab es einen weiteren

322 Ursprünglich sollte es, wie gesagt, „Corpus medicum" heißen. Zur genauen Geschichte des Corpus Medicorum Graecorum vgl. http://cmg.bbaw.de/arbeitsstelle/geschichte, für die späteren Weichenstellungen Kollesch, J.: Das Corpus Medicorum Graecorum – Konzeption und Durchführung, in: Medizinhistorisches Journal, Bd. 3, Nr. 1 (1968), S. 68–73. Heute ist die Herausgabe der antiken Ärzte weiterhin im Gange. Die Anforderungen an eine kritische Edition sind im Laufe des Jahrhunderts noch stark gewachsen, worüber die langjährige Leiterin Jutta Kollesch zu Beginn ihrer Amtszeit Rechenschaft ablegt. Nicht nur wurde entschieden, den Texten je mindestens eine Übersetzung in eine moderne Sprache beizugeben, vor allem sollen für eine Edition alle verfügbaren Handschriften und Parallelmaterialen herangezogen werden, was durch vorherige Konkordanzerstellung und Indizierung geleistet werden soll – ein ungeheurer Aufgabenumfang. Dass Diels' Plan einer Fertigstellung innerhalb von sechzehn Jahren nicht realisiert werden konnte, wurde demnach schon sehr bald Realität.

323 Heiberg, J. L.: Die handschriftliche Grundlage der Schrift περὶ ἀέρων ὑδάτων τόπων, in: Hermes 39 (1904), S. 133 ff. Auch mit Platon hatte Heiberg vermittels Diels bereits zu tun, s. Diels, H., Schubart, W.: Anonymer Kommentar zu Platons Theaetet nebst drei Bruchstücken philosophischen Inhalts unter Mitwirkung von J. L. Heiberg, in: Berliner Klassikertexte (Heft II), Berlin 2005.

324 Vgl. Høeg, S. 61.

325 Ein Blick in den Handschriftenkatalogs Diels', zu finden online unter http://cmg.bbaw.de/epubl/online/diels_03.php (zul. abg. am 02.11.2022), S. 77 ff., zeigt die Fülle der verfügbaren Handschriften, mehr noch bei den Exzerpta varia.

326 Heiberg, J. L.: Paulos von Aigina Libri tertii interpretatio latina antiqua. Leipzig 1912. Diese Ausgabe, so verrät schon der Untertitel, wurde mit Unterstützung des Puschmann-Institutes angefertigt.

327 Heiberg, J. L.: De codicibus Pauli Aeginetae observationes, in: Revue Des Études Grecques, vol. 32, no. 146/150 (1919), S. 268–277.

vorbereitenden Aufsatz, der aber nie veröffentlicht wurde.[328] Die Paulos-Ausgabe für das CMG, die bis heute gültige Edition, erschien dann in zwei Bänden. Band 1 aus dem Jahr 1921 enthält die Bücher 1–4, Band 2 ist aus dem Jahr 1924 und liefert die übrigen Bücher 5–7.

Zur Zeit Heibergs dienten die sieben Bücher des Paulos von Ägina den Mönchen auf dem Heiligen Berg Athos noch als angewandtes Medizinhandbuch.[329] Ähnliches konnte man mit Blick auf die preußische Universitätsmedizin wahrlich nicht behaupten. Als Teil eines durch und durch philologischen Großprojekts konnte und wollte Heiberg kein Kompendium für Ärzte herausgeben, sondern Diels' „Corpus", das im Schwung der Altertumswissenschaft initiierte Unterfangen, unterstützen. Wie verhält sich Heiberg seinerseits zu den medizinischen Ansprüchen seiner Editionsarbeit?

Weil die Vorarbeiten zur CMG-Edition in den schon genannten Abhandlungen Heibergs zu Paulos grundgelegt sind, findet man hier noch am ehesten Worte Heibergs über mögliche Intentionen. Der sonst betreffs Inhaltlichem wortkarge Autor schreibt, dass das dritte Buch im süditalienischen Bildungszentrum der Salernitanischen Schule in Gebrauch war, das sechste Buch (das der Chirurgie) noch zu Beginn des 17. Jahrhundert ein Standardlehrbuch für Pariser Medizinstudenten gewesen sei und auch heutige Augenärzte einiges von Paulos über Augenkrankheiten lernen könnten.[330] Doch die Herausgabe der lateinischen Übersetzung des dritten Buches

---

328 Der Titel lautete „Die Überlieferung des Paulos von Aigina", s. Schöne, H.: Paulus Aegineta von I. L. Heiberg (Rezension), in: Gnomon, Bd. 3, H. 3 (1927), S. 129–138, hier S. 129.

329 So Høeg, S. 61, wo von Heiberg erzählt wird, der einige Wachsflecken in den Handschriften zur Markierung einer Stelle von Interesse entdeckt hat. Die Mönche seien wegen deren praktischen Wertes unwillig bei der Ausleihe von Handschriften. Leider wird nicht erwähnt, um welche Handschriften es sich handelt.

330 „et fama operis iam saeculo decimo non modo ad Arabes sed etiam, quod magis mireris, in occidentem pervenerat; nam et Arabes medici interpretatione ab Hunaino ben Ishak facta studiose usi sunt, et liber tertius in Italia inferiore Latine uersus extat [...] et in schola Salernitana adhibebatur. ceterum iuuenes medicinal studentes Uniuersitas Parisiensis anno MDCVII libro sexto eius in chirurgia discenda uti iussit, et nostris quoque temporibus medicus ocularius peritissimus praecepta eius de morbis oculorum summopere admiratus est."–„Und schon im 10. Jahrhundert war der Ruhm des Werks nicht nur zu den Arabern, sondern, was mehr verwundern mag, in's Abendland gelangt; denn die arabischen Ärzte machten Gebrauch von der bemühten Übersetzung von Hunayn ben Ishak, wie auch das dritte Buch in Unteritalien, in's Lateinische übersetzt, vorkam [...] und in der Schule von Salerno Anwendung fand. Außerdem sollten die jungen Medizinstudenten der Pariser Universität im Jahr 1607 sein sechstes Buch der Chirurgie zum Lernen benutzen, und ebenso in unseren Zeiten hat der sehr kundige Augenarzt seine Lehre von den Augenkrankheiten ganz und gar zu bewundern.", s. Heiberg (1919), S. 269. Julius Hirschberg (1843–1925), der Kenner der Geschichte der Augenheilkunde, war selbstverständlich mit Paulos vertraut. In seiner „Geschichte der Augenheilkunde" unternimmt Hirschberg übrigens etwas recht Unübliches: Er stellt selbst den griechischen Text von Paulos, den der von Galen übernommen haben soll, neben eine von ihm angefertigte deutsche Übersetzung. Dazu schreibt er (S. 370, Anm. 4): „Da eine die heutigen Ansprüche befriedigende Ausgabe des Paullus von Aegina noch nicht vorliegt, so musste ich mich selber der Mühe unterziehen, die von Paullus

habe er angefertigt, weil es über das Studium griechischer Schriften im (Unter-)Italien des Mittelalters Aufschluss gebe,[331] nicht etwa aus medizinisch-inhaltlichen Gründen. Das philologische Augenmerk steht hier deutlich im Vordergrund: Ausführlich werden die einzelnen Handschriften beschrieben, deren Wert und Abhängigkeitsverhältnisse (Rezensio). Die enorme Verbreitung der Abschriften weise darauf hin, dass das Werk des Paulos eines zum Gebrauch gewesen sei. Die eigenen Hinzufügungen von Paulos werden kurz erwähnt – es sind nicht viele –, mehr Wert wird aber auf die Bedeutung des Kompendiums als Textzeuge für andere, zitierte Autoren gelegt: Die philologische Lesung mit rezeptionsgeschichtlichen Fragestellungen rückt hier in den Vordergrund. So zeigt diese Edition, die erste eines Nicht-Mediziners, Besonderheiten, die auch der Umsetzung der Edition entsprechen.

Die Edition zerfällt in vorbereitende Abschnitte (*Praefatio*, *Corrigenda et Addenda*, *Conspectus codicum*), den Text mit dem textkritischen Apparat im Fußteil der Seiten und ein Namenregister am Schluss (Band II). Die Bände umfassen jeweils ca. 400 Seiten. Die Seiten enthalten im Kopfteil den jeweiligen Abschnitt, Zeilenangaben neben dem griechischen Text, auf den sich der Fußteil bezieht, sodass kein eigentlicher Fußnotenapparat entsteht. Die Leserlichkeit des Textes wird dadurch erhöht, herabgesetzt jedoch durch die Wahl der Schriftart im Griechischen, die recht undeutliche Sigmas verwendet (ϛ). Das lateinische Schriftbild wird durch die Verwendung der Serifenschrift „Didot“ eher herabgesetzt.

Die *Quellenlage* ist, wie gesagt, kompliziert. Bisher waren die Bücher I–V und VII in den griechischen Editionen des 16. Jahrhunderts gedruckt worden (die Basler von 1538 und die venezianische von 1528).[332] Diese zogen jedoch zur Konstitution des griechischen Texts bei Weitem nicht alle verfügbaren Handschriften heran.[333]

---

angeführten Stellen im Galenus aufzufinden. Die obige steht Meth. m., 1. XIII, Band X, S. 987, und bezieht sich übrigens nur auf den entzündlichen Schmerz. (Beiläufig bemerkt, in den Anmerkungen von Adam's englischer Uebersetzung des Paullus sucht man diese Nachweise vergeblich; überhaupt ist darin wenig Brauchbares enthalten. [!]).“, s. Hirschberg, J.: Geschichte der Augenheilkunde. Berlin 1899, in: Handbuch der gesamten Augenheilkunde (Bd. XII), S. 368 ff. (= 1899b).

331 „[...] non tam ut recensendi adiumentum – Graeci enim codices et boni et antiqui exstant plurimi – quam ut documento studiorum Graecorum medio aeuo in Italia inferiore cultorum.“–„Nicht so sehr, um ein Hilfsmittel zur Prüfung zu sein – gute und alte griechische Codices gibt es hinreichend –, sondern vielmehr als Dokument des griechischen Studienwesens im mittelalterlichen Unteritalien.“, s. Heiberg (1912), S. III. Gemeint ist natürlich hauptsächlich die Schule von Salerno. Er werde an anderer Stelle genauer davon berichten.

332 S.o. bei Berendes zu diesen beiden Ausgaben (3.3.4). Das sechste Buch war 1855 von dem französischen Arzt René-Marie Briau (1810–1886), der Bibliothekar der Akademie der Medizin in Paris war, bearbeitet worden: Briau, R.: Chirurgie de Paul d'Égine. Paris 1855. Diese Ausgabe von mehr als einem halben Jahrhundert zuvor ist bereits eine Art kritische Edition.

333 Die vielen Manuskripte bezeugen die lange Rezeptionstradition der Paulos-Texte. Dass die für eine kritische Edition notwendigen Abschriften mit den sinnvollsten Lesarten nicht die frühesten,

Heiberg erstellte einen neuen griechischen Text auf Grundlage von allen verfügbaren Manuskripten, die im Handschriftenkatalog Diels' aufgelistet und erheblich erweitert worden waren. Er geht im Vorwort auf die für seine geschulten Augen besten und vollständigsten Handschriften ein, gliedert sie in Gruppen und schafft Klarheit bzgl. der Abstammungsverhältnisse (eine graphische Darstellung der Stemmata gibt er nicht). Im zweiten Band nimmt er noch weitere Codices hinzu. Hilfe hat er dabei erfahren durch seinen Schüler Hans Ræder, der den Text vorbereitet und „poliert" habe (S. IX). Verweise für die Parallelstellen werden genannt. Die Hauptarbeit dazu wurde bereits in den *Observationes* zu den Pauloscodices getan.[334] Dass die Übersetzung fehlt, steht in Übereinstimmung mit den damaligen Editionskriterien des CMG – heute sind sie dahingehend geändert, dass mindestens eine neusprachige Übersetzung beigegeben werden muss – und der Tatsache, dass Berendes kurz zuvor ja eine deutsche Version an die Hand gegeben hatte, freilich auf veralteter Textgrundlage, ebenso wie Francis Adams mit seiner Übersetzung von 1844. Auf die Relevanz dieses Missverhältnisses wird in Abschnitt 5 noch zu kommen sein. Damit stellte Heiberg jedenfalls eine neue, bessere Textgrundlage her.[335] Die Edition war aus damit philologischer Sicht erfolgreich, sie stellt die bis heute gültige Fassung der sieben Bücher des Paulos von Ägina dar und war eine der ersten vollendeten Editionen im CMG. Nur Max Wellmann und Diels selbst kamen mit Einigem früher zu Ende. Die ausführlichste, insgesamt positive Rezension bietet Hermann Schöne.[336]

---

sondern spätere sind, überrascht den Rezensenten Hermann Schöne (1870–1941). Dieser Sachverhalt, der auch Heiberg auffällt, verleitet letzteren zu dem Motto, dass er immer wieder bedenken müsse, Paulos selbst und nicht dessen Kopisten bzw. Redakteure herauszugeben: „semper memini me non auctores Pauli edere, sed Paulum ipsum, qui in excerpendo interdum neglegentior esse et errare potuerit."–„Immer erinnere ich mich daran, dass ich nicht die Autoren des Paulos herausgebe, sondern Paulos selbst, der beim Exzerpieren mitunter nachlässiger ist und fehlen kann.", s. Schöne, S. 131.

334 Zu den Handschriften, die den Paulos enthalten, vgl. Lherminier, G.: Manuscrits de Paul d'Egine à la Bibliothèque nationale de France, in: Bulletin du bibliophile (2016–2), S. 229–273. Die vertrauensvollsten seien auch bei Heibergs Edition nicht berücksichtigt worden, meint der Autor, s.a. Ders.: Un épisode de l'histoire du texte de Paul d'Egine au XIVe siècle: les deux copies de Pierre Télémaque, in: Revue d'histoire des textes 5 (2010), S. 1–23. Zu den Fragmenten in Moskauer und Pariser Codices s. Fonkič, B.: Aux origines de la minscule stoudite (les fragments moscovite et parisien de l'oeuvre de Paul d'Egine, in: I manoscritti greci tra riflessione e dibattito: Atti del 5 Colloquio internazionale di paleografia greca. Cremona, 4–10 ottobre 1998, ersch. in: Papyrologica Florentina (31), Florenz 2000, S. 169–186. Eine kürzlich (2020) neu entdeckte Handschrift zu Paulos beschriebt Durante, R.: Rari in terra d'Otranto: un inedito Paolo d'Egina a Soleto, in: Rivista di studi bizantini e neoellenici, vol. 56 (2019), p. 111–124.

335 Damit besteht, zumindest theoretisch, auch eine neue Grundlage für Übersetzungen in moderne Sprachen, die die Erkenntnisse der kritischen Edition berücksichtigen könnten. Bisher ist eine deutsche nicht geschehen.

336 S. Schöne. Er scheint mit Heiberg zunächst in Allem übereinzustimmen, um dann auf zwei Fehleinschätzungen hinzuweisen. Er würde (i) den älteren Handschriften bei gleicher Textfassung den Vorzug geben und, (ii), der Handschrift „O" des Michael Lulludes mehr Vertrauen schenken (gemeint

In der Folge gab Heiberg noch weitere medizinische Schriften heraus.[337] Er wurde für seine ungemein produktive Mitarbeit am CMG und penible Genauigkeit bei gleichzeitig zügiger Arbeitsweise gelobt. Wegen seiner Verdienste wurde er nach dem Tode Diels' 1922 mit der Fortführung und Herausgabe des ersten Bandes des CMG zu den hippokratischen Schriften betraut.[338] Dieser Aufgabe allerdings war der schon alte und erkrankte Mann nicht mehr vollumfänglich gewachsen.[339] Sigerist bezeichnete die Hippokrates-Ausgabe beispielsweise später als einen Reinfall.[340]

Heiberg glückte somit die erste kritische Edition der sieben Bücher des Paulos – was aber war damit für die Medizingeschichtsschreibung getan? Zunächst: Heiberg war kein Historiker. Er konnte selbst keinen Beitrag zur Geschichte der Medizin schreiben, ebensowenig wie zur Geschichte der Mathematik. Als Philologe blieb er stets fachfremd, seine wenigen Aufsätze zu inhaltlichen Themen bleiben trocken.[341] Heibergs verdienstvolle Beiträge zu Archimedes beispielsweise veranlassten und befähigten ihn nie, ein Buch *über* Archimedes als Mathematiker, seine Bedeutung für die Mathematikgeschichte zu schreiben.[342] Sollte ein Buch in den Anwendungskreis der betreffenden Wissenschaft gelangen, brauchte es einen Fachvertreter. Dies war beispielsweise bei der sehr erfolgreichen Ausgabe des von ihm neu gefundenen Archimedes-Briefes „Ephodos" der Fall. Dort wurde neben einer Übersetzung, die bereits unüblich für Heiberg war – normalerweise gab er keine Übersetzung bei –, ein Kommentar von dem befreundeten Mathematiker Hieronymus Georg Zeuthen (1839–1920) mitgeliefert.[343] Sie wurde aufgrund ihres Erfolges auch in englische und französische Sprache übersetzt.[344] Aber die Arbeiten Heibergs waren auch auf mathematischem Feld stets *Vorarbeiten* für das eigentliche Betätigungsfeld der Fachhistoriker geblie-

---

ist https://pinakes.irht.cnrs.fr/notices/cote/69763/, zul. abg. am 02.11.2022). Man hat den Eindruck, dass Schöne gern selbst mit der Herausgabe betraut worden wäre, einige Verbesserungsvorschläge wolle er nur machen, um zu „zeigen, wie lebhaft mein Interesse an dem Werke ist" (s. Schöne, S. 135). Für eine eigene Bearbeitung erbittet er die Herausgabe der Heiberg'schen Kollation.

337 Glossae medicinales. Edidit J. L. Heiberg, in: Det Kgl. Danske Videnskabernes Selskab. Historisk-filologiske meddelelser (9,1). Kopenhagen 1924. Weitere solche Schriften der späteren Schaffensjahre Heibergs finden sich bei Høeg, S. 68 f.

338 Heiberg, J. L., Mewaldt, E., Nachmanson, H., Schoene, H.: Hippocrates opera. Indices librorum, Ius iurandum, Lex, De arte, De medico, De decente habitu, Praeceptiones, De prisca medicina, De aere locis aquis, De alimento, De liquidorum usu, De flatibus (= CMG I, 1). Leipzig et Berlin 1927.

339 „Ob er als Greis der ganz speziellen Schwierigkeiten, die mit dieser Aufgabe verbunden waren, ganz Herr geworden ist, mag dahingestellt sein.", s. Høeg, S. 62.

340 Sigerist (1934), S. 194.

341 Høeg, S. 51.

342 „[...] die neuzeitliche Mathematik kannte er nicht. [...] Dieser Umstand war aber auch die Ursache, daß er außerstande war, die Fortschritte der Wissenschaft zu beurteilen. Seiner Ansicht nach hatte dies wieder zur Folge, daß er das Buch über Archimedes, den er gewiß besser als irgend jemand unserer Zeit gekannt hat, nicht geschrieben hat.", s. Høeg, S. 51.

343 Heiberg/Zeuthen.

344 S. Høeg, S. 49.

ben, die die Informationen am Text noch weiterverarbeiten mussten.[345] Heibergs Verdienst bleibt damit die korrekte Erschließung der Quellen und Herstellung eines neuen, verbesserten griechischen Texts.

Damit geschah zweierlei: Einerseits schied sich die kritische Textherausgabe von der Arbeit des Medizinhistorikers ab, sie war gänzlich zu den Philologen übergegangen. Der bei Ideler und Dietz gescheiterte Ansatz einer ärztlichen Philologie konnte auch bei Puschmann und Berendes nicht an die Tätigkeit des Medizinhistorikers gebunden werden und war nun definitiv Teil der philologischen Wissenschaften, die sich zunehmend für Texte aller Art und allen Inhalts interessierte. Zum Zweiten sahen sich beide Disziplinen mit den je spezifischen Schwierigkeiten des Verständnismangels im anderen Bereich konfrontiert. Eine dauerhafte Trennung konnte weder für die Philologen noch die Medizinhistoriker erstrebenswert sein: Erstere behandelten als fachfremde Bearbeiter die Texte, letztere wendeten sich in Ermangelung der Beschäftigung mit den antiken Texten Meta-Fragestellungen zu – am eindrücklichsten Pagel und Neuburger.[346]

Wie dieses Problem aufgegriffen und gelöst wurde, wie die Positionen auch miteinander in Einklang zu bringen waren, zeigen die Bemühungen Karl Sudhoffs am eindrücklichsten. Dieser spielte für die Etablierung einer beide Positionen vereinenden Medizingeschichtsschreibung die Hauptrolle.

3.4.2 Karl Sudhoff (1853–1938)

Zu einer erneuten grundlegenden Reflexion über die Methoden und, damit verbunden, einer feineren Austarierung des Verhältnisses der philologischen Methode innerhalb der Medizingeschichte als eigenständiger Wissenschaft kam es um die Jahrhundertwende. In dem Dezennium, das als „Kernphase" bezeichnet wurde (1896–1906, s.o.), gelangte die Medizingeschichte zu einem Durchbruch, der sie als Fach definitiv etablierte und die institutionellen Grundlagen für eine weltweite, intensivere Beschäftigung mit ihrem Gegenstand schaffte. Maßgeblicher Antreiber dieser Entwicklungen war Karl Sudhoff. Nicht nur über seine Person wurde eingehend geforscht und publiziert,[347] auch Sudhoffs Antwort auf ebendiese methodische

345 Weitere solcher Vorarbeiten sind beispielsweise seine Beiträge zur byzantinischen Mathematik: Heiberg, J. L.: Kleine Anecdota zur byzantinischen Mathematik, in: Zeitschrift für Mathematik und Physik, Jg. 33, H. 5, S. 161–171 (1888; = 1888a).

346 Vgl. dazu die obige Darstellung der Geschichte der Medizingeschichte in Abschnitt 1.2.1. Vgl. auch Abb. 3.

347 Die „Gesellschaft für Geschichte der Wissenschaften, der Medizin und der Technik", Nachfolgerin der 1901 von Sudhoff mitbegründeten „Deutschen Gesellschaft für die Geschichte der Medizin, Naturwissenschaft und Technik" gibt eine Bibliographie nur für biographische Schriften zu Sudhoff

Frage und deren Konsequenzen sind bereits Gegenstand einiger wissenschaftlicher Untersuchungen gewesen.[348] Die von ihm skizzierten Ansätze stellen eine Zäsur in der Medizingeschichtsschreibung dar und übten auf die weitere Entwicklung des Faches, auch außerhalb Deutschlands, starken Einfluss aus. Darum ist hier folgender Frage genauer nachzugehen: Wie hat sich mit Sudhoff das Verständnis um philologische Editionen in die Fundamente einer institutionalisierten, internationalen und weltweiten Medizingeschichtsschreibung eingeprägt?

Sudhoff, schon zu Schulzeiten germanistisch-literarisch interessiert, war nach seinem deswegen eher unerwarteten Medizinstudium als praktischer Arzt tätig, zunächst in Bergen bei Frankfurt a. M., danach als Hüttenarzt bei Düsseldorf.[349] Schon zu Lebzeiten wurde er geradezu verklärt, seine vielen Beinamen geben Aufschluss über den „Sudhoff cult", der um ihn herrschte.[350] Seine Bedeutung war schon während seines Lebens Thema des Forschens von Medizinhistorikern gewesen,[351] seine Rezeption wird noch heute durch damalige Namensgebungen offenbar.[352] Begründet wurde sein Ruhm durch seine Erfolge bei der Gründung verschiedener,

---

heraus, der aber bei Weitem nicht vollständig ist. Abzurufen unter https://www.gwmt.de/wp-content/uploads/Archiv/DGGMNT/Sudhoff-Bibliographie.pdf, zul. abg. am 02.11.2022.

348 Am präzisesten sind die Studien von Harig, G.: Sudhoffs Sicht der antiken Medizin, in: Sudhoffs Archiv, Bd. 76, H. 1 (1992), S. 97–105; und von Keil, G.: Sudhoffs Sicht vom deutschen medizinischen Mittelalter, in: Nachrichtenblatt der Deutschen Gesellschaft für Geschichte der Medizin, Naturwissenschaft und Technik 31 (1981), S. 94–129, auf der erstere aufbaut. Von Keil erschien dahingehend auch Ders.: Sudhoff and Medical History, in: Scientiarum Historia: Tijdschrift voor de Geschiedenis van de Wetenschappen en de Geneeskunde, vol. 29, iss. 1 (2003), S. 67–92.

349 Ein Hüttenarzt war ein dem Bergbau zugeordneter „Arbeitsmediziner", der die Hüttenarbeiter v.a. hinsichtlich ihrer Berufskrankheiten betreute. Zu deren Aufgaben s. sächsisches Staatsarchiv, Bestand 40035: Oberhüttenamt, und die zugehörigen Anweisungen für das Medizinalwesen.—Für Biographien Sudhoffs s. am besten Rodekirchen, D.: Karl Sudhoff (1853–1938) und die Anfänge der Medizingeschichte in Deutschland. Med. Diss. Köln 1992; konzis Riha, O.: „Sudhoff, Karl", in: Neue Deutsche Biographie, Bd. 25 (2013), S. 670–672; zeitgenössischer Diepgen, P.: Karl Sudhoff. Leben und Wirken eines großen Meisters, in: Wissenschaftliche Zeitschrift der Karl-Marx-Universität Leipzig, Mathematisch-naturwissenschaftliche Reihe 5 (1955/1956), S. 23–25. Für eine Photographie s. Abb. 1 im Anhang.

350 In Rütten, Th.: Karl Sudhoff and „the Fall" of German Medical History, in: Huisman (2004), findet man folgende Epitheta ornantia: Altmeister, Meister, Führer, spiritus rector, magister mundi, Nestor, Patriarch und „absolute king", s. S. 96. Frewer ergänzt nach einer kurzen Biographie noch seine Selbstinszenierung als „Praeceptor Historie medicinae", s. Ders., in: Frewer (2001), S. 105

351 Vgl. die massenhaften Beiträge zu seinen Jubilar-Geburtstagen (75./80. etc.): So widmete ihm die US-amerikanische Reihe „Bulletin of the Institute of the History of Medicine" ein ganzes Heft zu seinem 80. Geburtstag (vol. 2, no. 1, 1934) mit Artikeln über seine Bedeutung für verschiedene Zweige der medizingeschichtlichen Forschung. Bezeichnenderweise leitete sein bekanntester Schüler Henry E. Sigerist das dortige Institut und begründete die Reihe nur ein Jahr vorher als Zeitschrift des „John Hopkins Institute of the History of Medicine", das erste dieser Art in den Vereinigten Staaten.

352 S. Frewer, in: Frewer (2001), S. 105, für eine Zusammenschau seiner schon damals herausgestellten Verdienste.

je entscheidender Einrichtungen, die die Medizingeschichte im deutschen Universitätsleben fest verankerten:[353] 1901 waren es die Früchte seiner Bemühungen, dass die „Deutsche Gesellschaft für Geschichte der Medizin und der Naturwissenschaften" gegründet wurde.[354] 1905 folgte die Besetzung des neu gegründeten medizinhistorischen Instituts an der Universität Leipzig mit seiner Person als planmäßiger Extraordinarius und 1907 die von ihm geleitete Herausgabe der ersten wissenschaftshistorischen Zeitschrift namens „Archiv für Geschichte der Medizin", die bald in „Sudhoffs Archiv" umbenannt wurde.[355] Dabei machte er sich nicht nur Freunde; auf die schwierigen Beziehungen zu seinen Kollegen, besonders Julius Leopold Pagel (1851–1912), wurde bereits hingewiesen.[356] Sein umfangreiches publizistisches Schaffen ist in mehr als 400 Abhandlungen enthalten,[357] zudem Monographien und einer ausgiebigen Korrespondenz;[358] er betreute mehr als 200 medizinhistorische Dissertationen.[359] Sein Beitritt zur NSDAP hat hitzige Kontroversen damals wie heute hervorgerufen. Besonders zuletzt wurde immer häufiger auf seine Einstellung zum Nationalsozialismus eingegangen und mehr noch die Bedeutung dieses Schritts für die deutsch-

353 Dass dies nicht aus dem Nichts geschah, sondern Sudhoff seinerseits auf den „Schultern von Riesen" stand, beschreibt Frewer, in: Frewer (2001), S. 106 ff. Besonders Puschmann habe bei der „Gesellschaft Deutscher Naturforscher und Ärzte" bereits früher ein gewichtiges Wort für die Gründung medizingeschichtlicher Lehrinstanzen eingelegt.

354 Heute läuft sie unter dem Namen „Gesellschaft für Geschichte der Wissenschaften, der Medizin und der Technik e. V. (GWMT)", nachdem sie sich 2017 mit der „Gesellschaft für Wissenschaftsgeschichte" zusammenschloss (s. https://www.gwmt.de/ueber-die-gwmt/geschichte/, zul. abg. am 29.09.2021). Abgespalten hatte sich letztere 1965, als ein Skandalfall den Streit um den Umgang der Gesellschaft mit ihren Mitgliedern zur Zeit des Nationalsozialismus neu entfachte, vgl. hierzu Bruns, F.: Die institutionalisierte Medizingeschichte und der Nationalsozialismus. Facetten einer engen Zweckbeziehung 1933–1945, in: Krischl, M., Schmidt, M., Groß, D. (Hrsg.): Medizinische Fachgesellschaften im Nationalsozialismus. Berlin 2016; und Mörgeli, Ch., Jobmann, A.: Erwin H. Ackerknecht und die Affäre Berg/Rath von 1964. Zur Vergangenheitsbewältigung deutscher Medizinhistoriker, in: Medizin, Gesellschaft, Geschichte, Bd. 16 (1997), S. 63–124.

355 Vgl. Riha (2013). Das Institut wurde aus Mitteln der Puschmann-Stiftung gegründet (s.o.), vgl. dazu Riha, O.: Die Puschmann-Stiftung und die Diskussion zur Errichtung eines Ordinariats für Geschichte der Medizin an der Universität Leipzig, in: Frewer (2001), S. 127 ff. Für das „Archiv" vgl. Leven, S. 171 ff.

356 Vgl. Frewer, in: Frewer (2001), S. 114, und den Beitrag von Hubenstorf, M.: Eine „Wiener Schule" der Medizingeschichte? – Max Neuburger und die vergessene deutschsprachige Medizingeschichte, in: Hubenstorf, M., Lammel, H.-U., Münch, R., Schleiermacher, S., Schmiedebach, H.-P., Stöckel, S. (Hrsg.): Medizingeschichte und Gesellschaftskritik. Festschrift für Gerhard Baader (= Abhandlungen zur Geschichte der Medizin und der Naturwissenschaft Nr. 81). Husum 1997, S. 246–289.

357 So Stein, C.: Divining and knowing: Karl Sudhoff's historical method, in: Bulletin of the History of Medicine 87/2 (2013), S. 198–224, hier S. 198.

358 Die ausführlichste Bibliographie findet sich bei Herbrand-Hochmuth, G.: Systematisches Verzeichnis der Arbeiten Karl Sudhoffs, in: Sudhoffs Archiv 27 (1934), S. 131–186; mit zwei Nachträgen für die Jahre 1933–1938 (Nr. 31, 1938) und für die Jahre 1898–1933 (Nr. 32, 1939).

359 So Riha (2013).

sprachige Medizingeschichte erörtert.[360] Sudhoff starb 1938 knapp 85-jährig auf dem Anwesen seines Sohnes Walther in Sachsen-Anhalt.

Zu Sudhoffs Leb- und Wirkzeiten war die klassische Philologie zu ungeahnter Bedeutung im deutschen Kaiserreich gelangt. Sie hatte sich als historische Wissenschaft zu verstehen gelernt, die sich vermehrt für alle untersuchten Gegenstände interessierte.[361] Die antike Medizin, verstanden als Teil einer antiken Kultur im Gesamten, die sie erschließen wollte, sollte daher auch genauer auf ihre Textgrundlagen hin erschlossen werden.[362] Auch in dieser Wissenschaftsdisziplin kamen daher erneut, und verschärft, methodologische Grundfragen auf, wie der „Methodenstreit" um Karl Lamprecht (1856–1915); auch der Begriff der „pragmatischen" Medizingeschichtsschreibung reüssierte zu neuer Schlagkraft.[363] Diels war es, der in seiner Funktion als Altphilologe bei der Erstellung einer Sammlung zu pseudogalenischen Texten feststellte, dass die verfügbaren Texte unpräzis und ungenau waren:[364] Die bisher von Ärzten besorgten Edition genügten nicht den philologischen Anforderungen des momentanen wissenschaftlichen Zeitgeistes.[365] So kam, nach der Initiierung des CMG, die folgenreiche Äußerung Johannes Ilbergs (1860–1930) zustande, der forderte, die Medizingeschichte müsse „philologisiert" werden.[366] Die heftigen Proteste

---

360 Kümmel, W. F., Groß, D.: Karl Sudhoff (1853–1938) und der Nationalsozialismus, in: Sudhoffs Archiv, Bd. 100, H. 1 (2016), S. 2–22.

361 „Die klassischen Philologen waren seit August Bockh, Theodor Mommsen und Hermann Usener zu einem neuen Verständnis ihrer Disziplin als einer historischen Wissenschaft gelangt und zeigten demzufolge gesteigertes Interesse an der Geschichte der einzelnen wissenschaftlichen Disziplinen der Antike.", s. Harig (1992), S. 99.

362 „In Übereinstimmung mit dem neuen Selbstverständnis der Altertumswissenschaft unternahmen die klassischen Philologen vielmehr den Versuch, mit Hilfe der von ihnen bearbeiteten Texte die antike Medizin als einen Teil der gesamten antiken Kultur zu erfassen, sie aus ihrer historischen Bedingtheit zu verstehen und sie in ihrer historischen Entwicklung darzustellen, [...]", s. Harig (1992), S. 100.

363 Zu diesem Streit s.a. die Anmerkungen bei Puschmann. Für Lamprecht, der wegen seiner Anknüpfbarkeit an die schon besprochene „medizinische Kulturgeschichte" für Sudhoff bedeutsam war, s. Stein, S. 208 f.: „Lamprecht stressed the importance of „the social" and „the economic" over the (Rankean) „political" in history writing. [...] Thus in Sudhoff's interpretation of „cultural history" all that mattered was the adoption of Lamprecht's call for the introduction of new source material into historical practice as well as the cooperation with other disciplines and their methodological tool kits in the human sciences." Für die Diskussion um den sog. ‚neuen Pragmatismus' um Moritz Roth (1839–1914) und Max Seiffert vgl. v.a. Schmiedebach, in: Huisman (2004), bes. S. 77 ff.

364 S. Harig, G.: Die antike Medizin in der Berliner medizinhistorischen Forschung, in: Tutzke, D. (Hrsg.): Tradition und Fortschritt in der medizinhistorischen Arbeit des Berliner Instituts für Geschichte der Medizin. Materialien des wissenschaftlichen Festkolloquiums anläßlich des 50. Jahrestages der Gründung des Instituts am 1. April 1980. Berlin 1980, S. 37–39.

365 Vgl. Harig (1992), S. 99 f.: „Sie ließ in ihm den Wunsch aufkommen, ‚ein wirklich brauchbares Corpus medicorum zu schaffen', das er ‚als eine der dringendsten und zeitgemäßesten Unternehmungen der Wissenschaft' empfand."

366 Vgl. hierzu und zu Folgendem Harig (1992), S. 101; s.a. vom Brocke, in: Frewer (2001), S. 206 f.

seitens der Medizinhistoriker beruhten wahrscheinlich auf dem Missverständnis, die Medizingeschichte sei insgesamt in die Hände der Philologen zu übertragen. Sudhoff stimmte dem Ausspruch insofern zu, als er konstatierte, die Medizingeschichte als eigene Wissenschaft könne nur dann bestehen, wenn sie auf dem Boden historischer Quellenforschung stehe.[367] Eine professionelle Medizingeschichte musste, das war seine „Rankeanische" Überzeugung,[368] von „Fakten" ausgehen, und die seien aus den Quellen zu schöpfen. So ist erstes Licht auf sein Verhältnis zur Philologie geworfen: Voraussetzung medizinhistorischen Forschens ist die philologisch korrekte Erschließung der Quellen. Die prinzipielle Anerkennung der Notwendigkeit einer solchen Forschung war damit gesichert.

Wie genau ist die Art und Weise weiterhin zu charakterisieren, mit der Sudhoff medizinhistorische Forschung trieb? Es geht um nichts weniger als die Grundzüge der modernen Medizingeschichte als Wissenschaftszweig, die Sudhoff zeichnete. War er ein Philologe der Art, der möglichst viele Texte redigieren wollte, um so eine philologische Medizingeschichte zu betreiben? Auf den ersten Blick scheint es so. Seine Verehrung für Vorreiter der medizinhistorischen Textkritik, allen voran Charles Daremberg, war enorm.[369] Mit dem sprachlichen Rüstzeug aus seiner Gymnasialzeit machte er sich früh selbst an eine Bearbeitung des in Vergessenheit geratenen Werkes von Theophrastus Bombast von Hohenheim (1493/1494–1541), genannt Paracelsus.[370] Nach vorbereitenden Schriften mündeten die Arbeiten zunächst in eine „Bibliographia Paracelsica".[371] Diese wurde für ihren grundlegenden Übersichtscharakter sehr gelobt, erst jetzt habe man, dank dem „Wiederentdecker" Sudhoff, wirklich Paracelsus zu studieren vermocht.[372] Sudhoff zeigte in der später folgenden Paracelsus-Ausgabe, dass er fähig war, mit historischen Texten umzugehen.[373] Wenngleich nicht

367 Harig (1992), S. 101 f., stellt die Genese des Missverständnisses dar und weshalb die Auffassung Sudhoffs wichtig war für die Zukunft der Disziplin. In der Folge konnten Medizinhistoriker problemlos an Historikertagungen teilnehmen, ein Umstand, auf den vom Brocke, in: Frewer (2001), S. 207, hinweist.

368 Leopold von Rankes (1795–1886) Grundannahmen einer philologischen Wissenschaft übten großen Einfluss auf Sudhoff aus, was auch aus vielen Selbstaussagen hervorgeht. „Sudhoff shared this enthusiasm [den Rankes], so much so that he took Ranke's ‚critical method' virtually for granted. In so doing he aimed to establish his own discipline on the basis of philological rigor and archive-grounded empirical expertise.", s. Stein, S. 201.

369 Vgl. Keil (2003), S. 67.

370 Vgl. zu Paracelsus einführend Zimmermann, V. (Hrsg.): Paracelsus. Das Werk – die Rezeption. Stuttgart 1995.

371 Sudhoff, K.: Bibliographica Paracelsica. Berlin 1894–1899.

372 Vgl. Temkin, O.: Karl Sudhoff, the rediscoverer of Paracelsus, in: Bulletin of the Institute of the History of Medicine, vol. 2, no. 1 (1934), p. 16–21, v.a. p. 18.

373 Sudhoff, K.: Paracelsus sämtliche Werke: Medizinische, naturwissenschaftliche und philosophische Schriften. München und Berlin 1922–1933.

in letzter Konsequenz ausgeführt, sind textkritische Ansätze vorhanden.[374] Andere, ausführlichere Beispiele dafür sind die unzähligen Fragmente, die er gesammelt und veröffentlicht hat, seien es lateinische Pseudohippokratika oder, was ihm besonders zum Verdienst wurde, Literatur aus dem deutschen medizinischen Mittelalter.[375] Er förderte auf seinen Bibliotheksbesuchen derart viele Schriftstücke zutage, dass ihm eine germanistisch-nationale Bevorzugung des deutschen Mittelalters unterstellt wurde.[376] Die philologische Arbeitsweise war ihm jedenfalls vertraut. Sudhoff wusste, ‚wie es ging'.[377]

Doch die Abschriften und Veröffentlichungen zeigen auch, wie sehr Sudhoff vor den Ansprüchen, sein eigener Philologe zu sein, zurückwich. Die textkritische Bearbeitung hinter-ließ (!) er meist nach erster Publikation („erste Lese") seinen philologischen Kollegen. Er selbst ging mit Vorsicht an diese Aufgabe heran und schied die Bereiche genau.[378] Die Schrift „Ärztliches aus griechischen Papyrus-Urkunden",[379] gibt dem Titel nach schon vor, nur das dem Arzt Interessante zu publizieren, und in der Einleitung schreibt er:

> Die Texte selbst habe ich im allgemeinen in der Form belassen, in welcher sie ediert waren. Sollte der Mediziner sich berufen fühlen, mehr zu bieten oder größere Präzision anzustreben als der edierende Philologe?[380]

Außerdem war Sudhoff neben der Sammlung von Schriften und Drucken ein großer Freund der Forschung an sog. Realien, d.i. Gegenstände aller möglicher Art, die medizinhistorisch ausgewertet werden konnten (Votiv- und Weitergaben, Grabbeigaben,

374 Heutige Einschätzungen wie die des Zürcher Paracelsus-Projekts anerkennen die Leistung Sudhoffs, auch bei knapper Textkritik: „Sudhoff implemented in his edition only sparse textual criticism and no explanatory notes. Notwithstanding all these shortcomings, the Sudhoff Edition remains an important presentation of Paracelsus's natural-philosophic and medical works to this day." S. Gantenbein, U. L.: https://www.paracelsus.uzh.ch/paracelsus-sudhoff-edition.html, zul. abg. am 02.11.2022.

375 Vgl. z.B. Sudhoff, K.: Die pseudohippokratische Krankheitsprognostik nach dem Auftreten von Hautausschlägen, „Secreta Hippocratis" oder „Capsula eburnea" benannt, in: Archiv für Geschichte der Medizin, Bd. 9, H. 1/2 (1915), S. 79–116. Hier kann man ab S. 89 deutlich Sudhoffs textkritische Fähigkeiten erkennen.

376 Vgl. Harig (1992), S. 98 f.

377 „[Sudhoff] turned to medical history as a literary historian and his masterly control of the historical-philological methodology assured his success", s. Keil (2003), S. 70. „His colleagues considered him the ‚inventor' of the philological method in the history of medicine", s. Stein, Anm. 13.

378 Zur Selbstreflexion Sudhoffs s. Sudhoff, K.: Aufgaben, Methoden und Hilfsmittel einer medizinischen Archäologie, in: Münchner medizinische Wochenschrift, Nr. 54 (1907; = 1907b), S. 2109.

379 Sudhoff, K.: Ärztliches aus griechischen Papyrus-Urkunden; Bausteine zu einer medizinischen Kulturgeschichte des Hellenismus. Leipzig 1909.

380 Sudhoff (1909), S. XIV; vgl. auch Oliver, J. R.: Karl Sudhoff as a classical philologian, in: Bulletin of the Institute of the History of Medicine, vol. 2, no. 1 (1934), p. 10–15, bes. p. 14.

Briefe, Karten etc.)[381] Er unternahm mehrfach ausführliche Forschungsreisen durch Europa.[382] Für die Leidenschaft Sudhoffs für solcherlei Beschäftigung mit Medizingeschichte anhand Realienforschung legen auch die von ihm maßgeblich ko-organisierten Ausstellungen Zeugnis ab.[383] Die Rheinische Goethe-Ausstellung von 1899 und die Dresdener Hygieneausstellung von 1911 bestückte er mit mehreren tausend Ausstellungsstücken.[384] Sudhoff war damit eigentlich ein *Realienkundler*. Als solcher widmete er seine historische Forschung *realen* Gegenständen. Dies schloss auch Textdokumente und deren faktische Aussagen mit ein – weniger jedoch den jeweiligen Sinngehalt der Texte, also das, was man damals als „Hermeneutik" zu bezeichnen begann.

Die Verhältnisbestimmung zwischen Medizinhistorikern und Philologen ging also dahin, ‚jedem das Seine' zu überlassen, und das Eigene des Medizinhistorikers sei es eben, anhand von Realien medizinisch-ärztliche Kulturgeschichte zu erforschen. Hermeneutische Fragen rückten damit in die zweite Reihe, die damit allerdings nicht abgewertet, sondern in ihrer grundlegenden Bedeutung für ernsthafte, professionelle Medizingeschichte von Sudhoff stets gefordert wurden – allerdings nicht zur Beantwortung durch laienhafte Mediziner.[385] Dies ging so weit, dass er sich in wissenschaftlichen Fragen denjenigen anschloss, die *methodisch* auf seiner Seite

381 Vgl. z.B. den Sammelband von Sudhoff, K.: Skizzen. Leipzig 1921.

382 Vgl. Rütten, in: Huisman (2004), S. 99: „Sudhoff's research missions took him all over Germany, as well as to Denmark, Sweden, Italy (thirty more research trips were to follow), and France; [...] he rummaged through the libraries of Munich, Brunswick, Hildesheim, Göttingen, Hannover, Lüneburg, Hamburg, Lübeck, Berlin, Rostock, Schwerin, Kiel, Copenhagen, Lund, Uppsala, Stockholm, Florence, Bologna, and Paris [...]."

383 S. hierzu allg. Gilardon, K.: Karl Sudhoff und die medizinhistorischen Quellen – ein Beitrag zu seiner Sammel- und Ausstellungstätigkeit, in: Nachrichtenblatt der Deutschen Gesellschaft für Geschichte der Medizin, Naturwissenschaften und Technik 32 (1992), S. 106–109.

384 Vgl. Rütten, in: Huisman (2004), S. 99: „In addition to prints and manuscripts, Sudhoff also maintained a scholarly interest in medical realia, to which his exhibition catalogs pay impressive testimony – take [...] the catalog accompanying the major Hygiene Exhibition at Dresden in 1911, [...] for which he and his eighty-five staff procured countless exhibits and commissioned over 600 reconstructed models to be displayed across 4,000 square meters of exhibition space." Diese war sein größter Publikumserfolg, s. Riha (2013).

385 „Die germanistisch-literaturwissenschaftlichen Zielsetzungen bestimmten [...] auch das von Sudhoff gewählte methodische Vorgehen, das auf die Texterschließung ausgerichtet war und hermeneutische, mit der Überlieferung der Texte verbundene Fragen erst in zweiter Linie berücksichtigte.", s. Harig (1992), S. 97.

standen.[386] Philologen machte er dagegen auf die Notwendigkeit ordentlicher Ausgaben antiker Ärzte verstärkt aufmerksam.[387]

Sudhoff als Philologen zu bezeichnen, ginge demnach fehl. Seine Anforderungen an professionelle Textkritik hielt er ja meist auch gegen sich selbst durch. Er war praktischer Arzt *und* Medizinhistoriker. Seine Forschungen orientierten sich oftmals an aktuellen, teils politischen, oft praktischen Themen, wie dem zur Zeit Sudhoffs entdeckten Syphilisbakterium *Treponema pallidum*.[388] Als Iwan Bloch (1872–1922) behauptet hatte, die Syphilis sei von Soldaten aus dem amerikanischen Kontinent eingeschleppt worden, versuchte er mit großer Anstrengung, diese These zu widerlegen.[389] Dies war mehr als eine polemische Auseinandersetzung: Es ging um die Frage, wie und auf welcher Basis Medizingeschichte zu betreiben sei und Sudhoff wollte die historisch-kritische Methode performativ unter Beweis stellen, was ihm gelang. Von ähnlicher Richtung sind seine vielfachen Aufrufe, dass die Medizingeschichte, statt planlos zu agieren und so nichts Dauerhaftes zustande zu bringen, die mannigfaltigen Schätze endlich heben müsse.[390] Die Fundierung der modernen medizingeschichtlichen Forschung auf ‚realistische Tatsachenforschung', wie er es wohl beschrieben hätte, war sein größtes Anliegen. Solche Art von Wissenschaftlichkeit ging problemlos einher mit potentieller Anwendbarkeit, das Wissen um epidemiologische Geschichte sei, wie eben gezeigt, eine vortreffliche Möglichkeit, Nutzen aus der Forschung zu ziehen.[391] Das Streben nach einer solchen Etablierung der Medizingeschichte durchzog sein gesamtes Forschen und Publizieren.

Andererseits wurde auf die Unzulänglichkeiten dieser Methode damals bereits hingewiesen: Bei Sudhoff laufe der Medizinhistoriker Gefahr, zum positivistischen

386 Dies zeigt der Fall, wo er die historisch-quellenkundlichen Arbeiten Friedrich Mooks (1844–1880) zu Paracelsus – inhaltlich wohl zu Unrecht – gegen die Kritik Rohlfs' verteidigte, vgl. Temkin (1934), S. 18: „Mook had walked round to archives and libraries, trying to see the prints himself. Sudhoff saw that this was the only possible method to acquire real knowledge of Paracelsus. This appreciation of Mook was the expression of his own programme [...]."

387 S. Oliver, S. 14: „It was he who first called the attention of classical philologists to the Greek medical texts, to the Corpus Hippocraticum, to the works of Galen, or Oribasius and Paul of Ægina."

388 Der Nachweis gelang 1905, vgl. Schaudinn, F. R., Hoffmann, E.: Vorläufiger Bericht über das Vorkommen von Spirochaeten in syphilitischen Krankheitsprodukten und bei Papillomen, in: Arbeiten aus dem Kaiserlichen Gesundheitsamte (Bd. 22), Berlin 1905, S. 527–534.

389 Vgl. dazu Temkin (1934), S. 19 f.

390 Vgl. sein Vorwort zum ersten Band des „Archivs": „Je langer ich mich mit der Geschichte der Medizin beschäftige, um so mehr wird mir klar, wie sehr sie bis heute noch eine Zufallswissenschaft ist ohne rechte planmäßige Durcharbeitung und Methode.", s. Sudhoff, K.: Richtungen und Strebungen in der medizinischen Historik: Ein Wort zur Einführung, Verständigung und Abwehr, in: Archiv für Geschichte der Medizin, Bd. 1, H. 1 (1907; = 1907a), S. 1–11, hier S. 3 . Und weiter unten: „Zur Arbeit, zur rastlosen Arbeit vieler Jahre, auch die es reizt, wie mich, zu künstlerischem Gestalten aus dem Vollen – den Spaten in die Hand, die Hacke und den Hammer – zur Arbeit!", S. 7.

391 Zur Vereinbarkeit dieser Positionen vgl. Schmiedebach, in: Huisman (2004), S. 79 f.

Faktensammler zu werden und die philologischen Aufgabenstellungen ‚abzuschieben'. Eine eigenständige Weiterbildung und Spezialisierung des Medizinhistorikers auf einem ihm fremden Gebiet, der Textkritik, würde damit nicht gefördert. Doppeltes Spezialistentum würde sozusagen strukturell ausgeschlossen. Die Medizingeschichte nach Sudhoff habe diesem Diktum Folge geleistet und deshalb wenige eigene philologische Experten hervorgebracht.[392]

Sudhoffs Sicht war beeinflusst von seinem Streben, das Fach Medizingeschichte auf eigene Füße zu stellen und es als eigenständige Wissenschaft zu etablieren. Harig bezeichnet Sudhoff daher zusammenfassend und zutreffend als „Chronist[en]" und Vermittler zwischen Medizingeschichte und Philologie.[393] Hierzu war ein friedlicher ‚Schulterschluss' mit den Philologen vonnöten gewesen. Dieses Ziel war der eigentliche Motor von Sudhoffs Schaffen. Die Rehabilitierung der philologischen Methode, die ja bereits Jahrzehnte zuvor von Ärzten aufgenommen und gescheitert war (s.o.), bedeutete die Möglichkeit einer neuen Fundierung der Medizingeschichte.[394] Diese Richtung aber ergab sich keineswegs ‚natürlicherweise' aus ‚philologophilen' Tendenzen: Julius Pagel und Max Neuburger hatten mit ihrer ostentativen Ablehnung der philologischen Methode bereits andere Wege eingeschlagen. Neuburger leitete seine „Geschichte der Medizin" mit solchen Worten bissig ein.[395] Andere Positionen waren verhaltener, aber ebenso ausweichend: Die „kulturgeschichtliche" Betrachtung der Medizingeschichte umging die Frage dadurch, dass sie sich ganz auf das *Schreiben*, die ‚-Graphie' einer Geschichte der Medizin verlegte. Entgegen solcher Strömungen wollte Sudhoff die philologische Methode anbinden. Für die Quellenerschließung bedeutete das, dass die Herausgabe und Bearbeitung der Texte im *Corpus Medicorum*

---

392 Vgl. hierfür Harig (1992), S. 104 f. und Riha, die konstatiert: „V.a. wirkt irritierend, dass S. zwar akribisch Texte, Bilder und Sachzeugen in riesiger Zahl sammelte und beschrieb, sie aber weder interpretierte noch in einen historischen Kontext einordnete; dies wollte er, der seine Bemühungen als Pionierarbeiten verstand, späteren Generationen überlassen.", s. Riha, O.: Karl Sudhoff, in: Sächsische Biografie, hrsgg. vom Institut für Sächsische Geschichte und Volkskunde e.V., abrufbar unter http://www.isgv.de/saebi/, zul. abg. am 02.11.2022. Dieser Artikel unterscheidet sich leicht vom bereits zitierten Eintrag derselben Autorin (2013).

393 S. Harig (1992), S. 102 f.

394 Auf die erst nach den Zeiten Choulants etc. aufgekommene ‚moderne' Philologie seit Leopold Ranke und dessen Einfluss auf die „Methode Sudhoff" hat eingehend aufmerksam gemacht Claudia Stein (2013). Die erkenntnistheoretischen Paradigmata lägen im Verstehen, das der Historiker anhand intuitiven Schauens lernen kann. Diese Schau sei aber in eine „Schale" gegossen, die sich aus zuvor gesammelten Fakten machen lasse: Dies seien die Fakten, die Sudhoff so beständig sammelte.

395 Neuburger, M.: Geschichte der Medizin. 2 Bde., Stuttgart 1906–1911, hier Bd. I, S. V: „Aus diesem Grunde richtete Verfasser das Hauptaugenmerk auf den Zusammenhang zwischen der allgemeinen Kultur und der Medizin und auf den Entwicklungsgang des medizinischen Denkens; hingegen wurde das philologisch-bibliographische, literarhistorische Rüstzeug nur, wo es unumgänglich nötig erschien, berücksichtigt. [...] Geschichte der Medizin [wird] nicht an der philosophischen, sondern an der medizinischen Fakultät gelesen [...]."

Graecorum ganz in die Hände der Philologen gegeben war, mit ambivalenten Folgen. Zwar erfuhren die Texte eine qualitativ hochwertige Redaktion, die aber mit deutlich verlängerter Bearbeitungszeit einherging. Inhaltlich supervisierten nun keine Ärzte mehr die medizinischen Schriften, sondern meist fachfremde ‚Experten' für Texte – ein immenser Gegensatz zum Ausgangspunkt etwa ein Centennium zuvor. So wies Sudhoff sozusagen nach beiden Seiten Kompetenzen zu und festigte die Medizingeschichte als eigenständiges Fach, das nun in Kooperation mit der Philologie autark forschen und lehren konnte.

In der weiteren Entwicklung musste sich die medizinhistorische Geschichtsschreibung in Deutschland von Sudhoff indes erst ‚erholen'. Zu eng hatte er seine Errungenschaften an seine Person und sein strategisches und taktierendes politisches Handeln geknüpft.[396] Kritische Rückfragen an seine Person haben ihn, wie gesagt, in ein noch anderes Licht gerückt, als es vor knapp einhundert Jahren der Fall war.[397] Seine Eigeninteressen bei der Bündelung der deutschsprachigen medizingeschichtlichen Interessen in seinem Wirkkreis hatten nicht nur positive Folgen. Dass zunächst die Gründung nationaler Fachgesellschaften vorgesehen war und erst im Anschluss, mehr als eine Dekade später, eine internationale Gesellschaft für die Geschichte der Medizin gegründet wurde, lag an Sudhoff: Er hätte bei einer internationalen Lösung nicht den Einfluss ausüben können, den er sich in Deutschland aufgebaut hatte.[398] Sein Beitritt zu den Nationalsozialisten wurde zwar als kurzfristige Reaktion aus Sorge um seine bis dato aufgebrachten Bemühungen für die akademische Stellung der Medizingeschichte eingeschätzt.[399] Ob dieser Einsatz, dieser „Preis" gerechtfertigt war,[400]

396 Es ist mit Frewer, in: Frewer (2001), S. 120, anzumerken, dass Sudhoff die „Spitze eines Eisbergs" war, unter der viele andere gelehrte Männer zuvor den Boden bereitet hatten für eine Etablierung des Fachs.

397 Der Streit mit vielen Fachkollegen überschattet das Bild, das er selbst von sich inszeniert hatte, vgl. Rütten, Th.: Karl Sudhoff. ‚Patriarch' der deutschen Medizingeschichte. Zur Identitätspräsentation einer wissenschaftlichen Disziplin in der Biographik ihres Begründers, in: Gourevitch, D. (Hrsg.): Médecins érudits de Coray à Sigerist: actes du colloque de Saint-Julien-en-Beaujolais. Paris 1995, S. 154–171. Diese kritischere Beschäftigung mit der Person Sudhoff und dem Verhältnis der führenden Medizinhistoriker zum Nationalsozialismus hält bis heute an, vgl. Kümmel, W. F.: Geschichte, Staat und Ethik: Deutsche Medizinhistoriker 1933–1945 im Dienste ‚nationalpolitischer Erziehung', in: Frewer, A., Neumann, J. N. (Hrsg.): Medizingeschichte und Medizinethik: Kontroversen und Begründungsansätze 1900–1950. Frankfurt 2001, S. 167–203.

398 Frewer, in: Frewer (2001), S. 119.

399 Vgl. Kümmel (2016), S. 21 f.: „Es steht zu vermuten, dass er der Partei beitrat, weil er fürchtete, sonst jeden Einfluss auf die Erhaltung und Wiederbesetzung seiner durch Sigerists Weggang frei gewordenen Professur zu verlieren. Dazu würde passen, dass nach Singers scharfem Urteil Sudhoff in seinem Denken und Handeln völlig auf sein Fach konzentriert und in politischer Hinsicht geradezu naiv gewesen sei."

400 So lautet das kritische Schlusswort von Rütten, in: Huisman (2004), S. 104: „Medical historians in Berlin and Baltimore had by now chosen to take very different and ultimately irreconcilable paths.

steht zu bezweifeln, auch deswegen, weil sich die professionelle Medizingeschichte zunächst in den Vereinigten Staaten weiter entfaltete. Ein Bruch zeichnete sich ab, auch deshalb, weil die dortigen demokratischen Verhältnisse, die gesellschaftliche Situation und allem voran das Bildungssystem nicht so recht zu dem humanistischen Gelehrtenverständnis humboldt'scher Prägung passen wollte.[401] Mit der Emigration seines Nachfolgers Henry E. Sigerist in die USA blieben Forscher wie Walter Artelt, Edith Heischkel-Artelt (dessen Ehefrau), und Paul Diepgen in Deutschland zurück; doch tonangebend war vielmehr Sigerist, der noch in Deutschland über Sudhoff hinausging und fragte, ob denn das reine Zusammensammeln von Fakten, ohne Interpretation oder Kontextualisierung, genüge.[402]

Zusammenfassend kann man Sigerist zu Wort kommen lassen. Dieser führte auch pharmaziehistorische Studien weiter aus, indem er sich antiken und mittelalterlichen Antidotarien zuwandte.[403] Im Vorwort zu einer solchen Übersichtsarbeit gibt er aufschlussreiche Auskunft über sein Verhältnis zu Sudhoffs Methode:

> Auf philologisch-kritische Editionen solcher mittelalterlichen Texte kann es uns noch nicht ankommen, bevor wir wissen, was für Material überhaupt vorliegt, was wertvoll, was wertlos ist, was für Zusammenhänge bestehen. Sudhoff hat uns hier den Weg gewiesen.[404]

Eine passende Beschreibung des ersten Schülers, der verstand, was Sudhoff erreicht hatte: Es ging darum, *zügig* Quellenmaterial und historische „Realien“ zutage zu fördern, um die Gunst der Stunde für die Etablierung einer professionellen Medizingeschichte zu nutzen. Auf die meist länger währende Arbeit der Philologen war Sudhoff

Sudhoff had thrown in his lot with the wrong crowd and was unable, even at the cost of conformity and yesmanship, to halt the fall of German medical history. Perhaps power and fame at home ultimately were more important to him than the moral integrity of his academic achievements. Yet we cannot help but ask whether the price German medical history continues to pay for the ‚gains' from such an unholy alliance has, in the final analysis, not been rather high.“

401 S. Nutton, in: Huisman (2004), S. 128: „The Humboldtian civic and educational program embraced by a stable German bourgeoisie committed to notions of service to the state did not fit easily into the newer, more mobile and democratic, environment of the United States, with its long-standing suspicions of government involvement“.

402 Eine Frucht seiner Neubewertung war dann die von ihm gegründete Zeitschrift „Kyklos“, die einen deutlichen Schwerpunkt auf kultur- und sozialgeschichtliche Aspekte legte. Sie ging mit seiner Emigration ein, doch die Fragen blieben. Vgl. dazu den Beitrag von Kümmel, W. F.: Vom Nutzen eines ‚nicht notwendigen Faches.' Karl Sudhoff, Paul Diepgen und Henry E. Sigerist vor der Frage: ‚Wozu Medizingeschichte', in: Toellner, R., Wiesing, U.: Geschichte und Ethik in der Medizin. Von den Schwierigkeiten einer Kooperation. Stuttgart 1997, S. 5–16.

403 Sigerist, H. E.: Studien und Texte zur Frühmittelalterlichen Rezeptliteratur. Leipzig 1923. Er beschreibt deren Überlieferungsgeschichte angefangen von Galen über die vorsalernitanische Zeit bis zum sog. Salernitanischen Antidotarium.

404 Sigerist (1923), S. IV.

zwar angewiesen, aber zugleich sollte politisch unabhängig von diesen Kollegen eine neue Disziplin begründet werden.[405] Damit gelang ihm eine Trennung ohne Scheidung, die aber die beiden Fächer Medizingeschichte und Philologie in einer engeren Beziehung verband als je zuvor. Diese Weichenstellung ist, mehr oder weniger, bis heute Charakteristikum der medizingeschichtlichen Forschung geblieben,[406] wo das CMG weiterhin mit der philologischen Texterschließung beschäftigt ist und Medizingeschichte mit Anknüpfungen zur Kultur- und Sozialgeschichte, Hygiene, Epidemiologie und vielen anderen Bereichen als Fach etabliert und diversifiziert ist.

---

405 Zu diesem in der (Natur-)Wissenschaftsgeschichte moderner Disziplinen nicht einmaligen Vorgang vgl. Scriba, J. Ch.: Geschichte der Naturwissenschaften als neue Disziplin. Zur Frühgeschichte der Jahresversammlungen in Deutschland und der Internationalen Kongresse, in: Ders. (Hrsg.): Disciplinae Novae. Zur Entstehung neuer Denk- und Arbeitsrichtungen in der Naturwissenschaft.—Festschrift zum 90. Geburtstag von Hans Schimank (= Veröffentlichung der Joachim Jungius-Gesellschaft der Wissenschaften Hamburg, Nr. 36). Göttingen 1979, S. 9–24.

406 Für die weitere Entwicklung nach dem Zweiten Weltkrieg vgl. Roelcke.

4 Die Philologie in medizinhistorischen Etablierungsbestrebungen außerhalb Deutschlands

Man kann mit Recht von einer Beheimatung der originären universitären medizingeschichtlichen Forschung in Deutschland sprechen. Die Rolle der Philologie bei der Erstellung von Editionen durch nicht-deutsche Autoren zeigt aber, dass die Einbeziehung der neuen kritischen Editionsmethodik und deren Bedeutung für die Medizingeschichtsschreibung kein rein deutsches Phänomen und keine Besonderheit ist, sondern mit der Genese des Faches selbst verwoben und damit konstitutiv für dessen Festigung war – wenngleich eine definitive Etablierung als Hochschulfach in dieser Form ein deutsches Phänomen war. Im Unterschied zu den deutschen Verhältnissen wird aber eben deutlich werden, dass für eine Professionalisierung und fachliche Etablierung nicht überall der Boden so bereitet war wie in den deutschsprachigen Gebieten und daher eine institutionalisierte Errichtung des akademischen Faches Medizingeschichte auch, gerade in England, ausblieb. Andererseits wird sich der bisher gewonnen Eindruck besteigen, dass die Aneignung von philologischen Kenntnissen durch gelehrte Ärzte entscheidend auf die Umsetzung Qualität der einzelnen Editionen einwirkte. Zwar ist mit Émile Littré bereits ein solcher Autor und die Verhältnisse in dessen Gelehrtenheimat, Frankreich, vorgestellt worden, der noch ein wenig weitere Blick, vor allem auf das Vereinigte Königreich, aber kann das bisher Erörterte bestätigen.

Außerdem wird mit diesem Blick auf die ausländischen Entwicklungen ein Aspekt verstärkt hervorgehoben, der bisher v.a. bei Puschmann schon angeklungen war: die gegenseitige Vernetzung und damit auch Beeinflussung der führenden Medizinhistoriker in West- und Mitteleuropa. Sie unterstützen oder wetteiferten mit ihren Arbeiten auch untereinander und trugen so gemeinsam zu einer Etablierung bei, die letztendlich, und hier zeigt die Geschichte ein beinah ironisches Gesicht, in den Vereinigten Staaten von Amerika aufblühte.[1] Bei den englischen Gelehrten finden sich noch einmal Verbindungen auf den Kontinent, die die dortigen Entwicklungen teils aufnahmen, teils bewusst ignorierten.

Ein Rundumblick zu Beginn hilft der Schwierigkeit ab, dass für die je sehr eigenen Situationen der Geschichte der Medizingeschichtsschreibung außerhalb Deutschlands im Weiteren kein Raum ausführlicher Darstellung sein kann; jede Nation böte für sich eine je spezifische Entwicklung.[2] Nachdem die relevanten Landesvertreter im 19. Jahrhundert vorgestellt wurden, werden zwei englische Gelehrte, William Alexander Greenhill und Francis Adams, sowie deren Editionsarbeit genauer untersucht,

---

1 S.o. die Ausblicke bei Sudhoff unter 3.4.2.

2 Die unten sich anschließende Darstellung orientiert sich, wenn nicht anders angegeben, an Edelstein, L.: Medical Historiography in 1847, in: Bulletin of the History of Medicine, vol. 21 (1947), S. 495–511.

https://doi.org/10.1515/9783111062020-006

bevor der französische Hauptprotagonist kritischer Medizingeschichtsschreibung schlechthin, Charles Daremberg, einen Ausblick auf den folgenden Teil mit inhaltlichem Fokus ermöglicht. Bindeglied wird dabei die Alexander-Übersetzung des französischen Marinearztes Félix Brunet sein.

Die **Niederlande** konnten mit Franz Zacharias Ermerins (1808–1871) einen herausragenden Vertreter früher quellenbasierter medizinhistorischer Forschung aufweisen.[3] Seine Stellung wurde von Fachkollegen lobend anerkannt,[4] besonders seine Arbeiten zu antiken Ärzten, deren Systematisierung und kritische Herausgabe er u.a. mittels einer Stelle an der Pariser Bibliothek übernahm. Seine Editionen beinhalten Werke von Soranus, Aretaios und Hippokrates, die später allesamt eine kritischere Bearbeitung gefunden haben. Ermerins' Kollege Ulco Cats Bussemaker (1810–1865) ist besonders für seine zusammen mit Charles Daremberg herausgegebene Oreibasios-Ausgabe bekannt geworden.

Émile Littrés Bedeutung und die Situation der **französischen** Medizingeschichte wurde oben schon besprochen. Diese war hauptsächlich von einem in Frankreich früh aufgekommenen Bewusstsein für historische Forschung im Allgemeinen geprägt.[5] Vom Hauptvertreter des französischen kritischen Medizinhistoriographie, Charles Daremberg, wird unten noch die Rede sein.[6]

Die **italienische** Medizingeschichte findet ihren bekanntesten Vertreter im 19. Jahrhundert in Francesco Puccinotti (1794–1872).[7] Er gab nicht nur eine italienischsprachige „Geschichte der Medizin" heraus,[8] sondern griff auch politisch stark in die Debatte ein, die um den Brownianismus in Italien entstanden war. Daraufhin gründete er in Pisa eine Akademie, die sich, ähnlich wie der Lehrstuhl für Hippokratische Medizin in Paris, der Förderung hippokratischer Medizin im Studium in Italien widmen sollte.[9] Seine Verbindungen reichten bis nach Frankreich, wo er mit Darem-

3 Biographisch vgl. Thomas, S.: „Ermerins (François Zacharias)", in Nieuw Nederlands Biografisch Woordenboek (NNBW), 6. Bd. (1924), Sp. 576.

4 Daremberg nennt ihn „eine Glorie medizinischer Gelehrtheit", s. Matthes, C. J.: Levensbericht F.Z. Ermerins, in: Jaarboek, Amsterdam 1873, S. 17–19.

5 S. Edelstein, S. 507: „From all that I have said about France, it will be evident that by 1847 she was a center of historical investigation. She seems to have been superior even to England in that the French scholars attempted a more constructive interpretation of history as a whole."

6 Für Kollegen von Daremberg und deren Bibliographie vgl. Wohnlich-Despaigne, I.: Les historiens français de la médecine auf XIXe siècle et leur bibliographie. Paris 1987.

7 Zu ihm vgl. v.a. Fortuna, S.: „Puccinotti, Francesco", in: Romanelli, R. (Hrsg.): Dizionario Biografico degli Italiani (DBI), Bd. 85 (Ponzone–Quercia). Istituto della Enciclopedia Italiana, Rom 2016.

8 Puccinotti, F.: Storia della medicina. 2 Bde., Florenz 1850/Livorno 1859.

9 Vgl. Belloni, L.: Sull' Ippocratismo di Salvatore De Renzi e di Francesco Puccinotti e sul concorso alla cattedra di Ippocrate e di Storia della medicina dell' Università di Napoli, in: Episteme VIII (1974), S. 132–147.

berg in engem Kontakt stand.[10] Sein Kollege Salvatore De Renzi (1800–1872) schrieb ebenfalls eine „Geschichte der Medizin" und veranstaltete Studien zur Schule von Salerno mit dem Deutschen August Wilhelm Henschel und mit Daremberg. Seiner Arbeit ist die erstmalige Erschließung einer Vielzahl von salernitanischen Texten in einem mehrbändigen Sammelwerk zu verdanken.[11] Neuere Vertreter sind dann Arturo Castiglioni (1874–1953), der lokalhistorische Schriften hinterließ sowie „Leben und Werk des Santorio Capodistriano".[12] Seine Studienzeit brachte er in Wien zu, wo er Vorlesungen bei Theodor Puschmann gehört hatte.[13] Castiglionis Zeitgenosse Adalbert Pazzini (1898–1975) gründete 1938 das Institut für Geschichte der Medizin an der Universität La Sapienza in Rom.[14]

Die **ungarischen** Ärzte und Apotheker standen unter dem starken Einfluss deutscher, aber v.a. österreichischer Fachkollegen, gerade bei der Gründung von eigenen Fakultäten und der Gestaltung von Apotheken.[15] Karl Sudhoff pflegte einen freundschaftlichen Austausch mit dem ungarischen Medizinhistoriker Tibor von Győri (1869–1938).[16]

Die **US-amerikanischen** Verhältnisse beleuchtet Edelstein am ausführlichsten.[17] Auch im Rahmen nationaler Identitätsbildung schrieb James Thatcher (1754–1844) eine „American Medical Biography", ein frühes biographisches Lexikon von 1828. J. R. Coxe (1773–1864) kam dann 1846 mit seinem Buch „The Writings of Hippocrates and Galen" heraus, in dem er Zusammenfassungen dieser beiden antiken Größen zusammengestellt hatte. Seine erzwungene Frühenthebung von seinem Lehrstuhl zeige, dass diese zur Benutzung in den Vereinigten Staaten gar nicht mehr herangezogen wurden.[18] Außerdem waren griechische und lateinische Ausgaben in der jungen

---

10 Vgl. Ders.: I carteggi di Salvatore De Renzi e di Charles V. Daremberg con Francesco Puccinotti. Mailand 1976.

11 De Renzi, S., Henschel, A. W., Daremberg, Ch.: Collectio Salernitana, ossia documenti inediti, e trattati di medicina appartenenti alla scuola medica Salernitana, raccolti ed illustrati da G. E. T. Henschel, C. Daremberg, E. S. De Renzi; premessa la storia della scuola, e pubblicati a cura di Salvatore de Renzi, medico napolitano. Neapel Bd. I 1852; Bd. II 1853; Bd. III 1854; Bd. IV 1856; Bd. V 1859. Biographisch vgl. Lombardi, F.: La storia della medicina in Italia nel pensiero di Salvatore De Renzi. Pisa 1963.

12 Castiglioni, A.: La vita e l'opera di Santorio Capodistriano. Bologna 1920. Gemeint ist der venezianische Arzt Santorio Santorio (1561–1646).

13 Vgl. Hubenstorf, S. 286 ff.

14 Vgl., auch biographisch, Conforti, M.: Adalberto Pazzini e le origini dell'Istituto di Storia della Medicina, in: Medicina nei Secoli, 18/1 (2006), S. 297–312.

15 Vgl. Zalai, K.: Wissenschaftliche Beziehungen zwischen der deutschen und der ungarischen Pharmazie, in: Geschichte der Pharmazie, Nr. 1 (42. Jg. 1990), S. 4.

16 Rütten, Th.: Briefwechsel zwischen Tibor von Györi (1869–1938) und Karl Sudhoff (1853–1938), in: Wolfenbütteler Bibliotheks-Informationen 21 (1996), S. 10–11.

17 S. aber auch McDaniel, W. B.: A view of 19th century medical historiography in the United States of America, in: Bulletin of the History of Medicine 33, no. 5 (1959), p. 415–435.

18 Edelstein, S. 498.

Nation schlicht nicht verfügbar; die Bücher gelangten erst nach und nach dorthin. Englische Übersetzungen wie die von Francis Adams (s.u.) erschienen erst später, sodass die USA besonders in theoretischen Fächern abhängig von den Gelehrten Englands gewesen seien.[19]

Über die Geschichte der **englischen** Medizinhistoriographie herrscht hinsichtlich allgemeiner, überblickender, klassisch bio-bibliographischer Werke verwunderliches Schweigen.[20] Vereinzelt und zusehends vermehrt kommen speziellere Darstellungen vor, meist im Zusammenhang mit allgemeiner Wissenschafts-, Kultur- oder, besonders in England, Sozialgeschichte.[21] England war, anders als die mitunter recht verschulte deutsche Medizin, beeinflusst von den Erfahrung und Erkenntnissen der weltweiten Aktivitäten des *Commonwealth*. Orientalistische Studien erfreuten sich größerer Beachtung; auch die systematische Entdeckung der Hindu-Medizin als eigenständige medizinische Theorie wie auch der chinesischen Medizin ist Sache englischer Ärzte gewesen.[22] Dabei waren einzelne Männer, nicht Institutionen, Träger solcher Forschungen, und diese arbeiteten zudem eng mit ihren kontinentalen Kollegen zusammen.[23] Eine eigenständige, darüber hinaus institutionalisierte Aktivität gab es in Form der *Sydenham Society*, die für die Werke der beiden im Folgenden untersuchten englischen Ärzte eine gewichtige Rolle spielte. Es lohnt, deren Genese und Geschichte vor dem Hintergrund der Situation des britischen Ärztewesens grob vorab zu skizzieren.

Zur Jahrhundertwende auf das 19. Jahrhundert zerfiel in Großbritannien die ärztliche Profession bzw. das, was man darunter subsumierte, grob in drei Teile:[24] Man unterschied *physicians*, Ärzte im engeren Sinne, von *surgeons*, die sich eben erst

19 Edelstein, S. 499.

20 So auch das Urteil von Burnham, S. 250, und auch Webster, Ch.: „There is indeed now a profound danger that the history of medicine will become a minor adjunct of economic history or historical demography.", s. Ders.: Intellectual History in different disciplines, in: Intellectual News (Autumn 1996), S. 35.

21 Als deutsche Einführung vgl. Weindling, P. J.: Die Entwicklung der Geschichte der Medizin in Grossbritannien, in: Volker, A., Thaler, B. (Hrsg.): Die Entwicklung des Medizinhistorischen Unterrichts. Halle 1982, S. 172–177. Für einen rezenteren Blick auf die verschiedenen, in englischer Medizinhistoriographie involvierten Disziplinen s.a. Porter, R.: The Historiography of Medicine in the U.K., in: Medicina nei Secoli – Arte e Scienza 10/2 (1998), S. 253–269. Am ehesten überblickend (so Burnham, Anm. 2) sei der Artikel von Webster, Ch.: The Historiography of Medicine, in: Corsi, P., Weindling, P. (Hrsg.): Information Sources in the History of Science and Medicine. London 1983, S. 202–237.

22 Vgl. Edelstein, S. 501.

23 S. Edelstein, S. 501: „Greenhill and Adams worked in close cooperation with their French and German colleagues and probably were stimulated by their methods."

24 Vgl. hierzu Newman, C. E.: Evolution of Medical Education in the Nineteenth Century. London 1957.

von den *barber surgeons*, Wundärzte oder „Bader“, abgesondert hatten.[25] Als drittes kamen die *apothecaries* hinzu. Im Laufe der ersten Hälfte des neuen Jahrhunderts fand, ähnlich wie in anderen europäischen Ländern, eine staatliche Strukturierung der Ausbildung statt, die die Integration und Applikation naturwissenschaftlicher Erkenntnis beinhalten sollte. Dieser Prozess fand in England einen ersten Abschluss mit dem „Medical Act“ von 1858, dem ersten dieser Art, womit eine Regelung der Zulassung und der Ausbildungsanforderungen für Mediziner festgelegt wurde. Die,alte Medizin‘[26], die sich von ausführlichem *history taking*, der Patientengeschichte, über die passende ätiologische Theorie fallbasiert zu einer Therapie und Prognose vorarbeitete, wurde von der ‚neuen‘ abgelöst. Diese Strömung ging hauptsächlich von Frankreich aus, Paris war die „medizinische Hauptstadt“ Europas.[27] Sie ging symptomorientiert vor und hatte zum Ziel, naturwissenschaftliche Erkenntnisse auf den Patienten anzuwenden.[28] Die *physicians* huben sich dabei vor allem durch *erudition* hervor, also das, was man mit „Gelehrtheit“ oder, besser, „Gelehrsamkeit“ übersetzt. Belesenheit, Bildung (wenn auch anders als im deutschen, humboldt'schen Gepräge) und akademische Anschlussfähigkeit machten ihren Beruf *professional*.

Durchaus auch für praktisch tätige Ärzte war deshalb der Zugang zu medizinischer Literatur im Sinne der *litteras*, also des gelehrten Lesens, von zentraler Bedeutung. Die Unverfügbarkeit vieler Texte war ein Makel, nicht nur englische, sondern auch deutsche sowie antike Texte waren schlicht schwer erhältlich. Die Einrichtung einer Ärztegesellschaft mit dem Zweck der Reproduktion von wichtiger Medizinliteratur sollte dem Abhilfe schaffen. Diese firmierte seit ihrer Gründung 1844 unter dem Namen der „Sydenham Society“.[29] Hierin fanden sich Mediziner von Rang und Namen mit diesem Anliegen wieder, die bereit waren, durch eine kostenpflichtige Mitgliedschaft die Erstellung, Übersetzung und Drucklegung bedeutender medizi-

25 Zur Entwicklung dieser Berufssparten s. Himmelmann, L.: Från barberare till chirurgie magister – steg på vägen mot en läkarprofession [engl. Titel: From barber to surgeon – the process of professionalization], in: Svensk medicinhistorisk tidskrift, vol. 11, 1 (2007), S. 69–87; und für die deutsche Entwicklung v.a. Widmann, M., Mörgeli, Ch.: Bader und Wundarzt, Medizinisches Handwerk in vergangenen Tagen. Zürich 1998. Die leiten sich die rot-weißen Farben, die heute noch in Drehsäulen an englischen Friseurgeschäften ersichtlich sind, leiten sich angeblich von diesem Beruf her, der mit Blut und Bandagen täglichen Umgang gehabt haben muss.

26 Die unten sich anschließende Darstellung orientiert sich, wenn nicht anders angegeben, an Edelstein, L.: Medical Historiography in 1847, in: Bulletin of the History of Medicine, vol. 21 (1947), S. 495–511.

27 S. Ober, W. B.: The Sydenham Society (1843–1857): rise and fall, in: The Mount Sinai Journal of Medicine, Vol. 41 (2 March–April), New York 1974, S. 294–305, hier S. 295.

28 Für die Unterschiede der ‚alten‘ und der ‚neuen‘ Medizin vgl. die Ausführungen bei den ‚Vorläufern‘ unter 2.2.

29 Vgl. für nachfolgende Darstellung Ober und Meynell, G. G.: The Two Sydenham Societies: A History and Bibliography of the Medical Classics. Published by the Sydenham Society and the New Sydenham Society (1844–1911). Winterdown 1986.

nischer Texte aus vielerlei Sprachen zu unterstützen. Von den sechs Kategorien zu erscheinender Genres war die erste „reprints of standard English works which are rare or expensive".[30] Bei ihrer Gründung 1844 war sie trotz oder wegen der bereits im Umbruch befindlichen Medizinwelt in England ein gefragtes und begrüßtes Unternehmen.[31] Erstaunliche zehn Prozent aller Ärzte des Königreichs ließen sich einschreiben, und auch an internationalen, besonders amerikanischen, Abonnenten fehlte es nicht.[32] Die Bücher erschienen zu einem erschwinglichen Preis, und die Society publizierte bis zu ihrem ersten Eingehen dreißig Titel. Mit dem Erscheinen von Artikeln deutlich klinischerer Ausrichtung wurde dabei die Finanzierung aufwendigerer Editionsprojekte gesichert. Das frühe Scheitern des Unterfangens 1857 ist auf mehrere Ursachen zurückzuführen, von denen noch zu sprechen sein wird, doch hauptsächlich fehlte es an anschlussfähigen Bezügen zur praktizierten Medizin, was die Mitgliedszahlen rapide sinken und das Unternehmen letztlich zahlungsunfähig werden ließ. Mit der Gründung einer „New Sydenham Society" kurz darauf lernte man aus den Fehlern, sodass die zweite Gesellschaft unter der Leitung von Jonathan Hutchinson (1828–1913) bis 1911 Bestand hatte.[33] Unter dessen Ägide wurden noch einmal bald 200 Titel publiziert.

William Alexander Greenhill und Francis Adams, die beiden Hauptvertreter englischsprachiger Medizingeschichtsschreibung im 19. Jahrhundert, hatten dabei ihre je eigene Beziehung zu dieser Gesellschaft, die für Art und Umfang ihrer Arbeit jeweils mitbestimmend war. Mitunter hatten ihre Arbeiten direkt mit den *affairs* der Society zu tun. Ihre Editionsmethodik orientierte sich teilweise, gerade bei Francis Adams, an den Bitten der Vorsitzenden. Dieser Einfluss wird sich deutlich in der Umsetzung der Arbeiten zeigen. Die gegenseitige Vernetzung mit Medizinhistorikern des Kontinents

---

30 Die weiteren waren: „rare standard English works; selections from ancient and early modern authors; digests of voluminous works; translations of Greek and Latin medical authors, accompanied [...] by the original text; translations of recent foreign works of merit; original works of merit, [...]", s. Ober, S. 295.

31 Mit Ober sei die stürmische Begrüßung der Gründung der Sydenham Society 1844 in der Zeitschrift „Lancet" zitiert: „We augur well of this society, not merely on account of the laudable nature of its objects, but also because it does not appear to have been got up by any clique, but to offer a common ground on which gentlemen of various orders in the profession, and of the most opposite opinions in medical politics, have agreed to meet for the promotion of the case of good letters. Nothing can be more calculated to weaken the influence of those silly distinctions of grade which now tend to disorganise the profession, and to impress on the minds of its members that literature and science are a republic into which no heraldry can be admitted but that founded on intellectual superiority.", s. Ober, S. 297.

32 Ober, S. 297. Von den insgesamt 2000 Mitgliedern waren knapp 200 ausländische, davon knapp die Hälfte amerikanischer Nationalität.

33 Vgl. Meynell für eine Bibliographie aller von den beiden Societies herausgegebenen Titel. Hier wird die Society mit einer recht ähnlichen aufseiten der organisierten Chemiker verglichen, der „Cavendish Society".

verdeutlicht dann auch noch einmal die gegenseitige Beeinflussung der Ärzte. Sie wird anhand einiger ausgewählter Korrespondenzen nachvollziehbar. Gegenseitige Anfragen und Unterstützungen legen Zusammenarbeiten nahe. Die englische Medizingeschichtsschreibung trug so indirekt zur Verhältnisbestimmung von Philologie und Medizingeschichte bei, besonders in den in Deutschland weniger produktiven Jahrzehnten zur Mitte des Jahrhunderts.

4.1 William Alexander Greenhill (1814–1884)

Mit William Alexander Greenhill begegnet man einem Arzt, der von allen bisher betrachteten medizinischen Akteuren vielleicht die höchsten philologischen Anforderungen erfüllte. Seine Ausgabe der byzantinischen Arztpersönlichkeit Theophilos Protospatharios verbindet medizinisches Fachwissen mit den textologischen Anforderungen dessen Schrift „Über den Aufbau des Menschen". Seine Motivation lag trotzdem nicht auf dem philologischen Gebiet der Textkonstitution, seine persönlichen Gründe für die Beschäftigung mit dem Werk sind mit seiner Biographie plausibler begründet. Zugleich zeigt die Umsetzung der Edition, dass er als Arzt den Text las und verstand.

Die Eckdaten des Lebens von William Alexander Greenhill sind rasch erzählt und schon häufiger Gegenstand biographischer Betrachtung gewesen.[34] Geboren in London, besuchte er weiterführend die Rugby School bei Coventry (Warwickshire), wo er lebenslange Freundschaften schloss und den damaligen berühmten Direktor der Schule, Thomas Arnold (1795–1842), seinen späteren Mentor, kennenlernte. Dieser legte großen Wert auf den Unterricht in den klassischen Sprachen.[35] Sein Medizinstudium begann Greenhill 1832 in Oxford, wo er es 1839 nach einem einjährigen Studienaufenthalt in Paris, der ihn nicht sonderlich beeindruckte, abschloss. Im Folgejahr heiratete er seine Frau Laura (eine Nichte Arnolds), aus der Ehe gingen fünf Kinder hervor. Nach einer Dekade am Oxforder Radcliffe Infirmatory zog er mit seiner Familie nach Hastings, wo er im örtlichen Krankenhaus und vor allem darüber hinaus lebte und wirkte. Er arbeitete auf sanitäre Veränderung der Wohnsituation vor Ort hin und nahm, auch schriftstellerisch, am religiösen Leben der Stadt und der Gesellschaft teil. Über 80-jährig starb er 1884 in seinem Cottage in Hastings.

34 Vgl. Viten und Nachrufe, u.a. Butler, P.: Greenhill, William Alexander (1814–1894), physician and sanitary reformer, in: Oxford Dictionary of National Biography 2004, S. 816; oder ein nicht weiter spezifizierter Autor „W. W.": Obituary William Alexander Greenhill, in: The Classical Review 8:9 (Nov. 1894), S. 423–424; ebenfalls ein Nachruf ist der Beitrag im British Medical Journal vom 29. Sept. 1984, S. 734; s. außerdem Grimm-Stadelmann (2008), S. 114 ff.

35 Vgl. von den vielen Betrachtungen zu seinen erzieherischen Reformen McCrum, M.: Thomas Arnold, Headmaster. Oxford 1989.

Diese biographischen Informationen reichen allein aber nicht aus, um die Beweggründe von Greenhills Leben und Schaffen zu erhellen. Sein inneres, geistliches Leben, soweit ein solches überhaupt einsehbar ist, ist da aufschlussreicher. Greenhill war ein Mann äußerster Frömmigkeit und Gottesfurcht, die sein Tun maßgeblich bestimmten. Theologisches Interesse bekundete er nicht erst durch seine Mitgliedschaft in der von Edward B. Pusey (1800–1882) gegründeten „Theological Society". Mit dem Hl. John Henry Newman (1801–1890) stand er früh in regem Kontakt, er veranstaltete Treffen verschiedener Teilnehmer des späteren sog. Oxford Movements. Beachtenswert sind vor allem seine frühen Niederschriften christlicher Gedanken in Büchern, die zum Gebrauch für Medizinstudenten bestimmt waren. In einer „Adress to a medical student" gibt er dem Studenten ein geistliches ‚Vademecum' an die Hand, mit dessen Hilfe er die einzelnen Stationen des Medizinerlebens – Krankenhaus, Hörsaal, Präparierraum – meistern möge.[36] Sein Büchlein „Prayers for the Use of the Medical Profession" hatte er in lateinischer Sprache verfasst („Precationes Medicorum Piae"), es enthält Gebete um Tugend und Stärkung für alle möglichen Situationen.[37]

Wenn man die Hinwendung Greenhills, der schon vonseiten der Schule hervorragend philologisch gebildet war, ab 1840 zu Theophilos Protospatharios nachvollziehen möchte, bietet sich daher ein inhaltlicher Blick in das Werk an: „Vom Aufbau des Menschen" ist ein von der christlichen Anthropologie her gewichtiges Werk. Es ist die Kompilation einer früheren Galenschrift mit dem Titel „Περὶ χρείας μορίων" – De usu partium bzw. Über den Nutzen der Teile –, die einige Rezeption in der byzantinischen Literatur fand. Theophilos, aber auch andere Autoren in Byzanz haben ihn zitiert, bearbeitet oder anderweitig rezipiert, weil ihm eine Schlüsselrolle in der Verknüpfung antiker Philosophie, Medizin und christlichem Gedankengut zukommt.[38] Grundgedanken sind der Zusammenhang von Mikrokosmos–Makrokosmos im Aufbau des Menschen, die Stellung des Menschen in der Schöpfung, Haupt–Leib-Bilder, seine Gottebenbildlichkeit etc.[39] Es liegt nahe, dass Greenhills Beschäftigung mit dem Text aus einem theologischen Interesse erwächst, möglicherweise von seinen Lehrern Arnold oder eher noch Peter Mere Latham (1789–1875) angeregt, dem er die „Address" widmete.[40] Werke mit solchem Inhalt griff Greenhill später auch wieder auf, als er

36 Greenhill, W. A.: Address to a Medical Student. London 1843. Gewidmet ist es seinem Lehrer Peter Mere Latham (1789–1875). Im Kapitel über den dissecting room geht er auf das Staunen, die Ehrfurcht und die Pietät ein, wenn der Student Leichen begegnet, aber auch die damit verbundenen geistlichen Gefährdungen.

37 Greenhill, W. A.: Prayers for the Medical Profession, ed. Jacob Horst. London 1842 (= 1842a).

38 Vgl. Grimm-Stadelmann (2008), S. 50 ff.

39 Vgl. Grimm-Stadelmann (2008), S. 52; s.a. Kallis, A.: Der Mensch im Kosmos. München 1978; und viele andere Publikationen zu diesem Thema mehr.

40 Zu ihm vgl. biographisch Spaulding, W. B.: Peter Mere Latham (1789–1875): a great medical educator, in: Canadian Medical Association Journal, vol. 104 (June 19, 1971), p. 1109 f.

1871 Benjamin Jowett (1817–1893) bei der Übersetzung eines schöpfungstheologischen bzw. philosophischen Werks des Platon, dem „Timaios“, zur Hand ging.[41] Er selbst gibt keine weiteren Hinweise über seine Beweggründe in seinem Vorwort zur Theophilos-Edition.

Greenhills Interesse für eine Edition von Theophilos wird damit plausibler – doch wie schlägt sich dieses in der Umsetzung und Editionsmethodik nieder? Vieles wurde bereits in der Dissertation von Grimm-Stadelmann gesagt; hier wird die Edition auf ihren Kontext und Praktikabilität hin, ihre ‚Ärztlichkeit‘ sozusagen, weiter untersucht. Zu zeigen ist, dass Greenhills Edition hohe philologische Ansprüche verfolgt sowie erfüllt, und dies aus seinem profunden Wissen auf den Gebieten der Textkunde *und* Medizin hervorgeht.

Das Werk gliedert sich in drei Teile: Im vorbereitenden Teil finden sich das Vorwort des Autors (*Editoris monitum*), die drei Vorworte der vorherigen Herausgeber – Junius Paulus Crassus (1536), J. A. Fabricius (1724), Andreas Mustoxydes (1817) –, ein Inhaltsverzeichnis und das Editions-Verzeichnis der Paralleltexte. Dann folgt der Hauptteil, die 272 Seiten umfassende Edition des griechischen Textes, mit der lateinischen Übersetzung des Crassus und dem textkritischen Apparat unten angestellt.[42] Der Anhang umfasst zunächst *Adnotationes* über Leben und Datierung des Theophilos, seine Beinamen und die vorherigen Ausgaben. Die *Adnotationes* gehen über 82 Seiten weiter auf einzelne Wörter, Phrasen oder Gedanken ein, die Greenhill an parallelen Stellen anderer antiker Autoren wiederfindet; es ist eine Untersuchung der Rezensio, die hier vorgenommen wird. Vor allem die Galen-Abstammung wird deutlich herausgearbeitet. Es schließt sich die *Collatio editionum* an, wo die veränderten Textstellen gegenüber den Editionen bei Morelius und Fabricius angegeben sind. Darauf folgt ein jubelndes „Deo Gratias“, bevor im *Index verborum* alle vorkommenden Wörter verzeichnet sind – ein sehr wertvolles Instrument für die weitere philologische Arbeit am Text.[43] Der *Index rerum* ist eine Art Sachindex, wo Greenhill anatomische Termini, aber vor allem inhaltliche, teils unübliche Schlagworte verzeichnet, etwa „Calcanei forma“ für die Form des Fersenbeins. Teils hat er ihn von Crassus übernommen.[44] Solche heutzutage eher unübliche Verschlagwortung – die Form des Fersenbeins ist

41 S. Butler.

42 Der lateinische Text ist der des Crassus, den Greenhill jedoch aus verschiedenen Auflagen der Crassus-Übersetzung kollationiert und korrigiert hat, vgl. Grimm-Stadelmann (2008), S. 115.

43 Diesen Index hat er aus anderen Werken zusammengetragen, aber ergänzt, s. Greenhill, S. VI: „Indicem Verborum, aliena opera confectam, vocum difficiliorum explicatione ipse auxi.“–„Den Wörterindex, aus anderen Werken zusammengetragen, habe ich selbst durch Erklärung schwierigerer Begriffe ergänzt.“ Soweit nicht anders angegeben, beziehen sich Zitate von Greenhill auf die Theophilos-Edition.

44 S. Greenhill, S. VI: „Indicem rerum in Crassi Editione repertam multo auctiorem dedi.“–„Den Sachindex, der sich in der Crassus-Edition wiederfindet, habe ich um Vieles vermehrt dazugegeben.“

für den heutigen Anatomen nur deskriptiv von Interesse – kommt vom Inhalt des Werkes und Greenhills Verständnis dafür her: Es geht im „Aufbau des Menschen" für Theophilos nicht hauptsächlich um die anatomische Beschreibung, sondern um die Einordnung in teleo-theologische Kosmologie.[45] Dann beenden der Eigennamenindex und *Addenda et Emendanda*, also Korrekturen, das Werk. Mit der deutlichen Absetzung der lateinischen von der griechischen Schrift mittels Schriftgröße und Kursivsatz, dem unaufdringlichen Fußapparat und der inhaltlichen Gliederung mittels Kapitälchen ist der Text ingesamt gut leserlich. Außerdem schaffen die Kopfteile mit inhaltlicher Verortung[46], die Seitenzahlen, die Zeilenzahlen je im griechischen bzw. lateinischen Text und, nicht zuletzt, die neben dem Haupttext befindliche kurze lateinische Verschlagwortung des Inhalts eine sehr hilfreiche Orientierung. Diese Hinzufügungen Greenhills ist nicht nur außerordentlich nützlich für den medizinischen Leser, sondern zeigt auch sein Verständnis für den Text *und* dessen Inhalt.

Greenhill setzt sein Verständnis für die Aufgabe bereits strukturell um. Es kommt ihm dabei nicht vorrangig auf eine möglichst aktuelle Anknüpfung an ‚seine' zeitgenössische Medizin an –, wie es bei Adams der Falls sein wird (s.u.) –, sondern eine dem Autor und seiner Zeit gerecht werdende Betrachtung der medizinisch-theologischen Inhalte – mit fachmännischem Verständnis.[47] Greenhill verbindet damit Philologie und Medizingeschichte, so ein mögliches Zwischenfazit, auf eine in Deutschland bisher auf diese Weise nicht angetroffene Weise.

Das Werk ist seinen ‚Mäzenen', den örtlichen Förderern der Rugby School gewidmet. Er meint damit die dort ansässigen Earls von Denbigh; zu Zeiten Greenhills, als die Schule eine neue Blüte erlebte,[48] war dies William Feilding (1796–1865), der siebte Earl of Denbigh.[49] Außerdem ergeht die Widmung an den bereits genannten Thomas

Der Sachindex ist noch am ehesten für den Anatomie-Studenten von möglichem praktischem Gebrauch, sollte er denn bei Theophilos nachgeschlagen haben.

45 Die Erklärung wird auch von Theophilos beigegeben: „At calx, sustinendi causa fabrefactus, haud injuria caeteris pedis osseous grandior fuit; ...", Greenhill (1842), S. 47.—„Und das Fersenbein, weil es aufgrund des Stützens gemacht ist, ist nicht mit Unrecht größer als die übrigen Knochen des Fußes; ..."

46 Bspw. „De Corp. Hum. Fabr. I. 16–18.", s. Greenhill (1842), S. 39.

47 Vgl. dazu Greenhills eigene Aussage in der Einleitung: „Quod ad Adnotationes attinet, monitum velim me non omnes errores anatomicos et physiologicos corrigere studuisse, (quod quidem plane infinitum esset,) sed id potissimum in animo habuisse ut veterum de his rebus sententias illustrarem, eorumque technologiam explicarem.", s. Greenhill (1842), S. VI.—„Was die Anmerkungen angeht, sei darauf hingewiesen, dass ich nicht anstreben wollte, alle anatomischen und physiologischen Fehler auszubessern, (das wäre nämlich geradewegs eine nicht endende Sache) sondern das allerwichtigste im Auge zu haben, um die Gedanken der Alten in diesen Dingen darzulegen und deren Techniken zu erklären."

48 Vgl. Rouse, W. H. D.: A History of Rugby School. New York 1898.

49 „Viro honoratissimo Guilielmo, comiti de Denbigh, ceterisque scholae Rugbaeensis curatoribus ...", s. Greenhill (1842), S. III.

Arnold, den Direktor der Schule und Erzieher Greenhills.[50] Das Vorwort enthält dann kurze Anmerkungen zum Vorgehen, vor allem zur Textgrundlage (s.u.) und Erklärungen zu seinem Verhältnis zu den vorherigen Herausgebern. Er dankt sodann den Verlegern, „die mich dieser Ehre für würdig gehalten haben, wie einst Johannes Wigan, den gerühmten Herausgeber des Aretaeus".[51] John Wigan (1696–1739) hatte 1723 die Werke des Aretaios übersetzt und erheblich verbessert (s.o.). Erwähnt werden noch Francis Adams (s.u.) und Robert Scott (1811–1887), ein anglikanischer Priester und einstiger „Socius" am Balliol College in Oxford. Dieser wurde der Editor des berühmten „Liddel-Scott-Jones", eines griechisch-englischen Wörterbuchs.[52] Beiden hat Greenhill viel Lektorat verdankt (S. VII). Nicht zu vergessen ist Greenhills deutliche religiöse Gesinnung, wenn er zum Schluss mit geliehenen Worten dem Schöpfer dankt, der ihm diese Arbeit ermöglicht hat und dem er sie schenkt.[53] Diese Erwähnungen sind dann stets in Majuskeln gehalten, ebenso im Anhang bei Erklärungen.[54] Greenhills Motivation rührt von seiner christlichen Existenz her, die Anregung und Fähigkeit dazu hat er von seinen Erziehern erhalten. Dabei wusste er als ausgebildeter Mediziner die Inhalte zu interpretieren.

Quellenlage und Handschriftensituation sind bereits bei Grimm-Stadelmann hinreichend erörtert.[55] Die Probleme mit der Edition Greenhills werden ebenfalls dort besprochen. Greenhill gibt Auskunft über die handschriftlichen Grundlagen seiner Edition, v.a. einen venezianischen Codex, dieser ist seine Leithandschrift.[56]

50 S. Greenhill (1842), S. III: „[...] (viri desiderati, praeceptoris dilecti, Thomae Arnold, S. T. P., consilio susceptum,) ..."–„[...] (dem ersehnten Manne, dem Geliebten zum Lehrer Thomas Arnold, Professor der Heiligen Theologie [Sanctae Theologiae Professor], von dem ich Rat angenommen [!]...) ." Von Arnold stammte daher am ehesten die Anregung zur Edition des Theophilos-Textes.

51 Greenhill (1842), S. VI (Übers. d. Verf.).

52 Zuerst erschienen ist Liddell, H. G., Scott, R.: A Greek-English lexicon. Oxford 1843.

53 „‚Ante omnia vero', ut verbis amicissimi viri utar, ‚ante omnia Ei gratias debeo atque ago, Qui mihi tum haec in primis, tum alia quaecunque pro Sua bonitate praestitit adminicula, Quique per vitam universam imbecillitatem meam Suis viribus corroboravit, atque adhuc etiam corroborat;' Cujus Bonitatem, Sapientiam, Potentiam in corpore humano fabricando si quis ex hoc libello clarius perspiciat [!], haud frustra me tantos operi labores impedisse existimabo."–„Vor allem muss ich, um mich der Worte eines sehr guten Freundes zu bedienen, Ihm danken, und tue es, Der mir dieses hier vom Anfang und dann in allem Weiteren durch Seine Güte Schutz gewährte, und Der das gesamte Leben lang meine Schwäche mit Seiner Kraft stärkte, und denn auch jetzt stärkt; wenn jemand aus diesem Buch klarer Dessen Güte, Weisheit, Macht im Aufbau des menschlichen Körpers erkenne – dann werde ich meinen, nicht vergeblich alle diese Arbeiten für das Werk aufgewendet zu haben.", s. Greenhill (1842), S. VII.

54 Greenhill (1842), S. 48 des Sachindex „Dei sapientiam ...".

55 Erwähnt sei, dass Greenhills Fokus stark von Galen herrührt und dessen Rezeption, vgl. Grimm-Stadelmann (2008), S. 116.

56 „Quorum quum longe optimus sit Venetus, [...] hum pro basui tabui".–„Von all diesen bei Weitem am besten ist der ‚Venetus', sie habe ich zur Grundlage.", s. Greenhill (1842), S. V. Gemeint ist der Gr. V. 012 (coll. 1317), s. https://pinakes.irht.cnrs.fr/notices/cote/70500/, zul. abg. am 02.11.2022. Die

Die meisten Aufschlüsse über Greenhills Fachwissen finden sich aber in den „Adnotationes", hier kommt es am besten zur Geltung. Auszugsweise seien einige Stellen genauer betrachtet: Greenhill ergänzt oftmals die modernen anatomischen Termini zu den bei Theophilos erwähnten Muskeln.[57] Er weiß um den Gebrauch bestimmter Termini in theologischen Kontexten,[58] nimmt neuzeitliche Anschlüsse vor,[59] kennt neben lateinischen und griechischen Testimonien auch arabische Literatur,[60] benutzt moderne Klassifikationssysteme,[61] gibt etymologische Erklärungen bei,[62] erklärt die gemeinten Körperteile,[63] nosologische Erläuterungen[64] etc. Greenhill zeigt sich als hervorragender Kenner der Literatur und zieht Hinweise aus allen möglichen Bereichen heran. Dadurch bezieht die Edition ein sehr weites Spektrum von Wissen mit ein, das nicht eine Disziplin bevorzugt. Greenhill hat die Theophilos-Edition als Arzt besorgt.

Welche Leserschaft kann man für den Theophilos-Text annehmen? Greenhills Edition bedient um das Jahr 1840 zweifellos ein gelehrtes Ärztepublikum, das das Erscheinen eines solchen Werkes wohl begrüßte. Der Inhalt des Textes erschließt aber anscheinend noch eine ganz andere Gruppe von Adressaten, nämlich christliche Ärzte bzw. Studenten. Die Verbreitung und Förderung eines christlichen Arztseins war stetes Anliegen Greenhills, gerade nach seinem Ausscheiden aus dem medizinischen Curriculum in Oxford. Besonders seit seiner Tätigkeitsaufnahme in Hastings sah er sich sozialen Projekten und der Förderung einer christlicher Gesinnung ver-

---

Neuedition von Grimm-Stadelmann (2008) bezieht nicht nur weitere Handschriften mit ein, sondern verändert die Textgrundlage aufgrund einer anderen Leithandschrift gravierend.

57 „An musc. Opponens Pollicis? ... sc. musc. Palmari Longo, oder Μύες δὲ τέσσαρες κ. τ. λ.] sc. Musc. Coraco-brachialis, Bizeps Flexor Cubiti, Brachialis Anticus, et Triceps Extensor Cubiti", s. Greenhill (1842), S. 280. Die Nomenklatur stimmt mit der heutigen nicht vollständig überein. Variierende Handschriftenlesarten lassen hierbei oftmals unterschiedliche Interpretation zu, was eine wichtige Rolle bei der Weiterentwicklung der Terminologie spielt. Vgl. auch Grimm-Stadelmann, I.: Οἱ ἰατροὶ λέγουσι ... – Erläuterungen zur anatomischen Terminologie in Περὶ τῆς τοῦ ἀνθρώπου κατασκευῆς, in: Byzantinische Zeitschrift 112 (2019), S. 843–860.

58 Das Aufgerichtetsein des Menschen z.B. wird bei anderen, patristischen Autoren wiedergegeben; Greenhill nennt den Hl. Gregor von Nyssa, den Hl. Isidor von Sevilla u.A., s. Greenhill (1842), S. 282.

59 Greenhill zitiert aus den in England bekannten „Pseudodoxia Epidemica", einer Art „Syllabus Errorum" von Sir Thomas Browne (1605–1682), s. Greenhill (1842), S. 283.

60 Vgl. z.B. die ausführliche Anmerkungen zu den Händen („5.3 De Manibus [...]"), wo Autoren wie Avicenna, und Haly Abbas miteinbezieht, s. Greenhill (1842), S. 277 f.

61 Den zum Himmel schauenden Fisch benennt er mit seinem wissenschaftlichen Namen „Callionymus"–Leierfische, s. Greenhill (1842), S. 283.

62 Zu ἀκρόποδες bspw. zitiert er eine Phrynichos-Ausgabe von Christian August Lobeck (1781–1860), s. Greenhill (1842), S. 283.

63 So die Anmerkung zu κνήμη Greenhill (1842), S. 283, welche Teile des Beines damit genau gemeint seien. Im Alemannischen Dialekt im Breisgau hört der Arzt auch gern „Fuß", wenn Teile des Oberschenkels damit gemeint sind.

64 Greenhill (1842), S. 340, Anm. 239.4 zu Epilepsie.

pflichtet. Leicht vorstellbar ist, dass die Teilnehmer an den theologischen Runden im Hause Greenhill im Anschluss an die Veröffentlichung und noch mehr während der Erstellung seiner Arbeit über diese Art von medizinischer Teleologie gesprochen haben. Am Text lassen sich schöpfungstheologische Fragen disputieren und die Antworten, die ihnen als medizinische Fachleute jetzt ja besser erschlossen waren als im Mittelalter, am neuzeitlichen Wissen prüfen. Die ‚Kreatürlichkeit' des menschlichen Körpers, besonders der Funktion, aber auch dem Aufbau nach, beschäftigt die Theologie permanent. Der menschliche Körper ist so und so beschaffen, weil der gesamte Kosmos auf bestimmte Weise geordnet ist.[65] Hier bereits vorhandene Anklänge von Finalinterpretation werden später, gerade in der Auseinandersetzung mit evolutionstheoretischen Ideen, wiederaufgegriffen; es ist nicht auszuschließen, dass Greenhill bereits kursierende Ideen einer rein evolutionsbiologischen Erklärung des menschlichen Körperaufbaus aufgegriffen und ihnen entgegenzuwirken suchte. Mitunter finden sich hier Streitigkeiten angedeutet, die im heutigen Sinne des „Intelligent Design" auch schlechterdings politische Formen annehmen. Es scheint also plausibel, dass Greenhill und seine Kollegen aus christlicher Initiative diesen Text lasen und er ihn auch auf diese Weise redaktioniert hat.

Der Theophilos-Text sollte damit ein Leitlinie oder ein Leitfaden für den zeitgenössischen, christlichen Medizin- und insbesondere Anatomiestudenten sein, ähnlich dem Büchlein „ Prayers for the Use of the Medical Profession". Mit Theophilos hatte er einen ‚geistlichen' Begleiter. Hier springt auch eine weitere Auffälligkeit ins Auge: Ähnlich dem Adressaten des Markusevangeliums ist der nicht weiter als historische Persönlichkeit bekannte Autor als „Theophilos", Gottesfreund, benannt.[66] Der Evangelist Markus widmet seinen Evangelienbericht ausdrücklich einem so benannten Mann. Man hat aber die historisch nicht weiter fassbare Person auch und zugleich mit einer Widmung an jeden einzelnen Christen, der sich als Gottesfreund versteht, begriffen und die Widmung damit verallgemeinert. Greenhill, der ohne Zweifel ein Bibelkenner war, könnte die Auswahl des Textes auch aus dem Grund getroffen haben, seinen ‚geistlichen Anatomiebegleiter' ebenfalls an alle gottesfürchtigen Studenten bzw. Ärzte zu richten. Immerhin ist auch in diesem Fall nicht gesichert, ob der mit dem byzantinischen Allerweltsnamen bezeichnete „Theophilos" eine historisch

65 Zu diesen Grundprinzipien der christlichen Anthropologie, die gerade in mittelbyzantinischer Zeit extrem wichtig war, vgl. Grimm-Stadelmann (2008), S. 50–52; vgl. auch die dort befindlichen Literaturhinweise.

66 Vgl. dazu sowie zur Frage der persönlichen oder unpersönlichen Widmung Pokorny, P., Heckel, U.: Einleitung in das Neue Testament. Seine Literatur und Theologie im Überblick. Tübingen 2007, S. 530; und Vögtle, A.: Was hatte die Widmung des lukanischen Doppelwerkes an Theophilus zu bedeuten?, in: Ders.: Das Evangelium und die Evangelien. Beiträge zur Evangelienforschung. Düsseldorf 1971, S. 31–42.

gesicherte Person war.[67] Eine solche Parallele ist zumindest hypothetisch denkbar. So würde die Edition einmal mehr einen eindeutigen christlichen Impetus aufweisen.

Greenhill hat aber auch, quasi nebenbei, unter der Anleitung hervorragender Altphilologen, eine enorme Leistung am Text erbracht, die fast 175 Jahre als Referenz für den Autor galt. Die philologische Durchführung entspricht mehr als hinreichend den damaligen Standards der Textkritik. So ist die Edition als Produkt englischer Gelehrsamkeit mit einem starken christlichen Impetus zu verstehen, der wohl *ea ipso* wenig Nutzbarkeit im Anatomieunterricht versprach, wohl aber zur ethischen Bildung der Ärzte beitragen sollte. Das Unternehmen Greenhills hinsichtlich des Theophilos war damit abgeschlossen. Er engagierte sich danach v.a. in Hastings dann als Reformer des Gesundheitswesens. Er schrieb weiterhin für gelehrte, christliche *physicians*.

Weitere Entwicklung der englischen Medizinhistoriographie

In der folgenden Dekade wuchs Greenhills publizistisches Schaffen zunächst enorm. Von William Smith (1813–1893), dem Herausgeber des „Dictionary of Greek and Roman Biography and Mythology“, erhielt er den Auftrag, einige medizinhistorisch relevante Artikel für das Dictionary zu verfassen,[68] z.B. zu Asklepiades von Bithynien. Greenhill selbst wollte ein Nachschlagewerk für griechische Medizintermini herausgeben, für das er zeitlebens Material sammelte, das aber nie fertiggestellt wurde.[69]

Besonders auf eine Eigenschaft, die für die Medizingeschichte und ihre Betreiber immer wieder von Relevanz sein sollte, sei endlich noch hingewiesen: die Vernetzung mit ausländischen Fachkollegen. Greenhill darf da sozusagen als Pionierarbeiter gelten. Auch die Zusammenarbeit mit der Sydenham Society wurde dadurch international. Seine Brillanz und Eignung für Aufgaben solcher Art wie des Theophilos ließen in der Folge der Theophilos-Edition die Society auf ihn zukommen mit der Bitte, die Werke ihres Namensgebers Thomas Sydenham (1624–1689) herauszugeben. Dieser englische Arzt, der „English Hippocrates“, schrieb eigentlich in englischer Sprache und ließ erst im Nachgang Übersetzungen in die Gelehrtensprache Latein anfertigen.[70] Greenhill sollte diese lateinischen Texte edieren.[71] Bei der Herausgabe nun arbeitete er mit mehreren Kollegen zusammen. Im Vorwort dankt er z.B. Jonathan

---

67 Aller Wahrscheinlichkeit nach war er es nicht, vgl. dazu Grimm-Stadelmann (2008), S. 22 ff. u. Anm. 187.

68 Smith, W.: Dictionary of Greek and Roman Biography and Mythology. 3 vols., London 1844–1849.

69 Vgl. Edelstein, S. 501: „I should also mention Greenhill's project of a dictionary of Greek medical terms, for which he gathered material in various articles in The British and Foreign Medico-Chirurgical Review.“

70 Vgl. Ober, S. 298.

71 Greenhill, W. A.: Thomae Sydenham opera omnia. 2 vols., London 1844/1846. Später wurden sie von Robert Gordon Latham (1812–1888) „zurück“ in englische Sprache übersetzt: Latham, R. G.: The works of Thomas Sydenham, M.D. London 1848–1850.

Pereira (1804–1853), dem bedeutendsten Pharmakologen dieser Zeit in Großbritannien.[72] Dieser hatte ihn bei der Erstellung eines Registers zur *Materia medica* beraten,[73] ebenso John Forbes Royle (1798–1858) aus London. Die sechzehnseitige Vita Sydenhams in der Einleitung besorgte C. G. Kühn, Greenhill verbesserte und ergänzte sie lediglich.

Die Zusammenarbeit mit in- und ausländischen Kollegen erstreckte sich aber neben projektbezogenen Themen auf noch weitere Kreise, die sich gut aus dem Briefwechsels Greenhills erschließt.[74] Die Bedeutung von fachlichen Netzwerken wurde bereits bei den ‚Vorläufern' Kühn, Choulant und Ideler ersichtlich, die allesamt auf ein Netzwerk von Fachkollegen zurückgriffen. Hier kommen zwei weitere Aspekte hinzu, die auch schon Puschmanns Arbeit betrafen: privat-bekanntschaftliche Korrespondenz und die Erweiterung auf ausländische Kollegen. Bindungen, die im persönlichen Umfeld der Gelehrten geknüpft wurden, begründeten oft dauerhafte Beziehungen zu Kollegen, die – wie bei Neuburger und Pagel bzw. Berendes und Schelenz – auch Anlass zu Unstimmigkeiten waren. Die Einbeziehung auch internationaler Fachkollegen in die eigene Arbeit war bei Puschmann verdeutlicht worden. Beides trug zu einem regeren Austausch bei, der die Etablierung der Medizingeschichte in der Herausbildung einer eigenständigen Fachexistenz beförderte und festigte.
Im Folgenden sollen einige Aspekte dieser Sichtung anhand der „Correspondence" Greenhills herausgestellt werden. Diese harrt indes einer eigenständigen Analyse, für welche hier nicht der Ort ist. Stattdessen wurde versucht, vorrangig deutschsprachige Kollegen Greenhills in Medizin und Medizingeschichte ausfindig zu machen und die Inhalte ihrer Korrespondenz ansatzweise nachzuvollziehen.[75] Zunächst wird deshalb eine Liste der vorkommenden Adressaten bzw. Rezipienten gegeben:

- Franz Zacharias Ermerins (1808–1871), niederländischer Arzt und Medizinhistoriker. Austausch über lateinische/griechische Handschriften, und vorgenommene/empfohlene Kollationen;
- Reinhold Rost (1822–1896), englischer Orientalist deutscher Herkunft;
- Dr. Thomas D. Müller;

72 Vgl. von einem anonymen Autor: Memoir of the Life of the late Jonathan Pereira, in: Pharmaceutical Journal (March 1853). Pereira hatte zu dieser Zeit sein ausführliches Werk zur Arzneikunde, das grundlegend für die Pharmakognosie war, veröffentlicht: The Elements of Materia Medica and Therapeutics. 2 vols., Philadelphia 1843. Erschienen war es allerdings bereits zuvor in einer Zeitschrift, der „Medical Gazette", vgl. das „Memoir", S. 5.

73 Vgl. Greenhill (1842), S. VI.

74 Hier ergeht Dank an Felix Lancashire vom Archiv des Royal College of Physicians in London, der mir einige Autographen Greenhills zur Verfügung gestellt hat, die das Royal College aufbewahrt. Für einige Abschriften s. Anhang.

75 Weitere Briefe werden vom Geheimen Staatsarchiv Preußischer Kulturbesitz und der Staatsbibliothek zu Berlin aufbewahrt, die zum Zeitpunkt der Abfassung aufgrund weitgehender Schließungsmaßnahmen nicht einsehbar waren.

- Reinhart Dozy (1820–1883), niederländischer Orientalist;
- Aloys Sprenger (1813–1893), österreichischer Orientalist;
- Heinrich Rohlfs (1827–1898), deutscher Mediziner und Schriftsteller, der mit seinem Bruder Gerhard das „Deutsche Archiv für die Geschichte der Medizin und geographische Medizin" herausgab (Leipzig 1878–1885, s.o.) und England bereiste („Medizinische Reisebriefe aus England und Holland");
- Mathias Joseph Bluff (1805–1837), deutscher Mediziner und Botaniker;
- Dr. Jonathan Pereira, der Pharmakognostiker;
- Joseph Frank Payne (1840–1910), Medizinhistoriker, ein wohl guter Freund, dem er Vieles mitteilt und oft schreibt;
- Gostave Dugat (1824–1894), französischer Orientalist;
- Moritz Steinschneider (1816–1907), jüdischer Orientalist und Übersetzer, dem Puschmann für seine Hilfe dankt (s.o. 3.1);
- Thomas Alexander Wise (1802–1889), schottischer Arzt und Medizinhistoriker, der sich auf tibetanische und indische Medizin spezialisierte;

außerdem weitere englischen Gelehrte.

Die internationale fachliche Vernetzung wird, wie gesagt, in der Korrespondenz Greenhills mit Theodor Puschmann verdeutlicht. Diese ist besonders im Hinblick auf die Hinweise, die Puschmann von Greenhill erbittet, von Interesse für dessen Alexander-Edition (s.o.). Aus einem Brief vom 14.06.1876 an Greenhill geht beispielsweise hervor, dass Greenhill Puschmann bei der Arbeit unterstütze und das Erscheinen des Werkes nur verzögert in Gang kam:[76] Puschmann gibt hier seiner Hoffnung Ausdruck, dass noch dieses Jahr eine Fertigstellung möglich sei. Tatsächlich erschien die Ausgabe dann erst zwei Jahre später – Verzögerungen bei philologischen Editionsprojekten sind freilich kein ausschließliches Phänomen heutiger philologischer Arbeit. Auch hinsichtlich der Handschriften schließt der Brief noch Einiges auf: Puschmann bittet Greenhill, ihm bei der Kollation und Sichtung eines Codex in Middlehill zu helfen. Die Zusammenarbeit kam nie zustande; bei der Herausgabe des Alexander wird Puschmann den dortigen Codex nicht in seine Edition integriert haben.[77] Das „Biographische Lexikon" hat Puschmann in diesen Jahren bereits angelegt, denn er berichtet Greenhill 1881 davon. Hin und wieder finden sich Specimen-Seiten zu künftigen Publikationen. 1885 unternahm Puschmann eine Reise nach England, womöglich aus gesundheitlichen Gründen, und bittet Greenhill um ein Treffen in dessen Cottage in Hastings. Eine Rundreise über Oxford und Cambridge solle ihn via London nach Brighton führen. Ob es tatsächlich stattfand, lässt sich aus den Zeilen nicht

76 S. transkribierter Abdruck des Briefes [1] im Appendix.

77 S. Puschmann (1878), S. 90: „Ich habe diese Handschrift nicht gesehen und muss mich daher jedes Urtheils über dieselbe enthalten."

entnehmen, außer einer Nachfrage des in Zeitnot geratenen Puschmann finden sich keine Aufzeichnungen darüber.

Fachlich war Greenhill immer wieder Ludwig Kleinwächter (1839–1906), Professor für Geburtshilfe in Innsbruck, später niedergelassener praktischer Arzt in Chernowitz,[78] von einiger Hilfe. Dieser beherrschte, im Gegensatz zu Puschmann und Haeser, die englische Sprache und übersetzte daher immer wieder aus dem Amerikanischen für das „Archiv" der Gebrüder Rohlfs.[79] In der Rohlfs-Korrespondenz wird außerdem Karl Friedrich Heinrich Marx (1796–1877) erwähnt, der für die Veröffentlichung des ersten Janus 1854 von Bedeutung gewesen war.[80] Die fachzeitschriftliche Publizistik erhielt so durch Beiträge, Übersetzungen und Rezensionen von ausländischen Kollegen ‚frischen Wind'.

Eine weitere Kategorie der Korrespondenz sind Briefe privaten, manchmal gar geistlichen Inhalts. Mit seinem deutschen Kollegen der Medizingeschichte Heinrich Haeser verband ihn daher ein zweifaches: medizinhistorische Themen und geistlicher Austausch.[81] Sie pflegen das, was man eine bekanntschaftliche Feiertags-Korrespondenz nennen könnte: Geschenke werden übersandt (meistens Ausgaben eigener Arbeit), altgriechische Gedichte gestanzt[82] – Greenhill war in England für seine privaten poetischen Fähigkeiten bekannt –, Freuden und Leiden des Lebens miteinander geteilt.[83] Die Briefe geben so Aufschluss über die persönlichen wie auch fachlichen Vernetzungen der Medizinhistoriker, die sich in ihrer Arbeit gegenseitig beistanden. Damit ist ein wenig Licht auf diese Hintergründe geworfen. Für die weitere Entwicklung sei der Blick nun aber erneut auf die Sydenham Society gelenkt, deren Schicksal als paradigmatisch für die Verhältnisse der dortigen Medizinhistoriographie gelten darf.

78 Dieser schrieb auch selbst historische Werke, z.B. Geschichte der Geburtshilfe: Kleinwächter, L.: Die geschichtliche Entwickelung der Geburtshilfe mit gleichzeitiger Berücksichtigung der Gynäkologie. Bei Müller, P.: Handbuch der Geburtshilfe. Stuttgart 1888, heißt es im Vorwort: „Es enthält eine geschichtliche Einleitung von Kleinwächter, ein Capitel, welches in keinem wissenschaftlichen Werke fehlen sollte; [...]".

79 Jenks, E. W.: Die Gynäkologie des Alterthums, in: Deutsches Archiv für Geschichte der Medicin und medicinische Geographie. Bd. 6 (1883), nach dem Englischen bearbeitet von Prof. Dr. Ludwig Kleinwächter.

80 Marx hatte eine Professur, die auch Geschichte der Medizin behandelte, in Göttingen inne. Er wird von Haeser in seiner „Denkschrift" (s.o. bei Puschmann) eigens erwähnt als Ausnahme auf dem sonst schwach aufgestellten Gebiet der deutschen Medizingeschichtsschreibung.

81 S. die beiden transkribierten Briefe im Appendix aus den Jahren 1877 [1] und 1878 [2].

82 „Zum Weihnachtsfeste dieses Jahres haben Sie mich sogar mit einem Distichon-Paar beehrt ..." (Brief [1]).

83 Ergreifend ist z.B. die Nachricht Haesers an Greenhill über den Tod seiner Ehefrau, s. Brief [1] im Appendix.

Ab ca. 1850, dem achten Jahr ihres Bestehens, fiel die Zahl der Abonnenten stetig und rapide.[84] Ihr Bankrott sieben Jahre später wurde vor allem auf eine Ursache zurückgeführt: die mangelnde Fähigkeit, die Zeichen der Zeit zu lesen. Bis zum dem Erlass des *Medical Act* von 1858 waren die dafür weichenstellenden Veränderungen ja bereits in vollem Gange. Englischer Utilitarismus und damit verbundener Fortschrittsglauben fanden Eingang in die Medizin, die ja immer neue naturwissenschaftliche Erkenntnisse in ihre Wissenschaft einließ; Entdeckungen vom Kontinent und dem Königreich veränderten das Bild von Mensch und Welt drastisch. Grundlegende Texte der Neurologie und Pathologie wurden für die Abonnenten veröffentlicht und übersetzt, von Ärzten wie Moritz Romberg (1795–1873), Karl (Freiherr) von Rokitansky (1804–1878) und Guillaume Dupuytren (1777–1835). Der Anteil solcher Publikationen blieb aber gering.[85] Die Veröffentlichung lateinischer und griechischer Übersetzungstexte erschien hingegen als „deliberate archaism",[86] umso mehr, als die meisten Ärzte nur nach einer Ausbildung den Beruf praktizierten; bei Weitem nicht alle schlossen ein Universitätsstudium mit verpflichtender lateinischer Lektüreübung ab.[87] Der Anteil antiker Texte war mit über 50% schlicht zu groß. Ein ebenfalls kleiner Anteil der Texte behandelte zwar wissenschaftliche Grundlagen, folgte aber auch nicht der Nachfrage nach medizinischem *know-how*.[88] Für Fachliteratur konnte der englische Arzt zudem nur schwerlich Bibliotheken aufsuchen. Diese waren rar, der gelehrte Arzt konnte zwar auf seine privaten Sammlungen zurückgreifen, doch diesen Luxus teilten wenige.[89] Für die wenigen verfügbaren medizinische Fachzeitschriften zahlte man hohe Preise. Ebensowenig waren die neuen Entdeckungen von sofortiger anwendbarer Relevanz: Was halfen Meilensteine der mikroskopischen Pathologie, wenn kein Mikroskop zur Verfügung stand? Hinzu kamen personelle Konflikte. Die nicht erfolgte Anpassung der Titel an die Bedürfnisse der Leserschaft setzten der Society damit 1857 ein erstes Ende, bevor bereits ein Jahr später eine langlebigere Re-Etablierung erfolgte (s.o.). Die zu spät gekommenen Interventionen bei der Erstellung der Ausgaben richteten daran nicht nur nichts aus, sondern schadeten auch den Editionen selbst.

---

84 Vgl. Ober, S. 300 f.

85 Ober, S. 297.

86 Ober, S. 302.

87 „Latin and Greek were still the core of the curriculum in grammar and public schools, and all holders of a university degree surely had a ‚reading knowledge' of at least Latin. But a considerable proportion, probably a majority, of the men practising medicine and surgery in Great Britain had been trained either by apprenticeship or as apothecaries [...].", s. Ober, S. 302.

88 Für diese Einteilung und Anteilsangaben s. Ober, S. 301 f.

89 „Medical libraries were few and far between, and medical journals were far from numerous. Most Sydenham Society subscribers were practitioners, but only one-fourth of the Society's books served their most pressing needs.", s. Ober, S. 301.

Greenhill nämlich wurde beispielsweise von den Redakteuren gebeten, eine englische Übersetzung des Traktats von Rhazes (Abū Bakr Muḥammad ibn Zakariyyā ar-Rāzī, 865–925) über die Pocken und die Masern anzufertigen.[90] Er führt die Aufgabe korrekt aus, erneut beweist er seine Fähigkeiten im Umgang mit Handschriften, Überlieferungszusammenhängen und der arabischen Sprache. Die Übersetzungsgrundlage waren arabische Handschriften, zur Hilfe nahm er eine lateinische und griechische Fassung.[91] In der Durchführung ist jedoch spürbar, wie Greenhill von einer philologisch exakten Ausführung Abstand halten musste.[92] Es fehlt, was beim Theophilos noch getan wurde: eine Kollation, ein ausführlicher Kommentar, Lesarten etc. Im Vorwort schreibt er selbst, zwischen den Zeilen leicht enttäuscht:

> [...] there are many passages that appear to be corrupt in the original text, and many also in which the sense is doubtful; in most of which the aid of a second MS. would probably have been very valuable and satisfactory. Several of these have been specified in the Notes, but several have also been passed over in silence; *as such point would probably be uninteresting to the greater part of the subscribers to the Sydenham Society*, for whom the work is more immediately intended.[93]

Die Sydenham Society hatte also, so kann man vielleicht sagen, weniger hohe Ansprüche als Greenhill an seine eigene Arbeit. Ihr Niedergang zeugt von der weitaus weniger akademisierten und institutionalisierten Medizingeschichtsschreibung im Vereinigten Königreich – und zeigt, dass der Auftraggeber großen Einfluss auf Methodik und Umsetzung einer Edition hat.

Nicht anders verhielt sich dies bei dem schottischen Arzt Francis Adams, der aus ganz anderen Motiven einige Werke mehr für die Gesellschaft anfertigte als Greenhill. Seine Arbeiten und Übersetzungen erstellte er dabei bereits einige Jahre früher. Sie sind geprägt vom Einfluss der Society und weisen dennoch einen gänzlich anderen Schwerpunkt auf: Mit Adams kommt nun ein Bearbeiter in den Blick, der die in Deutschland beobachtete ‚medizinische Medizingeschichte' wortwörtlich umsetzt. Adams übersetzt bzw. ediert antike Ärzte als seine Gesprächspartner und greift damit auf ein Motiv zurück, das bei Kühn durchaus zugegen war: die Anknüpfung an ein nahtloses Traditionsgefüge. Seine Intention, einen ‚modernen' Paulos zum Gebrauch

90 Greenhill, W. A.: Treatise on the small-pox and measles. London 1847.

91 Zu den Überlieferungsverhältnissen sagt er, dass der Text über das Syrische in griechische Form kam, und zwar durch die Übersetzung von Johannes Zacharias Aktouarios, wie eine Pariser Handschrift (Nr. 2228) bezeugen will (s. https://pinakes.irht.cnrs.fr/notices/cote/51857/, zul. abg. am 02.11.2022). Obwohl Greenhill mehrere Handschriften der griechischen Version privat vorlagen, hat er keinen neuen arabischen Text hergestellt, s. Greenhill (1847), S. 4 f. Für solche Überlieferungsstränge nach Byzanz vgl. Bouras-Vallianatos (2020) u. Ders. (2021).

92 Dass er wohl trotzdem seine Freude an der Erstellung hatte, zeigt das griechisch abgefasste zweite Vorwort, wo er einiges versteckt, z.B. seine religiöse Haltung. Sehr hilfreich sind außerdem die Indices mit arabischem, englischem und lateinischem Glossar der Pflanzennamen.

93 Greenhill (1847), S. V f. (Hervorhebung d. Verf.).

für Ärzte seiner Zeit zu erstellen und mit eigenem klinischen Wissen anzureichern, gleicht damit in gewisser Weise auch der des Paulos und auch der Alexanders von Tralleis. Diese Herangehensweise realisiert sich dann auch deutlich in der Umsetzung seiner Werke, die mehr als alle anderen bisher betrachteten mit der Biographie des Autors verwoben sind.

4.2 Francis Adams (1796–1861)

Adams gilt als der berühmteste schottische Medizinhistoriker des 19. Jahrhunderts. Er wurde als Sohn eines Gärtners in Lumphanan on Deeside bei Aberdeen geboren, ein Ort, den er zeitlebens nicht wirklich verlassen sollte.[94] Nach eher geringer grundständiger Bildung in der örtlichen Parish School und der Aberdeen Grammar School erhielt er ein Stipendium für ein Studium in Aberdeen. Hier liegen die Anfänge seines Interesses für antike Medizingeschichte. Bereits in sehr jungen Jahren faszinierten ihn die antiken, v.a. griechischen Autoren so sehr, dass er bis zu siebzehn Stunden am Tag mit der Lektüre von Vergil und Horaz zubrachte.[95] Von Bedeutung war seine Bekanntschaft in Aberdeen mit George Kerr (1771–1826), einem praktischen Arzt, dessen an antiker Literatur reiche Bibliothek Adams nach dessen Tod zu günstigen Preisen erstand.[96] Das Meiste brachte er sich jedoch autodidaktisch bei, gleichfalls Kenntnisse der arabischen Sprache. Nach kurzen Aufenthalten in Edinburgh und London zu Studienzwecken kehrte er wieder nach Banchory, seine Heimat, zurück. Er heiratete, aus der Ehe gingen sechs Kinder hervor, die er nach dem frühen Tod seiner

94 Biographisch vgl. Payne, J. F.: „Adams, Francis“, in: Dictionary of National Biography, vol. 1, 1885–1900. Für eine beinah rührende Biographie eines enthusiastischen Adams-Forschers mit vielen Anekdoten zum lokalen Leben und Charakter Adams' s. Singer, C.: A great country doctor: Francis Adams of Banchory (1796–1861), in: Bulletin of the History of Medicine, 12/1 (1942), S. 1–17. Beispielsweise ist sein Nachname einer, den er sich selbst nachträglich gab gemäß dem Vornamen des Vaters. S.a. dort für eine Bibliographie. S. außerdem Verney, R. E.: Biographical Sketch of Francis Adams of Banchory, an after dinner address delivered to members of the association at Raemoir House Hotel, Banchory, 7 July 1954. Bereitgestellt wurde dieser Artikel freundlicherweise von Mr Jan Smith von den „Museums and Special Collections“ der University of Aberdeen, genauso die Photographie von Adams auf Abb. 2.

95 So Adams in einer späteren autobiographischen Notiz, wo es auch heißt: „My ambition was always to combine extensive knowledge of my profession with extensive erudition.“, s. Singer, S. 3.

96 Diese wurde versteigert, s. Ross, W.: Catalogue of an Extensive and Valuable Collection of Books, in the Various Branches of Science and Literature; Including Many Rare Editions of the Classics; Works in Surgery, Medicine, &c. &c. Being the Library of Mr. George Kerr, Surgeon in Aberdeen. To Be Sold, by Auction, in Virtue of a Warrant from the Magistrates of Aberdeen in Mr. Ross's Sale-Room, Upper-Kirkgate, on Monday, the 16th April Current, at 12 O'clock Noon; and Will Continue, Every Lawful Day, at the Same Hour, Until the Whole Are Sold Off. Catalogues May Be Had at the Sale-Room; and of Mr. Wyllie, Bookseller, Union Street; and Mr. Gordon, Bookseller, Upperkirkgate. Aberdeen: Printed by D. Chalmers and Co., Adelphi Court, Union Street, 1821.

Frau allein aufzog. Nach seiner Niederlassung und dem Aufbau einer eigenen Praxis dauerte es noch einige Jahre bis zu seiner ernstlichen Hinwendung zu klassischen Studien. Mit zunächst verhaltenen Publikationen über lateinische Syntax[97] ging er, laut eigener Aussagen, ab Ende 1827 daran, den Paulos von Ägina zu übersetzen. Das Vorhaben brauchte lediglich siebzehn Monate, bis er es 1827 fertigstelle; es war, wie schon oft beobachtet (vgl. v.a. Puschmann), ein Durchbruchswerk für Adams: Später ging die Sydenham Society mit weiteren Projektaufträgen auf ihn zu und die Universität von Glasgow bedachte ihn mit einem Ehrendoktortitel.

Adams' Arbeiten ist aber immer vor dem Hintergrund zu bedenken, dass er zeitlebens praktizierender Arzt war. Nie beschäftigte er sich ausschließlich mit Medizingeschichte, Gesuche und Rufe der Universität in Aberdeen lehnte er ab, nie verließ er seinen abseits gelegenen Ort mit der von ihm geführten hauptsächlich gynäkologisch-geburtshilflichen Praxis.[98] Vornehmlich klinische Schriften zeugen von seiner umfangreichen medizinisch-praktischen Fähigkeit.[99] In mehrfacher Hinsicht ähnelt seine Situation daher der des Paulos von Ägina, dessen Buch über die Gynäkologie und Geburtshilfe besonders berühmt und verbreitet war. Nicht zuletzt schließt Adams inhaltlich an Paulos an, wenn letzterer in seinem eigenen Vorwort schreibt, er habe sein Kompendium für Ärzte auf Reisen verfasst, die oftmals unter Zeitdruck fernab von Fachliteratur praktizierten. Francis Adams ist damit, so könnte man sagen, ein ‚moderner Paulos'.

4.2.1 „The Seven Books of Paulos Ægineta" (1844–1847)

Die Veröffentlichung der Paulos-Ausgabe begann mit einem ersten Anlauf 1834 bei dem damals berühmtesten schottischen Buchhändler, Adam Black (1784–1874), in London. Verlegerische Fehler ließen nur den ersten Band erscheinen,[100] sodass erst zehn Jahre später (1844) alle drei Bände bei der Sydenham Society erschienen. Für diese ‚zweite Auflage' hatte Adams weiteres Material einzuflechten vorbereitet, das den Kommentar um neuzeitliche Autoren noch erweitern sollte. Auf Anraten der

97 Adams, F.: Hermes Philologus. London 1826. Für die Hintergründe der Publikation und die spärliche, aber stete Beschäftigung Adams' mit historischen Themen vgl. Singer, S. 4 f.

98 Adams war bei der örtlichen Bevölkerung hochgeachtet. Dass er das Dorf zugunsten höherer Posten nie verließ wurde ihm als ehrenhafter Verdienst angerechnet, vgl. Verney, S. 8. Nicht zuletzt erwähnt Sir William Osler, der international wohl bekannteste Mediziner gegen Ende des 19. Jahrhunderts, lobend Adams' gelehrte Tätigkeit: „‚[...] an incentive to every one of us to make better use of our precious time.'", s. Verney, S. 2.

99 So z.B. Adams, F.: On the construction of the human placenta. Aberdeen 1858.

100 „Owing to the failure of his printer, only one volume appeared.", s. Singer, S. 6.

Society fand dieses keinen Eingang in die neue Ausgabe.[101] Ein Textvergleich zeigt, dass Adams die Übersetzung erneut am griechischen Text durchging und Fehler ausbesserte.[102]

Für die nun folgende Untersuchung wurde die Ausgabe von 1844 benutzt. Sie geht den Fragen nach: Wie schlug sich Adams' Hintergrund als praktischer Arzt in der Durchführung seiner Edition(en) nieder? Wie verhält sich Adams zu Fragen der Textfeststellung? Welche Grundlagen zog er zur Erstellung dieser Ausgabe heran? Was waren seine Ziele und damit Schwerpunkte? Deutlich wird dabei, dass Adams Paulos-Ausgaben die Zeichnung seiner praktischen Beschäftigung tragen: Der Fokus ist ein durchweg klinischer, was vor allem der ausführliche Kommentar zeigt. Adams wollte eigentlich eine Gesamtschau des antiken Medizinwissens erstellen, die er entlang der Paulos-Bücher vornahm.

Die sieben Bücher des Paulos zerfallen auf die Bände 1–3 wie folgt: Band 1 enthält die Bücher 1–3; Band 2 die Bücher 4–6; das siebte Buch über die *Materia medica* ist dem dritten Band vorbehalten, der auch Indices beifügt. Der Untertitel ist aufschlussreich:

> [...] with a commentary embracing a complete view of the knowledge possessed by the Greeks, Romans, and Arabians on all subjects connected with medicine and surgery.[103]

Die Edition soll nicht nur einen Text zugänglich machen, sondern hat einen umfangreicheren Anspruch: den Arzt mit dem gesamten Wissen der ‚Alten' vertraut zu machen. Die Bände sind je knapp 700 Seiten stark, der zweite umfasst ca. 550. Auf „Advertisement" folgen „Preface" und dann der Text. Das Eingangszitat stammt von Seneca, den Adams wie gesagt selbst mehrmals gelesen hatte:

> Multum egerunt qui ante nos fuerunt, sed non peregerunt. Suspiciendi tamen sunt, et rita Deorum colendi.—Viel haben die getan, die vor uns waren, aber nicht vollendet. Sie sind dennoch zu bewundern, und wie Götter zu verehren.[104]

In allen Bänden ist der Satz schlicht und gut leserlich. Majuskeln und Kapitälchen kennzeichnen neue Abschnitte. Auf jedes Kapitel bei Paulos folgt der *Commentary*

---

101 Singer, der beide Ausgaben verglich, hielt das für eine „weise Entscheidung", s. Singer, S. 7. Auch der leserliche Aspekt des Kommentars ist bei der späteren Ausgabe besser: Der Kommentar folgt jeweils dem Fließtext des entsprechenden Übersetzungstexts, wohingegen in der Ausgabe Blacks der Kommentare am Ende des Buches nachgeschlagen werden muss – eine prinzipielle Verbesserung der Handhabbarkeit, aber Verschlechterung in der Lesbarkeit des Originaltexts.

102 Schon die ersten Kapitel legen dies offen, s. z.B. Adams (1844), S. 18, im Kap. XIV über das Heranwachsen der Kinder, die nicht mehr mit zehn, sondern, wie die griechischen Fassungen einheitlichen bezeugen, mit zwölf Jahren menschenfreundlichen Lehrern anvertraut werden sollen.

103 Adams (1844), S. III.

104 Adams (1844), S. IV.

von Adams, oftmals länger als der eigentliche Text. Bei Seitenwechseln wird ein „Comm." oben beigefügt, sodass stets ersichtlich bleibt, wer schreibt. Es gibt keinen Fußapparat. Im Kopf finden sich Seitenzahl, Kapitelangabe mit römischen Zahlen und englischer Kapitelname. Hierbei wird der Inhalt oft verschlagwortet: Aus „How to correct the bad qualities of milk" wird „Milk" (s. Bd. I, S. 7), manchmal werden mehrere Kapitel zu einem Schlagwort vereinheitlicht (z.B. bei „The Uterus"). Sind Unterpunkte aufzählender Art im Kommentar, wird Kursivschrift verwendet und so gegliedert – beispielsweise bei Nägeln (S. 683), wo verwandte Probleme bei anderen Autoren besprochen werden: „*For bruised nails,* Aëtius strongly recommends [...] *For bloody nails,* Nonnus recommends [...] *For pterygia,*[105] Celsus [...] makes mention of [...]". Gegliederte und kenntlich gemachte Kommentare wie diese wie auch die sonstige Strukturierung weisen auf eine intendierte klinische Benutzbarkeit hin.

Was schreibt Adams in den *Vorworten* selbst über seine Absichten? Im ersten „Advertisement" dankt er W. A. Greenhill[106] und Sir William Hamilton of Edinburgh (1788–1856)[107] für deren Unterstützung bei der Vorbereitung. Nationale Interessen scheinen eine Rolle zu spielen bei der Veröffentlichung.[108] Interessant ist die Erwähnung Heckers, dessen Beachtung bei der ersten Ausgabe von 1834 schmerzlich vermisst wurde.[109] Bei der Ausräumung zweier Einwände[110] offenbart er, wie er mit antiken Autoren, Referenzen und damit rezensionsgeschichtlichen Fragen umgeht.

---

105 Pterygium bezeichnet „flügel"-artige Ausbreitung einer Hautbrücke durch die Nagelmatrix, vgl. Altmeyer, P.: „Pterygium unguis dorsalis (L60.8)", in: Altmeyers Enzyklopädie online, abrufbar unter https://www.altmeyers.org/de/dermatologie/pterygium-unguis-dorsalis-3377, zul. abg. am 02.11.2022.

106 Adams nennt ihn im preliminary discourse der Hippokrates-Ausgabe (s.u.) einen „much esteemed friend and countryman—the first, the last, the only, scholar (I lament to say) which England has produced in this department of ancient criticism [...]", s. Adams (1849), S. 45.

107 Dieser war der neunte Baronet (1788–1856) von Nova Scotia, schottischer Philosoph und Professor an der Universität Edinburgh.

108 Da die mediterranen Völker ihre eigenen Vorfahren nicht mehr herausgeben könnten, soll der englische Beitrag zur Medizingeschichte in Europa mit dieser Ausgabe unterstrichen werden, so Adams (1844), S. VI f. Die etwas despektierliche Beschreibung tut der Tatsache keinen Abbruch, dass es westeuropäische Gelehrte waren, die diese Art von Editionsarbeit zunächst tätigten.

109 Adams spricht von Justus Hecker (1795–1850), der bedeutende Berliner Medizin- und Seuchenhistoriker. Eine Rezension aus deutschem Sprachraum von Moritz Ernst Adolph Naumann (1798–1871), der in Bonn Vorlesungen über Medizingeschichte hielt und 1828 eine „Geschichte der Heilkunde" herausgab, meint: „Unbegreiflich ist es, wie ihm die gediegenen Untersuchungen von Hecker entgehen konnten.", s. Naumann, M. E. A.: The medical works of Paulus Aegineta. Vol. I by Francis Adams (Rezension), in: Rheinisches Museum für Philologie, 4. Jg. (1836), S. 149–152. Allerdings scheint Naumanns Kritik nicht an allen Stellen gerechtfertigt: Adams kannte durchaus Choulants „Handbuch", wenn er daraus die beiden griechischen Ausgaben des Paulos zitiert. Naumanns „Geschichte der Heilkunde" war im Verbund mit Choulants „Handbuch" Standardwerk medizinhistorische Forschung „nach Quellen".

110 Dem zweiten – er gebe keinen Index zu den Arzneimitteln dazu – wird mit einer Ankündigung eines dritten Bandes begegnet, wo er einen solchen nachliefern würde, was er auch tat.

Weil er nach der ersten Auflage 1834 nun (1844) um genauere Angabe der antiken parallelen Textstellen gebeten wurde, schreibt er:

> But to remedy the omission, after the work was completed on its present plan, would have been a task of immense labour to me, *without bringing a correspondent advantage to my readers*.[111]

Sogar die Nachschlagemöglichkeit von antiken Autoren ist für ihn zweitrangig, er beteuert im Folgenden seine eigene Genauigkeit. Sein Kompendium würde als Informationsquelle über die antiken Autoren genügen.

Das „Preface" dann ist dasselbe wie in der Ausgabe von 1834 und enthält eine allgemeine Begründung des Vorhabens: Ohne Kunde der antiken Medizin würde der Arzt vergeblich arbeiten; wie solle er in einem einzelnen Leben mehrere tausend Jahre Erfahrung und Wissenschaft nachholen? Das Studium der Vorgänger ermögliche ihm eben dies. Adams' ausgegebenes Ziel sei es daher zunächst gewesen, einen Gesamtüberblick des antiken Medizinwissens zum Gebrauch zu geben,[112] er habe sogar zuerst eine Monographie darüber verfassen wollen.[113] Das Kompendium des Paulos habe er dann als passende Vorlage gefunden, worin er Ausgelassenes ergänzen und Neues hinzufügen wolle.[114] Paulos solle ihm sozusagen ein *Leitfaden* durch das gesamte medizinische Wissen sein. Aus seinen Aussagen im Vorwort zum dritten Band (s.u.) geht hervor, dass er ursprünglich sogar plante, die parallelen Stellen und Ergänzungen anderer Autoren bis in die Neuzeit hinein nachzuverfolgen.[115]

Man kann Adams dann gut verstehen, wenn man ihn als ärztlichen Kollegen von Paulos sieht, denn beide rezipieren inhaltlich orientiert Texte anderer Ärzte. Adams geht den Weg des Mediziners, der die Texte ganz und gar vom Inhalt her aufschlüsselt, direkt mit ihnen ‚dialogisiert' und damit ein ärztliches Gespräch über die Zeiten führt, in das er auch seinen Kollegen als Leser einbeziehen möchte. Wiewohl bei den ‚Vorläufern' im deutschsprachigen Raum wie Kühn, Choulant und Ideler, durchaus inhaltliche Fragestellungen die Textredaktion mitbestimmen, findet sich hier ein

---

111 Adams (1844), S. VIII (Hervorhebung d. Verf.).

112 Sein Ziel war ein „full and accurate account of the theoretical and practical knowledge possessed by the Greeks, Romans, and Arabians, on matters connected with medicine and surgery.", s. Adams (1844), S. IX.

113 „At first it was my intention to accomplish this purpose in form of an original work, but [...] I at last resolved upon taking for my text-book the celebrated synopsis of Paulus Ægineta [...].", s. Adams (1844), S. IX f.

114 „By following this correct and faithful guide, by supplying his omissions and enlarging his plan, when necessary, from the copious works of his predecessors, and by adding, in all cases, the improvements of subsequent ages, down to the latest of ancient literature, I am in hopes that I have been able to present the reader with a work from [...] more than fifteen centuries.", s. Adams (1844), S. X.

115 S. Adams (1847), S. V: „[...] by the advice of the Council of the Sydenham Society, I had restricted the history which I gave of professional opinions on the various subjects [...] to what is properly called the period of ancient literature [...]."

durchweg anderer Fokus, der Textfragen schlicht umgeht. Diese Intention Adams' hat sich in der Umsetzung ‚rein' niedergeschlagen, so weit, dass Adams selbst den Inhalt des Paulos-Kompendiums rezipiert; man könnte gar sagen: Er *ist* selbst ein Paulos-Kompilator.

Auf die *Überlieferungssituation* der Texte des Paulos von Ägina wurde bereits weiter oben eingegangen.[116] Zu Zeiten Adams' waren, gerade im abgelegenen Schottland, die verfügbaren Manuskripte weit entfernt. Die Ausgaben der griechischen Fassungen oder lateinischen Übersetzungen aus dem 16. Jahrhundert waren diejenigen, mit denen man operierte, die Ausgabe des sechsten Buches von Briau[117] war noch nicht erschienen. Derlei Fragen nach *Textgrundlagen* interessierten Adams ohnehin wenig. Nach einem Datierungsversuch geht er zwar kurz auf die ihm bekannten Quellen ein: Er kennt die lateinische Cornarius-Ausgabe von 1556 sowie die beiden griechischen Ausgaben (Basel 1538 und die venezianische „Aldina" 1528).[118] Allerdings bleibt durchweg unklar, welche Textgrundlage er nun tatsächlich für seine Übersetzung benutzt. Zwar besaß er aus der Bibliothek Kerrs die Werke Paulos' in einer lateinischen Übersetzung des Janus Cornarius.[119] Aus dem Kommentar[120], der fehlenden Angabe auch nur einzelner Lesarten, dem methodischen Desinteresse für Manuskripte und nicht zuletzt der lokalen Gebundenheit Adams' darf man aber wohl schlussfolgern, dass er selbst keine einzige Handschrift eingesehen oder zurate gezogen hat. Denkbar scheint vielmehr, dass er eine eigene ‚Kollation' der beiden griechischen Ausgaben als Übersetzungsgrundlage hergenommen hat.

Genauso ist die Situation des Paulos als Kompilator anderer antiker Autoren trotz Adams' umfassender Kenntnis derselben kein Schwerpunkt der Ausgabe. Die *Rezensio* der Texte wird nur beiläufig erwähnt, immer wieder setzt er einen erklären-

116 S. bei Berendes, 3.3.4.

117 Briau (1855).

118 S. Adams (1844), S. XVI. Für die gemeinten Ausgaben s. wiederum oben bei Berendes, 3.3.4. Eine von Adams erwähnte arabische Edition findet sich entgegen seiner Angabe bei Choulant nicht aufgelistet: „There once existed an Arabic edition by Honain, or Joannitus, (see Choulant, Handb. der Bücherkunde für die Aeltere Medicin,) but of it I know nothing.", s. Adams (1844), S. XVI.

119 Enthalten in dem Folioband des Henricus Stephanus (Henri Estienne): Medicae artis principes, post Hippocratem et Galenum. Genf 1567. Die darin enthaltene lateinische Übersetzung der Paulos-Werke ist die von Janus Cornarius, die dieser 1556 angefertigt hatte: Pauli Aeginetae totius rei medicae libri VII, ad profectionem parati, et brevi summa omnem artem complectentes. Per Ianum Cornarium medicum Physicum Latina lingua conscripti. Iani Cornarii medici physici, Dolabellarum in Paulum Aeginetam medicum libri VII. Basel, Johannes Herwagen Vater und Sohn/Johannes Herwagen junior, 1556. Die Übersetzungen von Albanus Torinus bzw. Winter von Andernach hatte Cornarius zu verbessern gesucht, vgl. https://ub.unibas.ch/cmsdata/spezialkataloge/gg/higg0357.html, zul. abg. am 02.11.2022.

120 „[...] which, however, after a careful examination, I have not found to be so trustworthy as I expected to find it.", s. Adams (1844), S. XVI. Daraus geht hervor, dass er die englische Übersetzung wohl auf Grundlage einer griechischen Ausgabe angefertigt hatte.

den Satz an den Anfang des Kommentars, wenn der Abschnitt aus der Feder eines Anderen stammt, z.B. „This Section is taken from Oribasius. (Synops., v, 5)".[121] Systematisches Vorgehen ist dabei nicht zu erkennen. Derlei ungenaue Angaben wurden ihm wie gesagt vorgehalten. Vorstellbar ist, dass Adams die ihm aus der Bibliothek Kerrs übernommenen und zur Verfügung stehenden Titel schlicht nachschlug und die entsprechenden Stellen angab.[122] Daher kommen Autoren, die in seiner Sammlung nicht enthalten sind, überhaupt nicht vor, bspw. fehlt weitgehend Alexander von Tralleis.[123] Die vorkommenden Autoren sind:

- *Griechische Schriftsteller:* Aëtios, Oreibasios, Dioskurides, Alexander Aphrodisias, Soranus, (Pseudo-)Dioskurides, Hippokrates, Theophilos, Psellos, Aristoteles;
- *Lateinische Schriftsteller:* Galenus, Plinius; aber auch Horaz, Thukydides und andere nicht-medizinische Autoren (Sueton, Aelianus, Lampridius u.A.);
- *Arabische Schriftsteller:* Avicenna, Syrasis, Haly Abbas, Rhases, Moschius und Alsarahavius.

Adams kennt aber auch frühneuzeitliche Autoren, z.B. Lodovicus Mercatus (1532–1611)[124], einen spanischen Gynäkologen. Auffällig ist auch die vergleichsweise hohe

---

121 Adams (1844),, S. 8.

122 Das legt der Katalog der zu versteigernden Bibliothek nahe, der in der Universitätsbibliothek von Aberdeen unter der Sigle „L.Aa.A3.Kay, Catalogue of the Library of Mr. George Kerr, surgeon in Aberdeen (Aberdeen 1821)" zu finden ist. Eine Einsicht in den Katalog, die freundlicherweise von Mr Jan Smith ermöglicht wurde, bestätigt, dass Adams viele Titel der antiken Ärzte aus Kerrs Bibliothek erworben haben könnte. Es finden sich auch die verwendeten lateinischen Schriftsteller sowie moderne medizinische Titel wie bspw. LeClercs „Histoire de la Medicine" oder einige Pharmakopöen. Freilich schließt diese Liste nicht aus, dass Adams noch anderweitig Bücher für seine private Sammlung hätte erwerben können.

123 Das stellte schon fest Naumann, S. 149. Gleichwohl kennt Adams den Alexander, er erwähnt ihn z.B. bei der Ernährung mit Meerestieren, s. Adams (1844), S. 171. Die entsprechende Ausgabe aus der Kerr'schen Bibliothek wäre aufgrund der Oktavformats und Erscheinungsort bzw. -jahr mit der lateinischen Übersetzung Andernachs von 1556 zu identifizieren: Alexandri Tralliani Medici libri duodecim, Graeci et Latini, multo quam antea auctiores et integriores: Ioanne Guinterio Andernaco interprete et emendatore. Adiectae sunt per eundem variae exemplarium lectionis Observationes, cum Iacobi Goupyli Castigationibus. Basel 1556. Die darin befindliche Einleitung findet sich deutsch paraphrasiert unter https://ub.unibas.ch/cmsdata/spezialkataloge/gg/higg0360.html, zul. abg. am 02.11.2022.

124 Adams (1844), S. 630. Gemeint ist wohl der hier latinisierte, aber aus Spanien stammende Luis de Mercado (1525?–1611), der ein Buch über Gynäkologie verfasste: De mulierum affectionibus libri quatuor. Venedig 1602. Er wurde von Sprengel als „Hl. Thomas [von Aquin] der Medizin bezeichnet (s. López Piñero, J. M.: „Mercado, Luis (1525–1611)", abrufbar unter http://www.mcnbiografias.com/app-bio/do/show?key=mercado-luis, zul. abg. am 02.11.2022) und ist wahrscheinlich auf dem Gemälde El Grecos „Retrato de un médico" abgebildet: s. https://www.museodelprado.es/en/the-collection/art-work/portrait-of-a-doctor/1ab1b55c-ea98-4907-a34d-bd9132942dea, zul. abg. am 02.11.2022.

Anzahl nichtmedizinischer Autoren. Adams erstellt mit ihnen allen seinen Leitfaden durch das medizinische Wissen seiner Zeit.

An die *Übersetzung* hatte Adams daher weniger Ansprüche als an seine eigenen Kommentare. Sie liegt zwar sehr nah am griechischen Text, wirkt aber aber, wie Adams häufiger vorgehalten wurde,[125] recht steif. Manche Wendungen werden ungenau und umständlich wiedergegeben: Weißweine (οἶνοι κιρροὶ) werden mit „wines which are yellow" übersetzt.[126] Wo Berendes (s.o.) immerhin noch erkannte, dass es sich um „hellgelbe" Weine, also Weißweine, handelte, und nach Heiberg manche Lesarten sogar λευκοὶ – weiße – hergeben, geht bei Adams o.g. Wendung durch. Auch andernorts ist die Übersetzung nicht ganz treffend. Die Gewandtheit und sprachliche Treffsicherheit eines Philologen besitzt Adams nicht, gerade weil ihm seine eigene Sprache nicht völlig flüssig von der Hand zu gehen scheint.

Im *Commentary* nun kommt Adams' ursprüngliche Motivation zur Geltung. Sein gesammeltes antikes Medizin-Wissen wird hier zum je besprochenen Thema ausgebreitet. Die Darstellung ist recht unsystematisch und folgt nicht einer chronologischen oder inhaltlichen Reihenfolge, sondern liest sich wie eine freie kommentierende Aufzählung paralleler Textstellen. Insgesamt kommen hierin vor: (i) Unmengen an Querverweise und Parallelstellen, (ii) eigene Meinungen bzgl. Personen, auch über zeitgenössische,[127] (iii) weitere Ausführungen zu Ärzten, deren Lebensdaten etc., (iv) Erklärungen medizinischer Art zum Verständnis des Gesagten[128], (v) Erklärungen der Begriffsdifferenzierung und -entwicklung der griechischen bzw. lateinischen Vokabeln (Fachterminologie),[129] (vi) Einordnung in moderne Systeme[130] (vii) selten Beurteilungen des medizinischen Inhalts[131]. An manchen Stellen werden Therapie und

125 „At his best he always seemed more at home on the classical tongues than in his own [...]", s. Singer, S. 4.

126 Adams (1844), S. 1.

127 „We shall here notice what Dr. Bateman says respecting this division of herpes: [...] This is evidently an incorrect account [...]", s. Adams (1846), S. 64. Thomas Bateman (1778–1821) war ein Pionier der Dermatologie, der das moderne Klassifikations- und Benennungssystem von Robert Willan (1757–1812) fortführte und verbesserte; vgl. den Eintrag „Bateman, Thomas" in: Payne, Dictionary of National Biography, vol. 3 (1885–1900).

128 S. z.B. Adams (1846), S. 58, wo erläutert wird, wie der Sitz der Nerven bei Paulos verstanden wurde.

129 Bspw. Adams (1844), S. 3.

130 Bspw. Adams (1844), S. 622, wo er Ante- und Retroflexio des Uterus erkennt und als solche benennt; oder die Benutzung moderner Wörter wie „management" für den Umgang mit Schwangeren, s. Adams (1844), S. 4.

131 „His [Alsaharavius'] treatment [...] contains nothing remarkable", s. Adams (1846), S. 65; oder „From what we have stated, it will be seen that the ancient pyhsicians did not approve of the cold regimen, absurdly proposed by certain modern philosophers [...]", s. Adams (1844), S. 10 (Hervorhebung d. Verf.). Antike Autoren, die etwas Interessantes zur Ergänzung geschrieben haben, flicht er ein, beurteilt ihre Leistung, und verknüpft sie mit aktuellen Therapieformen.

Diagnose anderer Autoren weiter ausgeführt, meist, um einen Vergleich anzustellen. Adams macht auf Widersprüchlichkeiten aufmerksam, wenn vorhanden, und versucht sie teils auszuräumen. Ausgelassenes, das Paulos nicht anführt, aber trotzdem relevant erscheint, wird anhand von anderen Autoren ergänzt.[132] Am ausführlichsten ist der *Commentary* bei Adams' eigenem Spezialgebiet, der Gynäkologie und Geburtshilfe. Dennoch sind seine Ausführungen nicht dahingehend gerichtet, eine definitive Therapieform oder -verständnis ausfindig zu machen. Er überlässt viel Urteil auch dem Leser. Es findet sich keine nosologische Gliederung nach Diagnose, Therapie, Prognose etc. Er erstellt den Kommentar eher auf der Grundlage seiner eigenen Einschätzungsfähigkeit, da er dort weglässt oder hinzufügt, wo es ihm sinnvoll erscheint und wo Paulos seiner Meinung nach zu kurz greift. Adams' Kommentare sollen dabei den fachkundigen ärztlichen Leser durch die Zeit leiten.

Besonders der dritte Band nimmt aufgrund seines pharmakologischen Inhalts sowohl innerhalb des Werks von Paulos als auch dann bei Adams eine besondere Stellung ein. Adams bedenkt ihn mit einem eigenen Vorwort. Er begründet das veränderte Vorgehen, das darin besteht, die *Materia medica* mit Anmerkungen botanischer, mineralogischer und pharmakologischer Art zu versehen,[133] um eine Benutzung auch dieses Teils gewährleisten zu können.[134] So entsteht eine Art ausführliches Register. Die neuzeitlichen Autoren, die dafür hinzugezogen werden, sind Matthiolus, Dodonæus, Harduin, Stackhouse, Schneider, Sprengel und Sibthorp.[135] Für Beratung dankt er wiederum Jonathan Pereira; das griechische Schlusszitat setzt er vor sein Kürzel.[136]

Der *Commentary* setzt dieses auf Praxis zielende Vorhaben dann auch für die Phytopharmaka um: Auf jede Arznei folgt schon im Übersetzungstext die lateinische und englische Vokabel, bevor im Kommentar eventuelle Klärungen bzgl. der Pflanze gegeben werden. Hierbei benutzt Adams verschiedene botanische Klassifikationssysteme und Autorenkürzel, z.B. „L." für Linné, aber auch „Lour." für Loureiro.[137] Wieder werden andere Autoren als Zeugen hergenommen, diesmal auch moderne, teils unspezifizierte wie „English herbalists". Wenn nötig, fügt Adams längere erklärende

---

132 So z.B. beim Kapitel „Cough": „This would appear to be the most proper place for giving from Aëtius some account of two affections of infancy, which our author has omitted to describe.", s. Adams (1844), S. 12 (Hervorhebung d. Verf.).

133 Für genauere Auskunft zu den etymologischen Ergebnissen Adams' verweist Payne auf den von Adams verfassten Appendix in „Dunbar's ‚Greek Lexicon'".

134 „In order, therefore, to render the information contained in this and the preceding volumes of ready access for practical purposes, it appeared to me necessary to bring down the annotations to modern times, [...]", s. Adams (1847), S. V.

135 Alle diese waren berühmte Botaniker, z.B. der Italiener Pietro Andrea Mattioli (1500?–1577) oder sein englischer Fachkollege John Sibthorp (1758–1796).

136 „τοιόν δ' ἀπέβη τόδε πρᾶγμα,"–„So gebe ich dieses Werk heraus, F.A.", s. Adams (1847), S. VI.

137 João de Loureiro (1717–1791) war ein portugiesischer Botaniker und Missionar.

Essays ein, so z.B. zur Natur der Antidote.[138] Das Bemühen um Anknüpfungsmöglichkeiten ist besonders augenfällig bei dem Kommentar zu „Weights and Measures“,[139] wo er mithilfe englischer medizinischer Autoritäten, die das Thema zuvor behandelt hatten, Umrechnungen angibt. Englische Maßeinheiten sind Ziel der Umrechnung, also *gallons* und *pints*.

Der abschließende *General Index* fasst alle vorkommenden Begriffe zusammen, ein ziemlich unübliches Verfahren. Es kommen englische, lateinische Begriffe (ohne botanische Bezeichnung) und Eigennamen vor. Die Schlagworte reichen von Arzneien und anderen Therapeutika wie z.B. Glas oder Tiere, über Krankheiten, Symptome und Körperteile bis zu operativen Vorgehen („circumcision, description of the operation“). Oft werden die Lemmata noch spezifiziert, um Abgrenzungen durchzuführen.[140] So beschaffen ist der Index zwar geballt und unspezifisch, dafür aber ausführlich, sensitiv und aussagestark. Ein solches Nachschlagekompendium ist, das merkt auch der heutige Leser, um ein vielfaches praktischer als das von Berendes, der ja dreierlei Register der Pflanzennamen erstellt hatte (griechisch, lateinisch, deutsch). Ein solches pharmakologisches bzw. pharmakognostisches Register gibt Adams nicht, und er braucht es auch nicht. Sein Fokus ist nicht die Pharmakologie, deretwegen Berendes den Paulos in Angriff genommen hatte, sondern der ‚Paulos'sche Leitfaden‘, mit dem Adams seinen Kollegen eine Zusammenschau des gesamten medizinischen Wissens verschaffen wollte.

Adams' Umgang mit dem antiken Wissen war einer, der anknüpft, eingliedert, bewertet, anwendet; nicht etwa darstellt, ordnet, klassifiziert.[141] Seine Paulos-Fassung sollte den Lesern damit also schon zur praktischen Lektüre dienen; Hindernisse bei der Umsetzung, unvollständige Auswahl und aufkommende neue Erkenntnisse lassen aber daran zweifeln, inwieweit seine Kollegen einen Paulos von Ägina bei der Behandlung tatsächlich zurate gezogen haben. Die Publikation durch die Sydenham Society zeigte ein Interesse an den ‚alten Größen‘, wenngleich die Aneignung dieses Wissens Wenigen vorbehalten blieb, die sich die Ausgaben leisten konnte. Somit passt die Ausgabe wiederum in das Bild der lesenden Ärzteschaft in Großbritannien.

138 S. Adams (1847), S. 252 ff.

139 Adams (1847), S. 611 ff.

140 So z.B. „honey, its uses as an article of food, i, 178; its uses in medicine, iii, 246“, s. Adams (1847), S. 639.

141 Verdeutlich wird dies mit dem Sprechen durch andere, antike Autoren, so z.B. anhand der langen Einführung zu den Simplizia bei Aëtios, den er einführt mit den Worten: „[...] we shall give that of Aëtius entire, and confine our annotations almost solely to it in the present instance:“, s. Adams (1847), S. 5.

Adams selbst jedenfalls dürfte ob der ihm erwiesenen Ehrungen und dem Selbstbeweis seiner *erudition* recht zufrieden gewesen sein.[142]

Adams erreicht sein eigens gesetztes Ziel, eine benutzbare Übersicht der Alten zu geben, trotz allem nicht uneingeschränkt. Zu unvollständig ist die Autorenauswahl, zu unsystematische die Darstellung, zu wenig anleitend die Auflistung. Es scheint mehr eine Adams-spezifische Zusammenschau seines Wissens zu sein, das er in den ihm zur Verfügung stehenden Büchern gefunden hatte und mit seinem Praxiswissen nach Bedarf ergänzte. Womöglich hat er die ihn interessierenden Fragestellungen auch ausführlicher als andere behandelt. Dabei haben die Beschränkungen, die ihm von der Society auferlegt wurden, sein Unterfangen wahrscheinlich erheblich beschnitten, da eine Anknüpfung des Stoffes an modernes Medizinwissen ungleich nützlicher gewesen wäre. In der Black-Ausgabe von 1834 finden sich Anklänge an diese Vorgehensweise, viel häufiger werden dort Einschätzungen zum zeitgenössischen Therapieprocede gegeben, lebende ärztliche Kollegen verschont er nicht von Kritik. So aber musste Adams – und sein Werk – im Altertum verweilen.

Die Ausgabe des schottischen Arztes war trotz aller Defizite prägend für die englische Medizingeschichtsschreibung. Die Übersetzung des Paulos wurde als „definitive" bezeichnet,[143] und der begeisterte Adams-Anhänger Singer schreibt: „It is the best and most useful work of its kind in the English language and one of the best in any language."[144] Es wurde jedenfalls zu einem Standardwerk der englischen Medizinliteratur, das auch Kobert und Berendes kannten. W. A. Greenhill verschenkte Adams' Ausgaben häufiger an deutsche Kollegen.[145] Textlich blieb freilich vieles zu wünschen übrig.[146] Medizinische wie auch textkritische Stimmen fielen verhaltener aus, gerade in der auf Quellenarbeit so aufmerksamen deutschen Szene. Adams seien, so das Urteil des Medizinprofessors und -historikers Moritz Naumann (1798–1871), gravierende Unterlassungen in der Autorenauswahl unterlaufen, wichtige Parallelstellen seien vergessen worden. Die Leserschaft der Sydenham Society fand durch die Arbeit Adams' aber sicherlich weit mehr Zugang zu diesen Schriften als dies ohne seine Arbeit der Fall gewesen wäre; möglicherweise gefiel auch der Stil der „essayistisch" genannten Einleitungen und Kommentare.[147] Diese Schreib-Art baute Adams in seinem nächsten Werk, das ihm vonseiten der Society angetragen wurde, noch aus.

---

142 Adams hatte zu Beginn seines ‚medizinhistorischen' Arbeitens diese Anforderung an sich ausdrücklich gestellt, s. Singer, S. 3.

143 Vgl. Ober, S. 298.

144 S. Singer, S. 6.

145 S. Korrespondenz im Anhang (1878).

146 S. dazu auch Gourevitch, D.: Le Paul d'Egine de Francis Adams. Bonne ou mauvaise affaire?, in: I testi medici greci. Tradizione e ecdotica (= Collectanea, Napoli 1999), S. 227–240.

147 Im „Annual Report" der Sydenham Society von 1845 wurden die ersten Bände sehr gelobt.

4.2.2 „The Genuine Works of Hippocrates" (1849)

Adams' Beschäftigung mit antiken Medizinern ging über Paulos von Ägina hinaus. In einer vielrezipierten Hippokrates-Ausgabe verschaffte er der englischen Leserschaft Zugriff auf den inzwischen europaweit schon lang mythisierten koïschen Autor. Sehr deutlich wird hierbei einmal mehr, wie die Intentionen der Auftraggeber die Umsetzung der Edition beeinflusst haben.

Die Herausgabe der gesammelten Werke des Hippokrates geschah auf eine Anfrage der Redakteure der Sydenham Society. Diese bedeutende Neuerung wirft auch ein Licht auf die Situation der Society: Sie wusste um Adams Fleiß und beauftragte ihn womöglich aufgrund einer raschen Umsetzungsmöglichkeit mit dem monumentalen Projekt einer Hippokrates-Übersetzung. Eine solche in der eigenen Nationalsprache zu besitzen war für den Ärztestand jeder europäischen Nation ausgegebenes *finis gloriae*, gerade, wo die in der Wissenschaft vorherrschende Sprache, das Lateinische, immer mehr in den Hintergrund trat. Der Zugriff auf die Texte musste über vorherige lateinische oder griechische Ausgaben geschehen, und hier standen die englischen Ärzte vor einem ähnlichen Problem, wie es bereits bei Kühn (s.o.) besprochen wurde. Solche Ausgaben waren rar, und es gab vor Adams keine englische Übersetzungen von Hippokrates (und Galen). Er sollte also eine lesbare Ausgabe besorgen. Dies erschien als ein umso dringenderes Bedürfnis, da in Frankreich Émile Littré gegen Ende der 1840er Jahre mit seiner eminenten Hippokrates-Ausgabe bereits weit fortgeschritten war (s.o.) und auch für Deutschland mit der Übersetzung Johann Friedrich Karl Grimms (1737–1821) und den Arbeiten Kühns Einiges in Gange gekommen war.

Im *Vorwort* legt Adams selbst Rechenschaft für die vielen möglichen Einwände ab. Nachdem er hatte einsehen müssen, dass eine reine Übersetzung nicht ausreichen würde, habe er sich entschlossen, dem Vorbild Littrés folgend einführende Erläuterungen zu jeder Schrift zu verfassen. Die Wortwahl ist bezeichnend:

> The design then of the present Work is to give a translation of all the genuine remains of the Great Hippocrates along with such an amount of illustration as may be sufficient to render them intelligible to any well-educated member of the profession at the present day. It was understood indeed when I first engaged in this undertaking that I was merely to give a faithful translation of the original; but I soon became satisfied that a considerable amount of illustration, in the form of Annotations, Arguments, and so forth, would be indispensable to the general utility of such a publication.[148]

Adams konnte nicht ‚aus seiner Haut': Zugänglichkeit, Verständlichkeit und auch Nutzbarkeit sind Ziele der Arbeit – was auch darauf hinweist, dass einem Großteil

148 Adams, F.: The Genuine Works of Hippocrates. Sydenham Society, 2 Bde., London 1849, hier Bd. 1, S. V (Hervorhebungen d. Verf.).

der Leser die hippokratischen Ansätze weit entrückt und praxisfern geworden sein müssen, damit solche Begründungen notwendig wurden. Dies ist auch seine hauptsächliche Erwiderung auf mögliche Einwände: Gerade die professionelle Einschätzung lohne eine Bearbeitung seinerseits.[149] Er weist außerdem darauf hin, dass er von vielen fachlich versierteren Kollegen Unterstützung erhalten habe, allen voran *dem* Hippokrates-Editor Littré, aber auch F. Z. Ermerins aus den Niederlanden.[150] Adams geht hier vorsichtiger vor, ihm sind die Anforderungen wohl bewusst. Setzte er demnach die Aufgabe entsprechend um, wie würde er mit den vielen bei hippokratischen Schriften unumgänglichen textologischen Fragen umgehen?

Die beiden Bände werden von einem *preliminary discourse* über 154 Seiten eingeleitet, der an Puschmanns Einführung zu Alexander von Tralleis erinnert. Hierin wird ein kurzer Abriss der griechischen Medizingeschichte und Biographie des Autors, Fragen zur Echtheit hippokratischer Schriften und eine Betrachtung des physiko-philosophischen Hintergrunds der antiken Ärzteschulen und der Elementelehre vorausgeschickt. Den Texten geht je ein „Argument", das sehr der Art Littrés ähnelt, voraus. Manchmal rundet ein weiteres Essay ein hippokratisches Buch ab.[151] Dann folgt die Übersetzung der jeweiligen hippokratischen Schrift. Band 1 enthält drei, Band 2 fünf Tafeln mit Beschreibungen. Ein allgemeiner Index schließt das Werk ab. Die Machart soll dem Lesen dienen, dazu ist die Schriftart geeignet. Im Kopf wird ersichtlich, ob man sich im „Argument" oder dem eigentlichen Text befindet. Der Fußnotenteil, der manchmal recht voll wird, ist nicht immer gut vom Haupttext abgesetzt (keine Trennstriche). Die Kapiteleinteilung wird anhand von Majuskeln ersichtlich. Hilfreich ist ein Inhaltsverzeichnis zu Beginn jedes Bandes.

Die Fragen nach den *textlichen Grundlagen* der hippokratischen Schriften gehören, wie gesagt, wohl zu den kompliziertesten der medizinhistorischen Philologie. Man verlegte sich daher bald auf die vorsichtigere Ernfassung der Schriften im *Corpus Hippocraticum*. Zu den weiteren Grundlagen soll nicht viel mehr gesagt sein[152]

---

149 „[...] and I have reason perhaps to apprehend, that I have thereby exposed myself to the strictures of a certain class of critics, who have formed to themselves a very different ideal of the duties of a translator, fancying that he ought merely to concern himself with the words of the original author, and not venture to sit in judgment on the doctrines.", s. Adams (1849), S. VII.

150 „It is proper, however, to acknowledge that I gave derived great assistance from M. Littré's excellent edition [...]. On all occasions I have freely availed myself of his labours, more especially in amending the text [...].", s. Adams (1849), S. VI u. insb. S. VII f. In der Übersetzung wird Adams, wie unten gezeigt wird, die Ausbesserungen von Littré übernehmen.

151 Bspw. ein „Appendix to the book of Prognostics", s. Adams (1849), S. 257 ff.

152 S.o bei Littré, vgl. aktuell hierzu auch Lammel, H.-U.: Hippokratische Schriften (Corpus Hippocraticum), in: Hagner, M. (Hrsg.): Kindler Kompakt Klassiker der Naturwissenschaften. Stuttgart 2016, S. 43 f.; ausführlicher Golder, W.: Hippokrates und das Corpus Hippocraticum: eine Einführung für Philologen und Mediziner. Würzburg 2007; oder Craik, E.: The ‚Hippocratic' Corpus. Content and Context. London 2015.

– aber die Herangehensweise, die Adams wählt, entspricht doch sehr dem Bild des Landarztes, das bisher von ihm gezeichnet worden ist.

Zunächst also: Adams macht keinerlei Versuche einer Feststellung des griechischen Texts. Von Handschriften hält er sich gänzlich fern, er versetzt sich wider ganz auf die inhaltlichen Fragen. Über die Textgrundlage seiner Übersetzung legt Adams keine Rechenschaft ab, man kann vermuten, dass Littrés Ausgabe, soweit erschienen, seine Übersetzungsgrundlage darstellte.[153] Er bemerkt, dass er bei zweifelhaften Stellen die anderen Ausgaben von Foësius, Van der Linden und Kühn konsultierte,[154] wie auch weitere Editionen einzelner Schriften. Die Methodik läuft damit auf eine ‚meta-kritische' hinaus, wo Adams lediglich einzelne Fassungen vergleicht, ohne auf die zugrundeliegenden Handschriften zurückzugreifen.

Die Frage nach der Authentizität der hippokratischen Schriften handelt Adams derweil im „Preliminary Discourse" ab. Er stützt sich bei der Diskussion um die einzelnen Schriften allermeistens auf andere Autoritäten[155] und legt deren Positionen dar. Selbst an den Manuskripten tätig wird Adams nirgends. Die einleitenden „Arguments" enthalten darum weniger philologische Überlegungen, sondern eine Diskussion des Inhalts: wie ist die Schrift entstanden, wie gegliedert, was wird beschrieben, wie ist das Gesagte zu verstehen, welche anderen Autoren haben bereits dazu geschrieben. Adams unterhält sich hier mehr oder weniger mit Littré (und Hippokrates). Diese essayistischen „Arguments" knüpfen deutlich stärkere Bezüge zur modernen Medizin als dies noch bei der Paulos-Ausgabe der Fall war. Adams möchte mit jeder Frage, jeder Schrift sozusagen *zur (medizinischen) Wirklichkeit* eines Sachverhaltes vordringen und dazu alle verfügbaren Blickwinkel berücksichtigen:

> I trust [...] it will not be supposed that I incline to stand up for ancient modes of practice, because they are old, or to condemn modern methods because they are new [...].[156]

Jeden ärztlichen Autor schätzt Adams ein und bewertet ihn hinsichtlich seiner medizinischen Originalität.[157] Er stellt seine eigene Erfahrung ins Spielfeld der Möglich-

---

153 „It is proper, however, to acknowledge that I have derived great assistance from M. Littré's excellent edition, of which the parts already published embrace all the treatises here given, with the exception of the last four.", s. Adams (1849), Bd. 1, S. VII.

154 „I have also not neglected to consult all the other standard editions, especially those of Foës, Van der Linden, and Kühn, [...].", s. Adams (1849), S. VII. Zu den beiden zuerst genannten Gelehrten s.o. bei Littré.

155 Vorrangig dienen ihm Littré, den er oft zitiert, Kühn und die Editoren der älteren Ausgaben als solche.

156 Adams (1849), Bd. 1, S. 281.

157 Ein Beispiel ist die Einleitung zu dem „Regimen in acute diseases": „Before quitting this subject, I would beg leave to make a few remarks on some points of medical practice which are here treated of, and which appear to me to be either overlooked, or not satisfactorily determined at the present day; and also upon some modern innovations on the practice of the ancients.", s. Adams (1849), S. 279.

keiten und legt die Lage der aktuellen Therapieformen dar. Adams beweist sich hier als ärztlicher Autor, der eine damals gängige, eklektizistische Richtung verfolgt und damit dem medizinischen Nutzen seiner Patienten verpflichtet bleibt. Das Konzept der Paulos-Edition wendet er hier erneut an, die Rezeption antiker Autoren ist für ihn gängiges Mittel zur Findung der Wahrheit des Sachverhalts. Leitendes Element sind die *Inhalte* der jeweiligen hippokratischen Texte.

Die *Übersetzung* selbst ist wiederum recht kantig und ungeschliffen. Viel häufiger als noch bei Paulos erläutert er zwar in den Fußnoten Unklarheiten bzgl. des Verständnisses oder terminologischer Art. Adams ist dabei zwar sichtlich geübter im Umgang mit Texten, immer wieder finden sich semikritische Angaben, die er aber meist von Vorgängern übernimmt, schlicht wiedergibt und nicht selbst löst.[158] Selten finden sich z.B. Angaben zu von Adams als wichtig befundenen Lesarten, die einen eindeutigen Verständnisunterschied machen würden: „infants are subject to attacks of convulsions and asthma, which they consider to be connected with infancy."[159] Ersetzte man das Wort für „infancy"–παιδίον mit der von „Coray"[160] überlieferten Version θεῖον, ergibt sich der Sinn: „Kinder sind anfällig für konvulsive Attacken und Asthma, die sie als mit *dem Göttlichen* verbunden ansahen." Solche Bemerkungen bleiben durch das Werk hin selten, sind bei Weitem nicht systematisch oder in eigener Durchsicht erarbeitet. Meist folgt Adams den Autoritäten auf dem Gebiet, v.a. Littré.

Adams erscheint damit als Autor, der mittels einer absichtlich nicht philologischen Bearbeitung des Textes einen englischen Hippokrates herstellen wollte. Dies gelang ihm, indem er möglichst wenig auf derlei Fragestellungen einging – er umgeht sie regelrecht –, sondern auf ‚seine' Weise kommentierte, einordnete und, ganz klassisch-ärztlich, zu den *Sachverhalten* durchdringen wollte. Die so entstandene Ausgabe erreichte damit eine englische Leserschaft, die nun ‚ihren' Hippokrates besaß.

Die recht verhaltenen Stimmen in England begrüßten das Erscheinen. Noch über 100 Jahre später nennt man die Übersetzung die „most readable and accurate" für Hippokrates.[161] Adams ungelenker Stil hinderte diese Einschätzungen nicht. Dennoch war das Echo vergleichsweise gering: Das Mediziner-Blatt „The Lancet" äußerte sich, außer der Bekanntgabe der Sydenham Society, nicht in Form einer Diskussion oder

---

Nach einem langen Galen-Zitat geht er auf die momentane Situation der Akutbehandlung ein, genauer auf die Frage nach der Behandlung von Pleuritiden (Lungenfellentzündungen). Vgl. S. 280 ff. für seine persönliche medizinische Einschätzung.

158 Vgl. z.B. Adams (1849), Bd. 1, S. 296 mit Bezügen zu Littré und Foës.

159 Adams (1849), S. 192.

160 Adams meint die Ausgabe von dem berühmten Reformator der griechischen Sprache Adamantios Korais (1748–1833), der sich, seinerseits Arzt, um die Bearbeitung von Hippokrates-Texten sehr verdient gemacht hatte, vgl. Bywater, I.: A Bio-Bibliographical Note on Coray, in: The Journal of Hellenic Studies, vol. 1 (1880), S. 305–307.

161 Ober, S. 298.

Rezension. Nicht zu vergessen ist, dass Adams kurz zuvor erst die Übersetzung des Paulos abgeschlossen (Juni 1847), um bereits im Januar 1849 die gesamte Übersetzung der hippokratischen Werke zu vollenden – ein beachtliches Arbeitstempo, das bei der Beurteilung berücksichtigt werden muss.
Seine Übersetzung wirkt nicht zuletzt wie der übereilte Versuch, einen ‚englischen Hippokrates' herzustellen, ohne auf philologische, kritische oder medizinische Einzelfragen eingehen zu müssen. Die wenigen Anklänge an Probleme solcher Art sind unvollständig und wiederholen bereits Gesagtes. Dabei wurde aber gerade auch offenbar, wie sehr manche dieser Fragen notwendig sind bei der Lektüre gerade dieser antiken Texte, mindestens bei der Textfeststellung – welche Schriften gelten nun als „hippokratisch"? Diese Umstände verleiteten Adams immerhin zu dem „Preliminary discourse" und den einzelnen „Arguments". Diese enthalten die Prägung eines Arztes, den die medizinische Wirklichkeit interessiert, auf der Suche nach der besten Medizin; der aber gleichzeitig die textlichen Ansprüche an eine solche Edition meist gravierend vermissen lässt und damit manchen inhaltlichen Abstrich auch in Kauf nehmen musste. Die Arbeit baut sehr stark auf denen seiner Kollegen auf, die sich bereits intensiver mit Hippokrates und dessen Schriften auseinandergesetzt haben. Ihnen steht er skeptisch gegenüber, man könnte ihn als Fortschrittsskeptiker bezeichnen, der über den kritischen, sehr ‚deutschen' Umgang mit den antiken Texten selbst sagt:

> It is impossible not to admire the learning, the ingenuity, and the love of truth which these critics [⟨...⟩ [Germany's] Wolfs, Lachmans, [...] Asts and Schliermachers ⟨sic!⟩][162] display, but surely the sober judgement of other scholars, not infected with the same spirit of innovation, will pause before acquiescing in the justness of a verdict which would deprive so many immortal performances of the *prestige* with which they have so long been regarded.[163]

Ob er sein ausgegebenes Ziel erreichen konnte, so einen lesbaren Hippokrates zugänglich zu machen, aus dem man ärztlich methodisch und auch inhaltlich mehr oder zumindest ebenso reich schöpfen konnte, wie es mit einer kritischen Edition der Fall gewesen wäre – das ist die Frage, die in Abschnitt 5 ansatzhaft diskutiert werden wird: Wäre Adams, wären Ärzte mit besseren Textgrundlagen weiter gekommen?

Adams eigener erster und einziger Versuch einer kritischen Edition indessen ist die Ausgabe der Sydenham Society des Aretaios von Kappadokien. Die Verschränkung der Interessen der Leserschaft, der Redaktion und Adams selbst haben diese höchst eigenwillige Ausgabe produziert, die die ‚Methode Adams' infrage stellen sollte.

---

162 Gemeint sind wohl Friedrich August Wolf (1759–1824), Karl Lachmann (1793–1851), Friedrich Ast (1778–1841) und Friedrich Schleiermacher (1768–1834), allesamt berühmte deutsche Altphilologen zu Adams' Zeit, die Begründer der kritischen Editionsphilologie.

163 Adams (1849), Bd. 1, S. 36.

4.2.3 „The Extant Works of Aretæus, the Cappadocian" (1856)

„Edited and translated by Francis Adams, LL.D."[164] lautet der Untertitel der Ausgabe der Sydenham Society.[165] Sie trat 1854 mit dem Anspruch an Adams heran, mit diesem Band eine echt philologische Edition aufgrund kritischer Sichtung der Textgrundlagen herauszugeben.[166] Dieser entsprach dem Auftrag, wie üblich, rasch, sodass bereits 1856 der Band erscheinen konnte. Es war dies zu einer Zeit, da Aretaios eine europaweite Rezeption erfuhr: Die kritische Fassung von Ermerins war 1847 in Utrecht erschienen, Kühn hatte Aretaios' Schriften 1828 in seiner Reihe „Omnia opera" in Band 24 ediert, englische Übersetzungen von John Moffat[167] und T. F. Reynolds[168] waren erschienen, aber vergriffen oder unvollständig,[169] in Deutschland gab Alexius Mann kurz danach eine Übersetzung heraus.[170] In Frankreich hatte Renaud 1834 eine teilweise Übersetzung angefertigt.[171] Diese Werke waren aber schwer verfügbar und, wiederum, dem gemeinen englischen Leser nicht gut zugänglich.[172] Die erste Sydenham Society, schon wegen sinkender Leserzahlen in Existenznot geraten, versuchte darum zweierlei: Zum einen sollte die Publikation nicht mehr in ausführlichen, die Druckkosten steigernden Kommentaren glänzen, und zum Anderen sollte die Ausgabe die Professionalität, die *erudition* englischer Medizingeschichte aufzeigen. Die quellenkritische Richtung, die von den deutschen Kollegen par excellence vorgemacht wurde, sollte zum *state of the art* auch für die britischen Mediziner werden. Diese Aufgabe ging schon aufgrund ihrer beinah unvereinbaren Ausgangspole fehl.

Es handelt sich um eine Ausgabe, die grundsätzlich wie die vorherigen imponiert. Der Satz ist gut leserlich, der insgesamt kursiv gesetzte griechische Text bereitet

---

164 LL.D. bedeutet „Legum Doctor" und bezieht sich auf Adams' Ehrendoktortitel in Glasgow.

165 Adams, F.: The Extant Works of Aretaeus, the Cappadocian. London 1856.

166 Vgl. das „Advertisement": „The Council of the Sydenham Society, [...] having consulted me respecting a purposed Edition of Aretæus, I felt too much honoured by the compliment, to hesitate about meeting their views, [...]", s. Adams (1856), S. III.

167 Moffat, J.: Aretaeus: Consisting of Eight Books on the Causes, Symptoms, and Cure of Acute and Chronic Diseases. London 1785.

168 Reynolds, F. T.: Of the causes and signs of acute and chronic disease. London 1837. Dieser stellte seinerseits fest, dass die Ausgabe von Moffat vergriffen sei (S. III), und schickte sich darum an, vier der acht Bücher erneut zu übersetzen, da diese ja auch teilweise Inhalt medizinischer Prüfungen seien. Er übersetzte auf der Textgrundlage Kühns (S. IV).

169 So sagt Adams selbst, s. Adams (1856), S. XVIII.

170 S.o. unter 2.1.

171 Renaud, M. L.: Arétée (de Cappadoce). Traité des signes, des causes et de la cure des maladies aigües et chroniques. Paris 1834.

172 „[Previous editions] are so scarce and so expensive, that few medical libraries in the country possess a copy of any of them. To supply this desideratum, therefore, was surely an object highly deserving the attention of a Society like the Sydenham, which was professedly formed for such purposes.", s. Adams (1856), S. III.

noch am ehesten Schwierigkeiten. Ansonsten ist der ca. 500 Seiten fassende Band gelungen gemacht und, nicht zu vernachlässigen, in handlichem Format gebunden gewesen. Nach dem „Advertisement" mit methodologischer Begründung gibt Adams ein „Preface" mit den relevanten Auskünften zur Einordnung des Aretaios (§1) und den Textgrundlagen (§2). Dann folgt zuerst der griechische Text, der mit Fußnoten versehen ist, danach der englische ohne weitere Anmerkungen. Am Ende gibt er einen „Index" bei, der wiederum unspezifisch alle Arten von Schlagworten aufführt. Die Society hatte aus den wenig beliebten, zu umfangreichen und ‚unbrauchbaren' Ausgaben lernen wollen und Adams gebeten, alle inhaltlichen Kommentare wegzulassen, wie man dem *Vorwort* entnehmen kann. Nur relevante – man muss später fragen, was das Kriterium für Relevanz ist – philologische Anmerkungen würde man in den Fußnoten finden. Dies erstreckte sich auch auf den Index, der sich nur auf die englische Übersetzung bezieht, nicht also griechische Stichworte anführt. Adams dankt diesmal v.a. einem befreundeten Professor für Gräzistik, William Duguid Geddes (1828–1900).[173] Es ist dies sein bis dahin erster Versuch von Textkritik, und er ist sich der Anforderungen durchaus bewusst:

> Whether, indeed, my Edition may meet the requirements of the present age, remains to be seen; but, at all events, I feel conscious of having spared no pains to render it so.[174]

Ist Adams seinem Selbstanspruch gerecht geworden? Als Textgrundlagen halten erneut viel mehr die vorherigen Editionen als die Handschriften her. Er widmet einen größeren Abschnitt der Besprechung der Fassungen: Ihm sind die lateinischen Erstausgaben von Junius Paulus Crassus (1552) und die griechischen von Jacques Goupyl (1554) sowie die folgenden Fassungen von Georg Henisch (1603) bekannt, ebenso die für die englische Medizingeschichte bedeutsame von John Wigan (1723), die Boerhaaves von 1735[175] mit den wertvollen Kommentaren des Pariser Arztes Pierre Petit[176] und schließlich die rezenteren Ausgaben Kühns (1828) und, ganz neu, Ermerins' kritische Edition von 1847. Alle bespricht er, benennt Schwachstellen und Stärken. Seine eigene Arbeit nennt er „edition" und gründet sie aber auf einen Vergleich aller existierenden Fassungen und – das ist neu für Adams – eine Kollation mit drei englischen Handschriften. Hatte Ermerins noch zehn ihm bekannte Handschriften und die früheren

173 Dieser war zu der Zeit Gräzist an der Aberdeen Grammar School, später dann Professor für Gräzistik an der dortigen Universität. Er verfasste auch die lateinische Grabinschrift Adams', vgl. die Übersetzung bei Verney, S. 8: „In the memory of Francis Adams M.D., L.L.D., of all physicians whom Scotland has produced most familiar with the treasures of literature and with the resources of science, long on this retired vale, far from Court and University, a true votary of Apollo, he devoted himself faithfully to Medicine and the Muses."

174 Adams (1856), S. V.

175 Zuerst erschienen 1731; s. für all die genannten Ausgaben bei Choulant (1841), S. 84 ff.

176 Vgl. oben unter 2.1.

Ausgaben zur Hand genommen,[177] legt Adams seiner Ausgabe allerdings lediglich drei englische zugrunde.[178] Damit ist seine Handschriftenbasis sehr dünn.[179] Größeres Augenmerk liegt hingegen wiederum auf der Adams-spezifischen Rezensio der ihm bekannten antiken Autoren: Auch in dieser Ausgabe hat er etliche Parallelstellen anderer Autoren herangezogen. Eine Besprechung der eigentlichen Aretaios-Rezensio nimmt er aber nicht vor. Und ein weiteres Manko ist festzuhalten, was einer echt kritischen Edition sonst unzweifelhaft zukäme: eine fehlende Übersicht der veränderten Lesarten, d.h. Auflistung aller *lectiones variantes* i. S. e. kritischen Apparats. Bereits an dieser Stelle entschuldigt Adams die Ermangelung eines solchen. Vier Gründe gibt er dafür an: (i) übermäßige Arbeit zur Erstellung, (ii) Platzgründe der Ausgabe, (iii) keine Entsprechung von Aufwand und Nutzen sowie (iv) andernorts, in früheren Editionen, bereits auffindbare Lesarten.[180] Eine derartige Nutzenabwägung passt zu dem ärztlichen Blickwinkel, den Adams stets einnimmt. Das Fehlen einer rechten Editionsmethodik erweckt hingegen den Eindruck eines durchwachsenen und in Vielem fehlerhaften Editionsversuchs – zumindest aus philologischer Perspektive.

Inwiefern zeigt sich dies nun ganz konkret an der *Umsetzung*? Zuerst: Adams gibt diesmal keine englische Übersetzung neben dem griechischen Text; diese ist ganz an das Ende des Buches verschoben. Ein direkter Vergleich beim Lesen wird daher erschwert. Die Konstitution des griechischen Textes hat er nicht auf Grundlage einer ausführlichen Eigenkollation erhoben, sondern sich stark auf die Ermerins-Ausgabe gestützt. An nicht wenigen Stellen kommt er zu einem inhaltlich von Ermerins deutlich abweichenden Ergebnis. Wo immer sich Unterschiede zu den englischen Hdss. fanden, hat er in einem in Prosa gehaltenen Fußnotenapparat eine Begründung für die von ihm bevorzugte Lesart oder für die Nichtübernahme einer Textänderung gegeben.[181] Eine solche Argumentation in Prosa für oder gegen eine Lesart entspricht

177 Vgl. Ermerins, F. Z.: Aretaei Cappadocis quae supersunt. Utrecht 1847, S. LXVII.

178 Gemeint sind zwei heute in London befindliche Hdss. (https://pinakes.irht.cnrs.fr/notices/cote/39715/ und https://wellcomecollection.org/works/bavqdanq/items, beide zul. abg. am 02.11.2022) und die sich damals wiederum in der Sammlung des Sir Thomas Philipps befindliche Hds., von der auch Puschmann einen Codex erfragte (s. dort).

179 Zu den handschriftlichen Grundlagen der Aretaios-Texte vgl. u.A. Nutton, V., Zipser, B.: MSL 14: A Wellcome Manuscript of a Medical Practitioner, in: Roselli, A. (Hrsg.): Storia della tradizione e edizione dei medici greci. Atti del VI Colloquio internazionale, Paris 12–14 aprile 2008 (= Collectanea 27, Neapel 2010), S. 259–270); und Cutolo, C: Sulla tradizione manoscritta di Areteo di Cappadocia, in: Galenos 6 (2012), S. 25–47.

180 Er bedient sich hierzu eines Zitats von John Wigan: „Haud facile ex iis, ut opinor, quispiam eruet, quod faciliorem reddet Aretæi lectionem“–„Nicht leicht holt jemand etwas aus ihnen heraus, meine ich, was die Lektüre von Aretaios leichter macht.“, s. Adams (1856), S. XX.

181 Je ein Beispiel möge hierfür genügen: Mit φθόνῳ würde den Jünglingen lt. dem „common reading“ von der Epilepsie die Schönheit geraubt, so Adams (1856), S. 54, also mit Missgunst. Er hat eine Stelle aus Hippokrates' „Aphorismen“ im Sinn, die ihm ähnlich scheint, und die Aretaios hier paraphrasiere. Für ihn ist diese allegorisch-personifizierende Lesart offensichtlicher als die von Ermerins

dem Usus, doch bleibt Adams weit hinter der Ausführlichkeit der Anmerkungen von Ermerins zurück. Die Begründungen für Lesarten oder Verbesserungen sind schwächer, weil weniger von Handschriften gestützt, sondern eher durch Adams' eigene Einschätzung des Sinngehalts.[182] Insgesamt geht er recht vorsichtig vor. Dass Adams allerdings ein des Griechischen mächtiger Übersetzer war, hatte er bereits unter Beweis gestellt. Der englische Text ist, wie vorher schon gesehen, recht umständlich gebaut, aber dafür sehr nah an Sinn und Struktur des griechischen Ausgangstextes. Selten sind Anmerkungen zum Verständnis oder Parallelstellen, v.a. bei Paulos von Ägina, beigegeben. Der Index bezieht sich ausschließlich auf den englischen Text und enthält Schlagworte aller Art: Sachen, Pathologien, Therapien, Arzneien, wiederum oft aufgegliedert in weitere Richtungen, z.B. „Milk, its virtues–useful in affections of the kidneys–in ulceration of the lungs–[...]".[183] Es ist damit eher eine Beigabe für den ärztlichen Leser.

Die Methodik Adams' ist damit im eigentlichen Sinne nicht kritisch – er gibt ja weder einen kritischen Apparatus bei noch einen Kollationsindex, die von ihm herangezogenen Manuskripte benutzt er kaum. Stattdessen liest er Aretaios mit den vorherigen Editoren, auf die er sich stark stützt, und an gegebener Stelle widerspricht er ihnen, um eine ihm sinnvoller erscheinende Lesart einzubauen. Solcherlei Entscheidungen stützen sich auf seine medizinischen Einschätzungen. Damit ist Adams' Aretaios-Ausgabe ein Art ‚Wolf im Schafspelz': Die kritisch anmutende Edition entpuppt sich bei genauerem Hinsehen als ein ‚typischer Adams', der seine ärztliche Lesung

(1847), S. 65, der φθόρῳ bevorzugte, was „Verderbnis" heißt. Ermerins rechtfertigt diese Ersetzung recht ausführlich, mit Verweis auf Petit, der wiederum Plutarch ins Feld führt. Mann (1858), S. 47, lässt die Wendung in seiner deutschen Übersetzung daher übrigens schlicht aus. Ärztlich scheint Adams' Argumentation (φθόρῳ) in der Tat überzeugender, da nur wenige Epilepsieformen im Jugendalter zum Tode führen. Andererseits (φθόνῳ) könnte die Missgunst der Anderen im übertragenen Sinne dem Jüngling die Schönheit rauben: Weil sie neidisch auf seine Schönheit sind, führen sie in einem magischen Epilepsieverständnis den Verlust der Schönheit herbei; vgl. zu letzterem Grimm-Stadelmann (2020), S. 536 ff. Hier scheint das Problem Texttreue vs. Empirie schön auf.—Ein medizinisch-terminologisches Beispiel wären die Bezeichnungen für eine Krankheit, die mit langanhaltendem Fieber, Eiterauswurf und Schweiß einhergeht und „Phtisis" genannt wird. Gegen den von Ermerins gesetzten Alternativnamen φθόη, der diese Entscheidung gegen die Hdss. aus grammatischen Gründen bewusst trifft – vgl. Ermerins (1847), S. 80 f. –, hat Adams πύη adaptiert, s. Adams (1856), S. 66. Er übersetzt entsprechend: „[...] the disease is called Pye and Pthisis.", s. S. 309. Er sieht hier einen weiteren Namen für die Krankheit, und in φθόη den Krankheitszustand. Für die mit allen Begriffen unmissverständlich gemeinte Krankheit, die Schwindsucht (Tuberkulose), wäre das passendere Synonym aber in der Tat: φθόη.

182 Auch hierfür ein Beispiel: Bei der Beschreibung der Symptome der Schwindsucht seien „die Höhlen" oder „Gedärme" (κοιλίαι) runzlig und platt, s. Adams (1856), S. 68, bzw. Ermerins (1847), S. 82. Adams bemerkt, dass die Krankheitsbeschreibung im Kontext das Aussehen der Finger im Auge hat und interpretiert (mit Crassus) richtig, dass die Fingerkuppen gemeint sein müssen: „[...] their pulps are shrivelled and flat, [...]", s. Adams (1856), S. 311.

183 Adams (1856), S. 507.

in die Fußnoten einfließen lässt und so versucht, der Aufgabe seiner Auftraggeber gerecht zu werden.

Die Ausgabe fand auf dem Gebiet der Aretaios-Forschung wenig Anklang. Paulys „Realenzyklopädie der classischen Altertumswissenschaft", wo sonst mit großer Ausführlichkeit Literatur aufgenommen wird, vergaß 1895 die Ausgabe, sodass sie erst nachträglich hinzugefügt wurde.[184] Dem Verfasser des Original-Artikels, Max Wellmann, entging sie.[185] Karl Hude erwähnt in seiner kritischen Edition des Aretäus im CMG die Adams-Ausgabe nicht, die von Ermerins durchaus.[186] Adams immerhin erhielt für die Ausgabe einen zweiten Ehrendoktortitel, diesmal von der Universität Aberdeen, sicherlich auch auf Initiative seines Unterstützers Geddes. Zudem hatte Adams auf den ihm angebotenen Lehrstuhl für Gräzistik verzichtet,[187] sodass der *Dr. h.c.* eine Art freundschaftlichen Ausgleich schaffen sollte.

Es ist eine berechtigte Frage, warum Adams so kurze Zeit nach der für damalige Umstände in Codexkenntnis und Editionsmethodik sehr befriedigenden Version von Ermerins erneut eine kritische Edition erstellen wollte. Eine erneute Übersetzung auf Grundlage ebendieser Fassung hätte sich vermeintlich ebensogut angeboten. Ein Ansinnen der Sydenham Society zur Erstellung eines ‚englischen Aretaios', wie zuvor mit nicht geringem Erfolg ein ‚englischer' Hippokrates ausgegeben wurde, ist denkbar. Adams war für den Auftrag trotz seiner Griechischkenntnisse, Übersetzungsfähigkeit und Kenntnis der antiken Literatur nicht vollumfänglich der richtige. Dafür war der schottische Landmediziner schlichtweg ‚zu sehr Arzt'. Zu denken gibt dabei die Tendenz der Society, in kurzer Zeit solche Ausgaben ‚produzieren' zu wollen – Adams war dahingehend natürlich einer ihrer effizientesten ‚Mitarbeiter'. Es scheint, als ob die Society versuchte, mit Adams eine anschlussfähige Beschäftigung der Nation mit Medizingeschichte zu schaffen – ein Versuch, der fehlging: ein rasch zu erledigendes Werk, ‚mit Gewalt' ausgeführt von dem arbeitsamen Adams, das womöglich einigen Lesern der schrumpfenden Society Gefallen bereitet hat, insgesamt aber bald von der Bildfläche der Gelehrten verschwand.

Francis Adams blieb nichtsdestotrotz der bedeutendste Traduktor antiker medizinischer Schriften in englische Sprache seiner Zeit. Zusammen mit W. A. Greenhill sind diese beiden die einzigen auch mit ausländischen Kollegen in Kontakt stehenden professionalisierten Medizinhistoriker des Vereinigten Königreichs. Professionalisiert, nicht institutionalisiert – eine Etablierung medizingeschichtlicher Forschungsstruk-

184 Nämlich 1903 von Julius Hirschberg, dem bereits genannten Augenarzt, s. Wissowa, G.: Paulys Realencyclopädie der classischen Altertumswissenschaft: Supplement, 1. Heft (Stuttgart 1903), Sp. 125.

185 Wellmann, M.: „Aretaios", in: Realenzyklopädie, Bd. II, 1 (1895), Sp. 669–670.

186 Hude, S. IX–X.

187 S. Singer, S. 8.

turen in Akademik und gar Lehre steht hier noch lange aus. Die Situation Adams' auf dem schottischen Land ist mit entscheidend für seine Arbeitsweise: zunächst darin, mit Paulos einen antiken Leitfaden durch das medizinische Wissen zu geben, schließlich zu seinem Nachteil, wenn er die Hilfe von Bibliotheken für eine kritische Edition des Aretaios gebrauchen könnte. Zeitlebens ein praktizierender Arzt, war ihm die Findung der *wirklichsten* Lesart ein Ziel, nicht unbedingt der ursprünglichen. Dies alles geschah vor dem Hintergrund einer wissenschaftlichen Gesellschaft, die neben vielen intendierten Zielen vor allem augenscheinlich machte, dass die Publikation antiker Texte zur Befriedigung der Lesernachfrage nach aktuellen medizinischen Entdeckungen nicht mehr ausreichte – eine Erkenntnis, an dem das Unternehmen schließlich auch scheiterte.[188]

Die Situation unterschied sich damit stark von der im kontinentalen Frankreich. Andere methodische Hintergründe – ein blühender Positivismus – hatten ein völlig verschiedenes Verhältnis zur philologischen Methode zur Folge. Einer faktizistischen Medizin sollte mit historischen Fakten begegnet werden. Diese Entwicklungen leisteten dort einer Richtung von Medizingeschichtsschreibung Vorschub, die sich neben Littré vor allem in der Person von Charles Daremberg kristallisierte.

4.3 Charles Daremberg (1817–1872)

Mit Charles Daremberg begegnet an dieser Stelle ein Autor, der verschiedene bisher bereits beobachtete Tendenzen auf eigene Weise neu zu verbinden wusste: Einerseits griff er, ganz anders als eben Francis Adams, als zentrales Instrument seiner medizinhistorischen Forschung auf die philologisch-kritische Methode zurück und nahm damit die Entwicklungen in Deutschland vorweg; andererseits sah er sich mit seinen geistesgeschichtlichen und theoretischen Voraussetzungen in deutlichem Kontrast zu deutschen Kollegen, z.B. Puschmann, weil der für Daremberg so prägende Positivismus einen inhaltlich ernsthaften Anschluss an die Tradition erschwerte: Die reinen Texte hatten viel weniger medizinische Relevanz. Seine explizite Hinwendung zum methodischen Positivismus ist wiederum biographisch am besten zu fassen.

Charles Victor Daremberg wuchs bei Dijon in der Bourgogne auf,[189] wo er ein „petit séminaire" besuchte. Solche Schulen bereiten normalerweise auf ein Ordens-

188 Dass eine Fachgesellschaft die persönlichen Interessen und Leistungen eines Einzelgelehrten aufgreift und zu ihren Interessen fördert, war auch bei Julius Berendes der Fall, vgl. oben die Hintergründe der Veröffentlichung zu seinem Hauptwerk „Das Apothekenwesen".

189 Er wurde zunächst ohne Nachnamen geboren. Diese biographische Notiz, wie auch die meisten folgenden bio-bibliographischen Informationen sind entnommen von Gourevitch, D.: Charles Daremberg, His Friend Émile Littré, and Positivist Medical History, in: Huisman (2004), S. 53–73, hier S. 55. Der Artikel basiert allergrößtenteils auf der Biographie von Gourevitch, D.: Charles Victor Daremberg (1817–1872) et une histoire positiviste de la médecine, abrufbar auf der Website der Universität Paris:

leben vor; Daremberg hingegen begann Medizin zu studieren. Nach dem Abschluss des Studiums promovierte er 1841 bereits über ein medizinhistorisches Thema.[190] Er praktizierte nie hauptamtlich Medizin, bestenfalls nebenbei. Zeitgleich wurde er außerdem zum Bibliothekar der französischen Akademie der Medizin ernannt, später auch der „Bibliothèque Mazarine“. Dort hatte er diverse Aufgaben zu erfüllen, von der Katalogisierung bis zur Entscheidung darüber, welche Bücher gebunden werden sollten. Er bereiste früh die Bibliotheken Europas und forschte in Eigenarbeit zu den antiken Ärzten. Damit zeichnet sich das Bild eines viel beschäftigten, meist in Geldsorgen befindlichen Mannes, der zudem eine Familie zu versorgen hatte.

Bereits früh knüpfte Daremberg wegweisende Kontakte, allen voran zu Émile Littré. Ihn wird er später seinen Mentor nennen. Die reziproke Anerkennung und Freundschaft, die die beiden eng, auch philosophisch verband, wurden unter Medizinhistorikern anerkennend aufgegriffen.[191] Weitreichende Bedeutung hatte auch die Bekanntschaft mit Ulco Cats Bussemaker (1810–1865), einem niederländischen Bibliothekar, den Daremberg auf einer Reise nach Berlin – er wollte den Nachlass Dietz' studieren (s.u.) – kennenlernte und nach Paris zog.[192] Für die Planung groß angelegter Sammlungs- und Editionsprojekte nahm er die Hilfe seines geschätzten Freundes W. A. Greenhill in Anspruch, den er auch häufiger besuchte.[193] Bis nach Deutschland reichten seine Verbindungen, z.B. zu Julius Rosenbaum, der 1842 die „Additamenta“ zu Choulants „Handbuch“ herausbrachte,[194] oder Heinrich Haeser.[195] Ein überaus eifriges Sammeltum und die dazu unermüdlich betriebenen Forschungen, gerade unter Zuhilfenahme der Arbeit von Kollegen (lebenden oder verstorbenen), kennzeichnet zusammenfassend das Arbeiten des Medizinhistorikers Daremberg. Diese Vorgehensweise hat ihre Gründe vor allem in einer philosophisch-geistesgeschichtlichen Strö-

---

https://www.biusante.parisdescartes.fr/histoire/medica/presentations/daremberg.php, zul. abg. am 02.11.2022 (= „Gourevitch, hist. pos.“). Hier findet man auch eine sehr ausführliche Bibliographie Darembergs sowie weitere Literatur. Gourevitch ist die führende Forscherin zur französischen Medizingeschichte im 19. Jahrhundert um Littré und besonders Daremberg.

190 Daremberg, Ch.: Exposition des connaissances de Galien sur l'anatomie, la physiologie et la pathologie du système nerveux. Paris 1841.

191 Sigerist, H. E.: Émile Littré über Charles Daremberg, in: Sudhoffs Archiv für Geschichte der Medizin 23 (1930), S. 382–384.

192 Vgl. auch Pagel, Biographisches Lexikon (1901), Sp. 294: „B. hatte Daremberg in Berlin kennen gelernt, wo er den Nachlass von Dietz studierte. B. fand zusammen mit Daremberg eine Anstellung in Paris und starb hier 1865“.

193 S. Gourevitch, hist. pos.

194 Vgl. dazu Kottek, S., Gourevitch, D.: Un correspondant allemand (malchanceux) de Daremberg, Julius Rosenbaum (1807–1874), in: Gourevitch (1995), S. 70–87.

195 S. dazu, mit besonderer Berücksichtigung der eingestellten Korrespondenzen europäischer (Medizin-)Gelehrter um den deutsch-französischen Krieg 1871/1871, Gourevitch, D.: Une catastrophe dans les relations entre les érudits français et allemands: la guerre de 1870. L'exemple de Daremberg et de son ami Haeser, in: Gourevitch (1995), S. 130–152.

mung, die sich in Frankreich zu Lebzeiten Darembergs formte und ausprägte, dem Positivismus.

In der Philosophie ist mit positivistischer Erkenntnis eine Haltung gemeint, die nur nachprüfbares Wissen gelten lässt – oder, anders gesagt, die Faktizität eines Dings als ihr erkenntnisgenerierendes Merkmal schlechthin annimmt. In Frankreich ist der Positivismus eng an den Namen Auguste Comtes geknüpft (s.o.).[196] Wegbereiter für eine Anerkennung des neuen erkenntnistheoretischen Prinzips war die naturwissenschaftliche Forschung gewesen, die das *experimentum*, die Erfahrung, Erprobung zum zentralen Mittel des Wissensgewinns machte. Dies hatte wohl für keine andere Disziplin tiefgreifendere Änderungen zufolge als für die Medizin, die ja bisher narrativ, beobachtend und fallorientiert gearbeitet hatte. Gleichzeitig entstand daher eine eklatante Beunruhigung ob dieser Krise, die immer zugespitzter die Frage formulierte: Wie mit dem Wissen der Alten umgehen, wenn es nicht recht nachprüfbar war? Welchen Stellenwert nimmt es dann neben den ‚neuen', experimentellen Erkenntnissen ein? Was sagt ein Galentext noch inhaltlich aus? Es sind dies Fragen, die im Grunde ja den heutigen Medizinstudenten und Arzt immer noch beschäftigen.[197]

Für die Medizingeschichte jedenfalls, die gerade in Deutschland im ersten Drittel des 19. Jahrhunderts einer philosophischen und zugleich quellenorientierten Richtung folgte,[198] hieß dies Folgendes: Die Quellen mussten ihrerseits als „Fakten" verstanden werden; ihre Inhalte durch philologische Arbeit nachprüfbar sein. Daremberg, der ein vehementer Vertreter dieser Richtung war, brachte die Antwort des Positivismus für die Medizingeschichte folgendermaßen auf den Punkt: „for history, texts; for science, facts."[199] Was die *facta* in den Naturwissenschaften seien, gelte gleichermaßen für die „Fakten" der Geschichtswissenschaft, und dies seien eben die (alten) Texte. Dabei würde eine gegenläufige Beeinflussung stattfinden: Die Interpretation antiker Texte sei zu erhellen durch moderne Erkenntnisse; umgekehrt würde das Verständnis der ‚Alten' zu Vorteilen für heutige Wissenschaft und (ärztliche) Praxis führen.[200] Damit wurde der aktuelle, überprüfbare wissenschaftliche Erkenntnisstand zum Maßstab allen Wissens, auch dem antiken.

Für die Medizingeschichte bedeutete eine solche Utilitarisierung des historischen Wissens eine philologische Herausforderung. ‚Gute Medizingeschichte' bestand

---

196 Richtungsweisend war sein Werk „Cours de philosophie positive", das von 1830–1842 erschien.

197 Diesen Fragen wurde mitunter schon im ersten Kapitel nachgegangen; sie werden auch später in Abschnitt 5 noch einmal kurz Gegenstand der Diskussion sein.

198 Vgl. oben unter 1.2.1 die Werke von Isensee, Choulant, Quitzmann, Hecker, Lessing und Damerow.

199 S. Gourevitch, in: Huisman (2004), S. 53.

200 „That is to say, they believed that the interpretation of such texts must be informed by the discoveries of modern anatomy, physiology, and pathology, but that, at the same time, a good knowledge of ancient medicine should lead to a better understanding of contemporary science.", s. Gourevitch, in: Huisman (2004), S. 64.

demnach eben darin, möglichst viele Text-Fakten an den Tag zu fördern, und sie dann, ärztlich natürlich, der Lektüre zugänglich zu machen – eine Sichtweise, die der Sprengels, aber auch der Sudhoffs sehr ähnelt. Damit wurde eine Zweiteilung der Zuständigkeiten absehbar: Die Bereitstellung der Fakten, der Texte, konnte nun Aufgabe professioneller ‚Textarbeiter' werden – der Philologen. Diese Teilung war keineswegs selbstverständlich oder ubiquitär anerkannt; die positivistische Methodik wurde nicht nur Daremberg vorgeworfen. „Positivistische Einseitigkeit" lautete der Einwand aus Deutschland.[201] Erst bei Sudhoff wurde dann eine erste Entscheidung zugunsten der Koexistenz beider Arbeitsfelder getroffen (s.o.).

Wiederum wurde also die Frage nach einer rechten Methodik Ausgangspunkt für eine Neubewertung des Umgang mit antiken Texten. Sie wurden einerseits zum Kriterium des Wissens schlechthin, eine Überlieferung oder gar rein mündliche Tradition ist hier ausgeschlossen, und mussten als solche genauer erforscht und erschlossen werden. Andererseits konnte dies nur geschehen, wenn man sie aus zeitgenössischer Perspektive betrachtet und auch bewertet. Beides kam der ärztlichen Gesinnung einigermaßen entgegen: philologische Fragen ernst zu nehmen, gleichzeitig aber eine inhaltliche Einschätzung vornehmen zu können. Dieser Ansatz des Umgangs mit den Texten schlug sich besonders in den Arbeiten Darembergs nieder.

Daremberg nämlich, in seinem Selbstverständnis als Positivist, eignete sich im Laufe seines Lebens enorme Handschriftenkenntnisse an, weil sie eben der Schlüssel zur ‚richtigen' Medizingeschichtsschreibung waren. Es ist dies der plausibelste Grund für seine anspruchsvollen, umfangreichen Konzeptionen, jede für sich reich an Arbeit und Aufwand. Meist waren sie nicht realistisch von einem Gelehrten, kaum mehreren, selten in einer Lebensspanne durchzuführen. Mit Greenhill beabsichtigte er beispielsweise, bei der Erstellung von Lexikonartikeln zusammenzuarbeiten.[202] Ihn zog er auch zu Hilfe, als die Sydenham Society eine von Daremberg vorgeschlagene und von Greenhill bereits begonnene Übersetzung und Ergänzung des „Handbuchs" von

201 Dieser war ein von Julius Petersen (1840–1912) geäußerter Vorwurf, dem sich einige deutsche Medizinhistoriker, u.A. Puschmann, anschlossen, vgl. Kümmel, in: Frewer (2001), S. 81 f. u. 84. Trotzdem wurde auch im deutschen Sprachgebiet dieser Richtung Anerkennung gezollt. Neuburger übersetzte beispielsweise ein Lehrbuch eines spanischen, positivistischen Augenarztes: Castillo y Quartiellers del, R.: Die Augenheilkunde in der Römerzeit. Autorisierte Übersetzung aus dem Spanischen von Max Neuburger. Leipzig/Wien 1907. Dieser hatte zuvor mit der Edition des Codex Hammurabi, einer babylonischen Textsammlung in Keilschrift, auf sich aufmerksam gemacht: Castillo y Quartiellers del, R.: El Código de Hammurabi y la oftalmología en los tiempos babilónicos. Madrid 1904. Zu ihm vgl. Herrera Rodríguez, F.: Un pionero de la historiografía médica de la antigüedad: Rodolfo del Castillo y Quartiellers (1845–1917), in: Cultura de los Cuidados. Año XVII, n. 35 (1. Quartal 2013), pp. 26–41.

202 Greenhill hatte für das „Dictionary of Greek and Roman Biography and Mythology" bereits einige Artikel verfasst, die sich mit den Artikeln Darembergs im „Dictionnaire encyclopédique des sciences médicales" überschnitten und ergänzten, vgl. dazu Gourevitch, D.: Charles Daremberg, William Alexander Greenhill et le ‚Dictionnaire encyclopédique des sciences médicales' en 100 volumes, in: Histoire des sciences médicales, 26, 3 (1992), S. 207–213.

Choulant anbrachte.[203] Zusammen mit August Wilhelm Henschel (1790–1856) gab er über mehrere Jahre Schriften zur sog. Schule von Salerno heraus, die neuartige Erkenntnisse auf diesem bisher schlecht erforschten Gebiet zutage fördern sollten.[204] Schließlich plante er eine Reihe, die alle lateinischen und griechischen Ärzte des Altertums erscheinen lassen sollte, ganz ähnlich dem heutigen *Corpus Medicorum Graecorum/Latinorum*.[205] Hierbei sollten ihm wieder sein Freund Bussemaker und sein Kollege Greenhill zur Hand gehen, doch zuvorderst sollten die Aufzeichnungen und Kollationen von F. R. Dietz herangezogen werden.[206] Potentielle, gewonnene Mitarbeiter und herauszugebende Schriftsteller listete er in seiner Oreibasios-Edition auf.[207] Der Fortgang dieses Projekts interessiert hier nicht weiter; vielleicht kann aber an dieser Stelle der Eindruck mitgeteilt werden, dass Daremberg geradezu hektisch sich überschlagende Konzeptionen aufstellte, die den Anschein erwecken, er müsse noch zu Lebzeiten alle diese monumentalen Unterfangen vollenden. Eine gewisse ‚kluge Providenz' geht der Planung ab. Die an der Zahl nicht wenigen Projekte, die Daremberg unternahm, sowie seine recht angeschlagene Gesundheit und ein früher Tod – normalerweise erfreuten zumindest die betrachteten Medizinhistoriker langer Lebensspannen – verhinderten die Umsetzung auch nur eines Bruchteils seiner Ideen.

Die Untersuchung einer Edition, die Daremberg auch tatsächlich vollendete, dient dem Vergleich mit den vorhin gesehenen englischen und deutschen Ausgaben zu dieser Zeit, der Mitte des 19. Jahrhunderts. Es handelt sich um eine Ausgabe der Werke des Oreibasios, die Daremberg zusammen mit Bussemaker von 1851–1876 bearbeitete.[208] Dabei wird der deutlich philologische Fokus auffallen: Daremberg bemühte sich umgemein um eine dem Standard der Textkritik entsprechende Editionsarbeit, und zwar *der Methode wegen*. Ärzte sollten diese aufgreifen und sich zu

203 Daher auch mglw. der Kontakt zu Rosenbaum, dessen Erweiterungen sie noch weiter ausbauen wollten, v.a. um weitere Epochen. Am Ende ging das Projekt nicht auf, weil beide übermäßige andere Verpflichtungen hatten, s. Gourevitch, in: Huisman (2004), S. 59 f.

204 Mitarbeiter war auch der o.g. italienische Medizinhistoriker Salvatore De Renzi, vgl. De Renzi/Henschel/Daremberg.

205 Diese sollte den Namen „Bibliothèque des médecins Grecs et Latins" bzw. „Bibliotheca medicorum classicorum Graecorum atque Latinorum" tragen. Sammlungen solcher Art waren, wie gesagt, jedoch auch bereits zuvor im Gespräch und sogar der Umsetzung begriffen. Für solche früheren Versuche s. Tassinari, S. 501, Anm. 12., so z.B. eine „Bibliotheca Iatrica" von genanntem J. F. Pierer aus Altenburg, oder eine von Karl Wilhelm Fickel, dem Homöopathen, geplante „Bibliotheca Graeca Medica".

206 Vgl. Tassinari, S. 517. Zu dieser Kollation und ihrer Genese ist an anderer Stelle viel gesagt worden, vgl. v.a. das Exposé von Daremberg in der Oreibasios-Edition: Daremberg, Ch., Bussemaker, U. C.: Œuvres d'Oribase. Texte grec, en grand partie inédits. Collationné sur les manuscrits. 6 Bde., Paris 1851–1876, hier Bd. 1, S. IV ff.

207 Daremberg/Bussemaker, S. XX ff. Zu ihnen gibt er die bekannten Werke an, den aktuellen Stand der Ausgaben sowie den veranschlagten Plan zur Umsetzung einer Edition.

208 Daremberg/Bussemaker.

eigen machen.[209] Damit ging Daremberg, gerade zu seiner Zeit, Wege, die in Deutschland noch bald ein halbes Jahrhundert unbeschritten blieben.

Das Buch zerfällt in vorbereitende Teile, den Hauptteil mit dem Abdruck des Textes nebst Übersetzung und den anhängenden Teilen. Es öffnet zunächst mit einer ausführlichen Widmung an Littré in Briefform. Darin legt er den Finger auf genanntes Problem des Positivismus, wie Überliefertes mit Neuem in Einklang zu bringen sei. Littré selbst sei dabei Vorreiter gewesen.[210] Im darauf folgenden „Plan de la Collection des Médecins Grecs et Latins" legt Daremberg seine Absichten der Gesamtsammlung von griechischen Ärzten ausführlich dar; er umfasst immerhin knapp fünfzig Seiten. Zwei „Rapports", einmal der „Académie des Inscriptions et Belles-Lettres",[211] und der „Académie de Médecine"[212] bejahen das Projekt eines Corpus grundsätzlich, Daremberg fügt sie der Rechtfertigung und Bestätigung halber vorne an.

Die Situation um die *handschriftlichen Grundlagen* der Oreibasios-Texte ist kompliziert. Dies liegt vor allem an dem Umfang des Werkes und der nicht immer leicht zu beantwortenden Frage nach der Authentizität seiner Schriften. Zusätzlich schafft die Tatsache, dass sein Werk unvollständig und exzerpthaft überliefert ist, weitere Schwierigkeiten, wie auch der kompilierende Charakter seiner Schriften. Oreibasios'

---

209 In der Widmung an Littré schreibt Daremberg: „Die ‚Collection des Médecins grecs et latins' verdankt ihre Entstehung dem Wunsch, unter den Ärzten den Geschmack für historische und philologische Studien zu verbreiten und gleichzeitig für den *Aufbau der Wissenschaft wesentliche Begriffe bereitzustellen*, die fast völlig in Vergessenheit geraten sind.", s. Daremberg/Bussemaker, S. III f. (Übers. u. Hervorhebung d. Verf.). S.a. Gourevitch, in: Huisman (2004), S. 57 ff., für die Hintergründe der „Collection".

210 Und zwar natürlich bei dessen damals noch im Werden begriffener Hippokrates-Ausgabe: „Mit Ihrer Arbeit haben Sie der Kritik und Interpretation medizinischer Texte eine neue Richtung gegeben, indem Sie durch eine raffinierte und fundierte Annäherung an die Konzepte der antiken Medizin und die Prinzipien der modernen Medizin versucht haben, die Gegenwart mit der Vergangenheit in Einklang zu bringen und Traditionen, die lange Zeit vernachlässigt wurden, hervorzuheben. – Sie werden ein unnachahmliches Vorbild in Ihrer Ausgabe der hippokratischen Schriften hinterlassen. [...] Bitte erlauben Sie mir, Sir, Ihren Namen an den Anfang des ersten Werkes dieser Sammlung zu setzen.", s. Daremberg/Bussemaker, S. III f. (Übers. d. Verf.).

211 „Peu de mots suffiront pour faire comprendre que ce projet n'est pas une superfétation inutile, et qu'il est destiné à combler une véritable et grande lacune."–„Wenige Worte werden genügen, um deutlich zu machen, dass dieses Projekt keine nutzlose Überflüssigkeit ist und dass es eine echte und große Lücke füllen soll.", s. Daremberg/Bussemaker, S. XLIX.

212 „Une telle bibliothèque nous paraît devoir être encouragée par l'administration. [...] M. Malgaigne: J'appuie'de tout mon pouvoir les conclusions que vous venez d'entendre. [...] En me résumant donc, j'appuie sans aucune réserve les conclusions du rapport; [...] L'Académie adopte les conclusions du rapport et la proposition de M. Malgaigne."– „Eine solche Bibliothek sollte von der Administration gefördert werden. [...] Ich unterstütze mit aller Kraft die Anträge, die Sie gerade gehört haben. [...] Zusammenfassend schließe ich mich daher den Anträgen des Berichts vorbehaltlos an. [...] Die Akademie nimmt die Anträge des Berichts und den Vorschlag von M. Malgaigne an.", s. Daremberg/Bussemaker, S. LIII ff.

Rezensio ist damit ein eigenes weitreichendes Thema. Keines dieser Probleme wird hier aufgegriffen, lediglich Darembergs Umgang mit der Situation festgestellt: Im „Plan de la Collection“ geht Daremberg auf die Überlieferungssituation ausführlich ein. Er habe viel Material von Dietz erhalten und eingepflegt, alle Korrekturen mit Bussemaker viermal besprochen und im Zweifel „M. Dübner“ befragt.[213] Die Kodexübersicht gibt dann die verwendeten Handschriften an: Manche habe er in Autopsie kollationiert, öfter aber auf Kollationen Anderer zurückgegriffen. Dies ist ein Unterscheidungsmerkmal: In einer „Indication“, also einem „Conspectus codicum“ werden die verwendeten Handschriften, Editionen und andere Literatur vorgestellt und nebst einer kurzen Beschreibung mit Kürzeln versehen. Derartiges gab es bei anderen, gerade deutschen Autoren zu dieser Zeit nicht. Daremberg reicht damit schon sehr nah an philologische Textkritik heran. Er erweist sich als genauer Kenner aller ihm verfügbaren Fassungen und Manuskripte.

Auch die weitere *Übersetzung*, der Hauptteil, zeugt von kritischer Editionsmethodik: Der auf jeder Seite oben gedruckte griechische Text ist mit Zeilenzahlen versehen, gut leserlich und mit den entsprechenden Stellen in vorherigen Ausgaben bestückt (z.B. „Matth. 1.“ für die Ausgabe von De Matthæi[214]). Der Kopf enthält Seitenzahl und Kapitelangabe. Der Fußteil ist ein kritischer Apparat, der bereits eine Notation verwendet – im Gegensatz zu Ermerins, der solcherlei noch in Prosa erstellte – und relevante Lesarten in anderen Handschriften angibt. Alle weiteren Kommentare werden in den Anhang verlagert (s.u.). Der französische Text gibt seitlich verschlagworteten Inhalt bei, ein Luxus eher medizinischer Genese.

Diese Tatsache der Beigabe einer französischen Übersetzung ist von sich aus eine kleine *révolution*. Daremberg hatte deswegen eine diffizile Auseinandersetzung mit den Verlegern, den Vertretern der Akademie (für Medizin) und, nicht zuletzt, Greenhill, der daraufhin nicht mehr an dem Unternehmen teilnahm.[215] Der zunächst selbstverständliche Plan, eine französische Übersetzung beizugeben, wurde infrage gestellt, als die Akademie darauf bestand, alle Gelehrten, auch (und vor allem) Phi-

---

213 Daremberg/Bussemaker, S. XXXIII ff. u. XXXVII. Gemeint ist Johann Friedrich Dübner (1802–1867), ein damals berühmter zeitgenössischer Altphilologe in Paris.

214 Christian Friedrich von Matthäi (1744–1811) hatte 1808 verschiedene Texte kleinerer griechischer Ärzte herausgegeben; die von Oreibasios auf Grundlage eines Moskauer Codex’: Ders.: XXI veterum et clarorum medicorum Graecorum varia opuscula. Cum tabula aenea. Primo nunc impensis Anastasii, Nicolai, Zoes et Michaelis, fratrum Zosimadarum, nobilissimorum Ioanninorum, de litteris Graecis intra et extra patriam suam optime meritorum, ex Oribasii codice Mosquensi Graece edidit, interpretationem Latinam Io. Baptistae Rasarii, item suas animadversiones et indicem vocabulorum adiecit Christianus Fridericus de Matthaei. Moskau 1808.

215 Zu diesem Streit vgl. den Aufsatz von Gourevitch, D.: La traduction des textes scientifiques grecs. L’opinion de Daremberg – la position de Daremberg et sa controverse avec Greenhill, in: Bulletin de la Société Nationale des Antiquaires de France (1994), S. 296–307.

lologen aller Länder, sollten von den Texten profitieren.[216] Deshalb solle statt einer französischen eine lateinische Übersetzung gedruckt werden. Erst Einsprüche der Verleger, Mahnungen ob der inhärenten Schwierigkeit eines solchen Versuchs[217] und einige lateinische Probeseiten von Bussemaker offenbarten die Schwierigkeiten und änderten den Plan. So erscheint hier *zugunsten* eines philologischen Zugriffs eine nationalsprachliche Übersetzung, die das Werk gleichzeitig zugänglich machte für Medizinstudenten in Paris und andernorts. Der Anspruch des Französischen, Wissenschaftssprache zu sein, wurde damit weiter gestärkt. Darembergs Edition war damit ihrer Zeit voraus: Erst im Laufe des 20. Jahrhunderts wurden Übersetzungen in moderne Nationalsprachen wieder verpflichtend für Editionen im CMG.[218]

Die „Notes" im *Anhang* nun sind der Ort für Diskussion. Daremberg entfaltet hier sein philologisches sowie medizinhistorisches Wissen. Unklare Lesarten werden begründet, Erklärungen beigegeben und, vor allem, Parallelstellen der Oreibasios-Rezensio angegeben. Es werden die besprochenen Namen und Lebensmittel ihren Synonyma und Entsprechungen zugeordnet, Parallelstellen angegeben, selten auch Bezüge zum aktuellen Stand des Wissens hergestellt.[219] Es folgen noch Erklärungen zu einer Tafel, auf der verschiedene Darstellungen von Leibesübungen zu sehen sind, und die Tafel selbst. Am Schluss runden Inhaltsverzeichnisse das Werk ab; zuerst eines für die Bücher des Oreibasios, wo Parallelstellen schon mit angegeben sind – eine praktische Beigabe zur Weiterbenutzung durch Philologen –, danach eines der gesamten Ausgabe. Dazwischen ist der Index gelegen, wo alle vorkommenden Dinge, meist Lebensmittel verzeichnet werden, aber auch Eigennamen und ‚Themen', wie z.B. „combat en armes", also bewaffneter Kampf. Griechische Lemmata werden mit den lateinischen kombiniert.[220] Durch diese eher unüblichen Vorgehensweisen

216 „According to the prospectus, such a collection was aimed at scholars, not only of France, but of all learned nations. French was wider spread than any other living language, but Latin was more universal. Therefore medical practitioners and philologists who were supposed to partake in the enterprise and who were asked their choice all agreed that Greek texts should be translated into Latin [...]", s. Gourevitch, in: Huisman (2004), S. 58 (Hervorhebung d. Verf.).

217 Daremberg wies darauf hin, dass das Lateinische niemandes Muttersprache sei und so Fehler leichter unterlaufen würden. Zudem würden einzelne Wörter dann erneut einer fehleranfälligen Übersetzung in moderne Sprachen zum Opfer fallen. Auch Littré sei dieser Meinung, vgl. jeweils Gourevitch, in: Huisman (2004), S. 57 f.

218 Vgl. Kollesch (1968).

219 Vgl. z.B. die Angabe zu Getreidekrankheiten: „Les anciens comprenaient les maladies céréales que dans l'état actuel de la science, on sait être produites par des champignons microscopiques de la famille des urédinées [...]"–„Die Alten kannten Getreidekrankheiten, von denen man nach heutigem Stand der Wissenschaft weiß, dass sie von mikroskopisch kleinen Pilzen aus der Familie der Uredinaceae verursacht werden [...]", s. Daremberg/Bussemaker, S. 558, zu ἐρυσίθη.

220 „Nous avons laisse les mots grecs lorsqu'il était impossible de les traduire rigoureusement en français."–„Wir haben die griechischen Wörter belassen, wenn es unmöglich war, sie streng ins Französische zu übersetzen.", s. Daremberg/Bussemaker, S. 685.

konnte das Werk zu flinkem Nachschlagen dienen, egal, welche Art Frage man an das Verzeichnis herantrug.

Damit zeichnet sich die Edition Bussemaker/Daremberg durch für die Zeit anspruchsvolle Textkritik aus. Sie sollte zugleich Ausweis französischer Wissenschaftlichkeit – man bedenke die Beteiligung der „Akademien" an der Entstehung und Unterstützung der Arbeiten – und anspruchsvolle Lektüre für Ärzte sein.[221] Die im echten Sinne „akademische" Genese zeigt sich schließlich auch in dem fehlenden Versuch, eine Anbindung an klinische Praktikabilität herzustellen, wie dies noch mit den Kommentaren bei Adams der Fall gewesen war; Littré, Daremberg und auch Bussemaker waren ja ohnehin nur sehr nebensächlich ärztlich tätig. Die untersuchte Ausgabe des Oreibasios blieb jedenfalls die dominante und gültige Fassung des Textes bis zu der 1928 im CMG erschienenen Ausgabe des dänischen Altphilologen Hans Ræder (s.o. bei Heiberg).[222] Er benutzte bei der Erstellung oft die Vorarbeiten der beiden Franzosen.

Die Medizin des Oreibasios jedenfalls diente dem praktizierenden Arzt eher weniger. Die Bandbreite medizinischer Nachfrage und Behandlung stellte sich nicht nur in Frankreich je nach gesellschaftlichem Status der Mediziner und Patienten sehr verschieden dar; ein Phänomen, das in einer jüngeren Publikation ausführlich beschrieben wurde.[223] Gelehrte Ärzte, die sich immer häufiger in wissenschaftlichen Organisationen und Zeitschriften austauschten, praktische „Landärzte", außerdem „Quacksalber", aber auch schlichte Selbsthilfe-Anleitungen für den Bürger eines modernen Staates bestimmten das bunte Bild medizinischer Realitäten in Frankreich. Trotz vielfältiger Bemühungen um Zentralisierung, Organisation, Lizenzierung und Etablierung einer Ausbildungsordnung war das System eines von „dynamic flux".[224] Dies passte zu einer Gesellschaft mit höherer vertikaler Mobilität, wo ‚Professionalisierung' gerade erst ein Begriff wurde. Man darf demnach kaum annehmen, dass aus den Schriften Oreibasios' der französische Arzt medizinisch *aus*gebildet wurde, womöglich aber *gebildet*.

---

221 Die fleißige Tätigkeit Darembergs wurde ebenfalls von Haeser aufgegriffen, der in seiner o.g. „Denkschrift" betont, dass jener ja auf Kosten der Regierung ausgedehnte Reisen unternehmen würde – eine Spitze gegen die wenig unterstützenden Wissenschaftspolitiker im preußischen Ministerium, s. Schneck, in: Frewer (2001), S. 47.

222 Ræder, H.: Oribasii Collectionum medicarum reliquiae, libri I–VIII, edidit J. Raeder (= CMG VI 1,1). Leipzig et Berlin 1928.

223 Brockliss, L., Jones, C.: The Medical World of Early Modern France. Oxford 1997.

224 „[...] a system in dynamic flux, with lots of traffic across the divide, a ‚unitary' rather than a ‚bifurcated' medical universe, increasingly shaped by consumerism and the fashions dictated by public opinion.", s. Gelbart, N. R.: The Medical World of Early Modern France by Laurence Brockliss and Colin Jones (Review), in: Journal of Social History, vol. 34, no. 1 (Autumn 2000), S. 199–202.

Für die französische Medizingeschichtsschreibung war mit diesen dreien – Littré, Daremberg, Bussemaker – viel getan, doch sie waren bei Weitem nicht die einzigen französischen Historiographiker auf diesem Gebiet. Um die im positivistischen Sinn vollzogene Historiographie haben sich auch andere französische Ärzte verdient gemacht. René-Marie Briau (1810–1886) z.B. hatte das sechste Buch über die Chirurgie des Paulos von Ägina übersetzt (s.o.). Zu erwähnen sind auch einige Ärzte, die sich trotz ihrer hauptsächlich klinischen Tätigkeit einen Ruf als Gelehrte gemacht hatten, wie Gabriel Andral, der Littré bei seiner Hippokrates-Edition zur Hand ging, oder der bereits zitierte Joseph François Malgaigne (1806–1865).[225] Um die arabische Medizin hatte sich Lucien Leclerc (1816–1893)[226] bemüht, der nicht mit dem viel bekannteren französischen ‚Vater' der (französischen) Medizingeschichte Daniel Le Clerc (1652–1728) verwechselt werden darf.[227] Der in Algerien stationierte Militärarzt erschloss, ganz dem Vorbild Darembergs getreu, in einem umfangreichen Übersichtswerk Einiges zur arabischen Medizin für die westliche Wissenschaft.[228] Und auch im 20. Jahrhundert konnte die französische Medizinhistoriographie noch produktive Protagonisten aufweisen, wie der letzte, nur noch kurz beleuchtete Protagonist der Untersuchung zeigt.

Félix Brunet

Ein knapper, skizzenhafter Vergleich, der nun mit einem Militärarzt in Frankreich angestellt werden soll, leitet die folgende Diskussion ein. Félix Louis Emile Brunet (1872–1958)[229] fertigte im vierten Jahrzehnt des 20. Jahrhunderts eine Übersetzung der „Therapeutika" des Alexander von Tralleis an.[230] Es handelt sich um die „Traduction" eines Marinearztes, der damit die bis heute einzige französische Übersetzung lieferte. In Adressierung, Umsetzung und Genese zeigt dieses Werk bereits eine neue Richtung, die den bei Sudhoff angebahnten ‚Schulterschluss' zwischen Philologie und Medizin aufgreift.

---

225 Diesen zitiert Haeser auch in seiner „Denkschrift", s. Schneck, in: Frewer (2001), S. 47.

226 Paul Dorveaux (1851–1938) verfasste eine Biographie zu ihm: Dorveaux, P.: Dr. Lucien Leclerc (1816–1893), in: Bulletin de la Société française d'histoire de médecine. Paris 1914. S.a. Gourevitch, D.: (Nicolas) Lucien Leclerc, médecin major, membre de la Société nationale des antiquaires de France, fondateur de l'histoire de la médecine arabe (1816–1893), in: Bulletin de la Société Nationale des Antiquaires de France, 1997 (Année 2001), S. 99–107.

227 Dieser wurde sehr bekannt dafür, eine der ersten genuin medizinhistoriographischen Monographien verfasst zu haben: Leclerc, D.: Histoire de la médicine. Genf 1696.

228 Leclerc, L.: Histoire de la médecine arabe. Deux tomes, Paris 1876.

229 Zu ihm vgl. Huard, P., Théodoridès, J.: Un homme d'action et un érudit: le Médecin-Général de la Marine Félix Brunet (1872–1958), in: Extrait de la revue ‚Histoire de la Médecine', numéro spécial 1958, p. 186–191.

230 Brunet, F.: Médecine et Thérapeutique Byzantines. Œuvres Médicales d'Alexandre de Tralles, le dernier auteur classique des grands médecins grecs de l'antiquité. Tomes I–IV, Paris 1933–1937.

Die Genese des Werkes erhellt aus den Vorbemerkungen der Edition. Brunet versteht sich als Fortführer der von Daremberg begonnenen Sammlung griechischer Ärzte. Er nahm dafür ebenfalls die Hilfe der „Académie des Inscriptions et Belles-Lettres" in Anspruch. Die Einleitung richtet er an „esprits cultivees" aller Länder, nicht nur zur Kenntnis der Mediziner, sondern auch allgemeiner Freunde der „belles lettres".[231] Mit Alexander von Tralleis würde ein Vorläufer der modernen Militär-, Marine- und Kolonialmedizin zugänglich gemacht werden.[232] Die Anknüpfung im Vorwort ist eine ärztliche: So wie Alexander sich nicht von überlieferten Theorien habe leiten lassen, so habe auch er, Brunet, als Arzt stets das Bemühen um die rechte Behandlung des Patienten und die Findung des dazu geeignetsten Mittels im Sinn.[233] Hier spricht der Arzt zum Arzt.

Aufschlussreich ist die nun folgende Untersuchung der *Textgrundlagen*: Viele Manuskripte werden aufgezählt und eingeschätzt, griechische und lateinische Fassungen angegeben (W. von Andernach, J. Goupyl, J. Ideler und A. von Haller werden genannt), die Vorarbeiten Puschmanns und Darembergs gelobt. Letzterer habe zwar eine kritische Edition des Alexander angekündigt, aber nie durchführen können. An ihn schließe er, Brunet, sich nun an. Im zweiten Band spezifiziert er seine Übersetzungsmethodik: Sie sei auf Grundlage eines einzigen, des zuverlässigsten, Codex aus Paris erstellt worden.[234] Ab und an würde er drei andere Pariser Codices heranziehen. Ein vorheriger Abgleich mit ausländischen Handschriften (Italien, England und Spanien) sei erfolgt, dann aber nicht weiter verfolgt worden, weil sich herausgestellt habe, dass die Lesarten nichts Nützliches, weder medizinischen noch therapeutischen Mehrwert beitragen würden.[235] Im letzten (vierten) Band wolle er den griechischen

---

231 S. Brunet (1933), S. II ff.

232 Er bezieht den Wert des Alexander-Textes auch auf seine spezifische Berufsgruppe: „Auch alle Militärmedizinier können sich den Alexander zum glorreichen Vorgänger nehmen.", s. Brunet (1933), S. II (Übers. d. Verf.). Antike und moderne Botanik würden hier bereichert werden, ebenso die Hygienewissenschaft.

233 „Il est moins préoccupé des théories que de l'exactitude des faits morbides et des meilleurs moyens de les connaître pour les guérir."–„Ihm [Alexander] geht es weniger um Theorien als um die Richtigkeit von Der Krankheitsfälle und um die besten Mittel, sie zu erkennen, um sie zu heilen.", s. Brunet (1933), S. II.

234 Es handelt sich um die bereits zitierte Hds. unter https://pinakes.irht.cnrs.fr/notices/cote/51830/, zul. abg. am 02.11.2022.

235 „Les manuscrits étrangers, en Italie, en Angleterre, en Espagne, analysés dans notre premier volume, ont permis de comparer les variantes, mais d'une façon générale, elles portent sur des mots qui ne modifient pas sensiblement la pensée de l'auteur, n'ajoutent ou ne retranchent rien d'utile, ni aux exposés médicaux, ni aux indications thérapeutiques."–„Die ausländischen Handschriften – in Italien, England und Spanien, die in unserem ersten Band analysiert wurden – haben es ermöglicht, die Varianten zu vergleichen, aber im Allgemeinen betreffen sie Wörter, die den Gedanken des Autors nicht wesentlich verändern, noch etwas Nützliches hinzufügen oder abziehen, weder zu medizinischen Erklärungen noch zu therapeutischen Indikationen.", s. Brunet (1936), Bd. II, S. III.

Text des für am besten gehaltenen Manuskripts als Photoreproduktion beigeben – eine Neuheit.[236] In der *Übersetzung* bleibt er dieser a-philologischen Methode treu: Es gibt keine kritischen Anmerkungen zur Textgrundlage, die Kommentare beschränken sich auf Erläuterungen zum Verständnis und Parallelstellen. Recht häufig werden Anknüpfungen an aktuelle Therapieformen oder Erkenntnisse gemacht, z.B. wenn im Fließtext parenthetisch der botanische Name einer von Alexander erwähnten Pflanze beigegeben ist[237] und in der darauf bezüglichen Fußnote der Hinweis zur aktuellen Verwendung derselben.[238] Manchmal lehnen sich die Fußnoten an die Anmerkungen Puschmanns an. Auch der Index am Schluss des vierten Bandes ist von botanischer Systematik und Eindeutigkeit geprägt: Die gesamte *Materia medica* wird in der Form „französisch (botanisch)" bzw. „französisch (lateinisch)", wenn eindeutig, angegeben. Eigene Texte mit aktuellem Anschluss zitiert er ebenfalls.[239] Die Anknüpfungen an moderne Medizin gewinnen wieder an Bedeutung.

Insgesamt lässt Brunet also keinerlei kritische Redaktion erkennen – und zwar absichtlich. Nicht-relevante Varianten, also Lesarten, werden nicht berücksichtigt; es ist Brunet schlichtweg gleichgültig, wenn Texte Verschiedenes sagen. Diese Entscheidung fällt er aufgrund einer eigenen Einschätzung, dass diese Varianten nichts Relevantes zum Verständnis beitragen. Seine Übersetzung stützt er auf eine einzelne Handschrift, die ihm am besten geeignet erscheint, wenngleich ihm die anderen durchaus bekannt sind – Diels' Handschriftenkatalog war zu der Zeit ja schon lange erschienen. Stattdessen rückt hier eine Vorgehensweise, die der von Adams gleicht, wieder in den Vordergrund: Ärzte unterhalten sich durch die Zeit hindurch untereinander über medizinische Fragen, ein Vorgehen, das zeitgenössische Sympathie fand.[240] Ein

---

236 „Le dernier tome de notre ouvrage donnera le texte grec qui nous a servi, reproduction en photogravure du manuscrit calligraphié et très lisible no. 2201. Il fournira ainsi un moyen de vérification et de jugement à tous les érudits en même temps qu'un texte original et très pur aux Hellénistes."–„Der letzte Band unserer Arbeit wird den griechischen Text wiedergeben, der uns diente, eine Fotoreproduktion der kalligraphischen und sehr gut lesbaren Handschrift Nr. 2201. Es wird somit allen Gelehrten ein Mittel zur Überprüfung und Beurteilung bieten und den Hellenisten [lies: Philologen] einen originalen und sehr reinen Text.", s. Brunet (1936), S. III.

237 „[...] substances comme le fenugrec (Trigonella faenum-groecum, L.), [...]", s. Brunet (1936), S. 184.

238 Es handelt sich um die Verwendung des Bockshornklees zur Tiermast: „Actuellement, les éleveurs emploient sa farine pour engraisser plus rapidement les animaux."–„Derzeit verwenden Züchter sein Mehl, um Tiere schneller zu mästen.", s. Brunet (1936), S. 184.

239 „Voir ‚La médication organique avant Brown-Séquard' du docteur Brunet."–„Siehe ‚Die pflanzliche Medikation nach Brown-Séquard' von Dr. Brunet.", s. Brunet (1936), S. 184, u. S. 148, Anm. 15.

240 Vgl. die Rezensionen von Raymond, J.: Brunet (Dr F.), Œuvres médicales d'Alexandre de Tralles, tome premier: Alexandre de Tralles et la médecine byzantine, in: Échos d'Orient, tome 34, no. 177 (1935), S. 125; und insb. Raulin, L.: Dr F. Brunet, Œuvres médicales d'Alexandre de Tralles, tome I : Alexandre de Tralles et la médecine byzantine, 1933, in: Revue des Études Anciennes, Bd. 37, Nr. 1 (1935), S. 114–116; bzw. zu Bd. II u. III (1936), in: Revue des Études Anciennes, Bd. 39, Nr. 4 (1937), S. 422–423; bzw. zu Bd. IV (1939), in: Revue des Études Anciennes, Bd. 41, Nr. 2 (1939), S. 200. Immer wieder wird

Neo-Pragmatismus rettet hier die rationalen Medizinansätze des antiken Arztes aus ihrer vermeintlichen historistischen Abwertung. Solcher Art ist diese Haltung noch einmal anders eingefärbt als noch bei Sprengel.[241] Alexander von Tralleis hält dabei gleichzeitig legitimativ als Prototyp einer solchen ärztlichen Gesinnung her.[242]

Besonders im Vergleich zur Ausgabe Theodor Puschmanns wird deutlich, wie Brunet manche Abstriche billig in Kauf nimmt, um philologische Fragestellungen umgehen zu können. Puschmann hatte ja versucht, an einen kontinuierlichen Traditionsstrang anzuknüpfen und die „Therapeutica" Alexanders als auch modernes schulmedizinisches Werk auszuweisen. Dazu wollte er philologische Genauigkeit mit inhaltlicher Anschlussfähigkeit verknüpfen, und das in mehrfacher Frontstellung gegen innermedizinischen Legitimationsdruck einerseits und alternativheilkundliche Infragestellungen andererseits. Brunet hingegen, der beide Auseinandersetzungen in dieser Form nicht kannte, entschied sich für eine Reinform der ärztlichen Herangehensweise. Es scheint fast so, als ob allen vorherigen Bemühungen und Ringens zum Trotz nun eine parallele Kategorie eröffnet wird, die neben den philologischen, kritischen Editionen auch medizinisch-inhaltliche Übersetzungen mehr oder weniger unabhängig geltend machen will.

Brunet verhält sich mit dieser Arbeit also noch einmal anders zur Philologie: Es handelt sich um ein ärztliches Reüssieren des Interesses an antiken Texten *abseits* der philologischen Kritik, die betreffenden Fragen werden ausgeblendet. Die Lektüre der Texte soll nicht durch fehlende kritische Fassungen gebremst werden. Grund dafür sind und waren sicherlich auch die oftmals nur sehr verzögert erscheinenden griechischen Texte im CMG. Der ‚Schulterschluss' scheint also aufkündbar zu sein, zumindest seitens des medizinischen Bündnispartners. Wenn das Ziel, *dass* verfügbare ärztliche Lesefassungen existieren, für Brunet wieder in den Vordergrund rückt, lautet die darauf folgende Frage dann freilich: Welchen Mehrwert haben kritische Editionen aufseiten einer medizinischen Lektüre? Sind sie hilfreicher, verständlicher, benutzbarer, wenn alle Lesarten mit aufgeführt werden? Ergeben sich andere Schlüsse auf die Anwendung des Wissens? Oder, umgekehrt gefragt: Wären die Editionen von Kühn, Puschmann, Berendes usw. nützlicher gewesen, wenn sie ‚modern'-kritisch ediert worden wären?

---

dabei auf die stets auf Heilung bedachte Therapielehre Alexanders hingewiesen, die auch heute von Nutzen sei für Medizin, aber auch Biologie, Pharmazie und Wissenschaftsgeschichte und als Beitrag zur französischen Literatur, vgl. Raulin (1939).

241 S.o. 1.2.1.

242 Zu Alexanders therapeutischer Methodik und deren Hintergründe vgl. v.a. das Kapitel „Der Wahrheitsbegriff als medizinethisches Prinzip bei Alexander von Tralleis" in Grimm-Stadelmann (2020), S. 201 ff.

5 Zusammenfassung und Diskussion

In diesem Teil werden die Ergebnisse einer Zusammenfassung unterzogen und anschließend eher ausblickend denn eingehend diskutiert, welches Antworten auf die Grundfrage des Verhältnisses von Medizingeschichte und Philologie sein könnten. Nur wenige Textbeispiele dienen dabei der Illustration. Damit soll ein Weg gewiesen werden, der ein Wiederaufgreifen der mit der Medizingeschichtsschreibung verbundenen theoretischen Fragen ermöglichen kann, die bis heute unbeantwortet geblieben sind.

5.1 Editionsintentionen zwischen Philologie und Medizingeschichte

Die historische Entwicklung: Die bisherigen Untersuchungsergebnisse haben das Aufkommen einer im modernen Sinne professionalisierten Medizingeschichtsschreibung beschrieben, die sich erst erfolglos, dann unter zunehmender Akademisierung und Ausdifferenzierung von Disziplinen als eigenständiges Fach etablierte. Dabei waren gesellschaftliche, hochschulpolitische und v.a. die persönliche Eigeninitiative der Protagonisten betreffende Faktoren ausschlaggebend für die zunehmende Selbstwahrnehmung als unabhängige Wissenschaft. Als solche konnte sie zum Einen nicht auf historische Quellenforschung verzichten, zum Anderen war die Verhältnisbestimmung zur Philologie stete Notwendigkeit. Gerade in der Abgrenzung zu einer reinen Altertumswissenschaft, die die Erforschung der Lebensverhältnisse der Antike anhand kritischen Sammelns von v.a. Schriftmaterial allumfassend beanspruchte, war die ärztliche Sichtweise zu jeder Zeit Teil der medizingeschichtlichen Forschung. Dies ist ein zentrales Ergebnis der Arbeit und unterstreicht, dass ärztliche Medizinhistoriker immer auch eine inhaltliche-medizinische Perspektive bei der Bearbeitung historischer Texte einnahmen, wenngleich sich diese sehr verschieden konkretisieren konnte. Dabei stellte sich, gerade berufsintern und bei den Pharmaziehistorikern standesintern, immer dringender die Frage nach der Legitimierung einer eigenen historischen Fachwissenschaft. Die Antwortmöglichkeiten – von positivistischem Utilitarismus über kulturhistorische Argumentationen zu binnenstringenten Begründungen – schlugen sich dabei in Art und Umsetzung der Publikationen nieder.

Hatten frühe Redaktoren wie Kühn, Choulant und Littré noch ein lesendes Ärztepublikum vor Augen, das die Schriften Galens, Hippokrates' und anderer antiker Ärzte noch wie selbstverständlich zumindest habituell praktisch anwendete, änderten sich die Vorzeichen mit dem Aufkommen der naturwissenschaftlichen Medizin drastisch. Die Bezugnahme auf Tradition wurde zweifelhaft und geradezu beweisend für kritiklose Annahme von Wissen, das genaue Gegenteil von dem, was das replizierbare Experiment schaffte. In den historischen Disziplinen kam ungeschönt die Frage nach den Tatsachen, *facts*, auf. Das positivistische Dogma Darembergs „for

https://doi.org/10.1515/9783111062020-007

history, texts; for science, facts“[1] führte allzu klar die Notwendigkeit einer *methodischen* Grundlegung vor Augen. Erst Gelehrte wie Haeser und Puschmann führten die Medizingeschichte aus ihrer methodischen Krise in der Mitte des Jahrhunderts, indem sie präzise Quellenarbeit mit inhaltlich anregender und anspruchsvoller Medizingeschichte verbinden wollten.

Die Akteure hatten ja zunächst eine Begründung auf Quellen versucht – man bedenke die Arbeiten der Medizinphilologen Ideler und Dietz sowie die bibliographische Medizingeschichte Choulants. Sie ging zwar nicht direkt fehl, ließ aber überzeugende Schlagkraft doch vermissen. Denn einerseits wuchsen die Anforderungen an die historische Arbeit, andererseits erhob sich sehr bald die Frage nach der Bedeutung des Gefundenen. Die Unzulänglichkeit der ‚nackten‘ Quellen oder, anders herum, die Notwendigkeit einer Interpretation stieß daher bald die Richtungen wieder deutlicher auseinander, sodass die Philologie Wege der Textkritik ging, die Medizingeschichte sich indes auf die kulturprägende Wirkung der Medizin verlegte. Ausdruck dieser beiden Richtungen sind die Gründung des *Corpus Medicorum Graecorum*, das von Altertumswissenschaftlern initiiert und geleitet wurde, bzw. die meta-historischen Werke Pagels, Neuburgers und auch Sudhoffs *über* antike Medizin. Vereinende Positionen wie die Puschmanns konnten in der Umsetzung nicht letztlich überzeugen. Eine Annäherung gelang nicht schon mit der Etablierung in der „Kernphase“ der Institutionalisierung im Jahrzehnt 1896–1906, sondern erst anschließend. Der ‚Schulterschluss‘ manifestierte vorherige Bestrebungen, indem er letztendlich die Edition antiker medizinischer Schriften zunehmend in den Händen der Philologen beließ, aber in wechselseitiger Zusammenarbeit und Anerkennung.

Parallel zeigten sich aber währenddessen immer schon Tendenzen, die die mühsam gewordene kritische Textarbeit als Beiwerk disponierten, deren Erledigung die Herausgabe lesbarer Fassungen nicht verzögern durfte. Konsequent durchgehalten wurde diese Ansicht bei Neuburger, der Medizingeschichte radikal als Kulturgeschichte definierte. Die Zugänglichkeit zu den Schriften war andauerndes, leitendes Bedürfnis, zwar Weniger, aber eben doch eines von Ärzten bzw. Pharmazeuten. Solche Auffassungen finden sich in jeder der betrachteten Phasen, bei Kühn, Adams, Berendes und schließlich als erneute dezidiert a-philologische Herangehensweise bei Brunet. Es wurde dabei auch offenbar, wie der fachliche Hintergrund, die lokalen Verhältnisse und die persönlichen Interessen der Akteure Einfluss auf die Editionen nahmen. Zum Überblick fasst Abb. 3 die Entwicklungen im In- und Ausland noch einmal schematisch und vereinfacht zusammen.

Die Intentionen der Autoren: Die Intentionen der edierenden Ärzte lassen sich zunächst als Versuch deuten, die Überlieferungskontinuität mit der ‚alten‘ Medizin zu wahren. Der diagnostisch autoritativen und therapeutisch eklektizistischen Medizin

1 S. Gourevitch, in: Huisman (2004), S. 53.

des frühen 19. Jahrhunderts sollten ihre ‚Väter' wie Hippokrates und Galen nach wie vor als ärztliche Vorbilder dienen, ‚deren' Medizin gerade durch moderne Neuauflagen eine neuzeitliche ‚zweite Renaissance' erfahren. In diesem Sinne waren die Arbeiten der ‚Vorläufer', v.a. Kühn und Littré, als *Doppel*werke zu deuten, die medizinisch anwendbar und philologisch aktuell sein sollten. Eine solche Richtung, die sich in den bibliophilen, stark philologischen Werken Choulants, Idelers und Dietz' ausprägte, konnte aber der neuen naturwissenschaftlichen, positivistischen Grundlegung der Medizin nicht standhalten. So zweigten sich die Herangehensweisen auf: Intendierte Puschmann nach wie vor, eine bruchlose Tradition, die auch ‚nützlich' sein konnte, mit seiner Alexander-Ausgabe zu besorgen, verzichtete Daremberg auf diesen Anspruch. Seine stark vom Positivismus beeinflusste Arbeit übernahm die neuen wissenschaftstheoretischen Axiome („for history, texts; for science, facts"[2]) und applizierte sie auf die mehr und mehr philologisch operierende Medizingeschichte. Die kritischen Editionen von Heiberg u.A. demonstrierten die Kluft zur Medizingeschichte, die erst mit Sudhoff zumindest verringert wurde. Die jeweiligen Intentionen also, die meistens noch auf weitere, oftmals legitimierende oder politische Aspekte abzielten, bestimmten maßgeblich und wesentlich die Umsetzung und Methodik der Editionen.

Das Verhältnis Philologie–Medizingeschichte: Die Wissenschaften Philologie und Medizingeschichte trennen sich dabei nicht scharf voneinander ab. Sie stehen einander nicht gegenüber, Ausgaben tragen nicht *entweder* eine philologische Prägung *oder* ein durchweg medizinisches Siegel. Vielmehr bestimmte das jeweilige *methodische* Verständnis direkt die Umsetzung der Aufgabe. So erschienen Ausgaben mit sehr verschiedenen Zielsetzungen. Die Medizingeschichte musste ihre Beziehung zur Philologie erst ausloten und sich in einer Abgrenzungsbewegung ihr gegenüber behaupten. Von den utilitarisierenden, quellenorientierten Darstellungen Sprengels und Darembergs über die deutschen Lesefassungen Kühns für Ärzte hin zu den klar geschiedenen Aufgaben der Bearbeiter Berendes bzw. Heiberg bei der Herausgabe des Paulos von Ägina – diese Entwicklung zeigt, dass eine fortdauernde Präzisierung der Verhältnisbestimmung gerade zu dieser Partnerwissenschaft für die Medizingeschichte essentiell während ihrer und für ihre Genese war. Nicht zufällig, sondern aus innerer Notwendigkeit musste sich die Medizingeschichte ihres Feldes und ihrer Forschungsmethode gegenüber die Philologie versichern, damit sie als eigenständige Wissenschaft Geltung beanspruchen konnte. Von der Expertise der Bearbeiter hängt die Qualität der Bearbeitung dabei stark ab, was bei der Geschichte der Pharmazie noch einmal mehr ins Gewicht fiel: Berendes gab einen pharmazeutisch gegenüber Adams deutlich überlegenen „Paulos" heraus. Die inhaltliche Fokussierung der Medizingeschichte blieb letztlich ihr dauerhaftes Standbein, während die Edition antiker

2 S. Gourevitch, in: Huisman (2004), S. 53.

Texte noch heute – in wechselseitiger Anerkennung der je eigenen Kompetenzen – tendenziell in das Aufgabengebiet der Philologie fällt.

Geschichte der Pharmazie: Die Geschichte der Pharmazie stand dabei vor strukturell ähnlichen, aber zugleich deutlich verschiedenen Herausforderungen. Jenseits der erst spät beantworteten Frage nach dem eigentlichen Inhalt pharmazeutischer Geschichtsschreibung (Urdang), kann man die Entwicklung als verzögert beschreiben. Das Dreigestirn um Peters, Berendes und Schelenz gab dabei maßgebliche Anstöße. Das persönliche Interesse Koberts illustrierte eine unvoreingenommene pharmazeutisch-pharmakologische Annäherungsweise an antike Texte und deren arzneikundlichen Inhalt. Eine erst im 20. Jahrhundert wirklich in Gang kommende Institutionalisierung ging einher mit einer von Beginn an internationaleren Ausrichtung in Form einer Fachgesellschaft. Im Laufe des Vorjahrhunderts musste die Pharmaziehistoriographie sich oft mit politisch motivierten Fragen um Berufs- und Standeswesen geschichtlich auseinandersetzen, was eine nicht unbedeutende Triebfeder für historisches Forschen bedeutete. Die ganz vom historischen Utilitarismus durchdrungenen Arbeiten Koberts und seiner Studenten suchten die traditionelle Arzneiwissenschaft in die modernen Klassifikationssysteme einzupassen. Berendes verfolgte mit seinen Forschungen zur Geschichte der Pharmazie kontinuierlich eine historische Legitimation der Eigenständigkeit des Apothekerberufes. Seine Bearbeitung antiker Texte, die ihn als größten Kenner des ‚naturheilkundlichen' Repertoires seiner Zeit ausweisen, dienten ihm als Erweis fachlicher Expertise sowie als persönlicher ‚Rückzugsort' vom wissenschaftlichen Disput zugleich. So ist die Geschichte der Pharmazie in ihrem Legitimationsbedürfnis der Medizingeschichte sehr ähnlich. Ihr weniger problematisches Verhältnis zur Philologie, das sich dank ihres späten und eindeutig inhaltlich orientierten Zugangs zu antiken Texten geradewegs erübrigte, erwies sich hingegen als ein wesentliches Unterscheidungskriterium.

Entwicklung im Ausland: Auch die Betrachtung der Entwicklungen im Ausland haben die Entwicklung der professionellen Medizingeschichte in Deutschland kontrastiert. In der englischen Gelehrtenwelt gab es zwar in Form der Sydenham Society durchaus ein institutionelles Organ, das an der Herausgabe und Verbreitung antiker Ärzteschriften – im Zuge einer europaweiten Hippokrates-Renaissance etwa – interessiert war. Ihre verlegerischen, wirtschaftlichen Bedingungen beeinflussten die Auswahl und Umsetzung der Ausgaben enorm, wie die philologisch fragwürdige Aretaios-Ausgabe Adams' paradigmatisch nahelegt. Dessen Ansatz muss man aus seiner Praxistätigkeit heraus verstehen, die ihn zur Abfassung des ‚modernen' Paulos-Kompendiums veranlasste. Mithilfe dieses Leitfadens begriff er seine ärztlichen Vorläufer als Kollegen auf Augenhöhe und fertigte so ein dialogisierendes Handbuch für Ärzte aller Zeiten an. Greenhill agierte dagegen erheblich präziser, was die Texte betraf; seine stark am christlichen Menschen- und Weltbild orientierte Redaktion eines unter dem Namen eines Theophilos überlieferten mittelbyzantinischen Textes ließ aber wiederum erkennen, wie sehr die konkrete Realisierung einer Arbeit von den Intentionen des Herausgebers abhängt. Trotz alledem kam es nie zu einer professionell etablierten Medizingeschichte im Vereinigten Königreich – das Scheitern der Pläne der Sydenham Society sowie die Avantgarde Deutschlands und Frankreichs auf dem Gebiet der Texterschließung verhinderten eine dauerhafte eigenständige Verankerung des Fachs, vielleicht gerade *wegen* der fehlenden Auseinandersetzung mit der Philologie. Schließlich wurde die Editionstätigkeit der beiden französischen Ärzte Charles Daremberg bzw. Félix Brunet näher beleuchtet sowie auf die zunehmende Vernetzung von in- und ausländischen Kollegen anhand ihrer Korrespondenzen hingewiesen.

Für die Beantwortung der letzten ausstehenden Frage nun, ob unkritisch erstellte, dafür rasch zugänglich gemachte Texte medizinisch-inhaltliche Einbußen hinnehmen müssen, bietet sich im Folgenden eine schlaglichthafte inhaltliche Untersuchung an. Die Beispiele aus verschiedenen medizinischen Bereichen stellen nicht unkritisch die Frage, ob die Beigabe von Lesarten einen inhaltlichen Mehrwert für den ärztlichen Leser bedeuten kann. Damit soll der folgende Abschnitt auch eine kurze Evaluation der kritischen Editionsmethodik für die praktisch-klinische Medizin sein.

5.2 Ein Mehrwert kritischer Editionen?

Freilich kann es hier nicht um eine systematische, nicht einmal auszugsweise Analyse der philologischen Arbeit an den Texten der Editionen, allen voran Paulos von Ägina und Alexander von Tralleis, gehen. Fokus war im Laufe der vorliegenden Arbeit ja, das Verhältnis zur Medizingeschichte darzulegen und die Schwerpunktsetzungen bei der Erstellung der Editionen. Hier wird nun ausdrücklich und ausschließlich nach dem medizinischen Blick gefragt; es mag im Folgenden eher der Duktus, das ärztliche Lesegefühl, die intuitive, unmittelbare Intuition bei der Lektüre an textlichen Beispielen herausgestellt werden.

Zuerst geschieht dies am Werk des Paulos von Ägina. Die sieben Bücher sind thematisch geordnet: Nach den „Grundlagenwissenschaften" Hygiene und Diätetik folgt im zweiten Buch die Fieberlehre, die aber umfassender die Pathologie und, wie man heute sagen würde, „Leitsymptome" behandelt wie galliges Erbrechen, Nausea, Schwitzen. Im dritten Buch gibt Paulos eine topographische Nosologie, also eine Krankheitssammlung von Kopf bis Fuß.[3] Das vierte Buch behandelt Themen

3 Dieses Verfahren folgt der Angabe „a capite ad calcem", vom Scheitel bis zur Sohle. Es ist dies eine bekannte Organisationsform medizinischen Wissens und schon lange vorher Usus bei der Abfassung nosologischer Schriften gewesen, z.B. im Papyrus Edwin Smith von ca. 1500 v. Chr.; vgl. den entsprechenden Artikel von Keil, in: Enzyklopädie, S. 1, und ders.: Organisationsformen medizinischen Wissens, in: Wolf, N. R.: Wissensorganisierende und wissensvermittelnde Literatur im Mittelalter. Wiesbaden 1987, S. 221–245. Auch Historiker bedienten sich der Anordnung bei der Krankheits-

der Inneren Medizin mit Dermatologie, Venerologie, Parasitologie, Phlebologie und Erkrankungen der inneren Organe, bevor im fünften Buch die Toxikologie abgehandelt wird. Das sechste Buch ist der Gynäkologie und Geburtshilfe gewidmet und das siebte eben der *Materia medica* und Pharmakologie. Die Darstellung orientiert sich somit am Lebenslauf des einzelnen Menschen, von Geburt über allgemeine Erkrankungen, die in jedem Alter auftreten können, dann altersassoziierte Krankheiten, Geburtshilfe für die erwachsene Frau und Kriegschirurgie. Situation und Intention des Paulos erinnert, wie gesagt, durchaus an die betrachteten ärztlichen Herausgeber der Neuzeit, die für ihre Kollegen ein benutzbares Sammelwerk erstellen wollten, zuvorderst natürlich Francis Adams, aber auch Julius Berendes und Felix Brunet. Ärzte schreiben für Ärzte und schöpfen dabei aus Tradition und eigener Erfahrung.

Bei der Lektüre der kritischen **Paulos-Edition Heibergs** also stellt man fest, dass die Angaben der Lesarten zumeist kleinere Bedeutungsverschiebungen wiedergeben. Konjunktivale Einschübe wie καὶ oder δέ (‚und' bzw. ‚aber') sind häufig, Beigabe oder Auslassung von Artikeln, Präfixveränderungen oder relationale Addita zum Verständnis – „an ihrem Anfang" bzw. „an *deren* Anfang" etc. – ebenso. Die sinnvollere Variante ist oftmals schon aus dem Gesagten verständlich. Ein Beispiel ganz zu Beginn der sieben Bücher ist die Verwendung der Lesart περισαίνειν, wörtlich „schwänzeln", „hin und her wedeln".[4] Das Blut, erklärt Berendes in der Fußnote mit Winter von Andernach, würde sich in der Gebärmutter stauen, in den Magen zurücklaufen und dann die gemeinte Symptomatik hervorrufen, nämlich Unruhe.[5] Die Lesart περισσεύειν würde, von περι-σεύω, „herum-werfen", „um-stürzen" ergeben, die weniger Interpretation braucht; ebenso hält es sich mit der bei Berendes nach Cornarius bezeugten Lesart περισείειν von περι-σείω – „umher-schütteln". Diese Differenzen befand bereits Berendes, inhaltlich ist dem Arzt jedenfalls klar, dass die die Schwangere befallende Unruhe gemeint ist. Adams übersetzt übrigens etwas grob „crudities", also Rohheit.

Umgekehrt finden sich ab und an Stellen, an denen der Zusammenhang ohne inhaltliche Kenntnis uneinsichtig bleibt: Heiberg gibt z.B. an einer Stelle, wo Berendes mit Cornarius τὸ δέρμα (die Haut) ergänzt,[6] kein Attribut bei und wäre daher zu verstehen: „[...] außer wärmeren Wassers, damit (es) sich sacht zusammenzieht"; mit der Ergänzung ergibt sich aber:[7] „[...] um die Haut sacht zusammenzuziehen." Beren-

beschreibung, s. z.B. Thukydides' Beschreibung der sog. Attischen Seuche im zweiten Buch seiner Historie über den Peloponnesischen Krieg.

4 S. Heiberg (1921), S. 8.

5 Folgerichtig wäre die Angabe einer Hämatemesis, blutiges Erbrechen; das Erbrechen (ἐμεῖν) wird aber nicht als solches bezeichnet.

6 S. Berendes (1914), S. 21.

7 Cornarius ergänzt dies eigenmächtig; eine eventuelle Handschriftengrundlage erwähnt er nicht. Die vom Verf. konsultierten Hdss. (Cod. Paris. gr. 2207 unter https://pinakes.irht.cnrs.fr/notices/

des hatte diese im Zusammenhang sinnvollere Variante erkannt und damit, ohne die Handschriften zurate zu nehmen, die Ergänzung in Klammern beigegeben, die auch schon Cornarius wählte. Bei Heiberg bleibt die Stelle unklar. Solche Vorgehensweise geht vom Inhaltlichen *zuerst* aus, und fragt die Handschriften um Rat („konsultieren"!) bei der Lösung von Unklarheiten. Insgesamt bleiben die Stellen, wo kritische Apparate einen merklichen inhaltlichen Mehrwert haben, aber doch recht begrenzt.

Ein Beispiel hierfür möge dennoch angebracht sein: Paulos gibt im zweiten Buch eine Lehre von den sog. kritischen Tagen, also einer Beschreibung von Krankheitsverläufen und den für benignen oder malignen Ausgang prognostisch entscheidenden Tagen. Nach dem vierzigsten Tag seien nun alle Kranken ἔκλυποι, wo man das Präfix (ἐκ-) als Verstärkung des Adjektivstamms lesen muss: „sehr traurig"; das ist die Fassung von Berendes.[8] Heiberg setzt nun ἔκλυτοι, „ausgelöst", damit wären die Kranken gelöster, leichter. Im Zusammenhang liest sich dann: „Und so sind alle nach dem vierzigsten Tag gelöst, indem sie die Krankheiten mehr mit Verdauung und Abfall zu Ende bringen denn durch die Krisis." Die Lesart ist dann sinnvoller, wenn beispielsweise autolytische Prozesse gemeint sind, die nach dieser Zeit einsetzen und den Kranken befallen. Berendes' Version mit der Traurigkeit der Kranken würde eine Verschlechterung des Therapie- und Prognoseregimes bedeuten, wenn durch „Kochung und Abscesse" die Krankheiten zu Ende geführt werden, was den Allgemeinzustand der Patienten – ἔκλυποι, traurig – verschlechtert. In diesem Fall hat die Emendation Heibergs eine deutlich verschiedene Variante geliefert, doch der Inhalt gibt das Gemeinte nicht hinreichend eindeutig her.

Ähnlich verhält es sich bei den Büchern der Chirurgie. Dieses Buch hat Paulos in besonderer Weise zur Ehre gereicht, da es von einer vielseitigen und langen praktischen Erfahrung des Verfassers zeugt. Einige Verfahren werden ihm als Erstbeschreibung zugeschrieben.[9] Die Techniken ähneln in Vielem heutigen Methoden, wenngleich freilich Einiges verfeinert oder, durch das Aufkommen der Narkose, gänzlich anders angegangen wurde. Trotzdem erfreuen sich die Empfehlungen von Paulos immer wieder einmal einer modernen chirurgischen Rezeption.[10] In diesem Buch nun

cote/51836/, zul. abg. 29.09.2021; bzw. Cod. Laur. Plut. 74.2 unter https://pinakes.irht.cnrs.fr/notices/cote/16657/, zul. abg. am 02.11.2022) geben diese Ergänzung auch nicht her.

8 Er folgt darin der venezianischen Aldina-Ausgabe von 1528; Berendes selbst hatte ja keine Hdss. konsultiert (s.o.).

9 So z.B. das der partiellen Laminektomie, also Wirbelkörperteilentfernung, und der Dekompressionstherapie bei Wirbelsäulentraumata, vgl. Er, U., Naderi, S.: Paulus Aegineta. Review of Spine-Related Chapters in „Epitomoe Medicoe [sic] Libri Septem", in: Spine, vol. 38, no. 8 (2013), S. 692–695. Oftmals lassen solche Artikel zwar medizinische Einordnungen zu, sind aber unterkomplex in der Darstellung der historischen Umstände und Verortung des Paulos.

10 Vgl. Skoulakis, Ch. E., Manios, A. G., Theos, E. A., Papadakis, C. E., Stavroulaki, P. S.: Treatment of nasal fractures by Paul of Aegina, in: Otolaryngology – Head and Neck Surgery, vol. 138, iss. 3 (2008), S. 279–282; hier habe Paulos dem Urteil der Verfasser nach die drei wichtigsten Schritte der Behand-

spielen Lesarten immer wieder eine Rolle für das exakte Verständnis einer Prozedur. An und für sich sind die Operationsbeschreibungen wenig exakt, da sie sich nicht an einer anatomischen Nomenklatur orientieren und viel prä-, peri- und postoperative Erfahrung voraussetzen. Nichtsdestotrotz kann ein im jeweiligen Gebiet verständiger Chirurg den Erläuterungen folgen und mglw. das Verfahren rekonstruieren. Hierfür sind Details, in denen der Text eine schwer verständliche Passage wiedergibt, mit manchen Varianten besser erklärt: Bei der Befestigung eines Riemens am Hinterhaupt zur Stabilisierung des reponierten Nasengerüsts beispielsweise kann man entweder verstehen, das andere Ende des Riemens *unter* dem gegenläufigen Ende zu befestigen oder *an* ihm darunter – eine logischere Variante, da ein Widerlager zur Befestigung notwendig ist. Entscheidend ist medizinisch ja die Herstellung eines Gegenzugs und damit stabilen Nasenposition zur primären Ausheilung des Knochenbruchs.[11] Ähnlich verhält es sich bei dem Kapitel zur Wirbelsäule:[12] „Die Fortsätze der Wirbel werden oft gequetscht, selten erleiden sie einen Bruch" übersetzt Berendes. Heibergs Variante zu κάταξιν (Bruch) lautet nun κατὰ τάξιν: „… erfahren oft eine Prellung, selten aber gemäß der Ordnung" – eine weniger sinnvolle Variante, da Wirbelkörperprellungen nicht klassifiziert sind.[13] Weitere Auszüge bestätigen den Eindruck, dass die Lesarten entweder keine inhaltlich sinnvolleren Verständnismöglichkeiten bieten, weil sich alles Weitere aus dem Zusammenhang ergibt, oder sogar weniger passende Bedeutungen angeben. Selbst die Omissionen (Auslassungen) ergänzen meist nur den Gedankengang von Paulos, wie man am Ende des Wirbelsäulenkapitels lesen kann: Wenn ein disloziertes Knochenfragment zu tasten ist, muss man […] τε καὶ ἐπιμέλειαν προσάγειν, also die entsprechende Sorge walten lassen. Die ergänzte

lung von Nasengerüstfrakturen bereits erkannt: Reposition, Stabilisation und Verband: „The three steps in management, which are restoration, packing, and bandaging, had been well understood and applied, with the means he had in his era." S.a. Gurunluoglu, R., Gurunluoglu, A.: Paul of Aegina: landmark in surgical progress, in: World Journal of Surgery 27 (2003), S. 18–25; s.a. Dies.: Paulus Aegineta, a seventh century encyclopedist and surgeon: his role in the history of plastic surgery, in: Plastic and reconstructive surgery, 108/7 (2001), S. 2072–2079. Die genannten Arbeiten stützen sich übrigens meistens auf die Übersetzung von Francis Adams.

11 Dieses Beispiel ist dem 91. Kapitel im sechsten Buch entlehnt, s. Berendes (1914), S. 568, bzw. Heiberg (1924), S. 144.

12 Buch VI, Kapitel 98: bei Berendes (1914), S. 574, bzw. bei Heiberg (1924), S. 151.

13 Wenn gemeint ist, dass eine Prellung selten gemäß allgemeiner Ordnung, also unüblicherweise vorkommen, kann man die Heiberg'sche Variante wiederum annehmen. Frakturen hingegen sind durchaus klassifiziert, heute folgt man der AO-Klassifikation in Kompressions-, Distraktions- und Translationstraumata, vgl. https://aospine.aofoundation.org/clinical-library-and-tools/ao-spine-classification-systems, zul. abg. am 02.11.2022; s.a. Vaccaro, A. R., Oner, C., Kepler, C. K., Dvorak, M., Schnake, K., Bellabarba, C., Reinhold, M., Aarabi, B., Kandziora, F., Chapman, J., Shanmuganathan, R., Fehlings, M., Vialle, L.: AO Spine thoracolumbar spine injury classification system: fracture description, neurological status, and key modifiers. AO Spine Spinal Cord Injury & Trauma Knowledge Forum, in: Spine (= Phila Pa 1976), 1/38 (23. Nov. 2013), S. 2028–2037.

Auslassung bei Heiberg „ποιεῖσθαι τὴν πρόσφορον“ würde ergeben, dass man außerdem das Zuträgliche tun soll. Kurzum, der Arzt soll sich weiterhin um die dem Patienten angemessene Therapie bemühen.

Im Bereich der Pharmakotherapie nun beziehen sich die Varianten auf Beschreibungen der Pflanzen, selten auf die Pflanzennamen selbst. Darin ist vor allem der Wortschatz interessant, da hier Wörter auftauchen, die in anderen Kontexten nicht oder selten verwendet werden. Heiberg ist z.B. sehr bemüht um die korrekte Wiedergabe unüblicher Vokabeln oder Eigennamen wie z.B. die Schreibweise von Dioskurides (Διοσκουρίδης bzw. Διοσκορίδης) oder den Doppelkonsonanten ῥησούντων bzw. ῥησσούντων.[14] Hier helfen die kritischen Ausgaben bei der philologischen Erschließung der griechischen Sprachentwicklung (Morphologie, Syntax etc.).

Wenig überzeugend bei der Umsetzung der Bestimmung, wie kritisches Vorgehen oder medizinische Gesichtspunkte zueinander stehen, ist **Puschmanns Alexander-Ausgabe**. Sie fällt zunächst, wie gesagt, durch den ungewöhnlichen Fußnotenapparat auf. Dort werden textliche Unklarheiten dargelegt und eventuelle Eingriffe am Text begründet. Auslassungen, Verbesserungen, Ergänzungen, mögliche Lesarten werden eingepflegt und hierzu die Handschriften konsultiert. Meist sind es Änderungsmöglichkeiten im Modus (Optativ-Indikativ-Vertauschung), ergänzende ‚Verständnisworte‘ wie „von einer Verwundung *herrührend*“[15] oder gleichbedeutende Änderungen im Numerus (von ihr – von ihnen). Selten gibt es Unklarheiten bzgl. des Inhalts, und wenn, gibt Puschmann meist der Lesart den Vorrang, die er aus der von ihm bevorzugten Redaktion nimmt. Inhaltlich bieten alle diese Lesarten meist recht wenig Mehrwert. Im Gegenteil stört die Angabe im Fußnotenstil die Lesbarkeit des griechischen Textes, der aber ja mehr zum Nachsehen für den deutschsprachigen Leser dienen sollte denn als definitive griechische Fassung des Alexander von Tralleis (s.o.). Inhaltliche Anmerkungen hatte Puschmann ja absichtlich vom Text ferngehalten und teils in die Anmerkungen des deutschen Übersetzungstexts, teils in die ausführliche Abhandlung zu Beginn verlagert. Damit konnte er aber auch einen Zusammenhang zwischen variierenden Lesarten und möglicherweise damit einhergehenden inhaltlichen Verständnisverschiebungen strukturell nicht herstellen.

Schon diese wenigen Schlaglichter machen deutlich, wie eine ärztliche Reaktion auf kritische Fassungen ausfallen würde. Schwerpunkt solcher Ausgaben ist und bleibt eben die Textkritik. Der Arzt kann wenig zusätzlichen Nutzen aus einer kritischen Edition ziehen, auch wenn die fachliche oder terminologische Weiterent-

---

14 S. Heiberg (1924), S. 240, bei der Beschreibung zu indischer Tinte; s. entsprechend Berendes (1914), S. 684. Dieses Mittel würde Geschwüre etc. „öffnen“ (zerreißen) und reinigen.

15 S. Puschmann (1878), S. 482 f., wo in die Überschrift Περὶ τῆς ἀπὸ πληγῆς γινομένης κεφαλαλγίας eingeschaltet wird: Die Formulierung „Über den von Verwundung kommenden Kopfschmerz“ macht die Genese des Symptoms deutlicher, ist aber auch ohne diesen Zusatz gut verständlich.

wicklung mancherorts interessant sein mag. Die Herausgabe kritischer Texte ist vor dem Hintergrund der hohen Anforderungen, die an solche gestellt werden, jedenfalls eindeutig Sache von Spezialisten geworden. Die Verfügbarkeit antiker medizinischer Texte hat sich stark gewandelt zugunsten deren Zugänglichkeit, auch in deutscher Sprache. Immerhin kann man an dieser Stelle auch gewiss behaupten, dass unter Heranziehung der vorhandenen Übersetzungen der Arzt nicht aufgrund fehlender kritischer Editionen billig vom Lesen eines antiken Schriftstellers abgehalten werden kann.

Eine Beschäftigung mit antiken Ärzten kann dennoch bis heute interessant für Ärzte bleiben. Das eigene Fach als eingebettet in einer lückenlosen Tradition zu wissen und zu verstehen macht sensibel für Einschätzungen von Innovation; Erzählmuster und ihre narrative Genese einsehen bereitet für die Auseinandersetzung mit Veränderung; nicht zuletzt können Argumentationsmuster (wieder)entdeckt und beantwortet werden. Freilich rührt man hier an die noch allgemeinere Frage um das Wesen der Medizin und ihrer Erkenntnismethoden sowie einer medizinhistorischen Unterrichtung bzw. Gesinnung im medizinischen Studium. Damit ist allerdings die Frage nach dem Sinn vom Medizingeschichte bereits aufgeworfen und auf das Feld der theoretischen Medizin gewiesen, worauf im folgenden Schlussteil kurz eingegangen sein soll.

Ausblick

Es ist zum Ende der vorliegenden Arbeit vielsagend, das Vorwort des Ägineten selbst zu lesen:

> Nicht als ob in den Schriften der Alten über die Kunst etwas übergangen wäre, habe ich dieses Werk abgefasst, es soll vielmehr ein kurz gefasstes Handbuch sein; denn jene haben im Gegentheil alles richtig, erschöpfend und mit Fleiss bearbeitet, die Jüngeren aber, die nicht einmal Veranlassung genommen haben, sie zu lesen, zeihen sie noch gar der Geschwätzigkeit. So bin ich denn gern zur Abfassung dieses Kompendiums geschritten, das denen, die es, wie wohl zu erwarten ist, gebrauchen wollen, zum Nachschlagen dienen soll, mir aber zur Uebung.[1]

Paulos wollte seinerseits ein „Kompendium", ein Handbuch herausgeben. Er ergänzte es um seine aus langjähriger Erfahrung gewonnenen Erkenntnisse, um den „Jüngeren" ein Nachschlagewerk an die Hand zu geben. Besonders dem Arzt zieme ein solches, weil er ja meist fernab städtischer Bibliotheken zu praktizieren habe, auf dem ganzen Feld des Lebens sozusagen, und das mithin unter zeitlicher Begrenzung. Darum sei in seinem Werk die gesamte Heilkunst dargelegt. Seine eigene Erfahrungen verbindet er mit dem, was seine Vorgänger bereits an selbiger gesammelt haben. Es ist dies im Grunde Ur-Bild der Medizin selbst, die eine *virtus docilitatis*, Belehrsamkeit, mit einer *ars faciendi* als Handlungswissenschaft verbindet.

Medizingeschichte im medizinischen Unterricht: Die Medizingeschichte ist aktuell im Studienbetrieb der Universitäten ein Nischenfach im Curriculum des Medizinstudiums. Der Student hört Namen wie Hippokrates und Galen, lernt ihrem denkerischen Zusammenhang völlig entrissen und rudimentär nur die Grundideen der Humoralpathologie kennen, dazu astrologisch verdunkelt. Teleologische Konzepte, Einbindung in das weltbildliche Gerüst der jeweiligen Theorien oder Generativität der Methode für die Wissenschaftsform und -anwendung kommen nicht zur Sprache. Im Fortgang fehlt daher mithin jede Reflexion auf die selbst erlernte und ausgeübte Wissenschaft, sodass von methodologischer Grundlegung nicht die Rede sein kann. Universitätseigene medizinhistorische Institute gibt es nach wie vor selten, aber fast alle besitzen ein Institut, an dem zugleich medizinische Ethik und manchmal Medizintheorie beheimatet sind.[2] Schwerpunkt ist sicherlich eher die Medizinethik, die Geschichte derselben und deren klinische Anwendung.[3] Leider gibt es zum Zeitpunkt der Abfas-

1 Paulos von Ägina, Prooimion; dt. Übersetzung nach Berendes (1914), S. 1.

2 Der Frage, ob dieser Ort der richtige für die Medizingeschichte zumindest für den Unterricht ist, geht nach Helm, J.: Medizinhistorische Lehre im Querschnittsbereich Geschichte, Theorie, Ethik der Medizin: Bedrohung oder Chance?, in: Medizinhistorisches Journal 43/2 (2008), S. 202–215.

3 Vgl. auch Schott, H.: Die Situation der „kleinen Fächer" am Beispiel der Geschichte, Theorie und Ethik der Medizin, in: Bundesgesundheitsblatt 52 (2009), S. 933–939.

https://doi.org/10.1515/9783111062020-008

sung dieser Arbeit keinen einzigen Mitarbeiter am hiesigen Institut, der medizinhistorisch tätig ist; ein bedauernswerter Zustand.

Grundlegende Ausblicke: Es wurde vorhin gesagt, dass der Frage nach der Sinnhaftigkeit und Nützlichkeit antiker medizinischer Literatur für Studium und Praxis nicht nachgegangen wird, und in der Hauptsache stimmt das auch. Doch sei eine grundlegende, vielleicht dienliche Unterscheidung eingeführt, die eine Antwort weisen kann. Hilfreich ist dabei die bereits erwähnte Festsetzung der Medizin als Handlungswissenschaft. Damit tut sich nämlich eine prinzipielle Trennung zwischen dem Arzt und dem Wissenschaftler auf. Freilich könnte die Verhältnisbestimmung dieser beiden wiederum Anlass zur Beanstandung sein, aber nehmen wir eine grundlegend verschiedene Richtung an dieser Stelle einmal an. Der Wissenschaftler ist dem Wissen zugewandt, der Arzt dem Patienten; damit besteht der Unterschied vorrangig in der Personalität des zugewendeten Objekts.

Der Arzt am Krankenbett nun hat mit dem kranken Menschen zu tun. Jedes einzelne dieser Worte birgt zugleich alle Prämissen ärztlichen Handelns. *Darin* und *damit, dass* der Arzt sich dem kranken Menschen zuwendet, ist bereits alles Weitere recht deutlich vorgegeben. Das Kranksein des Patienten, das Arztsein des Arztes etc. sind bereits stark bindende Vorgaben. Die Personalität der Arbeit bedingt dabei ihre Unverallgemeinerbarkeit.[4] Es gibt nicht ‚*den* Patienten mit Herzinsuffizienz', oder gar ‚Fälle'. Rückwärts gilt das aber auch für die Ärzte: *Der* Arzt ist ein Phantom, das nicht existiert. Eine Argumentation in der Formulierung „dem Arzt nötig oder nützlich"[5] geht also fehl, vielmehr ist es manchem Arzt eher angeraten als anderen. Wo von einem Arzt welche Art des Wissens, welcher Modus der Anwendung und Begleitung verlangt wird, unterscheidet sich je nach Gegenüber. Die Personalität des Patienten wirkt sozusagen, wenn Arzt und Patient tatsächlich eine ‚Beziehung' haben sollen, auf ihn zurück. So erst wird er rezeptiv für seinen Patienten, und dann erst wird sich eine Beziehung abseits des Fachlichen entwickeln.

Damit ist die Frage nach dem Stellenwert der historischen Lektüre in anderes Licht gerückt, in dem man jetzt vielleicht erkennen kann, dass die für den Arzt relevanten Fragen nicht neben, sondern über diese enge Sicht hinaus verhandelt werden sollten. Die Frage ist so auch eng mit dem jeweiligen Bild des einzelnen Arztes und seiner konkreten Tätigkeit verknüpft. Er muss eben auf den Patienten schauen. Das im eingangs erwähnten Satz enthaltene *Salus aegroti suprema lex* erhält erst damit seine Berechtigung: Wenn er nicht um das Heil *eines* Kranken bemüht ist, sondern um das Wohl *seines* Patienten.

τί γὰρ ὠφεληθήσεται ἄνθρωπος ἐὰν τὸν κόσμον ὅλον κερδήσῃ τὴν δὲ ψυχὴν αὐτοῦ ζημιωθῇ;

4 Dies ist ein Gedanke, der sich auch bei Richard Koch fand, s.o. unter 1.1.2.

5 Vgl. das Zitat im Titel des Aufsatzes von Kümmel, in: Frewer (2001), S. 75.

Anhang

Literaturverzeichnis

Quellen

Als Primärquellen werden die Werke der untersuchten Autoren sowie griechisch-lateinische Fassungen der antiken Ärzte angegeben, letztere sind chronologisch aufgelistet. Innerhalb der Autoren wird ebenfalls chronologisch vorgegangen; bei gleichem Erscheinungsjahr entscheidet der Titelbuchstabe über die Reihenfolge.

Hippokratische Schriften

Anutius Foësius: Hippocratis opera omnia. Frankfurt 1595.

van der Linden, J. A.: Magni Hippocratis Coi opera omnia. Leiden 1665.

Chartier, R.: Hippocratis Coi et Claudii Galeni Pergameni archiatron opera. Bd. II, Paris 1679.

Gruner, C. G.: Censura Librorum Hippocrateorum: Veri A Falsis Integri A Suppositis Segregantur. Bratislava 1772.

Grimm, J. F. K., Lilienhain, L.: Hippokrates Werke. 1. Aufl. Altenburg 1781–1792, 2. Aufl. Glogau 1837–1839.

Kühlewein, H., Ilberg, I.: Hippocratis opera quae feruntur omnia, rec. H. Kuehlewein (Prolegomena conscripserunt I. Ilberg et H. Kuehlewein). 2 Bde., Leipzig 1894–1902.

Fuchs, R.: Sämmtliche Werke: Hippokrates. Ins Deutsche übertragen und ausführlich commentiert von Robert Fuchs. München 1895–1900.

Hippocratis Opera. Bd. 1,1: Indices librorum. Iusiurandum. Lex. De arte. De medico. De decente habitu. Praeceptiones. De prisca medicina. De aere locis aquis. De alimento. De liquidorum usu. De flatibus. Edidit I. L. Heiberg (Corpus Medicorum Graecorum 1,1 = Hippocratis Opera. Ediderunt I. L. Heiberg, I. Mewaldt, E. Nachmanson, H. Schoene. 1,1). Leipzig 1927.

Galen

Galeni Pergameni summi semper viri, quique primus artem medicinae universam, apud priores homines obscuram & veluti errantem, in perspicuam quandam & propriam expositionem traduxit, opera omnia, ad fidem complurium & perquam vetustorum exemplariorum ita emendata atque restituta, ut nunc primum nata, atque in lucem aedita, videri possint. 5 Bde., Basel 1538.

Paulos von Ägina

Pauli Aeginetae medici optimi, libri septem. In aedib. Aldi. Venedig 1528.

Pauli Aeginetae medici optimi, libri septem. Omnia haec, collatione vetustissimorum exemplarium, magna fide ac diligentia emendata & restituta, necnon aliquot locis aucta, ut hic liber plane nunc primum e tenebris erutus, in lucem prodijsse dici possit. Basel 1538.

Briau, R.: Chirurgie de Paul d'Égine. Paris 1855.

Alexander von Tralleis

Alexandri Tralliani Medici libri duodecim, Graeci et Latini, multo quam antea auctiores et integriores: Ioanne Guinterio Andernaco interprete et emendatore. Adiectae sunt per eundem variae exemplarium lectionis Observationes, cum Iacobi Goupyli Castigationibus. Basel 1556.

Carl Gottlob Kühn

Kühn, C. G (Hrsg.).: Neue Sammlung der auserlesendsten und neuesten Abhandlungen für Wundärzte. Leipzig 1782–1789.

https://doi.org/10.1515/9783111062020-009

Kühn, C. G.: De forcibus obstetriciis nuper inventis. Leipzig 1783.
Kühn, C. G. (Hrsg.): Commentarii de rebus in scientia naturali et medicina gestis. Leipzig 1789–1808.
Kühn, C. G.: Die neuesten Entdeckungen in der physikalischen und medicinischen Electricität. 2 Bde., Leipzig 1796/1797.
Kühn, C. G. (Hrsg.): Chronologische Geschichte der Naturlehre. Leipzig 1798–1799.
Kühn, C. G.: Die Kuhpocken, ein Mittel gegen die natürlichen Blattern. Leipzig 1801.
Kühn, C. G. (Hrsg.): Neue Sammlung auserlesener Abhandlungen zum Gebrauch practischer Ärzte. Leipzig 1816–1838.
Kühn, C. G.: Claudii Galeni De Optima docendi genere libellus. Novae Medicorum Graecorum omnium editionis specimen exhibuit D. Carolus Gottlob Kühn etc. Leipzig 1818.
Kühn, C. G: Omnia Opera Galeni (= Medicorum graecorum opera quae exstant). Bde. 1–20, Leipzig 1821–1833.
darin:
Magni Hippocratis Omnia opera (= Bde. 21–23). Leipzig 1825–1827.
Aretaei Cappadocis Opera omnia (= Bd. 24). Leipzig 1828.
Pedanii Dioscoridis Anazarbei De Materia Medica Libri Quinque (= Bde. 25–26). Hrsgg. von Kurt Sprengel. Leipzig 1829–1830.

Johann Ludwig Choulant

Choulant, J. L.: Tafeln zur Geschichte der Medizin: nach der Ordnung ihrer Doctrinen. Leipzig 1822.
Choulant, J. L.: Rede über den Einfluss der Medicin auf die Cultur des Menschengeschlechts. Leipzig 1824.
Choulant, J. L.: Handbuch der Bücherkunde für die ältere Medicin zur Kenntniss der griechischen, lateinischen und arabischen Schriften im ärztlichen Fache und zur bibliographischen Unterscheidung ihrer verschiedenen Ausgaben, Uebersetzungen und Erläuterungen. Leipzig 1828/18412.
Choulant, J. L. (Hrsg.): Georg Ernst Stahls ‚Theoria medica vera physiologiam et pathologiam tanquam doctrinae medicae partes [...] intaminate ratione et inconcussa experientia sistens'. 3 Bde., Leipzig 1831–1833 (= Scriptorum classicorum de praxi medica nonnullorum opera collecta. Bde. 14–16).
Choulant, J. L.: Lehrbuch der speciellen Pathologie und Therapie des Menschen. Ein Grundriss der praktischen Medicin für akademische Vorlesungen. Leipzig 1831/1834².
Choulant, J. L. (Hrsg.): Macer floridus De viribus herbarum una cum Walafridi Strabonis, Othonis Cremonensis et Ioannis Folcz carminibus similis argumenti. Leipzig 1832.
Choulant, J. L., Sillig, L.: De viribus herbarum, una cum Walafridi Strabonis, Othonis Cremonensis et Ioannis Folcz carminibus similis argumenti, quae secundum codices manuscriptos et veteres editiones recensuit, supplevit et adnotatione critica instruxit Ludovidus Choulant. Accedit anonymi Carmen Graecum de herbis, quod e codice Vindobonensi auxit et cum Godofredi Hermanni suisque emendationibus edidit Iulius Sillig. Leipzig 1832.
Choulant, J. L.: Historisch-litterarisches Jahrbuch für die deutsche Medicin. Leipzig 1838–1840.
Choulant, J. L.: Bibliotheca medico-historica sive catalogus librorum historicorum de re medica et scientia naturali systematicus. Leipzig 1842.
Choulant, J. L.: Geschichte und Bibliographie der anatomischen Abbildung nach ihrer Beziehung auf anatomische Wissenschaft und bildende Kunst: Nebst Auswahl von Illustrationen nach berühmten Künstlern. Leipzig 1852.

Émile Littré

Littré, É.: Du cholera oriental. Paris 1832.
Littré, É.: Œuvres d'Hippocrate, Band I–X. Paris 1839–1861.
Littré, É.: Dictionnaire de la langue française. Paris 1863–1873.

Julius Ludwig Ideler

Ideler, J. L.: Prolegomena ad novam Meteorologicorum Aristotelis editionem adornandam. Berlin 1832.

Ideler, J. L.: Aristotelis Meteorologicorum libri IV. 2 Bde., Leipzig 1834/1836.

Ideler, J. L.: Physici et Medici Graeci minores. 2 Bde., Berlin 1841/1842. Nachdruck Amsterdam 1963.

Ideler, J. L.: Hermapion sive rudimenta hieroglyphicae veterum Aegyptiorum literature. Leipzig 1841.

Theodor Puschmann

Puschmann, Th.: Richard Wagner. Eine psychiatrische Studie. Berlin 1873.

Puschmann, Th.: Alexander von Tralles: Originaltext und Übersetzung nebst einer einleitenden Abhandlung: ein Beitrag zur Geschichte der Medicin. 2 Bde., Wien 1878–1879.

Puschmann, Th.: Die Geschichte der Medizin als akademischer Lehrgegenstand. Separat-Abdruck aus Nr. 44 und 45 (1879) der Wiener medizin. Blätter. Wien 1879. Original in: Wiener medizinische Blätter Nr. 44/45 (Jg. 1879), S. 1069–1072 bzw. 1093–1096. (= 1879b)

Puschmann, Th.: Die Medicin in Wien während der letzten hundert Jahre. Wien 1884.

Puschmann, Th.: Nachträge zu Alexander Trallianus: Fragmente aus Philumenus und Philagrius nebst einer bisher noch ungedruckten Abhandlung über Augenkrankheiten. Berlin 1886.

Puschmann, Th.: Die Bedeutung der Geschichte für die Medicin und die Naturwissenschaften, in: Deutsche Medizinische Wochenschrift, Nr. 40. Leipzig–Berlin 1889. (= 1889a)

Puschmann, Th.: Geschichte des Medicinschen Unterrichts: Von den ältesten Zeiten bis zur Gegenwart. Leipzig 1889. (= 1889b)

Puschmann, Th.: A History of Medical Education from The Most Remote to The Most Recent Times, ed. by Hare, E. H. London 1891.

Julius Berendes

Berendes, J.: Die Pharmacie bei den alten Culturvölkern. Historisch-kritische Studie. 2 Bde., Halle a. d. Saale 1891.

Berendes, J.: Der angehende Apotheker. Lehrbuch der pharmazeutischen Hilfswissenschaften zum Gebrauch für den Unterricht der Eleven. 2 Bde., Stuttgart 1893/1895^2/1903^3.

Berendes, J.: Kurze Beiträge zur Geschichte der Pharmacie des Mittelalters, in: Pharmazeutische Post, Jg. 1894, S. 481–486 u. 510–513.

Berendes, J.: Beitrag zur Materia medica und Pharmacie des 16. Jahrhunderts, in: Chemiker-Zeitung, Jg. XX, *incipit* Nr. 63 (1896), S. 615 ff.

Berendes, J.: Die Physica der heiligen Hildegard, Gesamtausgabe als Sonderdruck der Pharmazeutischen Post. Wien 1897.

Berendes, J.: Das Medizinalwesen in Japan, in: Pharmazeutische Zeitung Nr. 92 (1898), S. 820 ff.

Berendes, J.: Geschichte der Pharmacie. Unter Mitwirkung angesehener Historiker und Fachgenossen. Bd. 1, Leipzig 1898.

Berendes, J.: Die chemischen Mittel der alten Inder und das mutmaßliche Alter des Ayar-Vedas Susrutas, in: Apotheker-Zeitung, XIV. Jg., Nr. 93 (1899), S. 699–701.

Berendes, J.: Die Namen der Elemente, in: Chemiker-Zeitung, XXIII. Jg., *incipit* Nr. 11 (1899), S. 103 ff.

Berendes, J.: Die Rhizotomen, die Vorläufer der Apotheker? Das älteste Arzneibuch der Griechen, in: Apotheker-Zeitung, XIV. Jg., *incipit* Nr. 15 (1899), S. 93 f.

Berendes, J.: Beiträge zur Geschichte der deutschen Pharmazie im XIX. Jahrhundert, in: Apotheker-Zeitung, XV. Jg., Nr. 1 (1900), ab S. 4 f. und ff. Ausgaben.

Berendes, J.: Des Pedanios Dioskurides aus Anazarbos Arzneimittellehre in fünf Büchern. Stuttgart 1902.

Berendes, J.: Das Morphin und seine Entdecker. Sertürner. Ein Erinnerungs- und Lebensbild, in: Apotheker-Zeitung, XIX. Jg., Nr. 87 (1904), S. 858–859.

Berendes, J.: I. Des Pedanios Dioskurides Schrift über die Gifte und Gegengifte. II. Des Pedanios Dioskurides Schrift über die giftigen Tiere und den tollen Hund. Übersetzung und Kommentar, in: Apotheker-Zeitung, XX. Jg., *incipit* Nr. 89 (1905), S. 908–911.

Berendes, J.: Ueber das Silphion der Alten, in: Archiv der Pharmacie, Bd. 243 (1905), S. 430–434.

Berendes, J.: Die Hausmittel des Pedanios Dioskurides, übersetzt und mit Erklärung versehen, in: Janus 12 (1907), fortlaufend (*incipit* S. 10–33). (= 1907a)

Berendes, J.: Das Apothekenwesen. Seine Entstehung und geschichtliche Entwicklung bis zum XX. Jahrhundert. Stuttgart 1907. (= 1907b)

Berendes, J.: Hortulus Walafridi Strabi. Das Gärtchen des Walafridus Strabus, ein ehrwürdiges Denkmal des Arznei-Gartenbaues aus dem 9. Jahrhundert, in: Pharmazeutische Post, Sonderdruck 1908.

Berendes, J.: Paulos' von Aegina, des besten Arztes sieben Bücher. Übersetzt und mit Anmerkungen versehen. Leiden 1914.

Johan Ludvig Heiberg

Heiberg, J. L.: Kleine Anecdota zur byzantinischen Mathematik, in: Zeitschrift für Mathematik und Physik, Jg. 33, H. 5, S. 161–171. (1888; = 1888a)

Heiberg, J. L.: Et mathematisk Sted hos Aristoteles, in: Oversigt over det kgl. danske Videnskabernes Selskabs Forhandlinger (1888), S. 1–6. (= 1888b)

Heiberg, J. L.: Aphorismer om Hippokrates, in: Studier fra Sprog- og Oldtidsforskning 2, Nr. 7, Kopenhagen 1892. (= 1892a)

Heiberg, J. L.: Handschriftliches zum Kommentar des Simplicius zu Aristoteles de caelo, in: Sitzungsbericht der preußischen Akademie der Wissenschaften (1892), S. 59–76. (=1892b)

Heiberg, J. L.: Simplicii in Aristotelis De Caelo Commentaria. Berlin 1894 (= Commentaria in Aristotelem graeca, vol. VII).

Heiberg, J. L.: Die handschriftliche Grundlage der Schrift περὶ ἀέρων ὑδάτων τόπων, in: Hermes 39 (1904), S. 133 ff.

Heiberg, J. L.: Eine neue Archimedeshandschrift, in: Hermes 42 (1907), S. 235 ff.

Heiberg, J. L., Zeuthen, H. G.: Eine neue Schrift des Archimedes. Sonderabdruck aus: Bibliotheca mathematica, 3. Folge, Band VII. Leipzig 1907, S. 321–363.

Heiberg, J. L.: Paulos von Aigina Libri tertii interpretatio latina antiqua. Leipzig 1912.

Heiberg, J. L.: De codicibus Pauli Aeginetae observationes, in: Revue Des Études Grecques, vol. 32, no. 146/150 (1919), S 268–277.

Heiberg, J. L.: Paulos Aegineta. Libri I–IV (I), Libri V–VII (II), Leipzig/Berlin 1921–1924.

Heiberg, J. L.: Glossae medicinales. Edidit J. L. Heiberg, in: Det Kgl. Danske Videnskabernes Selskab. Historisk-filologiske meddelelser (9,1). Kopenhagen 1924.

Karl Sudhoff

Sudhoff, K.: Bibliographica Paracelsica. Berlin 1894–1899.

Sudhoff, K.: Theodor Puschmann und die Aufgaben der Geschichte der Medizin, in: Münchner Medizinische Wochenschrift, 53. Jg (1906), S. 1669–1673.

Sudhoff, K.: Richtungen und Strebungen in der medizinischen Historik: Ein Wort zur Einführung, Verständigung und Abwehr, in: Archiv für Geschichte der Medizin, Bd. 1, H. 1 (1907), S. 1–11. (= 1907a)

Sudhoff, K.: Aufgaben, Methoden und Hilfsmittel einer medizinischen Archäologie, in: Münchner medizinische Wochenschrift, Nr. 54 (1907), S. 2109. (= 1907b)

Sudhoff, K.: Ärztliches aus griechischen Papyrus-Urkunden; Bausteine zu einer medizinischen Kulturgeschichte des Hellenismus. Leipzig 1909.

Sudhoff, K.: Die pseudohippokratische Krankheitsprognostik nach dem Auftreten von Hautausschlägen, „Secreta Hippocratis" oder „Capsula eburnea" benannt, in: Archiv für Geschichte der Medizin, Bd. 9, H. 1/2 (1915), S. 79–116.

Sudhoff, K., Meyer-Steineg, Th.: Geschichte der Medizin im Überblick mit Abbildungen. Jena 1921.

Sudhoff, K.: Skizzen. Leipzig 1921.

Sudhoff, K.: Paracelsus sämtliche Werke: Medizinische, naturwissenschaftliche und philosophische Schriften. München und Berlin 1922–1933.

William Alexander Greenhill

Greenhill, W. A.: Θεοφίλου Περὶ τῆς τοῦ ἀνθρώπου κατασκευῆς βιβλια Ε' / Theophili de hominis fabrica, libri V. Griechisch-lateinisch. Oxford 1842.

Greenhill, W. A.: Prayers for the Medical Profession., ed. Jacob Horst. London 1842. (= 1842a)

Greenhill, W. A.: Address to a Medical Student. London 1843.

Greenhill, W. A.: Thomae Sydenham opera omnia. 2 vols., London 1844/1846.

Greenhill, W. A.: Treatise on the small-pox and measles. London 1847.

Francis Adams

Adams, F.: Hermes Philologus. London 1826.

Adams, F.: The Seven Books of Paulus Aegineta. London 1834 (1 vol.); bzw. Sydenham Society, 3 vols., London 1844–1847.

Adams, F.: The Genuine Works of Hippocrates. Sydenham Society, 2 vols., London 1849.

Adams, F.: The Extant Works of Aretaeus, the Cappadocian. London 1856.

Adams, F.: On the Construction of the Human Placenta. Aberdeen 1858.

Charles Daremberg

Daremberg, Ch.: Exposition des connaissances de Galien sur l'anatomie, la physiologie et la pathologie du système nerveux. Paris 1841.

Daremberg, Ch., Bussemaker, U. C.: Œuvres d'Oribase. Texte grec, en grand partie inédits. Collationné sur les manuscrits. 6 Bde., Paris 1851–1876.

Daremberg, Ch.: Œuvres de Rufus d'Éphèse: texte collationé sur les manuscrits, traduits pour la première fois en français, avec une introduction. Paris 1879.

Sekundärliteratur

Im folgenden Teil mit den Sekundär- und Internetquellen wird durchweg alphabetisch sortiert, bei mehreren Titeln desselben Autors entscheidet das Erscheinungsjahr und dann der Titelbuchstabe über die Reihenfolge. Anonyme Verfasser werden unter „N. N.", Ausgaben mehrerer Herausgeber unter „Mehrere Hrsg." gelistet.

Achundow, A.: Commentar zum sogenannten Liber fundamentorum pharmacologiae des Abu Mansur Muwaffak-Ben-Aliel Hirowi. Inaugural-Dissertation Dorpat 1892.

Adler, A.: „Heiberg, Johan Ludvig." in: Dansk Biografisk Leksikon 9 (1936), S. 560–567.

Adlung, A., Urdang, G.: Grundriß der Geschichte der deutschen Pharmazie. Berlin 1935.

Anstey, P.: The creation of the English Hippocrates, in: Medical history, vol. 55, 4 (2011), p. 457–478.

Arnim, H.: Johan Ludvig Heiberg. Ein Nachruf, in: Almanach der Akademie der Wissenschaften in Wien 78 (1928), S. 264–273.

Artelt, W.: Studien zur Geschichte der Begriffe ,,Heilmittel“ und „Gift“, in: Studien zur Geschichte der Medizin. H. 23, Leipzig 1937.

Ash, G. M. (Hrsg.): Mythos Humboldt. Vergangenheit und Zukunft der deutschen Universitäten. Wien/Köln/Weimar 1999.

Aufmesser, M.: Etymologische und wortgeschichtliche Erläuterungen zu „De materia medica“ des Pedanius Dioscurides Anazarbeus. Hildesheim/Zürich /New York 2000.

Baader, G.: „Ideler, Julius Ludwig“, in: Neue Deutsche Biographie 10 (1974), S. 116.

Bauer, A.: Historia magistra – Historia ministra pathologiae? Zur Rolle der Historiographie in der Pathologie: Entwicklungen und Tendenzen, in: Würzburger medizinhistorische Mitteilungen, Bd. 11 (1993), S. 59–76.

Belloni, L.: Sull' Ippocratismo di Salvatore De Renzi e di Francesco Puccinotti e sul concorso alla cattedra di Ippocrate e di Storia della medicina dell' Università di Napoli, in: Episteme VIII (1974), S. 132–147.

Belloni, L.: I carteggi di Salvatore De Renzi e di Charles V. Daremberg con Francesco Puccinotti. Mailand 1976.

Beneke, O.: „Julius, Nikolaus Heinrich“, in: Allgemeine Deutsche Biographie, Bd. 14 (1881), S. 686–689.

Bennett, D. C.: Medicine and Pharmacy in Byzantine Hospitals. A Study of the Extant Formularies. London/New York 2016.

Berger, A.: Das Bad in byzantinischer Zeit. München 1982.

Bickel, M.: Medizinhistoriker im 19. und 20. Jahrhundert: Eine vergleichend-biographische Betrachtung, in: Frewer (2001).

Billroth, Th.: Über das Lehren und lernen der medicinischen Wissenschaften an den Universitäten der deutschen Nation nebst allgemeinen Bemerkungen über Universitäten. Eine culturhistorische Studie. Wien 1876.

Boudon-Millot, V., Cobolet, G., Jouanna, J.: René Chartier (1572–1654), éditeur et traducteur d'Hippocrate et de Galien. Paris 2012.

Bouras-Vallianatos, P.: Clinical experience in late antiquity: Alexander of Tralles and the therapy of epilepsy, in: Medical history, vol. 58, 3 (2014), p. 337–353.

Bouras-Vallianatos, P.: A new witness to Michael Psellos' poem ‚On Medicine‘ (De medicina), in: Jahrbuch der österreichischen Byzantinistik, Bd. 65 (2015), S. 9–12.

Bouras-Vallianatos, P.: Medical Theory and Practice in Late Byzantium: The Case of John Zacharias Aktouarios (ca. 1275–ca. 1330). London 2015.

Bouras-Vallianatos, P.: Enrichment of the Medical Vocabulary in the Greek-Speaking Medieval Communities of Southern Italy: The Lexica of Plant Names, in: Pitarakis, B., Tanman, G.: Life is short, Art long. The Art of Healing in Byzantium. New perspectives. Istanbul 2018.

Bouras-Vallianatos, P., Zipser, B. (Hrsg.): Brill's companion to the reception of Galen. Leiden/Boston 2019.

Bouras-Vallianatos, P.: Innovation in Byzantine Medicine. The Writings of John Zacharias Aktouarios (1275–1330). Oxford 2020.

Bouras-Vallianatos, P.: Cross-cultural Transfer of Medical Knowledge in the Medieval Mediterranean: The Introduction and Dissemination of Sugar-based Potions from the Islamic World to Byzantium, in: Speculum, vol. 96, no. 4 (Oct. 2021), p. 963–1008.

Braun, J.: „Pierer, Heinrich August“, in: Allgemeine Deutsche Biographie, Bd. 26 (1888), S. 117.

Brocke vom, B.: Hochschul- und Wissenschaftspolitik in Preußen und im Deutschen Kaiserreich 1882–1907: das „System Althoff“, in: Baumgart, P. (Hrsg.): Bildungspolitik in Preußen zur Zeit des Kaiserreichs. Stuttgart 1980, S. 9–118.

Brocke vom, B. (Hrsg.): Wissenschaftsgeschichte und Wissenschaftspolitik im Industriezeitalter: das „System Althoff“ in historischer Perspektive. Hildesheim 1991.

Brocke vom, B.: Die Entstehung der deutschen Forschungsuniversität, ihre Blüte und Krise um 1900, in: Schwinges, R. Ch. (Hrsg.): Humboldt international. Der Export des deutschen Universitätsmodells im 19. und 20. Jahrhundert. Basel 2001, S. 367–401.

Brocke vom, B.: Die Institutionalisierung der Medizinhistoriographie im Kontext der Universitäts- und Wissenschaftsgeschichte, in: Frewer (2001).

Brockliss, L., Jones, C.: The Medical World of Early Modern France. Oxford 1997.

Bröer, R. (Hrsg.): Eine Wissenschaft emanzipiert sich. Die Medizinhistoriographie von der Aufklärung bis zur Postmoderne. Pfaffenweiler 1999.

Broman, Th.: The Transformation of German Academic Medicine, 1750–1820. Cambridge 1996.

Broman, Th.: Rethinking Professionalization: Theory, Practice, and Professional Ideology in Eighteenth-Century German Medicine, in: The Journal of Modern History, vol. 67, no. 4 (1995), S. 835–872.

Brotses, I.: Ὁ βυζαντινὸς ἰατρὸς Παῦλος ὁ Αἰγινήτης. Athen 1977.

Brunet, F.: Médecine et Thérapeutique Byzantines. Œuvres Médicales d'Alexandre de Tralles, le dernier auteur classique des grands médecins grecs de l'antiquité. Tomes I–IV, Paris 1933–1937.

Brunn von, W.: Darf man Galenos „Claudius" nennen?, in: Ciba Zeitschrift. 4. Jg., Nr. 43 (März 1937).

Bruns, F.: Die institutionalisierte Medizingeschichte und der Nationalsozialismus. Facetten einer engen Zweckbeziehung 1933–1945, in: Krischl, M., Schmidt, M., Groß, D. (Hrsg.): Medizinische Fachgesellschaften im Nationalsozialismus. Berlin 2016.

Buchheim, L.: „Haeser, Heinrich". in: Neue Deutsche Biographie 7 (1966), S. 453.

Buchner, J. A.: Vollständiger Inbegriff der Pharmacie in ihren Grundlehren und praktischen Theilen: ein Handbuch für Aerzte und Apotheker. Nürnberg 1822–1828.

Bühler, W.: Johannes Zacharias, De urinis, ed. J. L. Ideler, in: Museum Criticum 25–28 (1990–1993), S. 409–415.

Burck, E.: Classica et Mediaevalia (Rezension), in: Gnomon 14, Nr. 11 (1938), S. 621–623

Burnham, J. C.: A Brief History of Medical Practitioners and Professional Historians as Writers of Medical History, in: Health and History, vol. 1, no. 4 (12/1999), S. 250–273.

Buseck, S.: Die historische Apotheke. Das Deutsche Apotheken-Museum und andere pharmazeutische Sammlungen im deutschen Sprachgebiet. Eschborn 1997.

Butler, P.: Greenhill, William Alexander (1814–1894), physician and sanitary reformer. Oxford Dictionary of National Biography 2004.

Bynum, W.: Brunonianism in Britain and Europe. London 1988.

Bywater, I.: A Bio-Bibliographical Note on Coray, in: The Journal of Hellenic Studies, vol. 1 (1880), S. 305–307.

Callisen, A. C. P.: Medicinisches Schriftsteller-Lexicon der jetzt lebenden Aerzte, Wundärzte, Geburtshelfer, Apotheker und Naturforscher aller gebildeten Völker. Kopenhagen 1830–1837 (Bde. 1–25); Nachträge 1838–1845 (Bde. 26–33).

Castiglioni, A.: La vita e l'opera di Santorio Capodistriano. Bologna 1920.

Castillo y Quartiellers del, R.: El Código de Hammurabi y la oftalmología en los tiempos babilónicos. Madrid 1904.

Castillo y Quartiellers del, R.: Die Augenheilkunde in der Römerzeit. Autorisierte Übersetzung aus dem Spanischen von Max Neuburger. Leipzig/Wien 1907.

Comte, A.: Cours de philosophie positive. Paris 1830–1842.

Conforti, M.: Adalberto Pazzini e le origini dell'Istituto di Storia della Medicina, in: Medicina nei Secoli, 18/1 (2006), S. 297–312.

Craik, E.: The ‚Hippocratic' Corpus. Content and Context. London 2015.

Cutolo, C: Sulla tradizione manoscritta di Areteo di Cappadocia, in: Galenos 6 (2012), S. 25–47.

Daems, W. F.: Die Termini technici „apoteca" und „apotecarius" im Mittelalter, in: Veröffentlichungen der Internationalen Gesellschaft für Geschichte der Pharmazie. Neue Folge, Bd. 8 (1956), S. 39–52.

Damerow, H. P. A.: Die Elemente der nächsten Zukunft der Medicin entwickelt aus der Vergangenheit und Gegenwart. Berlin 1829.

Dann, G. E.: Einführung in die Pharmaziegeschichte. Stuttgart 1975.

Dann, G., Higby, G.: Bibliography of the Publications of George Urdang on His Birth Centenary, in: Pharmacy in History, vol. 24, no. 3 (1982), S. 106–114.

Danzius, J.: Kräuterbuch Deß uralten Und in aller Welt berühmtesten Griechischen Scribenten Pedacii Dioscoridis Anazarbaei. Von allerley wolriechenden Kräutern, Gewürtzen, köstlichen Oelen und Salben, Bäumen, Hartzen, Gum[m]i, Geträyt, Kochkräutern, scharpffschmäckenden Kräutern, und andern, so allein zur Artzney gehörig, Kräuterwein, Metalln, Steinen, allerley Erden, allem und jedem Gifft, viel und mancherley Thieren, und derselbigen heylsamen und nutzbaren Stück. In siben sonderbare Bücher underschieden. Frankfurt a. M. 1610.

De Renzi, S.: Storia della medicina in Italia. 5 Bde., Neapel 1845–1848.

De Renzi, S., Henschel, A. W., Daremberg, Ch.: Collectio Salernitana, ossia documenti inediti, e trattati di medicina appartenenti alla scuola medica Salernitana, raccolti ed illustrati da G. E. T. Henschel, C. Daremberg, E. S. De Renzi; premessa la storia della scuola, e pubblicati a cura di Salvatore de Renzi, medico napolitano. Neapel Bd. I 1852; Bd. II 1853; Bd. III 1854; Bd. IV 1856; Bd. V 1859.

Deichgräber, K.: Aretaeus von Kappadozien als medizinischer Schriftsteller. Mit Anhang: Der kranke Gelehrte. Berlin 1971 (= Abhandlungen der Sächsischen Akademie der Wissenschaften zu Leipzig. Phil.-hist. Klasse 63, 3).

Dewez, F. O.: Aretäus des Kapadoziers von den Ursachen und Kennzeichen rascher und langwieriger Krankheiten. Wien 1790.

Dickson, K. M.: Stephanus the philosopher and physician: commentary on Galen's Therapeutics to Glaucon. Leiden 1998.

Diels, H.: Die Handschriften der antiken Ärzte. II. Teil: Die übrigen griechischen Ärzte außer Hippokrates und Galenos, in: Abhandlungen der Königl. Preuß. Akademie der Wissenschaften 1906, phil.-hist. Kl. 1. Berlin 1906.

Diels, H., Schubart, W.: Anonymer Kommentar zu Platons Theaetet nebst drei Bruchstücken philosophischen Inhalts unter Mitwirkung von J. L. Heiberg, in: Berliner Klassikertexte (Heft II), Berlin 2005.

Diepgen, P.: Karl Sudhoff. Leben und Wirken eines großen Meisters, in: Wissenschaftliche Zeitschrift der Karl-Marx-Universität Leipzig, Mathematisch-naturwissenschaftliche Reihe 5 (1955/1956), S. 23–25.

Dietz, F. R.: Ἱπποκράτους περὶ ἱρῆς νούσου βίβλιον. Leipzig 1827.

Dietz, F. R.: Apollonii Citiensis, Stephani, Palladii, Theophili, Meletii, Damascii, Ioannis, aliorum Scholia in Hippocratem et Galenum e codicibus mss. Vindobonens. Monacens. Florentin. Mediolanens. escorialens. etc. primum graece edidit Fridericus Reinholdus Dietz. 2 Bde., Königsberg 1834.

Dinges, M. (Hrsg.): Medizinkritische Bewegungen in Deutschen Reich (ca. 1870–ca. 1933). Stuttgart 1997.

Döring, H.: „Julius Ludwig Ideler", in: Neuer Nekrolog der Deutschen, Jahrg. XX (1842), S. 527 ff.

Dorveaux, P.: Dr. Lucien Leclerc (1816–1893), in: Bulletin de la Société française d'histoire de médecine. Paris 1914.

Dragendorff, G.: Über einige in Turkestan gebräuchliche Heilmittel. St. Petersburg 1872.

Dragendorff, G.: Die Heilpflanzen der verschiedenen Völker und Zeiten. Ihre Anwendung, wesentlichen Bestandtheile und Geschichte. Ein Handbuch für Ärzte, Apotheker, Botaniker und Droguisten. Stuttgart 1898.

Duffy, J. M.: Stephani Philosophi In Hippocratis Prognosticum commentaria III, edidit et in linguam Anglicam vertit J. M. Duffy (= CMG XI 1,2). Berlin 1983.

Durante, R.: Rari in terra d'Otranto: un inedito Paolo d'Egina a Soleto, in: Rivista di studi bizantini e neoellenici, vol. 56 (2019), p. 111–124.

Eckart, W. U., Jütte, R.: Medizingeschichte. Eine Einführung. Köln/Weimar/Wien 2014².

Eckart, W. U.: Geschichte, Theorie und Ethik der Medizin. Berlin 2017⁸.

Eckerl, M. L.: Nötig oder nützlich? Legitimierungsstrategien der deutschsprachigen Medizingeschichte im 20. und 21. Jahrhundert. Inaugural-Dissertation Ulm 2014.

Edelstein, L.: Medical Historiography in 1847, in: Bulletin of the History of Medicine, vol. 21 (1947), S. 495–511.

Eijk van der, Ph. (Hrsg.): Ancient Histories of Medicine. Essays in Medical Doxography and Historiography in Classical Antiquity. Leiden 1999.

Engelhardt von, D.: Phasen, Positionen und Perspektiven der Medizinhistoriographie in Deutschland, in: Medicina nei Secoli: Arte e Scienza. Vol. 10, iss. 2 (1998), S. 209–225.

Er, U., Naderi, S.: Paulus Aegineta. Review of Spine-Related Chapters in „Epitomoe Medicoe Libri Septem", in: Spine, vol. 38, no. 8 (2013), S. 692–695.

Ermerins, F. Z.: Aretaei Cappadocis quae supersunt. Utrecht 1847.

Ette, O.: Alexander von Humboldt und die Globalisierung: Das Mobile des Wissens. Frankfurt a. M. 2009.

Eulner, H.-H.: Die Entwicklung der medizinischen Spezialfächer an den Universitäten des deutschen Sprachgebietes. Stuttgart 1970.

Eulner, H.-H.: „Kobert, Rudolf", in: Neue Deutsche Biographie 12 (1980), S. 247.

Fabricius, J. A.: Bibliotheca Graeca. Hamburg 1705–1728; in 4. Auflage von G. Ch. Harleß hrsgg. Hamburg 1790–1812.

Fee, E., Brown, Th. M.: Making Medical History: The Life and Times of Henry E. Sigerist. Baltimore 1997.

Finckenstein, R.: Die gelehrten Aerzte des 15. und 16. Jahrhunderts, in: Deutsche Klinik, Jg. 1864 (Forts.).

Fischer, I.: Biographisches Lexikon der hervorragenden Ärzte der letzten fünfzig Jahre, 2. Aufl. Bd. IV, S. 58. Berlin/Wien 1932.

Fischer, M.: Das biobibliographische Lexikon zu den deutsch-russischen Wissenschaftsbeziehungen auf den Gebieten Chemie, Pharmazie und Medizin im 19. Jahrhundert, in: Relationes 6 (2001) Aachen, S. 521–540.

Flashar, H.: Problemata Physica, in: Flashar, H. (Hrsg.).: Aristoteles, Werke in deutscher Übersetzung. Bd. 19, Berlin 19914.

Flashar, H.: Hippokrates. Meister der Heilkunst. München 2016.

Flitner, A., Giel, K. (Hrsg.): Wilhelm von Humboldt – Werke in fünf Bänden. Bd. IV: Schriften zur Politik und zum Bildungswesen. Darmstadt 1982³.

Flückiger, F. A.: Die Frankfurter Liste. Beitrag zur mittelalterlichen Geschichte der Pharmacie. Bei Gelegenheit der Pharmacopoea Germanica. Halle 1873.

Fonkič, B.: Aux origines de la minscule stoudite (les fragments moscovite et parisien de l'oeuvre de Paul d'Egine, in: I manoscritti greci tra riflessione e dibattito: Atti del 5 Colloquio internazionale di paleografia greca. Cremona, 4–10 ottobre 1998, ersch. in: Papyrologica Florentina (31), Florenz 2000, S. 169–186.

Fortuna, S.: „Puccinotti, Francesco", in: Romanelli, R. (Hrsg.): Dizionario Biografico degli Italiani (DBI), Bd. 85 (Ponzone–Quercia). Istituto della Enciclopedia Italiana, Rom 2016.

Frederking, C.: Grundzüge der Geschichte der Pharmazie. Riga 1874.

Frewer, A., Roelcke, V.: Die Institutionalisierung der Medizinhistoriographie: Entwicklungslinien vom 19. ins 20. Jahrhundert. Stuttgart 2001.

Frewer, A., Steif, Y.: Personen, Netzwerke und Institutionen: Zur Gründung der Deutschen Gesellschaft für Geschichte der Medizin und Naturwissenschaften, in: Sudhoffs Archiv, Bd. 87, H. 2 (2003), S. 180–194.

Friboes, W.: Aulus Cornelius Celsus: Über die Arzneiwissenschaft in acht Büchern. Braunschweig 19062.

Friedrich, Ch.: Pharmaziegeschichte zwischen 1873 und 1960, in: Geschichte der Pharmazie, 42. Jg., 3/1990, S. 25.

Friedrich, Ch.: Zur zur Entwicklung der Pharmazie an den deutschen Universitäten Ende des 19. Jahrhunderts, in: Pharmazie 45 (1990), S. 367–369.

Friedrich, Ch.: Pharmaziegeschichte als Lehrfach zu Ende des 19. Jahrhunderts. Ein Schelenz-Autograph aus dem Jahre 1873, in: Geschichte der Pharmazie, 42. Jg., 3/1990. S. 26 f.

Friedrich, Ch., Müller-Jahncke, W.-D.: Von der Frühen Neuzeit bis zur Gegenwart, in: Schmitz (2005).

Friedrich, Ch.: Apotheker als Buchautoren, in: Deutsche ApothekerZeitung, Nr. 50 (2011), S. 82 ff.

Fuchs, C. H.: Historische Untersuchung über Angina maligna, und ihr Verhältniß zu Scharlach und Croup: Inaug. Abh. Würzburg 1828.

Fuchs, R.: Geschichte der Heilkunde bei den Griechen, in: Neuburger, M., Pagel, J. ((Hrsg.): Handbuch der Geschichte der Medizin. Jena 1902.

Führ, C.: Die preußischen Schulkonferenzen von 1890 und 1900, in: Baumgart, P. (Hrsg.): Bildungspolitik in Preußen zur Zeit des Kaiserreichs. Stuttgart 1980, S. 189–223.

Fuhrmann, M.: Das systematische Lehrbuch. Gottingen 1960.

Fuxius, T.: Hermann Schelenz. Ein Pionier der Pharmaziegeschichte. Stuttgart 2002.

Ganser, S.: „B. v. Gudden", in: Kirchhoff, Th. (Hrsg.): Deutsche Irrenärzte. Einzelbilder ihres Lebens und Wirkens. Bd. 2, Berlin 1924.

Ganzinger, K.: Über die Termini „Pharmacognosis" und „Pharmacographia", ein Beitrag zur Geschichte der pharmazeutischen Wissenschaften, in: Medizinhistorisches Journal 14 (1979), S. 186–195.

Ganzinger, K.: Apotheker-Biographien (3, in: Österreichische Apotheker-Zeitung. 42. Jg., Folge 7 (13.02.1988), S. 122–128.

Ganzinger, K.: Herrmann Schelenz und Österreich, in: Beiträge zur Geschichte der Pharmazie, Jg. 41, Nr. 1 (1989).

García González, A.: Alphita. Florenz 2007, S. 8–21.

Garofalo, I.: Anonymi Medici De Morbis Acutis et Chronii, in: Studies in Ancient Medicine. Bd. 12, Leiden 1996.

Garzya, A., Masullo, R.: I problemi di Cassio Iatrosofista. Neapel 2004.

Gaude, W.: Die alte Apotheke. Eine tausendjährige Kulturgeschichte. Stuttgart 1986.

Gelbart, N. R.: The Medical World of Early Modern France by Laurence Brockliss and Colin Jones (Review), in: Journal of Social History, vol. 34, no. 1 (Autumn 2000), S. 199–202.

Gerabek, W. E., Haage, B. D., Keil G., Wegner, W. (Hrsg.): Enzyklopädie Medizingeschichte. 3 Bde., Berlin 2007.

Gilardon, K.: Karl Sudhoff und die medizinhistorischen Quellen – ein Beitrag zu seiner Sammel- und Ausstellungstätigkeit, in: Nachrichtenblatt der Deutschen Gesellschaft für Geschichte der Medizin, Naturwissenschaften und Technik 32 (1992), S. 106–109.

Gleisberg, J. P.: Ludwig Choulant und die Reformbestrebungen in der Medicin im Königreich Sachsen, in: Deutsche Klinik. Heft 40–48 (mit Unterbrechungen), 1865.

Goette, F.: Die medizinhistorischen Vorlesungen an den deutschen Universitäten in der zweiten Hälfte des 19. Jahrhunderts. Dissertation 1936.

Golder, W.: Hippokrates und das Corpus Hippocraticum: eine Einführung für Philologen und Mediziner. Würzburg 2007.

Gourevitch, D.: Charles Daremberg, William Alexander Greenhill et le ,Dictionnaire encyclopédique des sciences médicales' en 100 volumes, in: Histoire des sciences médicales, 26, 3 (1992), S. 207–213.

Gourevitch, D.: La traduction des textes scientifiques grecs. L'opinion de Daremberg – la position de Daremberg et sa controverse avec Greenhill, in: Bulletin de la Société Nationale des Antiquaires de France (1994), S. 296–307.

Gourevitch, D.: Une catastrophe dans les relations entre les érudits français et allemands: la guerre de 1870. L'exemple de Daremberg et de son ami Haeser, in: Gourevitch, D. (Hrsg.): Médecins érudits, de Coray à Sigerist. Paris 1995, S. 130–152.

Gourevitch, D.: (Nicolas) Lucien Leclerc, médecin major, membre de la Société nationale des antiquaires de France, fondateur de l'histoire de la médecine arabe (1816–1893), in: Bulletin de la Société Nationale des Antiquaires de France, 1997 (Année 2001), S. 99–107.

Gourevitch, D.: Le Paul d'Egine de Francis Adams. Bonne ou mauvaise affaire?, in: I testi medici greci. Tradizione e ecdotica (= Collectanea Napoli 1999), S. 227–240.

Gourevitch, D.: Charles Daremberg, His Friend Émile Littré, and Positivist Medical History, in: Huisman (2004).

Grab, W.: Philipp Phoebus und die internationale Pharmakopoe in: Nachrichten der Giessener Hochschulgesellschaft (32), S. 209–212.

Gradmann, Ch.: Geschichte und Naturforschung im „technisch-induktiven Zeitalter": Ernst Hallier und Emil Du Bois-Reymond als Kulturhistoriker, in: Frewer (2001).

Gray, S. B.: Centennial Celebration of Two Great Scholars: Heiberg's Translation of the Lost Palimpsest of Archimedes—1907; Heath's Publication on Euclid's Elements—1908, in: Notices of the American Mathematical Society, vol. 55, no. 7 (2008), p. 776–783.

Grensemann, H.: Die hippokratische Schrift „Über die heilige Krankheit". Berlin 1968.

Grimm-Stadelmann, I.: Theophilos. Der Aufbau des Menschen: Kritische Edition des Textes mit Einleitung, Übersetzung und Kommentar. München 2008.

Grimm-Stadelmann, I.: Byzantinische Arztgelehrte (Iatrosophisten) in postbyzantinischer Zeit, in: Revue des études sud-est européennes 57/1–4 (2019), S. 273–299.

Grimm-Stadelmann, I.: Οἱ ἰατροὶ λέγουσι ... – Erläuterungen zur anatomischen Terminologie in Περὶ τῆς τοῦ ἀνθρώπου κατασκευῆς, in: Byzantinische Zeitschrift 112 (2019), S. 843–860.

Grimm-Stadelmann, I.: Heilung im Kontext von Regeneration und Sympathielehre: Zur Rezeption ägyptischer Motive in der byzantinischen medizinischen Gebrauchsliteratur, in: Medicina nei Secoli. Arte e Scienza, 31/3 (2019), S. 485–522.

Grimm-Stadelmann, I.: Untersuchungen zur Iatromagie in der byzantinischen Zeit. Berlin 2020.

Grmek, M. D.: Arétée de Cappadoce, Des causes et des signes des maladies aiguës et chroniques. Transl. R. T. H. Laennec, pref. by Danielle Gourevitch. Genf 2000.

Groß, D., Winckelmann, H. J. (Hrsg.): Medizin im 20. Jahrhundert. Fortschritte und Grenzen der Heilkunde seit 1900. München 2008.

Groß, D.: Die Entwicklung des Zahnarztberufs (11): Die Herausbildung der Spezialdisziplinen. Abrufbar im Archiv der Zahnärztlichen Mitteilungen, Bd. 11 (2016).

Grosse, J.: Professor Johann Ludwig Choulant in seiner Bedeutung für die Heilkunde, insbes. die Geschichte derselben, in: Janus 6 (1901), S. 13–17 u. 83–88.

Grot von, R.: Über die in der hippokratischen Schriftensammlung erhaltenen pharmakologischen Kenntnisse. Inaugural-Dissertation Dorpat 1887.

Gruber, J.: „Müller, Iwan von", in: Neue Deutsche Biographie 18 (1997), S. 417.

Grünfeld, A.: Verzeichnis der von der medicinischen Facultät zu Dorpat seit ihrer Gründung veröffentlichten Schriften. Nach den Archiven der Universität zusammengestellt, in: Kobert, R. (Hrsg.): Historische Studien aus dem Pharmakologischen Institute der Kaiserlichen Universität Dorpat. Halle a. d. Saale (1893).

Gscheidlen, R.: Zum 50jährigen Doctor-Jubiläum des Herrn Geheimrath Prof. Dr. Haeser in Breslau, in: Breslauer Aerztliche Zeitschrift, 6. Jg (1884), Nr. 16 (23. August).

Guntau, M., Laitko, H. (Hrsg.): Der Ursprung der modernen Wissenschaften. Studien zur Entstehung wissenschaftlicher Disziplinen. Berlin 1987.

Gurunluoglu, R., Gurunluoglu, A.: Paulus Aegineta, a seventh century encyclopedist and surgeon: his role in the history of plastic surgery, in: Plastic and reconstructive surgery, 108/7 (2001), S. 2072–2079.

Gurunluoglu, R., Gurunluoglu, A.: Paul of Aegina: landmark in surgical progress, in: World Journal of Surgery 27 (2003), S. 18–25.

Haars, M., Friedrich, Ch.: Julius Berendes. Ein Vater der Pharmaziegeschichte, in: Pharmazeutische Zeitung Magazin, 27/2014.

Haberling, W.: „Guenther, Johann G. von Andernach“, in: Biographisches Lexikon. Bd. 2, Berlin 1930^2, S. 160–162.

Haeser, H.: Lehrbuch der Geschichte der Medizin und der epidemischen Krankheiten. Jena 1845/1853–1865^2/1875–1882^3.

Haeser, H.: Lehrbuch der Geschichte der Medizin und der Volkskrankheiten. Jena 1845.

Haeser, H.: Geschichte christlicher Kranken-Pflege und Pflegerschaften. Berlin 1857.

Haeser, H.: Grundriß der Geschichte der Medicin. Jena 1884.

Häfliger, J. A.: Das Apothekenwesen Basels. Basel 1938.

Hagen, K. G.: Lehrbuch der Apothekerkunst. Königsberg 1778.

Haller von, A.: Artis medicæ principes: Hippocrates, Aretæus, Alexander, Aurelianus, Celsus, Rhazis. Lausanne 1787.

Harig, G.: Die Stellung der Gradlehre in der theoretischen Pharmakologie Galens, in: Beiträge zum XIII. Internationalen Kongreß für Geschichte der Wissenschaft Moskau, 18.–24. August 1971, Sektion III/IV, S. 51–58.

Harig, G.: Die antike Medizin in der Berliner medizinhistorischen Forschung, in: Tutzke, D. (Hrsg.): Tradition und Fortschritt in der medizinhhistorischen Arbeit des Berliner Instituts für Geschichte der Medizin. Materialien des wissenschaftlichen Festkolloquiums anläßlich des 50. Jahrestages der Gründung des Instituts am 1. April 1980. Berlin 1980, S. 37–39.

Harig, G.: Sudhoffs Sicht der antiken Medizin, in: Sudhoffs Archiv, Bd. 76, H. 1 (1992), S. 97–105.

Harvey, W.: Guilielmi Harveii Exercitationes anatomicae, de motu cordis et sanguinis circulatione. Glasgow 1751.

Häussling, A. A.: Liturgie in der Karolingerzeit und der St. Galler Klosterplan, in: Ochsenbein, P., Schmuki, K. (Hrsg.): Studien zum St. Galler Klosterplan II, anlässlich der „St. Galler Klosterplantagung II“ vom 27. bis 29. Oktober 1997. St. Gallen 2002.

Hecker, A. F.: Therapia generalis oder Handbuch der allgemeinen Heilkunde. Berlin 1789.

Hecker, A. F.: Die Heilkunst auf ihren Wegen zur Gewissheit oder die Theorien, Systeme und Heilmethoden der Aerzte seit Hippocrates bis auf unsere Zeiten. Erfurt 1802.

Heidel, G.: Johann Ludwig Choulant (1791–1861). Zum 200. Geburtstag des Begründers einer bedeutenden Dresdener medizinhistorischen Tradition, in: Würzburger medizinhistorische Mitteilungen, Bd. 9 (1991), S. 351–362.

Hein, W. H.: „Peters, Hermann“, in: Neue Deutsche Biographie 20 (2001), S. 238 f.

Heischkel-Artelt, E.: Die deutsche Medizingeschichtsschreibung in der ersten Hälfte des 19. Jahrhunderts. Klinische Wochenschrift, Nr. 18 (1933), S. 714–717.

Heischkel-Artelt, E.: Die Medizinhistoriographie im XVIII. Jahrhundert. Leiden 1931.

Heischkel-Artelt, E.: Die Die Medizingeschichtschreibung von ihren Anfängen bis zum Beginn des 16. Jahrhunderts. Berlin 1938.

Helm, J.: Medizinhistorische Lehre im Querschnittsbereich Geschichte, Theorie, Ethik der Medizin: Bedrohung oder Chance?, in: Medizinhistorisches Journal 43/2 (2008), S. 202–215.

Helmholtz, H.: Über das Verhältnis der Naturwissenschaften zur Gesamtheit der Wissenschaft. Physikalische Blätter 6 (1950), S. 145–152.
Henschel, A. W. E. Th.: Ist die Geschichte der Medicin an der Zeit? Einleitende Worte, in: Janus: Central-Magazin für Geschichte und Literärgeschichte der Medicin 1 (1851), S. 1–23.
Herbrand-Hochmuth, G.: Systematisches Verzeichnis der Arbeiten Karl Sudhoffs, in: Sudhoffs Archiv 27 (1934), S. 131–186.
Herrera Rodríguez, F.: Un pionero de la historiografía médica de la antigüedad: Rodolfo del Castillo y Quartiellers (1845–1917), in: Cultura de los Cuidados. Año XVII, n. 35 (1. Quartal 2013), pp. 26–41.
Hildebrandt, R., Gloning, T. (Hrsg.): Hildegard von Bingen. Physica. Liber subtilitatum diversarum naturarum creaturarum; textkritische Ausgabe. Berlin/New York 2010.
Himmelmann, L.: Från barberare till chirurgie magister – steg på vägen mot en läkarprofession [engl. Titel: From barber to surgeon – the process of professionalization], in: Svensk medicinhistorisk tidskrift, vol. 11, 1 (2007), S. 69–87.
Hirsch, A.: „Choulant, Johann Ludwig“, in: Allgemeine Deutsche Biographie, Bd. 4 (1876), S. 139.
Hirsch, A.: „Cornarius, Janus, in: Allgemeine Deutsche Biographie, Bd. 4 (1876), S. 481.
Hirsch, A.: „Dietz, Friedrich Reinhold“, in: Allgemeine Deutsche Biographie, Bd. 5 (1877), S. 210–211.
Hirsch, A.: Handbuch der historisch-geographischen Pathologie. 3 Bde., Stuttgart 1881–1886.
Hirsch, A.: „Krukenberg, Peter“, in: Allgemeine Deutsche Biographie, Bd. 13 (1882), S. 117–118.
Hirsch, A.: „Kühn, Karl Gottlob“, in: Allgemeine Deutsche Biographie, Bd. 17 (1883), S. 342.
Hirsch, A.: „Puchelt, Friedrich August Benjamin“, in: Allgemeine Deutsche Biographie, Bd. 26 (1888), S. 684.
Hirsch, A., Gurlt, E. J., Wernich, A. (Hrsg.): Biographisches Lexikon der hervorragenden Aerzte aller Zeiten und Völker. Berlin/Wien 1901[1] und 1932[2].
Hirschberg, J.: Die Augenheilkunde des Aëtius von Amida, Griechisch und Deutsch. Leipzig 1899. (= 1899a)
Hirschberg, J.: Geschichte der Augenheilkunde. Berlin 1899, in: Handbuch der gesamten Augenheilkunde (Bd. XII). (= 1899b)
Høeg, C.: Johan Ludvig Heiberg, in: Jahresbericht über die Fortschritte der klassischen Altertumswissenschaft, Band 233 (1931), S. 38–77.
Hohendahl, P. U.: Literarische Kultur im Zeitalter des Liberalismus: 1830–1870. München 1985.
Hohlweg, A.: Johannes Aktuarios. Leben – Bildung und Ausbildung – De methodo medendi, in: Byzantinische Zeitschrift LXXVI (1983), S. 302–321.
Hohlweg, A.: Medizinischer „Enzyklopädismus“ und das Πόνημα Ἰατρικόν des Michael Psellos. Zur Frage seiner Quelle, in: Byzantinische Zeitschrift, Bd. 81–2 (1988).
Hohlweg, A.: Στάγματα I, in: Criscuolo, U., Maisano, R. (Hrsg.): Synodia. Studia Humanitatis etc. Neapel 1997, S. 423–429.
Hoppe, J.-D.: Die Weiterbildungsordnung. Von der Schilderordnung zum integralen Bestandteil der Bildung im Arztberuf, in: Deutsches Ärzteblatt 94, H. 39 vom 26.09.1997.
Hort, A.: Enquiry into plants and minor works on odours and weather signs: in two volumes / Theophrastus. With an Engl. transl. Reprint Cambridge 1948, vol 1., p. xviii.
Huard, P., Théodoridès, J.: Un homme d'action et un érudit: le Médecin-Général de la Marine Félix Brunet (1872–1958), in: Extrait de la revue ‚Histoire de la Médecine', numéro spécial 1958, p. 186–191.
Hubenstorf, M.: Eine „Wiener Schule" der Medizingeschichte? – Max Neuburger und die vergessene deutschsprachige Medizingeschichte, in: Hubenstorf, M., Lammel, H.-U., Münch, R., Schleiermacher, S., Schmiedebach, H.-P., Stöckel, S. (Hrsg.): Medizingeschichte und Gesellschaftskritik. Festschrift für Gerhard Baader (= Abhandlungen zur Geschichte der Medizin und der Naturwissenschaft Nr. 81). Husum 1997, S. 246–289.

Hude, K. (Hrsg.): Aretaeus edidit Carolus Hude. Leipzig/Berlin 1923 (= Corpus Medicorum Graecorum, Bd. 2). Berlin 1958[2].

Huisman, F., Warner, J. H.: Locating Medical History: The Stories and Their Meanings. Baltimore 2004.

Humboldt von, A.: Kritische Untersuchungen über die historische Entwickelung der geographischen Kenntnisse von der Neuen Welt und die Fortschritte der nautischen Astronomie in dem 15ten und 16ten Jahrhundert. Aus dem Französischen übersetzt von Jul. Ludw. Ideler. 2 Bde., Berlin 1836.

Hunger, H.: Die hochsprachliche profane Literatur der Byzantiner. Bd. 2: Philologie, Profandichtung, Musik, Mathematik und Astronomie, Naturwissenschaften, Medizin, Kriegswissenschaft, Rechtsliteratur. München 1978

Huwer, E.: Das Deutsche Apotheken-Museum. Regensburg 2016[3].

Ideler, L., Nolte, H.: Handbuch der französischen Sprache und Literatur. Berlin 1826 (u.a.).

Ideler, L., Nolte, H.: Handbuch der englischen Sprache und Literatur. Berlin 1832 (u.a.).

Irmer, D.: Kommentar zu Hippokrates „De fracturis" und seine Parallelversion unter dem Namen des Stephanus von Alexandria. Hamburg 1977.

Isensee, E.: Die Geschichte der Medicin und ihrer Hülfswissenschaften. Erster Theil: Aeltere und Mittlere Geschichte. Berlin 1840.

Israelson, L.: „Die Materia Medica des Klaudios Galenos". Diss. Dorpat 1894.

Jacques, J.-M.: „Philoumenos of Alexandria", in: Keyser, P. T., Irby-Massie, G. L. (Hrsg.): The encyclopedia of ancient natural scientists. London/New York 2008, S. 661 f.

Jacquet, J.: Les premières publications d'Émile Littré, in: Histoire des sciences médicales 20 (1986), S. 363–369.

Jäger, G.: Einführung in die Klassische Philologie. München 19903.

Jantsch, M.: „Puschmann Theodor", Medikohistoriker, in: Österreichisches Biographisches Lexikon 1815–1950 (Bd. 8), Wien 1983, S. 344.

Jenks, E. W.: Die Gynäkologie des Alterthums, in: Deutsches Archiv für Geschichte der Medicin und medicinische Geographie. Bd. 6 (1883), nach dem Englischen bearbeitet von Prof. Dr. Ludwig Kleinwächter.

Joas, H., Noller, J. (Hrsg.): Geisteswissenschaft – was bleibt? Zwischen Theorie, Tradition und Transformation (= Geist und Geisteswissenschaft, Bd. 5). Freiburg/München 2019.

Jouanna, J.: La maladie sacrée, in: Hippocrate 02, Bd. II. Paris 2003.

Jouanna-Bouchet, J.: Scribonius Largus. Texte établi, trad. et commenté, in: Collection des universités de France. Série latine, vol. 412. Paris 2016.

Jütte, R.: Geschichte der Alternativen Medizin. München 1996.

Kant, I.: Metaphysische Anfangsgründe der Naturwissenschaft. Riga 1787.

Kästner, I.: Das Leipziger Karl-Sudhoff-Institut und das Fach Geschichte der Medizin in der DDR, in: Medizinhistorisches Journal, Bd. 49, H. 1/2 (Themenheft 2014: Medizingeschichte in Deutschland nach 1945), S. 118–158.

Katner, W.: Theodor Puschmann und die Puschmann-Stiftung für Geschichte der Medizin, in: Karl-Marx-Universität Leipzig 1409–1959. Beiträge zur Universitätsgeschichte. 1. Bd., Leipzig 1959, S. 527–538.

Katner, W.: „Hirschberg, Julius", in: Neue Deutsche Biographie, Bd. 9 (1972), S. 221.

Keil, G.: Sudhoffs Sicht vom deutschen medizinischen Mittelalter, in: Nachrichtenblatt der Deutschen Gesellschaft für Geschichte der Medizin, Naturwissenschaft und Technik 31 (1981), S. 94–129.

Keil, G.: Zur Frage der kurativ-konsiliarischen Tätigkeit des mittelalterlichen deutschen Apothekers, in: Perspektiven der Pharmaziegeschichte, Festschrift Rudolf Schmitz. Graz 1983, S. 181–196.

Keil, G.: Organisationsformen medizinischen Wissens, in: Wolf, N. R.: Wissensorganisierende und wissensvermittelnde Literatur im Mittelalter. Wiesbaden 1987, S. 221–245.

Keil, G., Goehl, K.: „apothecarii nostri temporis", in: Würzburger medizinhistorische Mitteilungen 14 (1996), S. 261–267.

Keil, G.: Sudhoff and Medical History, in: Scientiarum Historia: Tijdschrift voor de Geschiedenis van de Wetenschappen en de Geneeskunde, vol. 29, iss. 1 (2003), S. 67–92.

Kleinwächter, L.: Die geschichtliche Entwickelung der Geburtshilfe mit gleichzeitiger Berücksichtigung der Gynäkologie, in: Müller, P.: Handbuch der Geburtshilfe. Stuttgart 1888.

Klemm, F.: „Kahlbaum, Georg", in: Neue Deutsche Biographie, Bd. 11 (1977), S. 22–24.

Klose, D.: Charaktere. Griechisch und deutsch (= Universal-Bibliothek Nr. 619). Stuttgart 1970.

Kobert, R. (Hrsg.): Historische Studien aus dem Pharmakologischen Institut der Kaiserlichen Universität Dorpat. Halle a.d.S. 1889–1896. Nachdruck aus den Ausgaben Halle a. d. Saale 1889–1896 unter dem Titel: Historische Studien zur Pharmakologie der Griechen, Römer und Araber. Koberts „Historische Studien aus dem Pharmakologischen Institute der Universität Dorpat". Zentralantiquariat der DDR, Leipzig 1968.

Kobert, R.: Zur Geschichte des Mutterkorns, in: Ders. (Hrsg.): Historische Studien aus dem Pharmakologischen Institut der Kaiserlichen Universität Dorpat (Bd. I), Halle a. d. Saale. 1889.

Koch, R.: Die Bedeutung der Geschichte der Medizin für den Arzt, in: Fortschritte der Medizin 38 (1921), S. 217–225.

Koelbing, M.: Julius Hirschberg (1843–1925) als Ophthalmologe und Medizinhistoriker, in: Klinische Monatsblätter für Augenheilkunde. 168. Jg., H. 1 (01/1976), S. 103–108.

Kollesch, J.: Suppl. V zum CMG: Galeni De instrumento odoratus, edidit, in linguam Germanicam vertit, commentata est J. Kollesch. Berlin 1964.

Kollesch, J.: Das Corpus Medicorum Graecorum – Konzeption und Durchführung, in: Medizinhistorisches Journal, Bd. 3, Nr. 1 (1968), S. 68–73.

Kollesch, J.: René Chartier – Herausgeber und Fälscher der Werke Galens, in: Kleine Schriften zur antiken Medizin. Berlin/Boston 2019, S. 187–202.

Koner, W. D.: Gelehrtes Berlin im Jahre 1845. Berlin 1846.

Kostomiris, G. A.: Aetiou Logos dodekatos. Paris 1892.

Kottek, S., Gourevitch, D.: Un correspondant allemand (malchanceux) de Daremberg, Julius Rosenbaum (1807–1874), in: Gourevitch, D. (Hrsg.): Medecins érudits, de Coray à Sigerist. Paris 1995, S. 70–87.

Krafft, F.: Eine moderne Pharmaziegeschichte, in: Geschichte der Pharmazie, 52. Jg. (April 2000), S. 27–31.

Kraus, F. (Hrsg.): Kosmos und Humanität: Alexander von Humboldts Werk in Auswahl. Bielefeld 1960.

Kremers, E., Urdang, G.: History of Pharmacy. A guide and a Survey. Philadelphia/London/Montreal 19512.

Kreußler, H. G.: Beschreibung der Feierlichkeiten am Jubelfeste der Universität Leipzig den 4. December 1809. Leipzig 1810.

Kreuter, A.: Deutschsprachige Neurologen und Psychiater: ein biographisch-bibliographisches Lexikon von den Vorläufern bis zur Mitte des 20. Jahrhunderts. München/New Providence/London/Paris 1996.

Kudlien, F.: Untersuchungen zu Aretaios von Kappadokien. Wiesbaden 1964 (= Akademie der Wissenschaften und der Literatur Mainz, Abhandlungen der geistes- und sozialwissenschaftlichen Klasse. Jg. 1963, Bd. 11).

Kümmel, W. F.: „Kühn, Karl Gottlob", in: Neue Deutsche Biographie, Bd. 13 (1982), S. 196 f.

Kümmel, W. F.: Vom Nutzen eines ‚nicht notwendigen Faches.' Karl Sudhoff, Paul Diepgen und Henry E. Sigerist vor der Frage: ‚Wozu Medizingeschichte', in: Toellner, R., Wiesing, U.: Geschichte und Ethik in der Medizin. Von den Schwierigkeiten einer Kooperation. Stuttgart 1997, S. 5–16.

Kümmel, W. F.: „Dem Arzt nötig oder nützlich"? Legitimierungsstrategien der Medizingeschichte im 19. Jahrhundert, in: Frewer (2001).

Kümmel, W. F.: Geschichte, Staat und Ethik: Deutsche Medizinhistoriker 1933–1945 im Dienste ‚nationalpolitischer Erziehung', in: Frewer, A., Neumann, J. N. (Hrsg.): Medizingeschichte und Medizinethik: Kontroversen und Begründungsansätze 1900–1950. Frankfurt 2001, S. 167–203.

Kümmel, W. F., Groß, D.: Karl Sudhoff (1853–1938) und der Nationalsozialismus, in: Sudhoffs Archiv, Bd. 100, H. 1 (2016), S. 2–22.

Kunitzsch, P.: „Ideler, Ludwig", in: Neue Deutsche Biographie, Bd. 10 (1974), S. 118–119.

Labbe, Ph.: Claudii Galeni Chronologicum Elogium, r.p. Philippo Labbeo scriptore: cum Iacobi Mentelii v.c. ad eundem epistola. Paris 1660.

Labisch, A.: Von Sprengels „pragmatischer Medizingeschichte" zu Kochs „psychischem Apriori": Geschichte der Medizin und Geschichte in der Medizin, in: Frewer (2001).

Labisch, A: Geschichte der Medizin – Geschichte in der Medizin, in: Vögele, J., Fangerau, H., Noack, T. (Hrsg.): Geschichte der Medizin – Geschichte in der Medizin. Forschungsthemen und Perspektiven. Hamburg 2006, S. 13–26.

Lammel, H.-U.: Interessen und Ansätze der deutschen Medizingeschichtsschreibung in der zweiten Hälfte des 18. Jahrhunderts, in: Bröer, R.: Eine Wissenschaft emanzipiert sich. Die Medizinhistoriographie von der Aufklärung bis zur Postmoderne, in: Neuere Medizin- und Wissenschaftsgeschichte. Quellen und Studien (Bd. 6). Pfaffenweiler 1999.

Lammel, H.-U.: Zwischen Klio und Hippokrates. Zu den kulturellen Ursprüngen eines medizinhistorischen Interesses und der Ausprägung einer historischen Mentalität unter Ärzten zwischen 1750 und 1830 in Deutschland. Habil. Diss., Rostock 1999. (= 1999a)

Lammel, H.-U.: Kurt Sprengel und die deutschsprachige Medizingeschichtsschreibung in der ersten Hälfte des 19. Jahrhunderts, in: Frewer (2001).

Lammel, H.-U.: To Whom does Medical History Belong? Johann Moehsen, Kurt Sprengel, and the Problem to Origins in Collective Memory, in: Huisman (2004).

Lammel, H.-U.: Klio und Hippokrates: eine Liaison littéraire des 18. Jahrhunderts und die Folgen für die Wissenschaftskultur bis 1850 in Deutschland. Stuttgart 2005.

Lammel, H.-U.: Hippokratische Schriften (Corpus Hippocraticum), in: Hagner, M. (Hrsg.): Kindler Kompakt Klassiker der Naturwissenschaften. Stuttgart 2016.

Landfester, M.: Die neuhumanistische Begründung der Allgemeinbildung in Deutschland, in: Wiersing, E. (Hrsg.): Humanismus und Menschenbildung. Zu Geschichte, Gegenwart und Zukunft der bildenden Begegnung der Europäer mit der Kultur der Griechen und Römer. Essen 2001, S. 205–223.

Langslow, D. R.: The Latin Alexander Trallianus. The Text and Transmission of a Late Latin Medical Book. London 2006.

Laskaratos, I.: Kylices: Tranquillizers of life. An historical and medical view of poisening among the Byzantines. Athen 1994.

Latham, R. G.: The works of Thomas Sydenham, M.D. London 1848–1850.

Leclerc, D.: Histoire de la médicine. Genf 1696.

Leclerc, L.: Histoire de la médecine arabe. Deux tomes, Paris 1876.

Lederer, Th.: A. Cornelius Celsus: De medicina, Die medizinische Wissenschaft. Eingeleitet, übersetzt und kommentiert. 3 Bde., Darmstadt 2016.

Lengerke von, C.: Erinnerung an Friedrich Reinhold Dietz, in: Vaterländisches Archiv für Wissenschaft, Kunst, Industrie und Agrikultur oder Preussische Provinzial-Blätter 16 (1836), S. 552–570.

Lennig, P.: Das Tentamen philosophicum, in: Schneck, P., Lammel, H.-U. (Hrsg.); Die Medizin an der Berliner Universität und an der Charité zwischen 1810 und 1850. Husum 1995, S. 67–78.

Lesky, E.: Die Wiener Medizinische Schule im 19. Jahrhundert. Graz/Köln 1965.

Lessing, M. B.: Handbuch der Geschichte der Medizin. Nach Quellen bearbeitet. Berlin 1838.

Leven, K.-H.: „Das Banner dieser Wissenschaft will ich aufpflanzen": Medizinhistorische Zeitschriften in der zweiten Hälfte des 19. und zu Beginn des 20. Jahrhunderts, in: Frewer (2001).

Lherminier, G.: Un épisode de l'histoire du texte de Paul d'Egine au XIVe siècle: les deux copies de Pierre Télémaque, in: Revue d'histoire des textes 5 (2010), S. 1–23.
Lherminier, G.: Manuscrits de Paul d'Egine à la Bibliothèque nationale de France, in: Bulletin du bibliophile (2016–2), S. 229–273.
Lichte, K.: Deutschsprachige Pharmaziegeschichtsschreibung vom 18.–20. Jahrhundert. Inaugural-Dissertation Marburg 1992.
Liddell, H. G., Scott, R.: A Greek-English lexicon. Oxford 1843.
Linden van der, A.: De Scriptis Medicis libri duo. Quibus praemittitur manuductio ad medicinam. Amsterdam 1637.
Lindner, J.: Pharmakologische Institute und Biographien ihrer Leiter. Zeittafeln zur Geschichte der Pharmakologie im dt. Sprachraum von Anbeginn bis 1995. Aulendorf 19962.
Locher, H.: Aretäus aus Kappadocien. Mit Uebersetzung seiner vorzüglichsten und interessantesten pathologischen und therapeutischen Schilderungen. Eine Monographie. Zürich 1847.
Locher, H.: Theophrastus Paracelsus Bombastus von Hohenheim: der Luther der Medicin und unser größter Schweizerarzt; eine Denkschrift auf die Feier des Zürcher Jubilarfestes vom 1. Mai 1851 und ein Beitrag zur Würdigung vaterländischer Verdienste in jedem gebildeten Kreise. Zürich 1851.
Locher, W. G.: „Puschmann, Theodor“, in: Neue Deutsche Biographie, Bd. 21 (2003), S. 13–14
Locher, W. G.: Vom ärztlichen Intelligenzblatt zum modernen Fortbildungsorgan, in: MMW – Fortschritte der Medizin Nr. 48/2008 (150. Jg.), S. 28–34.
Lockemann, G.: „Darmstaedter, Ludwig“, in: Neue Deutsche Biographie, Bd. 3 (1957), S. 516f.
Lohölter, R.: Der Historiker der ärztlichen Ausbildung. Zur Erinnerung an Theodor Puschmann (1844–1899), in: Mitteilungsblatt der Gesellschaft für Medizinische Ausbildung, Jg. 11/H. 1 (1994), S. 91–94.
Lombardi, F.: La storia della medicina in Italia nel pensiero di Salvatore De Renzi. Pisa 1963.
Lübbe, J.: Rudolf Kobert (1854–1918), sein Beitrag zur Entwicklung der Pharmakologie und zu der Geschichtsschreibung der Medizin. Diss. FU Berlin 1983.
Ludwig, A.: Georg Urdang: (1882–1960), ein Pharmaziehistoriker als Mittler zwischen „alter“ und „neuer“ Welt, in: Quellen und Studien zur Geschichte der Pharmazie (Bd. 91). Stuttgart 2009.
Lutz, R.: Historikerkontroversen im Spannungsfeld zwischen Berufshabitus, Fächerkonkurrenz und sozialen Deutungsmustern. Lamprecht-Streit und französischer Methodenstreit der Jahrhundertwende in vergleichender Perspektive, in: Historische Zeitschrift. 251/1 (1990), S. 325–364.
Maas, A. J.: „Philippe Labbe“, in: Herbermann, Ch. (Hrsg.): Catholic Encyclopedia. New York 1913.
Mähly, J. A., Bertheau, C.: „Fabricius, Johann Albert“, in: Allgemeine Deutsche Biographie, Bd. 6 (1877), S. 518–521.
Mann, A.: Die auf uns gekommenen Schriften des Kappadociers Aretaeus. Halle 1858.
Marcuse, J.: Bäder und Badewesen in Vergangenheit und Gegenwart. Stuttgart 1903.
Mattern, S. P.: The Prince of Medicine: Galen in the Roman Empire. New York 2013.
Matthes, C. J.: Levensbericht F.Z. Ermerins, in: Jaarboek, Amsterdam 1873, S. 17–19.
Maucolin, B.: Untersuchungen zur hippokratischen Schrift „Über die alte Heilkunst“ (= Beiträge zur Altertumskunde, Bd. 258). Berlin 2009.
Mavroudis, A. D.: Der Autographische Brief des K. G. Kühn über die Edition der Reihe Medicorum Graecorum Opera Quae Exstant, in: Sudhoffs Archiv, Bd. 87, Nr. 2 (2003), S. 173–179.
Mayhew, R. (Hrsg.): The Aristotelian Problemata physica: philosophical and scientific investigations, in: Philosophia Antiqua. A Series of Studies on Ancient Philosophy, vol. 139. Leiden 2015.
McCrum, M.: Thomas Arnold, Headmaster. Oxford 1989.
McDaniel, W. B.: A view of 19th century medical historiography in the United States of America, in: Bulletin of the History of Medicine 33, no. 5 (1959), p. 415–435.
(Mehrere Hrsg.): Mittelalterliche Textüberlieferungen und ihre kritische Aufarbeitung: Beiträge der Monumenta Germaniae Historica zum 31. Deutschen Historikertag. München 1976.

(Mehrere Hrsg.): Bibliotheca casinensis; seu: Codicum manuscriptorum qui in tabulario casinensi asservantur series per paginas singillatim enucleata. Bd. 2 (1875).
Melzer, S.: In den Fussstapfen Linnés: Friedrich August der Gerechte von Sachsen und die Botanik, in: Jahrbuch Staatliche Schlösser, Burgen und Gärten Sachsen 15.2007/2008, S. 120–129.
Mendelsohn, E.: The Emergence of Science as a Profession in Nineteenth Century Europe, in: Hill, K. (Hrsg.): The Management of Scientists. Boston 1964.
Mercado de, L. (= Mercatus, L.): De mulierum affectionibus libri quatuor. Venedig 1602.
Metzger, J. D.: Skizze einer pragmatischen Literatur-Geschichte der Medizin. Königsberg 1792.
Meusel, J. G.: Das gelehrte Teutschland, oder Lexikon der jetzt lebenden teutschen Schriftsteller. Bd. 4, Lemgo 17975.
Meyer, K.: Die ersten Jahre der Gesellschaft für Geschichte der Pharmazie, in: Deutsche Apotheker-Zeitung (39/2001), S. 74 ff.
Meynell, G. G.: The Two Sydenham Societies: A History and Bibliography of the Medical Classics. Published by the Sydenham Society and the New Sydenham Society (1844–1911). Winterdown 1986.
Mielke, H.-P.: Dr. med. Johannes Winter von Andernach, sein religiöser Wandel und die kritische Medizin seiner Zeit. Vortrag zur 500. Wiederkehr seines Geburtsjahres am 16. September 2005, in: Andernacher Annalen 8 (2009/2010), S. 59–70.
Milwards, E.: Trallianus Reviviscens: Or, an Account of Alexander Trallian, One of the Greek Writers That Flourished After Galen. London 1734.
Moffat, J.: Aretaeus: Consisting of Eight Books on the Causes, Symptoms, and Cure of Acute and Chronic Diseases. London 1785.
Mohaupt, V.: Martin Kirchner (1854–1925). Leben und Wirken eines Robert-Koch-Schülers und bedeutenden Hygienikers im preußischen Staatsdienst. Med. Diss. Erfurt 1989.
Mörgeli, Ch., Jobmann, A.: Erwin H. Ackerknecht und die Affäre Berg/Rath von 1964. Zur Vergangenheitsbewältigung deutscher Medizinhistoriker, in: Medizin, Gesellschaft, Geschichte, Bd. 16 (1997), S. 63–124.
Moser, G.: Der Arztberuf im 19. Jahrhundert: Professionalisierung, Entwicklung der Standesvertretungen und Sozialversicherung bis zum Ersten Weltkrieg, in: Ärzte, Gesundheitswesen und Wohlfahrtsstaat. Neuere Medizin- und Wissenschaftsgeschichte. Quellen und Studien (Bd. 21). Herbolzheim 2011.
Müller-Jahncke, W.-D.: Hermann Peters' Briefwechsel, in: Pharmazeutische Zeitung, Jg. 131 (1986), S. 2313–2318.
Müller-Jahncke, W.-D.: „Schelenz, Hermann", in: Neue Deutsche Biographie, Bd. 22 (2005), S. 643–644.
N. N.: Memoir of the Life of the late Jonathan Pereira, in: Pharmaceutical Journal (March 1853).
N. N.: Literarisches Centralblatt Nr. 18 (04.05.1878), S. 611–612.
N. N.: Pharmazeutische Post 24 (1891), S. 738–740.
N. N.: Deutsches Ärzteblatt, Jg. 98, Heft 7 (16.02.2001), S. A416 (unter Varia–Gestorben).
Naumann, M. E. A.: The medical works of Paulus Aegineta. Vol. I by Francis Adams (Rezension), in: Rheinisches Museum für Philologie, 4. Jg. (1836), S. 149–152.
Neuburger, M., Pagel, J. (Hrsg.): Handbuch der Geschichte der Medizin / begr. von Th. Puschmann. 3 Bde., Jena 1902–1905.
Neuburger, M.: Die Geschichte der Medizin als akademischer Lehrgegenstand, in: Wiener klinische Wochenschrift, Nr. 45 (1904), S. 1214–1219.
Neuburger, M.: Geschichte der Medizin. 2 Bde., Stuttgart 1906–1911.
Newman, C. E.: Evolution of Medical Education in the Nineteenth Century. London 1957.
Nippel, W.: Genese und Ausdifferenzierung der Altertumswissenschaften, in: Tenorth, H. (Hrsg.): Geschichte der Universität Unter den Linden 1810–2010, Bd. 4: Genese der Disziplinen. Die Konstitution der Universität Berlin. Berlin 2014, S. 199–216.

Nowotny, O.: Zur Geschichte der pharmazeutischen Zeitschriften und periodischen Veröffentlichungen in der österreichisch-ungarischen Monarchie und in der Republik Österreich, in: Österreichische Apotheker-Zeitung, Nr. 23 (1969).
Nowotny, O.: Hans Heger und seine Bedeutung für die Geschichte der Pharmazie in Österreich, in: Veröffentlichungen der Internationalen Gesellschaft für Geschichte der Pharmazie, Bd. 47 (1979), S. 147.
Nutton, V.: Karl Gottlob Kühn and His Edition of the Works of Galen: A Bibliography. Oxford 1976.
Nutton, V.: Anonymi medici: De morbis acutis et chroniis (Review), in: Medical History, vol. 42, iss. 3 (July 1998).
Nutton, V.: In defence of Kühn, in: Bulletin of the Institute of Classical Studies. Supplement, no. 77, (2002), S. 1–7.
Nutton, V.: Ancient Medicine: From Berlin to Baltimore, in: Huisman (2004).

Nutton, V., Zipser, B.: MSL 14: A Wellcome Manuscript of a Medical Practitioner, in: Roselli, A. (Hrsg.): Storia della tradizione e edizione dei medici greci. Atti del VI Colloquio internazionale, Paris 12–14 aprile 2008 (= Collectanea 27, Neapel 2010), S. 259–270).
Nutton, V.: Galen: a thinking doctor in imperial Rome. London/New York 2020.

Ober, W. B.: The Sydenham Society (1843–1857): rise and fall, in: The Mount Sinai Journal of Medicine, Vol. 41 (2 March–April), New York 1974, S. 294–305.
Oberhelman, S. M., Haase, W.: On the Chronology and Pneumatism of Aretaios of Cappadocia, in: Aufstieg und Niedergang der Römischen Welt. Bd. 37/2: Philosophie, Wissenschaften, Technik. Wissenschaften (Medizin und Biologie [Forts.]). Berlin/New York 1994.
Oikonomopoulou, K.: The Problemata's Medical Books: Structural and Methodological Aspects, in: Mayhew (2015).
Oliver, J. R.: Karl Sudhoff as a classical philologian, in: Bulletin of the Institute of the History of Medicine, vol. 2, no. 1 (1934), S. 10–15.
Olivieri, A. (Hrsg.): Aetii Amideni Libri medicinales I–IV. Leipzig, Berlin 1935 (= Corpus medicorum graecorum VIII, Bd. 1).
Pagel, J. (Hrsg.): Die Anatomie des Heinrich von Mondeville. Nach einer Handschrift der Königlichen Bibliothek zu Berlin vom Jahre 1304. Berlin 1889.
Pagel, J.: Medizinische Deontologie: ein kleiner Katechismus für angehende Praktiker. Berlin 1897.
Pagel, J.: Einführung in die Geschichte der Medicin : Fünfundzwanzig akademische Vorlesungen. Berlin 1898.
Pagel, J.: „Theodor Puschmann †", in: Janus 4 (1899), S. 567–569.
Pagel, J.: Biographisches Lexikon hervorragender Ärzte des neunzehnten Jahrhunderts. Mit einer historischen Einleitung. Berlin/Wien 1901.
Pagel, J.: „Puschmann, Theodor", in: Biographisches Lexikon. Berlin/Wien 1901, Sp. 1330–1332. (= 1901a)
Pagel, J.: Grundriss eines Systems der Medizinischen Kulturgeschichte. Berlin 1905.
Pagel, J.: „Haeser, Heinrich", in: Allgemeine Deutsche Biographie, Bd. 50 (1905), S. 53–54. (= 1905a)
Pagel, W.: Julius Pagel and the significance of medical history for medicine, in: Bulletin of the History of Medicine 25 (1951), S. 207–225.
Paulsen, F.: Geschichte des gelehrten Unterrichts auf den deutschen Schulen und Universitäten vom Ausgang des Mittelalters bis zur Gegenwart. Mit besonderer Rücksicht auf den klassischen Unterricht. 2 Bde., Leipzig 1885.
Payne, J. F.: „Adams, Francis", in: Dictionary of National Biography, vol. 1, 1885–1900.
Pelger, G.: „Steinschneider, Moritz", in: Neue Deutsche Biographie 25 (2013), S. 227–228.
Pereira, J.: The Elements of Materia Medica and Therapeutics. 2 vols., Philadelphia 1843

Peters, H.: Aus pharmazeutischer Vorzeit in Bild und Wort. 2 Bde., Berlin 1886–1890 (mehrere Aufl.; engl. 1889).

Petschel, D.: Sächsische Außenpolitik unter Friedrich August I. Zwischen Rétablissiment, Rheinbund und Restauration, in: Dresdner Historische Studien. Bd. 4., Köln 2000.

Pfeifer, K.: Medizin der Goethezeit. Christoph Wilhelm Hufeland und die Heilkunst des 18. Jahrhunderts. Köln 2000.

Pfeiffer, H. (Hrsg.): Alexander von Humboldt: Werk und Weltgeltung. München 1969.

Phillippe, A.: Histoire des apothicaires chez les principaux peuples du monde. Paris 1853. Deutsch von Ludwig, H.: Geschichte der Apotheker bei den wichtigsten Völkern der Erde seit den ältesten Zeiten bis auf unsere Tage. Jena 1855.

Phoebus, Ph.: Beiträge zur Würdigung der heutigen Lebensverhältnisse der Pharmacie. Für Aerzte und Apotheker, für Staatsmänner und Volksvertreter. Gießen 1873.

Piegler, M.: 200 Jahre medizinische Fachbibliothek. Die Bibliothek des Ärztlichen Vereins in Hamburg von 1816 bis 2016, in: BuB – Fachzeitschrift für den Bibliotheks- und Informationssektor, Nr. 68 (01/2016), Hamburg.

Pierer, J. F.: Medizinisches Realwörterbuch zum Handgebrauch practischer Aerzte und Wundärzte und zu belehrender Nachweisung für gebildete Personen aller Stände. Leipzig 1816 ff.

Platner, E.: Quaestiones medicinae forensis. Leipzig 1824.

Pokorny, P., Heckel, U.: Einleitung in das Neue Testament. Seine Literatur und Theologie im Überblick. Tübingen 2007.

Porep, R.: Die Entwicklung der Darstellungsweisen pharmakologischen Wissens, in: Medizinhistorisches Journal 4 (1969), S. 261–270.

Pormann, P. E.: The Oriental Tradition of Paul of Aegina's Pragmateia. Leiden/Boston 2004.

Porter, R.: The Historiography of Medicine in the U.K., in: Medicina nei Secoli – Arte e Scienza 10/2 (1998), S. 253–269.

Preiser, G.: Zur Geschichte und Bildung der Termini Pharmakologie und Toxikologie, in: Medizinhistorisches Journal, Bd. 2/H. 2 (1967), S. 124–134.

Prévost, A.: La Faculté de médecine de Paris, ses chaires, ses annexes et son personnel enseignant de 1790 à 1900. Paris 1900.

Puccinotti, F.: Storia della medicina. 2 Bde., Florenz 1850/Livorno 1859.

Quitzmann, E. A.: Vorstudien zu einer philosophischen Geschichte der Medizin, als der sichersten Grundlage für die gegenwärtige Reform dieser Wissenschaft. -- Erster Theil, 1. Abth. Subjektiver Theil der Geschichte der Medizin. Karlsruhe 1843.

Ræder, H.: Johan Ludvig Heiberg. 27/11 1854–4/1 1928, in: Isis, Band 11 (1928), S. 367–374.

Ræder, H.: Oribasii Collectionum medicarum reliquiae, libri I–VIII, edidit J. Raeder (= CMG VI 1,1). Leipzig et Berlin 1928.

Ranke von, L.: Geschichten der römischen und germanischen Völker von 1494–1514. Leipzig und Berlin 1824.

Rath, G.: Johann Lucas Schönlein und der Berliner Lehrstuhl für Geschichte der Medizin, in: Medizinhistorisches Journal 1 (4/1966), S. 217–223.

Ratschko, K.-W.: Regionales Sprachrohr, in: Schleswig-Holsteinisches Ärzteblatt 11 (2016), S. 22–25.

Raulin, L.: Dr F. Brunet, Œuvres médicales d'Alexandre de Tralles, tome I : Alexandre de Tralles et la médecine byzantine, 1933, in: Revue des Études Anciennes, Bd. 37, Nr. 1 (1935), S. 114–116; bzw. zu Bd. II u. III (1936), in: Revue des Études Anciennes, Bd. 39, Nr. 4 (1937), S. 422–423; bzw. zu Bd. IV (1939), in: Revue des Études Anciennes, Bd. 41, Nr. 2 (1939), S. 200.

Raymond, J.: Brunet (Dr F.), Œuvres médicales d'Alexandre de Tralles, tome premier: Alexandre de Tralles et la médecine byzantine, in: Échos d'Orient, tome 34, no. 177 (1935), S. 125.

Reimarius, H. S.: De Vita et Scriptis J. A. Fabricii Commentarius. Hamburg 1737.

Reincke, H.: „Fabricius, Albert", in: Neue Deutsche Biographie, Bd. 4 (1959), S. 732–733.

Renaud, M. L.: Arétée (de Cappadoce). Traité des signes, des causes et de la cure des maladies aigües et chroniques. Paris 1834.

Reuss, F. A.: Walafridi Strabi Hortulus. Carmen ad cod. ms. veterumque editionum fidem recensitum, lectionis varietate notisque instructum. Würzburg 1834.

Reuss, F. A., Daremberg, Ch.: S. Hildegardis abbatissae Subtilitatum diversarum naturarum creaturarum libri novem. Paris 1855.

Reynolds, F. T.: Of the causes and signs of acute and chronic disease. London 1837

Riddle, J. M.: Dioscurides, in: Kranz, F. E. (Hrsg.): Catalogus Translationum et Commentariorum 4. Washington 1980, S. 1–143.

Riddle, J. M..: Dioscorides on Pharmacy and Medicine, in: History of science series, vol. 3, Austin 1985.

Riedel, M.: Gesellschaft, Gemeinschaft, in: Brunner, O., Conze, W., Koselleck, R. (Hrsg.): Geschichtliche Grundbegriffe. Historisches Lexikon zur politisch-sozialen Sprache in Deutschland. Bde. 1–8, Stuttgart 1992–1997.

Riha, O.: Diät für die Seele. Das Erfolgsrezept von Hufelands Makrobiotik, in: NTM – Zeitschrift für Geschichte der Wissenschaften, Technik und Medizin, vol. 9, iss. 2 (2001), S. 80–89.

Riha, O.: Die Puschmann-Stiftung und die Diskussion zur Errichtung eines Ordinariats für Geschichte der Medizin an der Universität Leipzig, in: Frewer (2001).

Riha, O.: „Sudhoff, Karl“, in: Neue Deutsche Biographie 25 (2013), S. 670–672.

Ringseis, J. N.: System der Medizin. Ein Handbuch der allgemeinen und speziellen Pathologie und Therapie. Regensburg 1841.

Rinne, F. G.: Das vom pharmakologischen Standpunkte aus Wesentlichste aus Scribonii Largi ‚Compositiones‘. Inaugural-Dissertation Dorpat 1892.

Robert, F.: „Littré et Hippocrate“, in: Histoire des sciences médicales 15 (1981), S. 221–226.

Rodekirchen, D.: Karl Sudhoff (1853–1938) und die Anfänge der Medizingeschichte in Deutschland. Med. Diss. Köln 1992.

Rodi, F., Kühne-Bertram, G. (Hrsg.): Dilthey und die hermeneutische Wende in der Philosophie. Göttingen 2008.

Roelcke, V.: Die Entwicklung der Medizingeschichte seit 1945, in: Internationale Zeitschrift für Geschichte und Ethik der Naturwissenschaften, Technik und Medizin 2 (1994), S. 193–216.

Rohlfs, H.: Die Ärzte als Kulturhistoriker, in: Rohlfs Archiv für Geschichte der Medizin, Jg. VII (1884), S. 443.

Rosa, H.: Beschleunigung. Die Veränderung der Zeitstrukturen in der Moderne. Frankfurt a. M. 2005.

Roscher, S.: Die Kaiser-Wilhelms-Universität Straßburg 1872–1902. (= Europäische Hochschulschriften, Reihe 3: Geschichte und ihre Hilfswissenschaften, Bd. 1003). Frankfurt a. M. 2006.

Rosen, G.: Janus, 1846–1946, in: Journal of the History of Medicine and Allied Sciences, vol. 2, no. 1 (1947), S. 5–9.

Rosenbaum, J. (Hrsg.): Additamenta ad Lud. Choulanti bibliothecam medico-historicam. Halle 1842.

Ross, W.: Catalogue of an Extensive and Valuable Collection of Books, in the Various Branches of Science and Literature; Including Many Rare Editions of the Classics; Works in Surgery, Medicine, &c. &c. Being the Library of Mr. George Kerr, Surgeon in Aberdeen. To Be Sold, by Auction, in Virtue of a Warrant from the Magistrates of Aberdeen in Mr. Ross's Sale-Room, Upper-Kirkgate, on Monday, the 16th April Current, at 12 O'clock Noon; and Will Continue, Every Lawful Day, at the Same Hour, Until the Whole Are Sold Off. Catalogues May Be Had at the Sale-Room; and of Mr. Wyllie, Bookseller, Union Street; and Mr. Gordon, Bookseller, Upperkirkgate. Aberdeen: Printed by D. Chalmers and Co., Adelphi Court, Union Street, 1821.

Roth, M.: Andreas Vesalius Bruxellensis. Berlin 1892.

Rothschuh, K. E.: Richard Hermann Koch (1882–1949): Arzt, Medizinhistoriker, Medizinphilosoph (Biographisches, Ergographisches), 1. Teil: Zur Biographie, in: Medizinhistorisches Journal, Bd. 15, Nr. 1/2 (1980), S. 16–43.

Rötz, T.: Georg Edmund Dann (1898–1979). Leben und Werk eines Pharmaziehistorikers im 20. Jahrhundert. Dissertation Marburg 2012.

Rouse, W. H. D.: A History of Rugby School. New York 1898.

Roussanova, E.: Deutsch-russische Beziehungen in der Chemie des 19. Jahrhunderts, Teil 1 und 2, in: Relationes 23/27, Aachen 2018/2019.

Ruff, P. W.: Die Naturwissenschaftliche Medizin – Entstehung, Wesen, Kritik und Aufhebung. Med. Diss. Berlin 1979.

Rütten, Th.: Karl Sudhoff. ‚Patriarch' der deutschen Medizingeschichte. Zur Identitätspräsentation einer wissenschaftlichen Disziplin in der Biographik ihres Begründers, in: Gourevitch, D. (Hrsg.): Médecins érudits de Coray à Sigerist: actes du colloque de Saint-Julien-en-Beaujolais. Paris 1995, S. 154–171.

Rütten, Th.: Briefwechsel zwischen Tibor von Györi (1869–1938) und Karl Sudhoff (1853–1938), in: Wolfenbütteler Bibliotheks-Informationen 21 (1996), S. 10–11.

Rütten, Th.: Karl Sudhoff and „the Fall" of German Medical History, in: Huisman (2004).

Salzmann, H.: Bemerkungen zu „Schelenz. Geschichte der Pharmazie", in: Apotheker-Zeitung Jg. 20 (1905), S. 42 ff.

Salzmann, H.: Julius Berendes, in: Apotheker-Zeitung, Jg. 22 (1907), S. 225 f.

Scarborough, J., Nutton, V.: The Preface of Dioscorides' Materia Medica: introduction, translation, and commentary, in: Transactions and Studies of the College of Physicians of Philadelphia, vol. 4, no. 3 (1982), p. 187–227.

Scarborough, J.: Early Byzantine Pharmacology, in: Scarborough, J. (Hrsg.): Symposium on Byzantine Medicine. Washington, D.C. 1984, S. 213–232.

Scarborough, J.: „Philagrios of Epeiros", in: Keyser, P. T., Irby-Massie, G. L. (Hrsg.): The encyclopedia of ancient natural scientists. London/New York 2008, S. 643 f.

Schäfer, K. (hrsg.).: Johann Winter aus Andernach (Ioannes Guinterius Andernacus) 1505–1574. Ein Humanist und Mediziner des 16. Jahrhunderts (= Andernacher Beiträge 6). Andernach 1989.

Schaudinn, F. R., Hoffmann, E.: Vorläufiger Bericht über das Vorkommen von Spirochaeten in syphilitischen Krankheitsprodukten und bei Papillomen, in: Arbeiten aus dem Kaiserlichen Gesundheitsamte (Bd. 22), Berlin 1905, S. 527–534.

Schelenz, H.: Der angehende Apotheker (Rezension), in: Deutsche Apotheker-Zeitung, Jg. XIII, Nr. 62 (1893), S. 377.

Schelenz, H.: Geschichte der Pharmazie. Berlin 1904.

Scheuerlein H., Henschke, F., Köckerling, F.: Wilhelm von Waldeyer-Hartz – A Great Forefather: His Contributions to Anatomy with Particular Attention to „His" Fascia, in: Frontiers in Surgery, vol. 4, art. 74 (2017).

Schipperges, H.: Quellen Zu Humboldts Medizinischem Weltbild, in: Sudhoffs Archiv für Geschichte der Medizin und der Naturwissenschaften, Bd. 43, Nr. 2 (1959), S. 147–171.

Schluchter, W.: Legitimationsprobleme der Medizin. Zeitschrift für Soziologie 3 (1974), S. 375–396.

Schmidt, G.: Theodor Puschmann und seine Verdienste um die Einrichtung des Faches Medizingeschichte an der Wiener Medizinischen Fakultät, in: Frewer (2001).

Schmidt, J. A.: Handschriftlich hinterlassenes Lehrbuch der Materia medica. Wien 1811.

Schmiedebach, H.-P.: Bildung in a Scientific Age: Julius Pagel, Max Neuburger, and the Cultural History of Medicine, in: Huisman (2004).

Schmitz, R.: Über deutsche Apotheken des 13. Jahrhunderts. Ein Beitrag zur Etymologie des apotheca-apothecarius-Begriffs, in: Sudhoffs Archiv 45 (1961), S. 289–302.

Schmitz, R.: Geschichte der Pharmazie. Eschborn 2005.

Schneck, P.: ‚Ueber die Ursachen der gegenwärtigen Vernachlässigung der historisch-medicinischen Studien in Deutschland': Eine Denkschrift Heinrich Haesers an das Preußische Kultusministerium aus dem Jahre 1859, in: Frewer (2001).

Schneider, J. G. Th. (Hrsg.): Naturgeschichte der Gewächse. 5 Bde., Leipzig 1818–1821; deutsch von Kurt Sprengel. 2 Bde., Altona 1822.

Schneider, W.: Kaiser Friedrich II. und die Medizinalanordnungen von Arles, in: Geschichtsbeilage der Deutschen Apotheker-Zeitung (= Mitteilungsblatt der Internationalen Gesellschaft für Geschichte der Pharmazie), Nr. 3 (1953), S. 14–16.

Schönfeld, W.: Medizingeschichtliche Vorlesungen in Heidelberg im 19. und 20. Jahrhundert bis zur Errichtung des Planmässigen Extraordinariats für Geschichte der Medizin, in: Heidelberger Jahrbücher, Bd. 5, Berlin/Heidelberg 1961.

Schöne, H.: Paulus Aegineta von I. L. Heiberg (Rezension), in: Gnomon, Bd. 3, H. 3 (1927), S. 129–138.

Schott, H.: Die Situation der „kleinen Fächer" am Beispiel der Geschichte, Theorie und Ethik der Medizin, in: Bundesgesundheitsblatt 52 (2009), S. 933–939.

Schott, J.: Physica S. Hildegardi. Elementorum, Fluminum aliquot Germaniae, Metallorum, Leguminum, Fructuum, & Herbarum [...] IIII Libris mirabili experientia posteriati tradens. Straßburg 1533.

Schrank, B.: ‚... wie es eigentlich geworden ist'. Karl Lamprecht und seine Deutsche Geschichte von 1891 bis 1909 vor dem Hintergrund des Methodenstreits 1891–1898/99. Graz 2017.

Schröder, J.: Pharmacopoeia medico-chymica sive thesaurus pharmacologicus: quo composita quaeque celebriora, hinc mineralia, vegetabilia & animalia chymico-medice describuntur, atque insuper principia physicae hermetico-hippocraticae candide exhibentur; opus, non minus utile physicis quam medicis. Ulm 1644, mehrere Auflagen.

Schubring, K.: Bemerkungen zur Galenausgabe von Karl Gottlob Kühn und zu ihrem Nachdruck, in: C. G. Kühn (Hrsg.): Claudii Galeni Opera omnia, Lipsiae, C. Cnoblochii, 1821–1833, Vorwort zum Neudruck Hildesheim (Bd. XX) 1964/1965.

Schulte, W.: Westfälische Köpfe. Münster 1984[3].

Schulze, J. H.: Historia medicinae. A rerum initio ad annum urbis Romae DXXXV deducta; acced. tabulae aeneae, chronologica et indices copiosi. Leipzig 1728.

Schütte, F.: Jahrzehnt der Neuordnung 1890–1901. Die Reform des technischen und allgemeinen Bildungssystems in Deutschland. Berufspädagogische Anmerkungen zu einem bildungshistorisch ‚disparaten' Forschungsfeld, in: Zeitschrift für Pädagogik 53 (2007) 4, S. 544–561.

Schwarz, A.: Bilden, überzeugen, unterhalten: Wissenschaftspopularisierung und Wissenskultur im 19. Jahrhundert, in: Kretschmann, C. (Hrsg.): Wissenspopularisierung. Konzepte der Wissensverbreitung im Wandel. Berlin 2003, S. 221–234.

Sconocchia, S. (Hrsg.): Scribonii Largi Compositiones. Leipzig 1983.

Scriba, J. Ch.: Geschichte der Naturwissenschaften als neue Disziplin. Zur Frühgeschichte der Jahresversammlungen in Deutschland und der Internationalen Kongresse, in: Ders. (Hrsg.): Disciplinae Novae. Zur Entstehung neuer Denk- und Arbeitsrichtungen in der Naturwissenschaft.—Festschrift zum 90. Geburtstag von Hans Schimank (= Veröffentlichung der Joachim Jungius-Gesellschaft der Wissenschaften Hamburg, Nr. 36). Göttingen 1979, S. 9–24.

Seemen von, H.: Zur Kenntnis der Medizinhistorie in der deutschen Romantik. Zürich 1926.

Seifert, A.: „Verzeitlichung". Zur Kritik einer neueren Frühneuzeitkategorie, in: Zeitschrift für historische Forschung 10 (1983), S. 447–477.

Seligmann, F. R.: Liber fundamentorum pharmacologiae auctore Abu Mansur. Epitome codicis manuscripti persic Bibl. caes. reg. Vienn. inediti. 2 Bde., Wien 1830/1833.

Seligmann, F. R.: Geschichte der Medicin und der Krankheiten, in: Virchow, R., Hirsch, A. (Hrsg.): Jahresbericht über die Leistungen und Fortschritte in der gesammten Medicin, Bd. 14 (1879), S. 377.

Sewering, H. J.: Von der „Bremer Richtlinie" zur Weiterbildungsordnung, in: Deutsches Ärzteblatt 84, H. 36 vom 03.09.1987.

Sigerist, H. E.: Studien und Texte zur Frühmittelalterlichen Rezeptliteratur. Leipzig 1923.

Sigerist, H. E.: Die historische Betrachtung der Medizin, in: Archiv für Geschichte der Medizin 18 (1926), S. 1–19.

Sigerist, H. E.: Émile Littré über Charles Daremberg, in: Sudhoffs Archiv für Geschichte der Medizin 23 (1930), S. 382–384.

Sigerist, H. E.: On Hippocrates, in: Bulletin of the Institute of the History of Medicine, vol. 2, no. 3 (1934), S. 190–214.

Simon, M.: Sieben Bücher Anatomie des Galen. 2 Bde., Leipzig 1906.

Singer, C.: A great country doctor: Francis Adams of Banchory (1796–1861), in: Bulletin of the History of Medicine, 12/1 (1942), S. 1–17.

Six, J.-F.: Littré devant Dieu. Paris 1962.

Skoulakis, Ch. E., Manios, A. G., Theos, E. A., Papadakis, C. E., Stavroulaki, P. S.: Treatment of nasal fractures by Paul of Aegina, in: Otolaryngology – Head and Neck Surgery, vol. 138, iss. 3 (2008), S. 279–282

Smith, W.: Dictionary of Greek and Roman Biography and Mythology. 3 vols., London 1844–1849.

Sonderkamp, J. A. M.: Untersuchungen zur Überlieferung der Schriften des Theophanes Chrysobalantes (sog. Theophanes Nonnos), in: ΠΟΙΚΙΛΑ ΒΥΖΑΝΤΙΝΑ 7, Bonn 1987, S. 288 ff.

Spang-Hansen, E.: Filologen J. L. Heiberg. Kopenhagen 1929

Spatz, H.: 80 Jahre Münchener Medizinische Wochenschrift: 1853–1933. München 1933.

Spaulding, W. B.: Peter Mere Latham (1789–1875): a great medical educator, in: Canadian Medical Association Journal, vol. 104 (June 19, 1971), p. 1109 f.

Sprengel, K.: Versuch einer pragmatischen Geschichte der Arzneykunde. Halle 1799 ff.

Sprengel, K.: Institutiones pharmacologiae. 6 Bde., Leipzig 1809–1819.

Steiff, K.: „Schott, Johannes“, in: Allgemeine Deutsche Biographie 32 (1891), S. 402–404.

Stein, C.: Divining and knowing: Karl Sudhoff's historical method, in: Bulletin of the History of Medicine 87/2 (2013), S. 198–224.

Stephanus, Henricus (Henri Estienne): Medicae artis principes, post Hippocratem et Galenum. Genf 1567.

Stille, G.: Der Weg der Arznei: von der Materia Medica zur Pharmakologie. Der Weg von Arzneimittelforschung und Arzneitherapie. Karlsruhe 1994.

Stille, G.: Kräuter, Geister, Rezepturen: eine Kulturgeschichte der Arznei. Stuttgart 2004.

Stoffregen, M.: Eine frühmittelalterliche lateinische Übersetzung des byzantinischen Puls- und Urintraktats des Alexandros. Text, Übersetzung, Kommentar. Med. Diss. Berlin 1977.

Strohm, H.: Meteorologie. Über die Welt, in: Flashar, H. (Hrsg.).: Aristoteles, Werke in deutscher Übersetzung. Bd. 12 I/II, 1984³.

Strohm, H.: Untersuchungen zur Entwicklungsgeschichte der aristotelischen Meteorologie. Egelsbach 1992.

Strumpff, Ch. C. (Hrsg.): Henrici Schulzii theses de materia medica. Halle 1746.

Tabanelli, M.: Studi sulla chirurgia bizantina: Paolo di Egina. Florenz 1964 (= Bibliotheca della ‚Rivista di storia delle scienze mediche e naturali‘, vol. 13).

Tassinari, P.: From Kühn to the Corpus Medicorum Graecorum, in: Bouras-Vallianatos (2019).

Teichler, J.-U.: „Der Charlatan strebt nicht nach Wahrheit, er verlangt nur nach Geld“. Zur Auseinandersetzung zwischen naturwissenschaftlicher Medizin und Laienmedizin im deutschen Kaiserreich am Beispiel von Hypnotismus und Heilmagnetismus. Stuttgart 2002.

Temkin, O.: Karl Sudhoff, the rediscoverer of Paracelsus, in: Bulletin of the Institute of the History of Medicine, vol. 2, no. 1 (1934), p. 16–21.

Temkin, O.: The Falling Sickness: A History of Epilepsy from the Greeks to the Beginnings of Modern Neurology. Baltimore 1945.

Temkin, O.: Galenism: Rise and Decline of a Medical Philosophy. Ithaka/New York 1973.

Thomas, S.: „Ermerins (François Zacharias)“, in Nieuw Nederlands Biografisch Woordenboek (NNBW), 6. Bd. (1924), Sp. 576.

Tiess, D.: Rudolf Kobert (1854–1918) als Toxikologe und Gerichtschemiker, in: T + K, Mitteilungsblatt der Gesellschaft für Toxikologische und Forensische Chemie, 71/1 (2004), S. 17–31.

Toellner, R.: Der Funktionswandel der Wissenschaftshistoriographie am Beispiel der Medizingeschichte des 19. und 20. Jahrhunderts, in: Bröer (1999), S. 175–187.

Töpfer, F., Wiesing, U.: The medical theory of Richard Koch I: theory of science and ethics, in: Medicine, Health Care and Philosophy, Nr. 8, 2 (2005), p. 207–219 bzw. II: natural philosophy and history, in: Medicine, Health Care and Philosophy, no. 8, 3 (2005), p. 323–334.

Touwaide, A.: L'identification des plantes du Traité de matière médicale de Dioscoride: un bilan méthodologique, in: Döring, K., Wöhrle, G. (Hrsg.): Antike Naturwissenschaft und ihre Rezeption. Bde. I–II, Bamberg 1992.

Touwaide, A.: A census of Greek medical manuscripts: from Byzantium to the Renaissance. London/New York 2016.

Touwaide, A.: Greek Medical Manuscripts - Diels' Catalogues. Bde. 1–5, Berlin/Boston 2020.

Tschirch, W. O. A.: Handbuch der Pharmakognosie. Leipzig 1910–1927.

Turner, É.: Jean Guinther d'Andernach (1505 à 1574) son nom, son âge, le temps de ses études à Paris, ces titres, ses ouvrages, in: Gazette hebdomadaire de médecine et de chirurgie. 2. Serie, Bd. 18 (1881), S. 425–534.

Turner, R. S.: The Bildungsbürgertum and the Learned Professions in Prussia, 1770–1830: The Origins of a Class, in: Social History – Histoire Sociale, vol. 13, no 25 (1980), p. 105–135.

Turner, R. S.: The Prussian Universities and the Concept of Research, in: Internationales Archiv für Sozialgeschichte der deutschen Literatur 5 (1980), S. 68–93.

Ullmann, M.: Die Medizin im Islam. Leiden/Köln 1970 (= Handbuch der Orientalistik, Abt. I, Ergänzungsband VI, 1).

Urdang, G.: Die pharmazeutische Geschichtsschreibung in Deutschland, in: Pharmazeutische Zeitung 68 (1923), S. 53–57.

Urdang, G.: Die pharmazeutische Geschichtsschreibung in Deutschland, in: Pharmazeutische Zeitung 69 (1924), S. 999–1001.

Urdang, G.: Die Geschichte der Pharmazie als Kulturgeschichte, in: Pharmazeutische Zeitung, 71 (1926), S. 1251–1252.

Urdang, G.: Drei berühmte niedersächsisch-westfälische Apotheker: Peters, Berendes und Sertürner. Vortrag gehalten am 17. Dezember 1927 in der Ortsgruppe Hannover der Deutschen Pharmazeutischen Gesellschaft, in: Pharmazeutische Zeitung 73 (1928), S. 212 ff.

Urdang, G.: The American Institute of the History of Pharmacy, in: Bulletin of the History of Medicine, Bd. 10 (01.01.1941), S. 690 ff.

Urdang, G.: Why the American Institute of the History of Pharmacy was Organized at Madison, Wisconsin, in: Pharmacy in History, vol. 43, no. 1 (2001; Reprinted from The Badger Pharmacist March 1941), p. 38–46.

Vaccaro, A. R., Oner, C., Kepler, C. K., Dvorak, M., Schnake, K., Bellabarba, C., Reinhold, M., Aarabi, B., Kandziora, F., Chapman, J., Shanmuganathan, R., Fehlings, M., Vialle, L.: AO Spine thoracolumbar spine injury classification system: fracture description, neurological status, and key modifiers. AO Spine Spinal Cord Injury & Trauma Knowledge Forum, in: Spine (= Phila Pa 1976), 1/38 (23, Nov. 2013), S. 2028–2037.

Valiakos, I.: Das Dynameron des Nikolaos Myrepsos: Erstedition, in: Propylaeum, Heidelberg 2019.

Verner, M.: Johann Albert Fabricius, Eighteenth-Century Scholar and Bibliographer, in: The Papers of the Bibliographical Society of America, vol. 60, no. 3 (1966), S. 281–326.

Vögtle, A.:, Was hatte die Widmung des lukanischen Doppelwerkes an Theophilus zu bedeuten?, in: Ders.: Das Evangelium und die Evangelien. Beiträge zur Evangelienforschung. Düsseldorf 1971, S. 31–42.

Völker, A., Thaler, B. (Hrsg.): Die Entwicklung des medizinhistorischen Unterrichts (= Wissenschaftliche Beiträge der Martin-Luther-Universität Halle-Wittenberg 1982/6, E43). Halle 1982.

Von Matthäi, Ch. F.: XXI veterum et clarorum medicorum Graecorum varia opuscula. Cum tabula aenea. Primo nunc impensis Anastasii, Nicolai, Zoes et Michaelis, fratrum Zosimadarum, nobilissimorum Ioanninorum, de litteris Graecis intra et extra patriam suam optime meritorum, ex Oribasii codice Mosquensi Graece edidit, interpretationem Latinam Io. Baptistae Rasarii, item suas animadversiones et indicem vocabulorum adiecit Christianus Fridericus de Matthaei. Moskau 1808.

Vuillemin-Diem, G.: Meteorologica: Wilhelm von Moerbekes Übersetzung der Aristotelischen Meteorologie. Turnhout 2008.

Wagner, R.: Grundriss der Encyklopädie und Methodologie der medizinischen Wissenschaften. Halle 1838.

Walther, G.: „Altertumskunde", in: Der Neue Pauly (DNP), Bd. 13. Stuttgart 1999, Sp. 86–101.

Webster, Ch.: The Historiography of Medicine, in: Corsi, P., Weindling, P. (Hrsg.): Information Sources in the History of Science and Medicine. London 1983, S. 202–237.

Webster, Ch.: Intellectual History in different disciplines, in: Intellectual News (Autumn 1996).

Wegner, W.: „Aetios von Amida" in: Enzyklopädie Medizingeschichte, S. 16.

Wegscheider, M.: Geburtshülfe und Gynäkologie bei Aëtios von Amida (Buch 16 der Sammlung); ein Lehrbuch aus der Mitte des 6. Jh. nach Chr. zum ersten Male ins Deutsche übersetzt. Berlin 1901.

Weindling, P. J.: Die Entwicklung der Geschichte der Medizin in Grossbritannien, in: Volker, A., Thaler, B. (Hrsg.): Die Entwicklung des Medizinhistorischen Unterrichts. Halle 1982, S. 172–177.

Wellmann, M.: Aetios 8, in: Paulys Realencyclopädie der classischen Altertumswissenschaft, Bd. I, 1 (1893), Sp. 703 f.

Wellmann, M.: „Aretaios", in: Paulys Realenzyklopädie der classischen Altertumswissenschaft, Bd. II, 1 (1895), Sp. 669–670.

Wellmann, M.: Die Pflanzennamen des Dioskurides, in: Hermes, Bd. 33, Nr. 3 (1898), S. 360–422.

Wellmann, M.: Pedanii Dioscuridis Anazarbei De materia medica, ed. M. Wellmann. Bd. I: Libri I et II, Berlin 1907; Bd. II: Libri III et IV, Berlin 1907; Bd. III: Liber V, Berlin 1914.

Wellmann, M.: Philumeni De venenatis animalibus eorumque remediis, edidit M. Wellmann (= CMG X 1, 1). Leipzig und Berlin 1908.

Wellmann, M.: Philumenos, in: Hermes, Bd. 43, Nr. 3 (1908), S. 373–404.

Wendler, W.: Der akademische Unterricht in der Pharmazie um die Mitte des 19. Jahrhunderts, dargestellt an der Mitschrift einer Vorlesung Heinrich Wilhelm Ferdinand Wackenroders aus dem Jahre 1845. Dissertation Marburg 2004.

Westerink, L. G.: Stephani Atheniensis In Hippocratis Aphorismos commentaria I–II, edidit et in linguam Anglicam vertit L. G. Westerink. Berlin 1985; editio altera lucis ope expressa. Berlin 1998; Ders.: für Bde. III–IV (1992) bzw. V–VI (1995), letzterer mit einem Index von Kollesch, J., und Nickel, D. (= CMG XI 1, 3, 1/2/3).

Widmann, M., Mörgeli, Ch.: Bader und Wundarzt, Medizinisches Handwerk in vergangenen Tagen. Zürich 1998.

Wiesing, U.: Kunst oder Wissenschaft? Konzeptionen der Medizin in der deutschen Romantik. Stuttgart 1995.

Wiesing, U.: Die Einsamkeit des Arztes und der ‚lebendige Drang nach Geschichte': zum historischen Selbstverständnis der Medizin bei Richard Koch, in: Gesnerus 54 (1997), S. 219–241.

Wimmer, Ch. F. H.: Theophrasti Eresii opera quae supersunt omnia. 3 Bde., Leipzig 1854–1862.

Winau, R.: Die Funktion der Medizingeschichte in der Sicht Richard Kochs, in: Preiser, G. (Hrsg.): Richard Koch und die ärztliche Diagnose. Hildesheim 1988, S. 142–149.

Winkler, L. (Hrsg.), Urdang, G.: Wesen und Bedeutung der Geschichte der Pharmazie. Berlin 1927.

Wise, Th.: Review of the history of medicine. 2 Bde., London 1862/1867.

Wissowa, G.: Paulys Realencyclopädie der classischen Altertumswissenschaft: Supplement, 1. Heft (Stuttgart 1903), Sp. 125.

Wohnlich-Despaigne, I.: Les historiens français de la médecine auf XIXe siècle et leur bibliographie. Paris 1987.
Wolf, E.: Über die Anfänge der Pharmaziegeschichtsschreibung: Von Johannes Ruellius (1529) bis David Peter Hermann Schmidt (1835). Gießen 1965.
Wolska-Conus, W.: Stéphanos d'Athènes et Stéphanos d'Alexandrie. Essai d'identification et de biographie, in: Revue des Etudes Byzantines 47 (1989), S. 5–89.
Wunderlich, C. R. A.: Geschichte der Medicin: Vorlesungen, gehalten zu Leipzig im Sommersemester 1858. Stuttgart 1859.
Zalai, K.: Wissenschaftliche Beziehungen zwischen der deutschen und der ungarischen Pharmazie, in: Geschichte der Pharmazie, Nr. 1 (42. Jg. 1990), S. 4.
Zervos, S.: Aetius aus Amida über die Leiden am Magenmund, des Magens selbst und der Gedärme (Buch IX). Athen 1912.
Ziegenspeck, H.: „Berendes, Julius", in: Neue Deutsche Biographie, Bd. 2 (1955), S. 69
Zimmermann, S.: Theodor Meyer-Steineg (1873–1936) und die Medizingeschichte in Jena. Pfaffenweiler 1999.
Zimmermann, V. (Hrsg.): Paracelsus. Das Werk – die Rezeption. Stuttgart 1995.
Zipser, B.: Pseudo-Alexander Trallianus de oculis, Einleitung, Text, Übersetzung und Kommentar. Diss. Heidelberg 2003.
Zipser, B.: Die Therapeutica des Alexander Trallianus: ein medizinisches Handbuch und seine Überlieferung, in: Piccione, R.-M., Perkams, M. (Hrsg.): Selecta Colligere, II. Beiträge zur Methodik des Sammelns von Texten in der Spätantike und in Byzanz (Collana Hellenika). Alexandria 2005, S. 211–234.
Zytka, M.: A Cultural History of Bathing in Late Antiquity and Early Byzantium. Oxon/New York 2019.

Internetquellen

Artikel mit Verfasser werden alphabetisch sortiert, danach folgen alle anderen Quellenverweise in der Reihenfolge ihres Vorkommens im Haupttext. Alle aufgeführten Internetquellen wurden zuletzt am 02.11.2022 abgerufen.

Altmeyer, P.: „Pterygium unguis dorsalis (L60.8)", in: Altmeyers Enzyklopädie online, abrufbar unter https://www.altmeyers.org/de/dermatologie/pterygium-unguis-dorsalis-3377.
Bouras-Vallianatos, P.: „13.3. Medizinisches Schrifttum", in: Daim, F. (Hrsg.): Der Neue Pauly Supplemente II Online. Bd. 11 (Byzanz). Stuttgart 2016. Online abrufbar unter http://dx.doi.org/10.1163/2468-3418_dnpo11_COM_222043.
Fichtner, G.: Corpus Galenicum. Bibliographie der galenischen und pseudogalenischen Werke. Laufend aktualisiert unter http://cmg.bbaw.de/online-publikationen/hippokrates-und-galenbibliographie-fichtner, auf dem Stand von 12/2019.
Fichtner, G.: Corpus Hippocraticum. Bibliographie der hippokratischen und pseudohippokratischen Werke, Version 12/2017. Abrufbar unter http://cmg.bbaw.de/online-publikationen/hippokrates-und-galenbibliographie-fichtner.
Gantenbein, U. L.: https://www.paracelsus.uzh.ch/paracelsus-sudhoff-edition.html.
Keyser, P. T.: „Heiberg, Johan Ludwig", in: Database of Classical Scholars, abrufbar unter https://dbcs.rutgers.edu/all-scholars/heiberg-johan-ludwig.
Landfester, M., Hinz, B.: „Antikerezeption", in: Enzyklopädie der Neuzeit Online, Essen 2005–2012.

Lelke, I.: Eine Studie zum Briefwechsel Alexander von Humboldts mit den Ehefrauen berühmter Gelehrter: https://www.uni-potsdam.de/verlagsarchivweb/html/495/html/frames/inh58.htm.

Lewis, O.: The clinical method of the anonymous of Paris, in: Bouras-Vallianatos, P. (Hrsg.): Exploring Greek Manuscripts in the Library at Wellcome Collection in London. New York (May 2020), Chapter 2, abrufbar unter https://www.ncbi.nlm.nih.gov/books/NBK558643/.

Piñero, L. P.: „Mercado, Luis (1525–1611)", abrufbar unter http://www.mcnbiografias.com/app-bio/do/show?key=mercado-luis.

Riha, O.: Karl Sudhoff, in: Sächsische Biografie, hrsgg. vom Institut für Sächsische Geschichte und Volkskunde e.V., abrufbar unter http://www.isgv.de/saebi/.

Schneider, M.: „Karl Gottlob Kühn", in: Sächsische Biografie, hrsg. vom Institut für Sächsische Geschichte und Volkskunde e.V., online unter: https://saebi.isgv.de/biografie/Karl_Gottlob_Kühn_(1754-1840).

Schopferer, J.: „Christoph Carl Strumpff (1712–1754)", im Catalogus Professorum Halensis: https://www.catalogus-professorum-halensis.de/strumpff-christoph-carl.html.

Siede, M., Stein, M.: „Theophrastos (Theophrast)", in: Landfester, M., Cancik, H., Schneider, H. (Hrsg.): Der Neue Pauly Supplemente I, Bd. 2: Geschichte der antiken Texte: Autoren- und Werklexikon. Stuttgart 2007; online abrufbar unter http://dx.doi.org/10.1163/2452-3054_dnpo2_COM_0217.

https://www.zm-online.de/archiv/2016/11/gesellschaft/die-herausbildung-der-spezialdisziplinen/seite/alle/.

https://www.geschichtsquellen.de/werk/4676.

https://www.biusante.parisdescartes.fr/histoire/medica/presentations/daremberg.php.

https://digital.slub-dresden.de/werkansicht/dlf/22930/1/0/.

https://www.stadtwikidd.de/wiki/Karl_Christian_Leberecht_Weigel.

http://www.intratext.com/Catalogo/Autori/Aut1395.htm.

https://histvv.uni-leipzig.de/dozenten/puschmann_t.html.

https://jza.badw.de/das-projekt.html.

http://www.pharmaziegeschichte.de.

http://cpr.uni-rostock.de//resolve/id/cpr_person_00001151.

https://www.bpb.de/gesellschaft/bildung/zukunft-bildung/229629/schulgeschichte-bis-1945.

http://www.teuchos.uni-hamburg.de/interim/prosop/Heiberg.Johan.Ludvig.html.

https://www.gwmt.de/wp-content/uploads/Archiv/DGGMNT/Sudhoff-Bibliographie.pdf.

https://aospine.aofoundation.org/clinical-library-and-tools/ao-spine-classification-systems.

https://www.degruyter.com/document/database/PMBZ/entry/PMBZ16953/html.

„Meletios", in: Prosopographie der mittelbyzantinischen Zeit Online. Berlin, Boston 2013, unter https://www.degruyter.com/document/database/PMBZ/entry/PMBZ27189/html.

https://www.gwmt.de/ueber-die-gwmt/geschichte/.

http://worddoctors.org/texts-and-translations/#_Toc36295725.

https://pinakes.irht.cnrs.fr/notices/cote/51775/.

http://www.heilkunde-museum.de/index.html.

https://pinakes.irht.cnrs.fr/notices/cote/9436/.

https://pinakes.irht.cnrs.fr/notices/cote/65330/.

https://pinakes.irht.cnrs.fr/notices/cote/56265/.

https://pinakes.irht.cnrs.fr/notices/cote/51830/.

http://www.urdang.de.

„Catalogus Professorum Halensis" der Epoche 1817–1871: https://www.catalogus-professorum-halensis.de/index1817.html#m.

Hallischer Kalender der Universität- und Landesbibliothek Sachsen-Anhalt: http://digital.bibliothek.uni-halle.de/hd/periodical/structure/2509602.

https://pinakes.irht.cnrs.fr/notices/cote/71026/.
https://www.digitale-sammlungen.de/de/view/bsb00125521?page=,1.
https://pinakes.irht.cnrs.fr/notices/cote/69763/.
https://pinakes.irht.cnrs.fr/notices/cote/70500/.
https://pinakes.irht.cnrs.fr/notices/cote/51857/.
https://www.museodelprado.es/en/the-collection/art-work/portrait-of-a-doctor/1ab1b55c-ea98-4907-a34d-bd9132942dea.
https://pinakes.irht.cnrs.fr/notices/cote/39715/.
https://wellcomecollection.org/works/bavqdanq/items.
https://pinakes.irht.cnrs.fr/notices/cote/51836/.
https://pinakes.irht.cnrs.fr/notices/cote/16657/.
https://ub.unibas.ch/cmsdata/spezialkataloge/gg/higg0360.html.
https://ub.unibas.ch/cmsdata/spezialkataloge/gg/higg0357.html.
https://ub.unibas.ch/cmsdata/spezialkataloge/gg/higg0353.html.
https://www.digitale-sammlungen.de/de/view/bsb10139764.
https://ub.unibas.ch/cmsdata/spezialkataloge/gg/higg0337.html.

Ungedruckte Quellen

Autographisches Material aus dem Sächsischen Staatsarchiv mittels des Kalliope-Verbundsystems:

Brief von Julius Ludwig Ideler an Alexander von Humboldt, 07. April 1836, abrufbar unter https://jbc.bj.uj.edu.pl/dlibra/publication/367670/content.
Brief von Julius Ludwig Ideler an Alexander von Humboldt, Juni 1835, abrufbar unter https://jbc.bj.uj.edu.pl/dlibra/publication/361059/content.
Brief von Iwan von Müller an Friedrich Zarncke vom 25.03.1878: http://kalliope-verbund.info/DE-611-HS-3033956.
Brief von Iwan von Müller an Friedrich Zarncke vom 20.07.1879: kalliope-verbund.info/DE-611-HS-3033985.
Brief von Iwan von Müller an Friedrich Zarncke vom 27.05.1889: https://kalliope-verbund.info/DE-611-HS-3034035.
Brief von Heinrich Haeser an Adolf Müller vom 15.09.1876: https://kalliope-verbund.info/DE-611-HS-3668904.
Brief von Adolf Müller an Theodor Puschmann vom 18.10.1876: https://kalliope verbund.info/ead?ead.id=DE-611-HS-3668511.
Brief an Adolf Winter vom 15.09.1876: http://kalliope-verbund.info/DE-611-HS-3668904.

Material aus den Special Collections der University Library of Aberdeen:

University Library of Aberdeen, Sigle L.Aa.A3.Kay: Catalogue of the Library of Mr. George Kerr, surgeon in Aberdeen (Aberdeen 1821).
Verney, R. E.: Biographical Sketch of Francis Adams of Banchory, an after dinner address delivered to members of the association at Raemoir House Hotel, Banchory, 7 July 1954. GB 0231 University of Aberdeen, Special Collections, Ref. No. University 1448/1/1/4.
Photograph of Francis Adams, Ref. No. University 591/2/1/2 (s. Abb. 2)

Appendix

Abbildungen

Abb. 1: Photographie. Von li. nach re.: Stephen d'Irsay, Arnold C. Klebs, Henry E. Sigerist, Karl Sudhoff, Friedrich Wilhelm Tobias Hunger, Owsei Temkin. Aufgenommen in Leipzig am 27.04.1929. Abrufbar unter https://wellcomecollection.org/works/sx669sey, zul. abg. am 02.11.2022.

Abb. 2: Photographie. Francis Adams. Freundlicherweise zur Reproduktion bereitgestellt durch Mr Jan Smith von den „Museums and Special Collections" der University of Aberdeen.

https://doi.org/10.1515/9783111062020-010

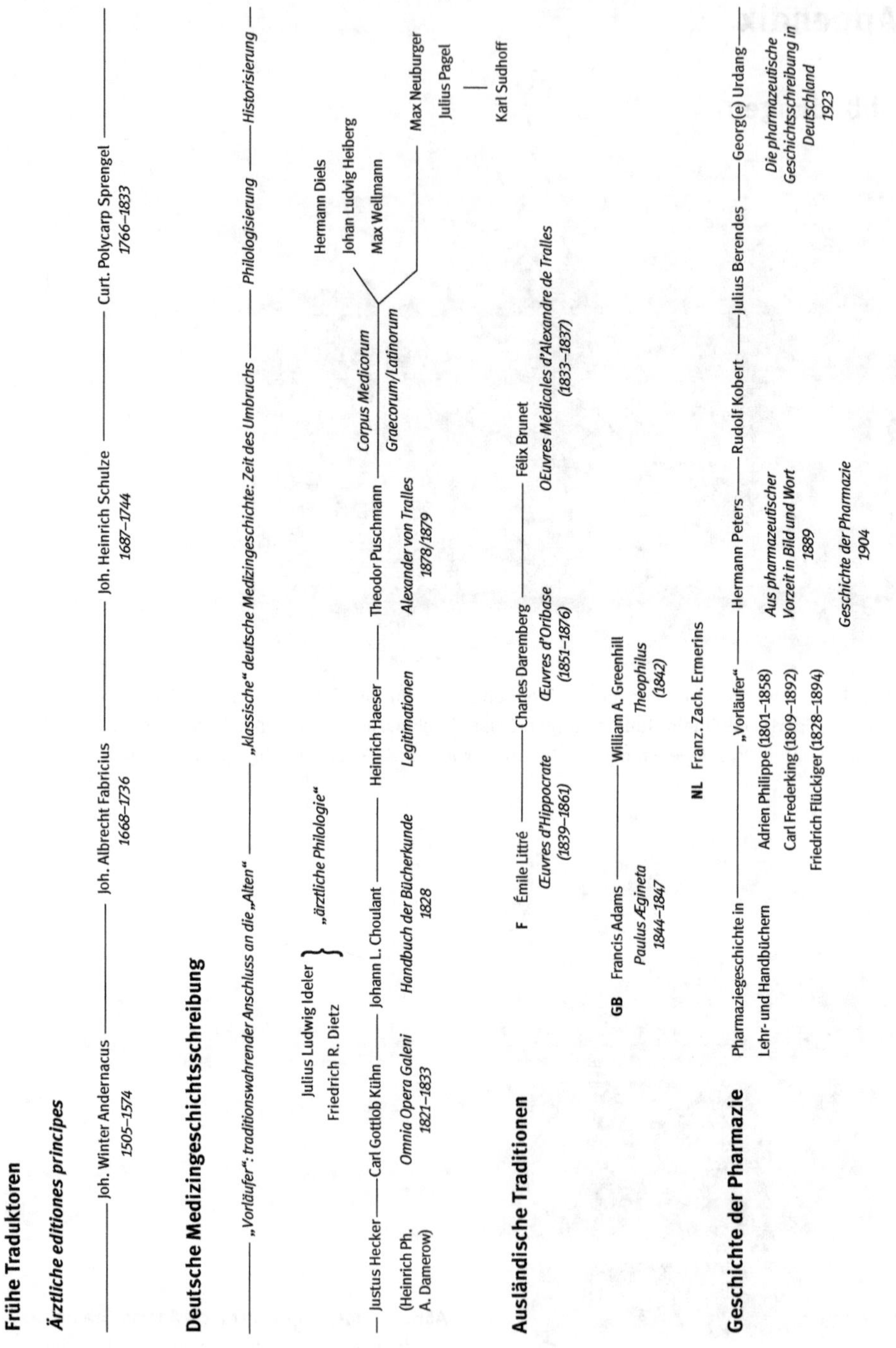

Abb. 3: Schematische Übersichtstafel des Untersuchungsgangs.

Transkriptionen von Autographen

Die Autographen sind durchnummeriert, sodass am entsprechenden Ort auf die Ziffer verwiesen wird. Etwaige Seitenwechsel werden mittels eckiger Klammern [ ] kenntlich gemacht.

[1] Heinrich Haeser. Autograph letter to Dr. Greenhill, Dec. 31, 1877

Breslau, 30. Dec. 1877

Hochverehrter Herr College!

Sie haben mir wiederholt, in früherer und späterer Zeit, so z.B. im vorigen Jahre durch meinen Freund Prof. Arnold Schaefer in Bonn, so freundliche Beweise Ihres Wohlwollens gegeben, daß ich nur mit tiefer Beschämung eingestehen muß, den Dank für dieselben Ihnen schuldig geblieben zu seyn.

Zum Weihnachtsfeste dieses Jahres haben Sie mich sogar mit einem Distichon-Paar beehrt, welches nicht bloß für die unverdiente Fortdauer Ihres gütigen Wohlwollens gegen mich zeugt, sondern auch den Beweis liefert, daß, Sie, der gedlegene Gelehrte, auch auf dem Felde der Poësie [ ] die Meisterschaft errungen haben. Dieses mir so werthvolle Dokument Ihres Wohlwollens und Ihrer dichterischen Begabung bildet eine Zierde meiner Autographen-Sammlung.

Inzwischen hat mich das schwerste Schicksal betroffen. Der unerbittliche Tod hat mir am 9. Sept. auf der Heimreise von Kreuth (Ober-Baiern) zu Görlitz mein theures Weib, mit der ich fast 40 Jahre in unaussprechlicher glücklicher Ehe gelebt habe, entrißen! Ich stehe allein und habe für die kurze Zeit die mir noch übrig bleibt, keine andere Aufgabe, als die Erfüllung der Pflichten, welche mein Beruf und die Wissenschaft mir auferlegen.

Ihre so gütigen Wünsche kann ich nur in schroffer Prosa erwidern: Gott segne Sie und die Ihrigen mit allen wahren Gütern des Lebens, vor Allem mit Gesundheit und heitrer Freude an Ihrem Berufe und Ihrer Arbeit! In größter Verehrung und Dankbarkeit Ihr

Dr. H. Haeser

Salvatorplatz 7

(aus dem Royal College of Physicians, abrufbar unter http://WDAgo.com/s/a6054a97, zul. abg. am 02.11.2022)

[2] Heinrich Haeser. Autograph letter to Dr. Greenhill, March 9, 1878

Breslau, 9. März 1878

Hochverehrter Herr College!

Endlich komme ich dazu, an Sie zu schreiben. Daß es so spät geschieht, hat darin seinen Grund, daß ich nicht auf ein paar flüchtige Zeilen mich beschränken wollte, zu etwas mehr aber die Zeit fehlte. Wir stehen oder standen vor Kurzem auf der Höhe der akademischen Saison. Vorlesungen, Sitzungen, Examina, Staatsprüfungen (—ich bin Präsident der hiesigen Commission—) Berichte etc. etc. Dazu mein Buch und die Pflichten einer ausgebreiteten Correspondenz, die durch den Tod meiner Frau noch sehr gewachsen sind, das Alles wird hinreichen, mich einigermaßen zu entschuldigen.

Für Ihr lateinisches Gedicht zum neuen Jahre habe ich Ihnen schon gedankt aber wohl noch nicht für die schönen griechischen Verse! Sie haben mir [ ] damit eine sehr große Freude bereitet, um so mehr, als ich alt genug geworden bin, um für die schönen Gedanken Ihrer Gedichte empfänglich zu seyn. Es ist mir eine Freude, auch in diesen Gedanken mit Ihnen überein zu stimmen.

Mein Buch beschäftigt mich fortwährend. Je weiter ich vorwärts kommen, um desto größer werden die Schwierigkeiten. Zum Glück ist die hiesige Bibliothek außerordentlich gut mit medizinischer Literatur versehen. Zur Erholung las ich kürzlich ein sehr interessantes englisches Buch: Clarke, Autobiographical recollections of the medical profession. London, 1874. Es gibt dasselbe ein sehr gutes Bild von dem ärztlichen Leben in England, welches von dem unsrigen so verschieden ist.

Sie haben die große Güte gehabt, mir Aretaeus, Rhazes und Sydenham als Geschenk anzu- [ ] bieten. Sie haben in Ihrer großen Liebenswürdigkeit vergessen, daß Sie mir bereits vor Jahren Ihre schöne Ausgabe Sydenham's verehrt haben. Die hiesige Bibliothek besitzt dieselbe nicht; da diese aber nach meinem Tode meine Bücher erhalten wird, so kann ich die Bitte, das mir zugedachte Exemplar unsrer Bibliothek zu verehren unterdrücken. Aretaeus von Adams besitze ich; ebenso die Bibliothek; dagegen besitze ich nicht Ihren Rhazes de variolis et morbillis, obschon ich ihn (vor Jahren in Jena) benutzt habe. Also! für Ihren Rhazes werde ich sehr dankbar seyn. – Schickte ich Ihnen nicht meine Photographie? – Mein Freund, Prof. Stenzler, (Prof. des Sanskrit) empfiehlt sich Ihnen ganz ergebenst. Erhalten Sie mir Ihr Wohlwollen. God bless You! I am, dear Sir! Your most obedient servant

H. Haeser

(aus dem Royal College of Physicians, abrufbar unter http://WDAgo.com/s/3eb10d76, zul. abg. am 02.11.2022)

[3] Theodor Puschmann. Autograph letter to Dr. Greenhill, June 13, 1876

München, den 13ten Juni 1876.

Hochverehrter Herr!

Schon längst wäre es meine Pflicht gewesen, Ihnen, verehrter Herr, zu danken für die grosse Gefaelligkeit, die Sie mir erwiesen haben, indem Sie das Werk: „Trallianus reviviscens ...“ von der Bibliothek zu Oxford entliehen und mir übersandt haben. Aber Krankheit, der Drang unaufschiebbarer Geschäfte und vor allen Dingen der unangenehme Umstand, dass [ ] ich der englischen Sprache nicht mächtig bin und deshalb fürchten muss, nicht vollstaendig verstanden zu werden, liessen mich meine Pflicht versäumen, bis es fast zu spät ist. Ich bitte also um Entschuldigung, dass ich erst jetzt meinen Dank abstatte.–

Per Post sende ich das Werk an Ihre Adresse nach Hastings zurück. Es wird vielleicht zu gleicher Zeit wie dieser Brief dort ankommen.

Ich hoffe, in diesem Jahre mit meiner Ausgabe des Alexander Trallianus fertig zu werden. Seith nahezu drei Jahren arbeite ich [ ] daran. Ich habe die Handschriften von Paris, Cambridge, Venedig und Florenz verglichen, diejenigen, welche sich in Rom befinden, gesehen und nur von dem Codex, welcher im Besitz des Baronet Thomas Philipps zu Middlehill (Worcestershire) ist weiss ich nicht mehr, als was Daremberg darüber sagt.–

Mein Buch wird in Wien erscheinen und ich werde mir erlauben, Ihnen, hochverehrter Herr Professor, sobald es der Oeffentlichkeit uebergeben ist, ein Exemplar desselben zu überschicken.

Mit ganz vorzüglicher Hochachtung

ihr ergebener Diener

Dr. Theodor Puschmann

Baiern. München. Briennerstrasse 5.

(aus dem Royal College of Physicians, abrufbar unter http://WDAgo.com/s/f4a3bdbc, zul. abg. am 02.11.2022)

[4] Theodor Puschmann. Autograph letter to Dr. Greenhill, July 19, 1876

Hochverehrter Herr!

Ihre Freundlichkeit und Güte verpflichtet mich zum groesten Dank. Das Interesse, welches Sie meiner Arbeit schenken, spornt mich an und erfüllt mich mit freudiger Hoffnung.–

Sie haben mir geschrieben, dass Ihnen die Gelegenheit geboten ist, mir einige Notizen über das in Middlehill befindliche Manuscript des Alexander Trallianus zu verschaffen. [ ] Es würde für mich von Wichtigkeit sein, zu erfahren, ob das erwähnte Manuscript in Middlehill die angeblich den Werken des Philumenos und Philagrios entlehnten Kapitel besitzt oder nicht, welche Guinther Andernacus (Basel 1556) pag. 413–454 und pag. 472–510 einschiebt. Diese Abschnitte fehlen naemlich in saemmtlichen Handschriften, welche ich gesehen habe.– Ferner moechte ich wissen, ob der Codex ausser dem Werke des Alexander Trallianus noch andere [ ] Schriften enhaelt und von welchen Autoren?–

Es ist selbstverstaendlich dass ich Ihre Güte nur dann in Anspruch nehme, wenn Sie Bekannte in Middlehill haben, welche Ihnen über obige Punkte Auskunft geben können. Ich möchte nicht, dass Ihnen diese Angelegenheit irgendwelche Mühe oder Unbequemlichkeit bereite.–

Der Druck meines Werkes, das in Wien bei Braumüller erscheinen wird, wird erst im September oder October beginnen.

Indem ich mich zu jedem Gegendienst bereit erklaere, habe ich die [ ] Ehre mich zu zeichnen

mit vorzüglicher Hochachtung

ganz ergebenst

Dr. Theodor Puschmann

München, den 19. July 1876.

Briennerstraße 5.

(aus dem Royal College of Physicians, abrufbar unter http://WDAgo.com/s/5e9d02c3, zul. abg. am 02.11.2022)

[5] Brief von Julius Ludwig Ideler an Alexander von Humboldt, 07. April 1836

Berlin 7. April 1836

Ew. Excellenz,

beehre ich mich beifolgend den zweiten Theil meiner Ausgabe der aristotelischen Meteorologik zu überreichen, an dem freilich noch die in die Indices fehlen, welche ich erst in sechs bis acht Wochen nach zu liefern im Stande sein werde. Mein grösster Wunsch ist, dass dieser Band, welchem ich eine dauerndere Aufmerksamkeit als den ersteren zuzuwenden im Stande gewesen bin, einigermassen den Anforderungen und Erwartungen Ew. Excellenz entsprechen möge. Auf p. 483 stehen die Worte des Alexander über die Destillation in Verbindung mit der Stelle des Dioscurides und zwar, wie ich glaube nicht am unpassenden Ort, da man in den Worten des Aristoteles IV, 7,7 wohl kaum eine Hindeutung auf den selben Prozess verkennen kann.

In dem ich mich mit der Übersetzung des Werkes Ew. Excellenz beschäftige, Habe ich mir zur Pflicht gemacht, alle mir etwa vorkommende Druckfehler aufzuzeichnen. Das beiliegende Blatt enthält alles dasjenige, was mir von S. 175–196 aufgefallen ist, worunter sich freilich manche Unerheblichkeit in finden, die nur einen Beleg dafür liefern sollen, dass ich das Werk mit der grossten Aufmerksamkeit studire. Einige hinzugefügte Bemerkungen und Bedenken bitte ich Ew. Excellenz mit ihrer gewohnten Güte und Nachsicht zu verzeihen.

Für die Mittheilung der von Herren Letronne* angefertigten Vergleichstafeln der ägyptischen Dynastien nach Manetho und den Denkmälern sage ich Ew. Excellenz meinen ergebensten Dank. Mein Werk, von dem ich den kürzlich bekannt gemachten Prospectus in einigen Exemplaren beizulegen mir die Freiheit nehme, kann durch die Mittheilung von Untersuchungen eines Gelehrten, wie H. Letronne, nur [ ] gewinnen. Dass ich sie unverändert und mit Nennung seines Namens geben werde, brauche ich wohl nicht hinzuzufügen. Wenn mich auch nicht die Pflicht der Dankbarkeit allein schon hierzu veranlasste, wo würde es durch die Abweichung der Resultate, zu denen ich gelangt bin, von den seinigen dringend erheischt werden.

Dass Herr Libri meine unerheblichen Anmerkungen so freundlich aufgenommen, hat mich wahrhaft beschämt. Tief fühle ich es, wie weit ich hinter der günstigen Meinung, die auch Ew. Excellenz von meinen Kenntnissen zu hegen die Güte haben, zurückbleibe.

Es ist mir unmöglich diese Zeilen zu schliessen, ohne Ew. Excellenz meinen innigsten Dank für wegen der gültigen Verwendung für mich bei dem Herren Minister darzubringen. Möchte, bei einer Erhöhung des Einkommens, mein sehnlichster Wunsch erfüllt werden, den einen Theil meiner Kräfte dem Staate in praktischer Thätigkeit weihen zu dürfen , damit die übrigen um so wirksamer und vereinter den Wissenschaften zugewendet werden können. Verzeihen Ew. Excellenz, wenn ich diese wenigen Worte hinzuzufügen gewagt habe, die aus tiefer Überzeugung von dem, was mir Noth thut, hervorgehen.

Genehmigen Ew. Excellenz die Versicherungen unwandelbarer Hochachtung und Ergebenheit, mit denen ich mich unterzeichne

Ew. Excellenz dankbarster

Jul. Ludw. Ideler

[* Jean Antoine Letronne (1787–1848), französischer Altertumswissenschaftler]

(Aus der Biblioteka Jagiellonska, Krakau, abrufbar unter https://jbc.bj.uj.edu.pl/dlibra/publication/367670/content, zul. abg. am 02.11.2022)

Fachtermininologisches Glossar

Alte Sprachen: Altgriechisch, Lateinisch
Antike = Altertum: Großepoche vor dem Mittelalter, ca. 500 v. Chr. bis 400 n. Chr.
Auflage: Anzahl der Ausgaben, oft mit Anzahl der darin tatsächlich gedruckten Exemplare
Autoptisch: (bei der Durchführung von Quellenvergleichen) „mit eigenen Augen", in eigener Anschauung
Botanischer Name: exakter Name eines Lebewesens bestehend aus Gattung und Art, meist lateinisch und/oder griechisch
Byzantinisch: geschichtlich beheimatet in der Zeit des Byzantinischen Reiches (Oströmischen Reiches), das von der Reichsteilung 395 bis zur osmanischen Eroberung 1453 existierte.
Codex: zusammenhängende Elemente von Papyrus- oder Pergamentblättern, früher von Holzbrettchen umschlossen; enthaltend ein oder mehrere → Handschriften
Corpus: zusammenhängende Sammlung von Texten eines Autors oder mehrerer Autoren
Edition: (i) Herausgabe, als Akt des Drucks und Veröffentlichung einer Schrift, (ii) Ausgabe eines Buches
Eklektizismus: Ansatz, der aus verschiedenen Quellen auswählt und anwendet, ohne umfassende (begründete) Systematisierung
Erkenntnistheorie = Epistemiologie: Verständnis davon, was der Mensch wahrhaft erkennen kann und wie er zu einer solchen Einsicht gelangt. In einzelnen Wissenschaftsdisziplinen meint Erkenntnis eher ein innerfachlich neu hinzugewonnenes Wissen.
Handschrift: ein von Hand beschriftetes Stück Papyrus oder Pergament, ggf. zusammenhängend als handschriftliche Überlieferungsgemeinschaft (vgl. → Codex)
Historiographie = Geschichtsschreibung
Kritische Edition: Edition auf Grundlage einer exakten Analyse und Vergleich aller verfügbaren Textgrundlagen mit Lesarten
Kollation: sorgfältiger Vergleich von Schriften (Abgleich)
Lesart: alternative Lese- bzw. Sinn-Möglichkeit einer Textstelle
Medizingeschichte = Geschichte der Medizin: (i) Erforschung der historischen Genese des universitären Faches „Medizin", (ii) erst später, ab ca. 18./19. Jahrhundert: Bezeichnung eines Fachs innerhalb der Medizin, Subfach
Mittelalter: Großepoche zwischen der Antike und der Neuzeit
Moderne: Teil der Neuzeit, beschreibt eine nicht genau eingrenzbare Epoche neuartiger Lebens- und Denkvoraussetzungen, oft als Gegenbegriff zu ‚klassisch'
Moderne Nationalsprachen: Deutsch, Englisch, Französisch etc.
Neuzeit: Großepoche nach dem Mittelalter, ungenau bestimmt, ab ca. 1500
Paraphrase: sinngemäße Wiedergabe eines Texts, evtl. in einer anderen Sprache
Pharmakologie: Wissenschaft von der Wechselwirkung von Arzneimitteln und dem menschlichen Organismus, angewandte → Pharmazie
Pharmazie = Arznei(mittel)kunde: interdisziplinäres Fach mit Überschneidungen zur Chemie, Physik, Biologie und Medizin
Pharmaziegeschichte: historische Entwicklung der Arzneimittelkunde
Positivismus: philosophische Richtung, die nur Wissen aufgrund von nachweisbaren, überprüfbaren Feststellungen als Erkenntnis zulässt.
Rezensio: kritischer Vergleich eines Werkes mit vorherigen Versionen zur Feststellung von Übernahmen
Rezeptio: weitergehende Verbreitung, Verarbeitung und Aufbereitung eines Werkes
Übersetzung: weitgehend wortgetreue Übertragung des Inhalts einer Schrift in eine andere Sprache

Index

https://doi.org/10.1515/9783111062020-011

www.ingramcontent.com/pod-product-compliance
Lightning Source LLC
LaVergne TN
LVHW081331011026
849161LV00013BB/2893